饮料酒 酿造工艺

YINLIAOJIU
NIANGZAO GONGYI

何敏 主编

化学工业出版社

·北京·

本书以企业工作过程为导向，从酒类生产企业的管理理念和工作流程讲起，内容涉及酒类生产经营体系、黄酒、白酒、啤酒以及葡萄酒酿造工艺等五个学习领域。学习领域1为酒类生产经营体系，包括酒的起源与酒文化、酒类生产企业和酒类产品；学习领域2为黄酒酿造，重点介绍黄酒的分类、酒曲制作、黄酒酿造工艺及黄酒生产质量控制和品质鉴定等；学习领域3为白酒酿造，包括白酒的分类、酒曲生产技术、白酒酿造工艺及白酒生产质量控制和品质鉴定等；学习领域4为啤酒酿造，包括啤酒的分类、原辅料及水、麦芽制造、麦汁制备、啤酒发酵、成品啤酒、啤酒生产质量控制及品质鉴定等内容；学习领域5葡萄酒酿造，涵盖葡萄酒分类、葡萄原料、葡萄酵母、红葡萄酒和白葡萄酒的酿造工艺、葡萄酒的贮存管理及再加工、葡萄酒生产质量控制及品质鉴定等内容。另外，拓展学习领域还附有威士忌酒、伏特加酒工艺介绍，供选用。

本书可供高职高专生物技术类和食品加工类相关专业学生使用，同时也可作为相关领域工作人员的参考书。

图书在版编目（CIP）数据

饮料酒酿造工艺/何敏主编 . —北京：化学工业出版社，2010.10（2023.1重印）
ISBN 978-7-122-09300-4

Ⅰ. 饮… Ⅱ. 何… Ⅲ. 酿酒-生产工艺 Ⅳ. TS261.4

中国版本图书馆 CIP 数据核字（2010）第 152460 号

责任编辑：李植峰　　　　　　　　　　文字编辑：张春娥
责任校对：宋　夏　　　　　　　　　　装帧设计：韩　飞

出版发行：化学工业出版社（北京市东城区青年湖南街 13 号　邮政编码 100011）
印　　装：北京科印技术咨询服务有限公司数码印刷分部
787mm×1092mm　1/16　印张 15½　字数 417 千字　　2023 年 1 月北京第 1 版第 4 次印刷

购书咨询：010-64518888　　　　　　　售后服务：010-64518899
网　　址：http://www.cip.com.cn
凡购买本书，如有缺损质量问题，本社销售中心负责调换。

定　　价：48.00 元

《饮料酒酿造工艺》编写人员

主　　编：何　敏

副 主 编：丁立孝

　　　　　韩天龙

　　　　　陈大鹏

编写人员（按姓氏笔画排序）：

　　　　　丁　振（日照职业技术学院）

　　　　　丁立孝（日照职业技术学院）

　　　　　王劲松（荆楚理工学院）

　　　　　王肇颖（日照职业技术学院）

　　　　　李宗磊（徐州工业职业技术学院）

　　　　　何　敏（广东科贸职业学院）

　　　　　何　敬（华南农业大学实验教学中心）

　　　　　陈大鹏（黑龙江农业职业技术学院）

　　　　　赵　琪（徐州工业职业技术学院）

　　　　　柳海波（青岛啤酒有限公司）

　　　　　胡有仁（意大利卡丁娜维乐沙酒庄）

　　　　　晁吉平（广州鹰金钱从化三花酒厂）

　　　　　韩天龙（齐齐哈尔职业学院）

前　　言

中国已有几千年的酿酒历史，在工艺、酒品质上均可傲视世界同行。据我国对年销售收入在 500 万元以上的企业统计，我国现有酿酒企业 15600 余家，从业人员 800 多万人，技术人员 100 多万人。每种酒产品每年以数百万吨乃至以数千万吨面市，消费量极大，是人们日常生活必不可少的饮品。酿酒业也是我国重要的经济产业之一。

基于此，我们迫切需要一本系统的适合高职高专食品生物类专业使用的涵盖蒸馏酒和发酵酒的先进生产装备和工艺技术的饮料酒酿造专业教材。广东科贸职业学院在与其他职业技术学院和酿酒企业的密切合作与交流的基础上，结合多年来在培训、教学、科研开发工作中的经验，编写了这本教材。

本书的编写改变了以往教材按学科体系的内容编排形式，按照企业工作过程导向方式编写，以工作任务为主线，每个学习领域都是以一个完整的、典型的、规范的、通用的工作过程（任务）为主线来完成教材编写。对完成该工作任务所需要的专业知识给予了充分介绍，并尽可能做到理论和实践一体化，使学生学习课程的过程基本符合企业工作过程，力求体现"以学生为中心"、"教中学、学中做"的职业教育理念，将对学生的方法能力、个人能力和社会能力的培养有机地融入到教学活动之中，有效地培养学生"资讯、计划、决策、实施、检查、评价"的独立工作能力。本教材内容新颖全面，图文并茂，注重培养学生的实际操作能力、团队协作能力、沟通能力、解决问题能力及对工作的责任心。

本书从酒类生产企业的管理理念和工作流程讲起，内容涉及酒类生产经营体系、黄酒、白酒、啤酒以及葡萄酒酿造工艺等五个学习领域，还在拓展学习领域简要介绍了威士忌酒和伏特加酒，以备教师选用或学生自学。同时，在一些学习领域，如黄酒酿造工艺中附有日本清酒等相关的阅读材料。在每个学习领域中还编写了项目学习工作页，便于学生复习掌握重点内容；实训项目任务书指导学生根据所掌握的内容制定出初步工作方案，提交讨论后再确定方案；实训项目记录表是在工作方案实施过程中的详细工作记录；实训项目报告书则是工作方案实施的结果汇报、评价和总结，由教师留档考评。所选实训项目技术综合、全面、代表性强，且经费使用较少，以期使学生系统掌握饮料酒酿造工艺流程和相关设备，实训和生产实践项目操作指南可指导学生完成每个学习领域的工作项目。

在本书编写过程中，得到有关院校领导和专家的大力支持和帮助，化学工业出版社的编辑们对本书进行了认真的审核，并提出许多宝贵建议，在此一并表示衷心的感谢。同时，对本书参考文献的所有作者表示衷心的感谢。

由于水平有限，不当之处在所难免，恳请广大读者和专家批评指正。

编者

2010 年 5 月

目　　录

学习领域 1 　 酒类生产经营体系

- - - - - - - - - - - - - - - - - - -

○ 基础知识：酒文化与酒类产品

○ 单元生产：酒类生产企业

○ 实训项目　酒类生产企业的认识及酒类市场调查

基础知识：酒文化与酒类产品

一、酒的起源与发展

酒，是人们最重要的饮料之一，它几乎是同人类文明一起来到了人间。自古以来，还没有任何一种饮料似它这般深受不同民族、不同习俗的人们的普遍喜爱；更没有任何一种饮料，似它这般有无数的传说故事、诗词歌赋，含有这般深厚的文化底蕴。

真正称得上有目的的人工酿酒生产活动，是在人类进入新石器时代、出现了农业之后开始的。这时，人类有了比较充裕的粮食，而后又有了制作精细的陶制器皿，这才使得酿酒生产成为可能。根据对出土文物的考证，约在公元前6000年，美索不达米亚地区就已出现雕刻着啤酒制作方法的黏土板。公元前4000年，美索不达米亚地区已用大麦、小麦、蜂蜜等制作了16种啤酒。公元前3000年，该地区已开始用苦味剂酿造啤酒。公元前5000年～前3000年，中国仰韶文化时期已出现耕作农具，即出现了农业，这为谷物酿酒提供了可能。《中国史稿》认为，仰韶文化时期是谷物酿酒的"萌芽"期。当时是用蘖（发芽的谷粒）造酒。公元前2800年～前2300年的中国龙山文化遗址出土的陶器中，有不少尊、斝、盉、高脚杯、小壶等酒器，反映出酿酒在当时已进入盛行期。中国早期酿造的酒多属于黄酒。

中国人对酒的最初研究与探求延年益寿的长生不老药有关。为获得人间仙液，人们进行了反复的分析试验。到了战国时期（公元前403年～公元前221年），我国出现了有关酿酒工艺的完整文字记载。我国是最早掌握酿酒技术的国家之一。

中国古代在酿酒技术上的一项重要发明，就是用酒曲造酒。酒曲里含有使淀粉糖化的丝状菌（霉菌）及促成酒化的酵母菌。利用酒曲造酒，使淀粉质原料的糖化和酒化两个步骤结合起来，对造酒技术是一个很大的推进。中国先人从自发地利用微生物到人为地控制微生物，利用自然条件选优限劣而制造酒曲，经历了漫长的岁月。至秦汉，制酒曲的技术已有了相当的发展。

南北朝时，制酒曲的技术已达到很高水平。北魏贾思勰所著《齐民要术》中记述了12种制酒曲的方法。这些酒曲的基本制造方法至今仍在酿造高粱酒中使用。

唐、宋时期，中国发明了红曲，并以此酿成"赤如丹"的红酒。宋代，制酒曲酿酒的技术又有了进一步的发展。1115年前后，朱翼中撰成的《酒经》中，记载了13种酒曲的制法，其中的制酒曲方法与《齐民要术》上记述的相比，又有明显的改进。

中国传统的白酒（烧酒）是最有代表性的蒸馏酒。李时珍在《本草纲目》里说："烧酒非古法也，自元时始创其法"。所以一般人都以为中国在元代才开始有蒸馏酒。其实，在唐代诗人白居易（772—846年）雍陶的诗句中，都曾出现过"烧酒"；另对山西汾酒史的考证，认为公元6世纪的南北朝时已有了白酒。因此，可能在6～8世纪就已有了蒸馏酒。而相应的简单蒸馏器的创制，则是中国古代对酿酒技术的又一贡献。

中国古代制曲酿酒技术的一些基本原理和方法一直沿用至今。

【阅读材料】 关于酿酒起源的传说

（1）仪狄造酒说　相传夏禹时期的仪狄发明了酿酒。史籍中有多处提到仪狄"作酒而美"、"始作酒醪"的记载，似乎仪狄乃制酒之始祖。这是否事实，有待于进一步考证。一种说法叫"仪狄作酒醪，杜康作秫酒"。这里并无时代先后之分，似乎是讲他们作的是不同的酒。"醪"，是一种糯米经过发酵而成的"醪糟儿"。性温软，其味甜，多产于江浙一带。现在的不少家庭中，仍自制醪糟儿。醪糟儿洁白细腻，稠状的糟糊可当主食，上面的清亮汁液颇近于"酒"。秫，高粱的别称。杜康作秫酒，指的是杜康造酒所使用的原料是高粱。如果一定要将仪狄或杜康确定为酒的创始人，则只能说仪狄是黄酒的创始人，而杜康则是高粱酒的创始人。

（2）杜康造酒说　还有一种说法是杜康"有饭不尽，委之空桑，郁结成味，久蓄气芳，本出于代，不由奇方。"此是说杜康将未吃完的剩饭，放置在桑园的树洞里，剩饭在洞中发酵后，有芳香的气味传出。这就是酒的做法，并无什么奇异的办法。由生活中的偶尔的机会作契机，启发创造发明之灵感，这是很合乎一些发明创造的规律的，这段记载在后世流传，杜康便成了能够留心周围的小事，并能及时启动创作灵感的发明家了。

二、关于酒文化

伴随着源远流长的中华文明，酒文化也有着几千年的历史，无论是李白的举杯邀月，还是王维的西出阳关，兰陵美酒泛出的琥珀之光，无不透出了浓浓的文化味。

中国是卓立世界的文明古国，也是酒的故乡，中华民族五千年历史长河中，酒和酒类文化一直占据着重要地位，酒是一种特殊的食品，是属于物质的，但酒又融于人们的精神生活之中。酒文化作为一种特殊的文化形式，在传统的中国文化中有其独特的地位。在几千年的文明史中，酒几乎渗透到社会生活中的各个领域。首先，中国是一个以农业为主的国家，因此一切政治、经济活动都以农业发展为立足点。而中国的酒，绝大多数是以粮食为主要原料酿造的，酒紧紧依附于农业，成为农业经济的一部分。粮食生产的丰歉是酒业兴衰的晴雨表。

酒，在人类文化的历史长河中，它已不仅仅是一种客观的物质存在，而是一种文化象征，即酒神精神的象征。

在中国，酒神精神以道家哲学为源头。庄周主张，物我合一，天人合一，齐一生死。庄周高唱绝对自由之歌，倡导"乘物而游"、"游乎四海之外"、"无何有之乡"。庄子宁愿做自由的在烂泥塘里摇头摆尾的乌龟，而不做受人束缚的昂头阔步的千里马。追求绝对自由、忘却生死利禄及荣辱，是中国酒神精神的精髓所在。

世界文化现象有着惊人的相似之处，西方的酒神精神以葡萄种植业和酿酒业之神狄奥尼苏斯为象征，到古希腊悲剧中，西方酒神精神上升到理论高度，德国哲学家尼采的哲学使这种酒神精神得以升华，尼采认为，酒神精神喻示着情绪的发泄，是抛弃传统束缚回归原始状态的生存体验，人类在消失个体与世界合一的绝望痛苦的哀号中获得生的极大快意。

如图1-1和图1-2分别示意了古代制曲及古代酿酒的场合。

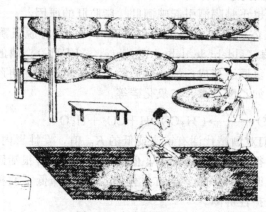
图 1-1　古代制曲图

图 1-2　古代酿酒图

在文学艺术的王国中，酒神精神无所不往，它对文学艺术家及其创造的登峰造极之作产生了巨大深远的影响。因为，自由、艺术和美是三位一体的，因自由而艺术，因艺术而产生美。

"李白斗酒诗百篇，长安市上酒家眠，天子呼来不上船，自称臣是酒中仙。"（杜甫《饮中八仙歌》），"醉里从为客，诗成觉有神。"（杜甫《独酌成诗》），"俯仰各有志，得酒诗自成。"（苏轼《和陶渊明〈饮酒〉》），"一杯未尽诗已成，涌诗向天天亦惊。"（杨万里《重九后二月登万花川谷月下传觞》）。南宋政治诗人张元年说："雨后飞花知底数，醉来赢得自由身。"酒醉而成传世诗作，这样的例子在中国诗史中俯拾皆是。

不仅为诗如是，在绘画和中国文化特有的艺术书法中，酒神的精灵更是活泼万端。画家中，郑板桥的字画不能轻易得到，于是求者拿狗肉与美酒款待，在郑板桥的醉意中求字画者即可如愿。郑板桥也知道求画者的用意，但他耐不住美酒狗肉的诱惑，只好写诗自嘲："看月不妨人去尽，对月只恨酒来迟。笑他缣素求书辈，又要先生烂醉时。""吴带当风"的画圣吴道子，作画前必酣饮大醉方可动笔，醉后为画，挥毫立就。"元四家"中的黄公望也是"酒不醉，不能画"。"书圣"王羲之醉时挥毫而作《兰亭序》，"遒媚劲健，绝代所无"，而至酒醒时"更书数十本，终不能及之"。李白写醉僧怀素："吾师醉后依胡床，须臾扫尽数千张。飘飞骤雨惊飒飒，落花飞雪何茫茫。"怀素酒醉泼墨，方留其神鬼皆惊的《自叙帖》。草圣张旭"每大醉，呼叫狂走，乃下笔"，于是有其"挥毫落纸如云烟"的《古诗四帖》。

酒，真是一种神奇的饮料。它以其鲜明的个性和极其矛盾的性格，在浸润整个社会的同时，也为自己酿造了一部多姿多彩、醇香四溢的酒文化史。

三、健康饮酒与品酒

酒作为一种古老的佳酿，不但成为生活的必需品，而且在社会生活中也充当了非常重要的职能，渗透在人们的闲惬生活、商业事业、政治外交等不同的领域中。随着经济社会的发展和人类生活水平的提高，在各种环境条件下人们对饮酒的需求将越来越多，饮酒对人们来讲也越来越重要。虽然酒能给我们带来其他食品不具有的好的东西，但是酒也同时给我们带来了不利之处，因此，我们必须提倡"健康饮酒"。

1. 酒的吸收和代谢途径

（1）酒在体内的吸收　酒，特别是烈性酒，一般通过口腔、食管、胃、肠黏膜等吸收到体内的各种组织器官中，并于 5min 即可出现于血液中，待到 30～60min 时，血液中的酒精浓度就可达到最高点，空腹饮酒比饱腹时的吸收率要高得多。研究表明，胃内可吸收 20% 的酒，十二指肠则吸收 80%。一次饮用的酒 60% 于 1h 内吸收，2h 可全部吸收。1g 酒精全部氧化可产生 29.7J 的能量，但这种能量绝大部分以热的形式释放出来，吸收利用相对较困难。脂肪是酒精代谢产生的能量在体内储存的形式，这也正是喝酒引起啤酒肚、脂肪肝的原因。

（2）酒在体内的代谢及相关酶　酒在人体内代谢的相关酶主要有两种：乙醇脱氢酶（alcohol dehydrogenase，ADH）和乙醛脱氢酶（aldehyde dehydrogenase，$ALDH_2$）。酒的主要成分是乙醇，乙醇脱氢酶促使乙醇脱去两个氢原子变成乙醛，然后经乙醛脱氢酶作用再脱去两个氢原子，就形成了无害身体的其他成分，如乙酸、水、二氧化碳等。

$$CH_3CH_2OH \xrightarrow{ADH} CH_3CHO \xrightarrow{ALDH_2} CH_3COOH + CO_2 + H_2O$$

人类胃内至少有 3 种形式的 ADH，它们对酒精代谢有或高或低的 K_m 值，女性胃内 ADH 的活性较男性低。由于酒精摄入后胃内浓度很高，即便是高 K_m 值的 ADH 也变得很活跃，有效的酒精代谢随之发生，这就构成了酒精代谢的第一站（即首过代谢）。由此降低了酒精的生物利用率，成为对抗酒精造成系统损害的保护性屏障。

酒精在人体内氧化和排泄的速度缓慢，所以被吸收后积聚在血液和各组织中（脑组织中的酒精浓度是血液酒精浓度的 10 倍），绝大多数酒精主要在肝脏中代谢。由于酒精作用的器官特异性（嗜肝性），使肝细胞在酒精代谢方面占据了极其重要的地位。肝细胞对酒精的代谢主要通过以下 3 个途径进行：①细胞浆或细胞内可溶性区域的 ADH 途径；②内质网内乙醇氧化系统（MEOS）途径；③过氧化氢酶系统的过氧化氢酶途径。

与酒精代谢相关的酶由于遗传因素所致，它们的结构和性质不同，在功能上有时也表现出一定差异，从而构成了人的酒量差别。正常人的乙醛脱氢酶应有两个同功酶，有些人只有一个，以致酒精的代谢速率大大降低，这种人对于酒精很敏感，容易出现酒精中毒症状。正常人都存在 ADH，而且数量基本是相等的，但有较多的人会缺乏 $ALDH_2$，因此饮酒后体内迅速累积乙醛迟迟不能代谢，引起脸部毛细血管扩张导致喝酒脸红，只有靠肝脏里的细胞色素 P450 慢慢将乙醛转化成乙酸，然后进入 TCA 循环而被代谢。研究表明，白种人 60％较能喝酒，黄种人 60％不能喝酒，黑种人则各占一半。我国曾有调查表明，乙醛脱氢酶缺陷型者，女性比男性所占比例大，南方人比北方人占的比例大。这也是男性比女性能饮酒、北方人比南方人酒量大的原因之一。

2. 饮酒的利与弊

酒具有两重性，饮之得当，会使人体健康，给人们带来欢乐；饮之不当，又常常给人带来痛苦和疾病。所以，饮酒要适量。另外，研究表明，一次大量饮酒较分次少量饮酒的危害性大，每日饮酒比间断饮酒的危害性大，要想不影响健康，饮酒间隔时间要在 3d 以上。饮酒时还要选择好佐菜，以减少酒精之害。

自古以来，就有"酒为百药之长"的说法，可见酒对人类的健康确是有益的。据专家对各种酒类的研究分析后发现，在各类酒中，除了含有酒精外，尚有多种有机酸、氨基酸、酯类、糖分、微量的高级醇和较多的维生素等人体所必需的营养物质。酒对人类的健康确是大有裨益。适量饮酒可预防心肌梗死和脑血栓。日本科学家研究发现，喝酒人血液中出现大量尿激酶及其前驱体蛋白质，不喝酒的人，血液中只有极少数的尿激酶，而造成心肌梗死和脑血栓的原因是人体中可以溶解血栓的尿激酶等纤溶酶减少，故适量饮酒可预防心肌梗死和脑血栓。妇女适量饮酒可大大降低患心脏病和中风病的发病率，据美国哈佛大学对 87000 位 34～59 岁护士调查研究发现，每天适量饮酒的中年妇女，心脏病和中风的发病率比那些滴酒不沾的妇女低40％。适量饮酒还能促使胃液分泌增加，有益消化；可以扩张血管，使血压下降，降低冠心病发生率。经常适量饮酒的人血液中 α-脂蛋白含量高，而 α-脂蛋白高的人寿命比一般人长 5～19年，所以适量饮酒能延年益寿。

醉酒度是指饮酒后人的精神激活的程度，既要满足美好的享受，又不至于影响工作和健康。具体要求是：酒入口时不辣嘴，不刺喉，醇和爽净，谐调自然，饮酒过程醉得慢，醒得快，酒后不口干、不上头，感觉清新舒适。影响醉酒度的因素很多，如饮酒人群的结构、饮酒人的身体状况、消费量的多少、饮酒习惯、思想情绪以及现场的空气畅通、温度高低等因素。但就酒的物质性而言是有共性的，即醉酒度低的酒与基酒质量好，贮存时间长，酸、酯、醇、醛等各种香味物的平衡等因素有关，它是酒体的一种综合表现，大体上可表现在如下几方面：①乙醛是引起上头的主要物质，又可影响酒体的放香和乙缩醛的生成，通常是通过酒的贮存时间来控制酒中乙醛的含量。②杂醇油的多少。③酒精度含量的高低。④酯含量的多少以及各种酯的组成比例。⑤酸含量的多少以及各种酸的组成比例。⑥酒精与水的缔合程度。酒体贮存时间长，其醉酒度低，可能是香味成分间形成聚合的大分子发生了变化。⑦酒体与其他物质的组成。如酸与酯的平衡、酯与醇的平衡、酒中酸与其盐形成的缓冲性、降低离子强度等。

长期大量饮酒的危害几乎波及全身的各个组织和器官，如肝脏、胰腺、心肌等，可造成酒精性肝病、胰腺炎、心肌病等。对机体造成非常大的危害，甚至危及生命。其危害主要表现在以下几个方面。

① 酒精性肝病　长期的过度饮酒，通过乙醇本身及其衍生物乙醛可使肝细胞反复发生脂肪变性、坏死和再生，而导致酒精性肝病，包括酒精性脂肪肝、酒精性肝炎、肝纤维化和肝硬化。

② 酒精性胰腺炎　由于乙醇及其代谢产物对胰腺腺泡细胞和胰小管上皮细胞的毒性作用，

可引起腺细胞内脂肪积聚，线粒体肿胀变性，腺小管上皮变性、坏死、炎细胞浸润，由于小腺管炎症和坏死脱落成分阻塞，再加上酒精的直接刺激作用引起十二指肠乳头水肿，造成胰液排流不畅，使胰酶成分在胰腺内被激活，引起自体消化而发作胰腺炎。

③ 酒精性心肌病　由于酒精对心肌细胞的直接毒性作用，可造成心肌细胞膜完整性受损，细胞器功能失常，脂质过氧化过程异常；另外酒精饮料中的夹杂物（如砷、钴、铜、铁等）在酒精性心肌病中可能起直接或间接作用，动物实验证明钴可使豚鼠乳头肌的收缩力减弱，还可引起各种动物心肌弥漫变性和间质水肿。

④ 酒精与优生　对男性而言，酒精可引起精子数量减少，异常精子增多，精子活动力减弱；对女性而言，嗜酒妇女中约50%可发生月经紊乱，60%发生内分泌功能紊乱，育龄妇女嗜酒，卵巢可发生脂肪性变性和排出不成熟卵细胞，异常的精子如果与卵子结合成受精卵，则所形成的胎儿会导致畸形。

⑤ 酒精中毒　饮入的酒精90%以上经肝脏氧化作用，通过三羧酸循环生成二氧化碳和水。当酒精尚未完全被肝脏氧化时，大部分酒精循环至中枢神经系统，产生毒性作用，先是使大脑皮质产生兴奋，随后对皮质下中枢和小脑产生抑制，随着酒精剂量递增，更大量的酒精可引起延髓中枢性损害，以至抑制呼吸和引起呼吸衰竭而死亡。

饮酒与人类的健康关系密切，饮酒利弊主要在于饮酒的量，适量饮酒对人体有一定裨益，但长期大量饮酒或嗜酒对人体损害则非常大，故应注意科学饮酒，以维护人类健康并减少或预防疾病的发生。

3. 品酒与品酒师

酒既然是一种食品（饮料类），同样具有色、香、味、体的食品属性。目前尚未出现能够全面正确地判断香味的仪器，所以理化检验还不能代替感官尝评，况且食品毕竟是用来食用的，所以感官鉴定——品评就显得十分重要。只有二者兼用，才能正确反映酒的质量本质。

人们运用感觉器官（视、嗅、味、触）来评定酒的质量，区分优劣，划分等级，判断酒的风格特征，称为品评，人们习惯地称为评酒，又称为品尝、感官检查、感官尝评等。酒是一种味觉品，它们的色、香、味是否为人们所喜爱，或为某个国家、地区的人民、民族所喜爱，必须通过人们的感觉进行品评鉴定。

品酒是一门技术，它不需经过样品处理，通过直接观酒色、品酒味、闻酒香来确定其质量与风格的优劣，或者通过品评结果进行勾兑，使香味物质保持平衡，并保持独特的风格。因其快速，所以被几乎所有生产厂家采用。由此可见，对酒的芳香及其微妙的口味差别，从古到今，用感官鉴定法进行鉴别，仍具有明显的优越性，任何仪器和理化鉴定均无法代替。

品酒也是一门艺术，而不是一种单纯愉快的消费。犹如欣赏一幅画、听一首音乐，如果没有美术和音乐修养，是不可能说出它的奥妙，所以评酒员在文化上、经验上都要求具备一定的水平。评酒员不仅要具备正常感官的生理条件，还必须具有诚实无私、坚持原则、实事求是的职业道德，同时还要了解酿酒工艺，熟悉生产过程，并通过品酒来指导生产，把好质量关，对企业和消费者负责。

品酒的内容包括：①分析研究——用眼、口、舌、鼻来分析研究产品的属性和存在的问题；②描述——把感觉到的印象用专门术语表达出来；③判断——通过记忆比较确定产品的来源、产地、品种、类别等；④综合——综合说明产品的出处、年代、质量级别等。

品酒分为职业品酒和商业品酒两类。职业品酒即分析品尝，主要目的是针对产品的某些缺陷，为改进工艺，提高产品质量，或者是为了准确鉴定质量级别而进行的，如生产品酒、查库品酒、勾兑品酒、对比品酒、抽样品酒等；商业品酒是为了市场销售确定价格而进行的。在酒类生产企业中，生产人员、销售人员和生产管理人员都应该具备品酒的能力，只有大家都掌握了这门技术，产品质量才能得到保证，企业才能生存和发展。

品酒师是"应用感官品评技术，评价酒体质量，指导酿酒工艺、贮存和勾调，进行酒体设计和新产品开发的人员"。这一职业近年在专业化程度上得到迅速发展，被列为十种新兴职业之一。本职业共设三个等级，分别为：三级品酒师（国家职业资格三级）、二级品酒师（国家职业资格二级）、一级品酒师（国家职业资格一级）。其工作内容主要是：对入库半成品酒进行分级和质量评价；提出发酵、蒸馏工艺改进建议；对酒的贮存过程进行质量鉴定；对酒的组合和调味方案进行评价；对酒产品的感官质量进行监控；选择合理的酿酒工艺技术；对新产品的感官质量进行鉴定。目前我国有从事品酒的技术人员接近 30 万人，远远满足不了企业的需要。据中国酿酒工业协会统计，60％的酿酒企业感到专职品酒师不足，还有 20％的企业没有专职品酒师。品评是影响酿酒水平的关键技术之一。掌握品评技术的品酒师对酿酒工艺技术的改进、产品质量的控制、新产品的开发起着重要作用。

四、酒类产品

1. 酒的定义及分类

关于酒的定义，1999 年版的《辞海》是这样阐述的："酒，用高粱、大麦、米、葡萄或其他水果发酵制成的饮料。如白酒、黄酒、啤酒、葡萄酒。"我国东汉时期的大学者许慎对酒有着独特的见解。他在《说文解字》中说："酒，就也，所以就人性之善恶。……一曰造也，（段注：造古读如就）吉凶所就起也。"许慎认为酒有两种解释。一种解释是"就"，还有一种解释是"造"。古时，"造"读作"就"。所以，"吉凶所造起"也就是"吉凶由就（酒）起"，意思是好事与坏事都是酒引起的。许慎在约 2000 年前对酒的定义和解释概括了酒的精髓，对酒的内涵，尤其是它矛盾的性格表达得很深很透。正如"酒犹水，可济可覆"。即酒既可助善成礼，又可招祸致失；既可成人之美，又可暴人之恶。

中华人民共和国国家标准 GB/T 17204—2008 中对饮料酒定义如下：酒精度在 0.5％vol（体积分数）以上的酒精饮料，包括各种发酵酒、蒸馏酒及配制酒，并注明酒精度低于 0.5％vol 的无醇啤酒也属于饮料酒。一般的理解为：酒，就是有足够糖分或淀粉的物质经过发酵、蒸馏、陈酿等方法生产出的含乙醇（酒精）的饮料。

酒的种类繁多，没有人能说得上世界上究竟有多少种酒。这是由于可用于酿酒的原料种类和品种非常多，酿造方法和技术各异，也就形成了"酒"的品种繁多。但是，我们仍然可根据不同的分类原则，将酒进行分类。

（1）按照中华人民共和国国家标准 GB/T 17204—2008《饮料酒分类》，根据不同原料、生产工艺和产品特性，可将其分为三大类。

① 发酵酒（又称酿造酒、原汁酒） 以谷物、水果、乳类等为主要原料经发酵或部分发酵酿制而成的饮料酒，即借助酵母菌作用，把含有淀粉和糖质原料的物质发酵糖化产生酒精成分而形成的酒，是最自然的酿酒方式。酒度低，对人体刺激小。常见发酵酒有：啤酒、葡萄酒、黄酒、发酵型果酒、发酵型奶酒等。

② 蒸馏酒 即以粮谷、薯类、水果、乳类等为主要原料，经酒精发酵后，采用蒸馏、勾兑技术制成的饮料酒。也就是用发酵酒通过蒸馏将酒度提高后的酒，其酒精浓度较高，分为：谷物蒸馏酒、葡萄蒸馏酒、果质蒸馏酒。常见蒸馏酒有：中国白酒、金酒（Gin）、威士忌（Whisky）、白兰地（Brandy）、朗姆酒（Rum）、伏特加（Vodka）、特其拉酒（Tequila）、日韩烧酒等。

③ 配制酒（又称露酒） 即用发酵酒、蒸馏酒或食用酒精作酒基，加入可食用或药食两用的辅料或食品添加剂，进行调配、混合或再加工制成的、已改变原酒基风格的饮料酒。即用浸泡、掺兑方法，加入一定比例的甜味辅料、芳香原料或中药材、果皮、果实等，如香草、香料、鲜花、水果皮、果汁配置加工而成的饮料。其生产过程简单，周期短，成本低，不受原料

限制。配制酒酒精浓度介于发酵酒和蒸馏酒之间，常见配制酒有：人参酒、三蛇酒、苦味酒、竹叶青酒、利口酒、味美思酒（Vermouth）、比特酒（Bitter）、桂花陈、玫瑰露酒、各种鸡尾酒等。

（2）按照商业上传统的分类习惯，将酒分为七大类　即白酒、黄酒、啤酒、葡萄酒、果露酒、药酒、其他酒。其他酒，是指除前六类酒以外的酒，如白兰地、威士忌、金酒、伏特加、朗姆酒等酒。

（3）按酒精度分类　可分为低度酒、中度酒和高度酒。低度酒度数一般在20度以下，常见的有葡萄酒、桂花陈酒、香槟酒、低度药酒等；中度酒度数约在20~40度，常见的有餐前开胃酒、竹叶青、米酒、黄酒等；高度酒度数为40度以上，也就是常说的烈酒，有茅台、五粮液、汾酒、二锅头、伏特加等。酒精含量的表示法，传统上有三种方式：英国方式（sikes）、美国方式（proof）、欧洲大陆方式（GL）。从1983年开始，欧洲共同体统一采用GL标准，即按酒精所占液体容量的百分比作度数，用符号"°"表示。而美国仍沿用proof方式。$1°=2proof=1.75sikes$。

（4）按颜色分类　白酒，色酒。

（5）按制酒原料分类

① 果酒　以含糖分较高的水果为原料，经过发酵、蒸馏或配制而成的酒。

② 粮食酒　以各种谷物及含有丰富淀粉的某些农副产品为原料，经过发酵、蒸馏而成的酒。

（6）按照配餐方式和饮用方式分类　可分为餐前酒（又称开胃酒）、佐餐酒、甜食酒、餐后甜酒、烈酒、啤酒、软饮料和混合饮料（包括鸡尾酒）八类。

此外，采用同一种酿酒原料，因酿造方法和工艺不同，也可获得不同的酒。如用红葡萄品种（红皮白肉）酿酒，采用发酵法，可获得红葡萄酒、桃红葡萄酒和白葡萄酒，用葡萄酒蒸馏，可获得白兰地；采用特殊工艺，可获得利口酒、味美思等。所以，用葡萄为原料可酿造葡萄酒、白兰地（蒸馏酒）和利口酒（配制酒）等。

近年来，在我国经济发达地区，随着人们生活水平的提高，葡萄酒的消费热潮正悄然兴起。

2. 酿酒的基本原理及相关微生物

尽管各种不同类型的酒的酿造原理有不同之处，但其基本原理是一致的，主要是酒精发酵，即原料中的可发酵性糖在酵母菌脱羧酶、脱氢酶的催化下，逐渐分解形成二氧化碳和酒精等副产物的过程。能够被酵母菌发酵利用的糖即为可发酵性糖，包括葡萄糖、果糖、麦芽糖、蔗糖、部分麦芽三糖等，也就是说酵母菌只能利用单糖、双糖和部分三糖，所以，如果以淀粉质原料酿酒，在酵母菌酒精发酵之前，还需经过淀粉糖化过程，即淀粉吸水膨胀，被加热糊化，形成结构疏松的 α-淀粉，在淀粉酶和其他条件的作用下，分解为低分子的可发酵性糖，即液化和糖化。淀粉糖化和酒精发酵这两个主要过程也可同时进行。

（1）酒精发酵　糖分是酒精发酵最重要物质，酶则是酒精发酵必不可少的催化剂。发酵醪中大量的酒精主要是酵母菌发酵作用产生的。酵母菌在有氧条件下，以葡萄糖作碳源，并以生长、繁殖等合成代谢为主；在厌氧条件下，则以分解代谢为主，将葡萄糖发酵成酒精和二氧化碳，其反应式简化如下：

$$葡萄糖等可发酵性糖 \xrightarrow[\text{（酵母菌）}]{\text{酒化酶}} 酒精＋二氧化碳＋24kcal❶ 热量$$

（2）淀粉糖化　用于酿酒的原料并不都含有丰富的糖分，而酒精的生产又离不开糖，因此将不含糖的原料转化为含糖原料，就需要进行工艺处理。淀粉很容易转化为葡萄糖。当水超过50℃时，淀粉溶解于水；在淀粉酶的作用下，水解淀粉生成麦芽糖和糊精；再在麦芽糖酶的作用下，麦芽糖逐渐变为葡萄糖。这一变化过程称之为淀粉糖化。

从理论上说，100kg淀粉可掺水11.12L，生产111.12kg糖，再生产酒精56.82L，但实

---

❶ 1cal=4.1840J。

际生产中却达不到这个数值，其中的原因有很多。淀粉糖化过程一般需用4～6h，糖化好的原料可以用来进行酒精发酵。

淀粉糖化酶的来源可以是直接利用霉菌等微生物产生的糖化酶（即酒曲），也可以是外加糖化酶制剂，或者是利用发芽谷物产生的水解酶等。

酒的酿造是多种微生物及其酶类共同作用的结果，这些微生物个体微小，通常要在显微镜下才能看见。从微生物分类学来看，酿酒微生物有酵母（图1-3）、霉菌（图1-4～图1-6）和细菌三大类，见表1-1。

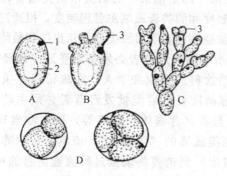

图1-3　酵母菌
1—细胞核；2—液泡；3—芽体
A—酵母菌细胞；B—出芽繁殖；
C—假菌丝；D—野生酵母的子囊及子囊孢子

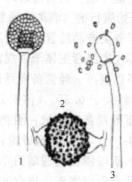

图1-4　毛霉
1—孢子囊；2—接合孢子；
3—孢子囊破裂

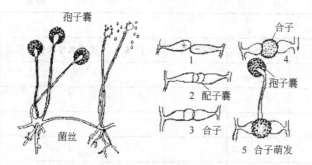

图1-5　黑根霉的菌丝和接合（有性生殖）

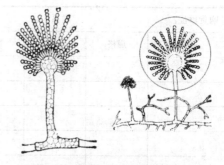

图1-6　曲霉（上图示局部放大）

表1-1　酿酒微生物

酿酒微生物	酵母菌	霉菌	细菌
种类	酒精酵母、白酒酵母、葡萄酒酵母、啤酒酵母、黄酒酵母等	曲霉（黄曲霉、黑曲霉、米曲霉、红曲霉等）、根霉、毛霉等	醋酸菌、乳酸菌、枯草芽孢杆菌等
个体特征	单细胞真核微生物,细胞大多呈圆形	真核微生物,细胞呈丝状(丝状真菌)	单细胞原核微生物,细胞呈杆状、球状、螺旋状
菌落特征	菌落较细菌大,乳白色,湿润黏稠、光滑,边缘整齐,有酒香气,易挑取,菌落正反面颜色一致	菌落较大,绒毛状,絮状和蜘蛛网状等,较疏松、干燥,菌落正反面颜色不一致,孢子易粘取	菌落较小,湿润、光滑、黏稠,易挑取、质地均匀,菌落正反面颜色一致
最适生长温度	28～30℃	32～35℃	34～40℃
最适pH	4.5～5.0	3.5～5.0	5.5～7.3
代谢特点	兼性厌气性微生物	好氧微生物	包括需氧和厌氧微生物
作用	发酵——将可发酵性糖逐渐分解形成二氧化碳和酒精等副产物	糖化——将淀粉分解成小分子糖;分解蛋白质	产酸、酸败、降酸、发酵等

3. 酒类产品的管理与销售

酒是一种特殊的商品，直接关系到人们的身体健康和生命安全。为了保障消费者的切身利益和社会的安全稳定，世界各国均制订了一系列的法律法规，对酒类进行特殊管理。随着我国酒类流通规模逐渐扩大和酒类人均消费不断增加，我国有关部门制定了各种法规、规章和规范性文件，逐步加强了对酒类这种特殊商品的管理，使我国酒类管理走上法制化、规范化轨道，促进了酒类行业的持续健康发展，保障了消费者的饮酒安全。

(1) 管理办法：酒类流通的"限制卡" 根据国家商务部 2005 年 11 月 7 日颁布、2006 年 1 月 1 日开始施行的《酒类流通管理办法》，是第一部全国统一的酒类市场流通管理规定。该办法规定了酒类产品的管理实行经营备案登记制度和酒类流通溯源管理制度，拟通过备案登记制度对酒类流通经营主体予以规范，通过酒类流通溯源制度对酒类商品从出厂到最终消费的全流通过程予以规范。经营备案登记制度要求对所有酒类经营者必须备案登记，凡经营酒精度（乙醇含量）大于 0.5％（体积分数）的含酒精饮料的企业和个人，在取得营业执照后需向本地贸易服务局备案登记；酒类流通溯源管理制度要求酒类批发经营者必须主动开具随附单（见图 1-7），实行单随货走；酒类零售经营者（含宾馆、饭店等）要主动索取随附单，一货一单，所以酒类流通随附单可以理解为酒类流通的"限制卡"。该制度在除啤酒以外其他酒类商品上先行实施，由此实现酒类商品自出厂到销售终端全过程流通信息的可追溯性。此外还规定，酒类经营者不得向未成年人出售酒类商品，并要在经营场所显著位置予以明示。

酒类流通随附单

年　　月　　日　　　　　　　　　　　　　　　　　　　　　　编号

购货单位：		联系人：		电话：				
品名	规格	单位	数量	单价(元)	金额(元)	产地	生产批号或生产日期	
售货单位(盖章)：				备案登记号：			填单人：	
售货单位地址：				电话/传真：				
发货人：		承运人：				车牌号：		

图 1-7　酒类流通随附单

(2) 质量认证：酒类产品的"身份证" 2005 年 9 月 13 日国家认证认可监督管理委员会和商务部正式颁布的《食品质量认证实施规则——酒类》（以下简称《规则》）是我国第一部以认证方式证明酒类产品质量等级的部门规范性文件，也是目前国家认监委对于食品质量安全认证规则系列标准中唯一应用于行业的认证。

《规则》主要通过有资格的第三方认证机构围绕酒类生产企业建立良好生产规范（GMP）、良好卫生规范（GHP）、危害分析与关键控制点（HACCP），并与产品的卫生、理化、感官等要求相结合，通过认证活动对酒类生产质量保证能力及产品安全卫生质量水平做出全面评价。酒类产品质量等级认证是依据《食品质量认证实施规则——酒类》以及相关国家法律法规和产品标准对酒类产品品质进行的合格评定活动。

认证的产品包括葡萄酒类、啤酒类、白酒类、黄酒类、果酒类、威士忌、白兰地、俄得克（伏特加）、露酒、酒精和其他含酒精的饮料产品。产品质量标准以现行的国家标准为依据。《食品质量认证实施规则——酒类》中明确了酒类认证标志，它是证明酒类产品质量等级的证实性标示。通过酒类产品质量等级认证的产品，可以使用国家食品质量认证标志，作为向市场和消费者证明产品质量等级的标志。认证结果分别用"优级产品标志"、"一级产品标志"、"二级产品标志"三种图形标志标注产品质量，与国家标准中规定的"优级"、"一级"、"二级"产品相对应（见图1-8，见封三彩图）。

一级产品认证标志　　　二级产品认证标志　　　优级产品认证标志

▇ C 100 M 0 Y 100 K 0
▇ C 0 M 60 Y 100 K 0
色标

图 1-8　国家食品质量认证标志图

在使用认证标志时，必须在认证标志下标注认证机构名称和认证证书号。

由于《规则》对企业的质量安全管理水平提出了更高的要求，抬高了行业门槛，因而能够起到规范行业发展和市场竞争秩序、创造良好的市场竞争环境以及提高行业整体水平的作用。名优企业的产品经过评定并符合相关要求，消费者就可以放心饮用。

• 酒类产品质量等级认证与其他认证的区别

① 酒类产品质量等级认证与管理体系认证的区别

——前者关注的对象是产品质量，后者关注的对象是组织管理模式；

——前者可以以第三方公正的视角向社会和消费者证实获得认证产品的优劣，后者只能证实企业的管理模式的规范性；

——前者可以给予认证标志，并可将认证标志作为产品标签内容，后者只颁发认证证书，不允许在产品商标上印有通过体系认证的字样；

——前者评价的是企业生产酒类产品的质量的优劣以及产品质量的稳定性保证，后者关注的是企业管理的规范模式。

② 酒类产品质量等级认证与QS认证的区别　QS代表了经过国家的批准所有的食品生产企业必须经过强制性的认证，它是食品质量安全市场准入的标志。

酒类产品质量等级认证从检查内容上也涵盖了食品"质量安全"。但无论在产品质量安全还是管理体系要求上都是对QS认证的补充，它的作用是在QS市场准入的基础上向消费者公示产品的优良品质。使消费者面对琳琅满目的酒类产品，理智和明确地了解产品品质，选择适合的产品。

• 酒类产品质量等级认证流程　如图1-9所示。

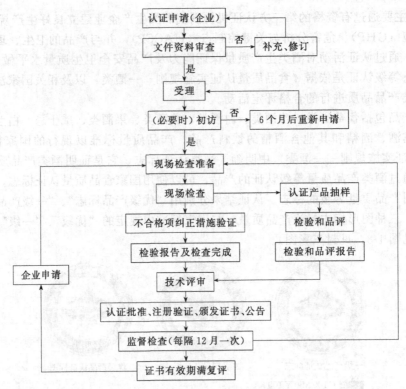

图 1-9　酒类产品质量等级认证流程图

《食品质量认证实施规则——酒类》和《酒类流通管理办法》两大章的颁布实施，加强了我国对酒类产品的质量管理，不仅对保障广大消费者的权益有利，也是促进酒类产业健康发展的重要手段，以及维护国家经济发展的内在要求。

（3）其他的管理规则　除了上述两部主要的酒类产品的管理法规文件外，我国还有许多与酒类相关的管理规范，大致可分为以下几个方面。

① 国家酒类生产许可证发放管理　包括国家质检总局颁布的《黄酒生产许可证审查细则》、《白酒生产许可证审查细则》、《啤酒生产许可证审查细则》、《葡萄酒及果酒生产许可证审查细则》、《其他酒生产许可证审查细则》等。

② 国家酒类流通管理　如商务部发布施行的《酒类商品零售经营管理规范》、《酒类商品批发经营管理规范》等。

③ 酒类进口程序及管理　如《进口酒类国内市场管理办法》、《进口葡萄酒操作流程》等。

④ 酒类卫生、质量、包装、条码管理　如国家卫生部发布施行的《酒类卫生管理办法》等。

⑤ 酒类广告管理　如国家工商行政管理局发布的《酒类广告管理办法》等。

⑥ 地方酒类管理　目前全国有二十多个省市地区制定了地方性法规、规章和规范性文件，如《湖南省酒类管理办法》、《河北省酒类商品监督管理条例》、《浙江省酒类商品经营企业备案登记管理办法（试行）》等。

综观我国酒政史，我国对酒类管理历经禁酒—榷酒—税酒三个阶段，而把酒类产品质量管理纳入国家法律法规体系，尚属首次。这些规范管理对于加快我国酒类企业与国际化接轨进程，遏制行业恶性竞争，创造良好市场竞争环境，科学引导消费均具有重要作用。

单元生产：酒类生产企业

一、酒类生产企业的组织机构

据统计，我国现有年销售收入在 500 万元以上的酿酒企业 15600 余家。全国酒类生产企业众多，规模大小不一，既有大型的酒类工业集团，也有很多中小型企业，甚至还有很多家庭作坊式的酒厂，产品也多种多样，同时具有浓郁的地方特色。因此，酒类生产企业的组织机构不可能是一种模式，但也有其共性之处，即组织机构构成了企业运行的基本框架，其作用是规定了企业内部运行的各负责部门和分配员工的任务，进而规定了哪些岗位对某些方面可以做出指导并对此负有相应的责任。一般来说，大型酒类生产企业机构可以通过图 1-10 组织机构图描绘出来。

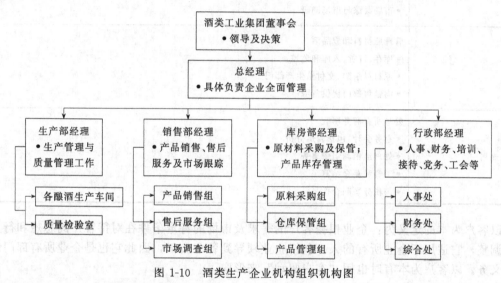

图 1-10　酒类生产企业机构组织机构图

二、酒类生产企业的管理理念

1. 确立以客户为本的管理理念

对任何企业而言，客户（包括消费者）是企业最为重要的服务对象。企业员工为客户提供优质的产品和服务，就是给企业创造了价值。每一个员工，从销售代表到封装工人，从生产人员到管理人员，都应该树立以客户为本的信念。

贵州茅台酒厂承诺的"崇本守道，坚守工艺"酿放心酒；茅台集团经销商向社会郑重承诺的"捍卫国酒，诚信经营，不卖假酒"；五粮液集团与其他企业一起签署的"百家食品企业践行道德承诺书"等，无不体现出以客户为本的理念。在一个以产品为核心的企业里，你的目标就是要找到尽可能多的客户来购买或使用你的产品，而在一个以客户为核心的企业里，你的目标就是要找到尽可能多的解决方案来满足客户的需要。理解客户的需要并对客户的这些需要做出反应是一个企业能在市场竞争中获得成功的关键性因素。

企业总任务按部分任务或职能分为业务领域、部门、小组、团队和岗位，具体举例见表 1-2。

表 1-2 酿酒企业部门及其相应的职能分工

业务领域	职 能
企业领导	制定企业目标并确立经营政策,具体任务是: ● 企业运营 ● 企业策划和组织 ● 控制
生产	准确且无误地完成所有生产车间的工作 ● 原材料的预处理(包括酒曲生产等) ● 糖化和发酵工作(蒸馏酒还包括蒸馏车间) ● 后处理及贮存(包括勾兑、调味、压榨、过滤、杀菌、灌装、贴标入库等)
销售	使产品销售额最大化 ● 产品销售网络 ● 售后服务 ● 市场跟踪与市场调研
库房	管理原材料和成品酒 ● 库存、订货、入库和监控 ● 原材料采购、交付给生产部门 ● 向销售部门提供货源
管理/规划	处理所有商务事宜 ● 财务会计,包括营运分析 ● 处理经销商组织事务 ● 工资和薪金结算 ● 与税务顾问合作

以客户为本的定义为:企业根据客户的需求及市场的特定条件在对待客户的思想和行为上进行调整,它适用于企业所有的人,包括企业领导到各个员工,因此它也是企业所有部门每个人的义务。以客户为本有时也用"客户驱动"来形容。

2. 主动了解客户的需求

创造一个"客户驱动"的企业需要在全公司范围内形成统一的价值观,每个人都要明确自己在理解和满足客户需求的工作中所扮演的角色。其中最重要的一个部分就是不断倾听客户的心声,包括潜在需求,如品质、文化价值、趣味追求等。那么,客户究竟有什么样的需求呢?可以从以下几个方面去思考:

● 我们所做的努力对客户重要吗?
● 相对于竞争对手我们可以为客户提供哪些特别的产品或服务?
● 在以客户为本方面我们自身具有哪些优势与弱点?
● 员工了解客户的需求吗?
● 是否所有员工都知道以客户为本对于客户和自身利益的影响?
● 企业领导是否在以客户为本方面激励员工并做出表率?
● 员工的素质和企业的结构设施是否能够全面满足客户的需求?
● 员工是否了解酒类行业市场及竞争环境?
● 如何保证所有员工能够用以客户为本的原则约束自己的行为?如何激发员工这方面的

意识？

● 如何正确处理客户的投诉？

● 所有员工及部门是否能够团结一致保证以客户为本的工作？

● 对于按照以客户为本精神处事的员工有哪些奖励？

对于这些问题会有不同答案。了解客户需求这项工作并不仅仅是要求偶尔进行一次调查，而是要依靠每一个与客户接触的员工。客户的需求可以通过直接与客户接触和调查形式获取。

3. 确定客户的需求及顺序

按照顾客消费的目的不同，将消费需求由低到高分为实用需求（物质需求）、文化需求（精神需求）两个层次，而酒这种特殊产品则涵盖了物质和精神两个层面，对于酒类消费者而言，需求的两个层次也就是对酒产品的品质需求和自身的品位需求。实际上任何人都无法确定客户究竟有哪些需求，只能通过科学合理的市场调查，尽可能多地了解客户的需求，目的是从客户的角度去分析什么是非常重要的，什么是次要的，可以把这种研究结果作为一般性参照使用。而客户或消费者的兴趣是多种多样的，所以对于客户个体或不同层次的消费者群体的研究也是需要的。如图 1-11 所示为收集客户需求信息的途径。

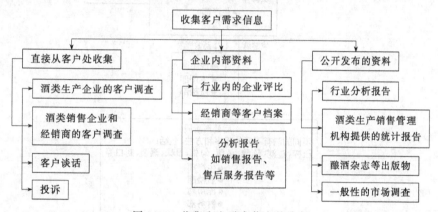

图 1-11　收集客户需求信息的途径

客户需求顺序举例如下。

例如：某网站做的酒饮料消费市场调查结果如下。

由此可见，人们更多的是关注酒的安全、卫生和饮后舒适度，要求不影响健康，同时也应满足人的情感需求、精神需求以及文化传递的需要。

4. 根据客户的需求指导生产和销售

随着建设小康社会目标的确立，人们生活水平将进一步提高，整个酒类消费市场一方面需求总量将会有所增长，另一方面需求的产品结构将向多样化发展。企业可根据自身的条件和客户的需求指导生产、创新技术、培育市场，最大限度地满足客户的需求，实现企业的持续发展。

与客户接触最多的专业销售人员必须要对自己的产品有透彻的理解，这意味着销售人员必须要能向客户展示出自己的产品所具有的典型功能。那么，谁是生产人员的客户？下一道工序就是生产人员的客户！他们要为下一道工序提供合格的产品和服务，做好本职工作就是最好的服务。从这个意义上而言，生产人员在实现"客户驱动"的目标过程中也将面对挑战，需要不断改变和提高自己的技术以满足客户的需求。

非常重要　　　●酒的品质
　　　　　　　●酒的口味
　　　　　　　●酒的品牌及品位
　　　　　　　●酒的档次
　　　　　　　●酒的价格
　　　　　　　●酒的功能
　　　　　　　●售后服务
　　　　　　　●购买便利程度
　　　　　　　●时尚消费
次要　　　　　●广告宣传
　　　　　　　●降价促销

三、酒类生产企业的生产流程

不同类型的饮料酒（如葡萄酒、啤酒等）其生产流程是不同的，但仍具有很多共性，其生产流程和相关职能部门可用图1-12简要描述。

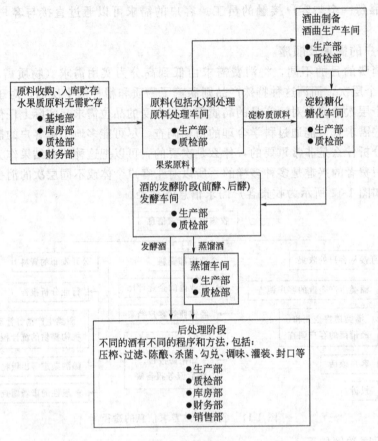

图 1-12　酒类生产企业的生产流程图
只有中国酒的生产需要制作酒曲（即糖化发酵剂）；中国酒一般是指
黄酒和中国白酒；中国酒的糖化和发酵可同时进行，也可先糖化后发酵

四、酿酒工的职业标准和基本要求

负责整个饮料酒生产过程中的大部分流程，其中包括原料处理、微生物培养、制曲、酿酒的规范操作；提高出酒率和优质品率的技术措施；进行酒、曲的感官鉴定；生产过程中的感官监测等。酿酒工是酒类生产企业主要的生产力量，直接关系到产品的品质，从而直接影响着企业的生存和发展。

1. 酿酒工的职业标准

按照国家有关职业标准及技能鉴定的规定，酿酒工职业分为白酒酿造工、啤酒酿造工、黄酒酿造工、果露酒酿造工和酒精酿造工。以上职业均设五个等级，分别为：初级技能（国家职业资格五级）、中级技能（国家职业资格四级）、高级技能（国家职业资格三级）、技师（国家职业资格二级）、高级技师（国家职业资格一级）。标准对初级、中级、高级、技师和高级技师的技能要求依次提高，高级别涵盖低级别的要求。大专、高职以上毕业生可申报高级技能鉴定；取得高级技能证书后连续在本岗位工作 5 年以上，可申报技师技能鉴定；取得技师证书后连续在本岗位工作 3 年以上，可申报高级技师技能鉴定。

不同的酿酒工职业还包含不同的工种，详见表 1-3。

表 1-3　酿酒工职业工种

职业	白酒酿造	果露酒酿造	啤酒酿造	黄酒酿造	酒精酿造
工种	白酒酿造工	发酵工	粉碎糖化工	制曲酒母工	除杂、粉碎工
	培菌制曲工	贮酒工	发酵过滤工	蒸饭发酵工	蒸煮、糖化工
	贮存勾调工	过滤工	成品包装工	压滤灌装工	发酵工
	白酒包装工	配酒工	分析检验工		蒸馏工
		洗瓶机工	啤酒酿造师		糖化、酒化剂制备工
		装酒工	啤酒包装师		

2. 对这些不同工种共同的基本要求

（1）职业道德　包括职业道德基本知识和职业守则。

（2）基础知识

① 酿酒基础知识　包括相应的酒品种的分类知识；原辅材料的性能、质量要求；相应的酒酿造、灌装基础知识和相应的酒酿造基本理论以及工艺操作知识。

② 酿酒设备知识　粉碎、糖化、发酵、蒸馏、贮存、过滤、灌装等各种设备的结构和特性。

③ 酿酒微生物的基础知识　曲霉菌、酵母菌、细菌特性；酿造中有害菌的基本知识。

④ 机械和电气设备知识　常用量具的使用、电气仪表设备使用的基础知识。

⑤ 安全知识　安全操作知识、工业卫生和环境保护知识。

⑥ 相关法律法规知识　包括劳动法、质量法、食品卫生法、商标法、标准法和计量法。

（3）相关知识

由此可见，酿酒行业不论哪个工种，知识面要求均较全面。

与品酒师职业一样，酿酒师近年来在专业化程度上也得到迅速发展，被列为 10 种新兴职业之一。酿酒师职业共设三个等级，分别为：助理酿酒师（国家职业资格三级）、酿酒师（国家职业资格二级）、高级酿酒师（国家职业资格一级）。酿酒师是随着酒类产品制造工艺不断发展而产生的职业，与酿酒工的工作性质、职责不同，酿酒师的工作体现在酿酒的核心技术层面，其能力对产品个性的形成以及产品的质量起着至关重要的作用。

五、企业文化

1. 什么是企业文化？

企业文化是一个企业的精神精髓，是企业在长期生产经营活动中所自觉形成的、并为全体员工所认同、遵守、带有本企业特色的价值观念、经营准则、经营作风、企业精神、道德规范、发展目标的总和，是企业广大员工恪守的经营宗旨、价值观念和道德行为准则的综合反映。按照国际广泛认可的一种说法，企业文化是个体在某个特定企业环境中的行为方式。企业文化是为企业的生存和发展服务的，因此企业运作的特征也表现在企业文化上。

企业文化的灵魂就是企业的社会责任。企业社会责任（corporate social responsibility, CSR）是指企业在创造利润、对股东承担法律责任的同时，还要承担对员工、消费者、社区和环境的责任。企业的社会责任要求企业必须超越把利润作为唯一目标的传统理念，强调要在生产过程中对人的价值的关注，强调对消费者、对环境、对社会的贡献。

2. 企业文化的内容

第一，如何看待顾客；第二，如何看待员工；第三，如何思考和定义竞争；第四，如何考虑对社会和环境的责任；第五，如何考虑合作与竞争；第六，如何认识成本和利润等。

3. 企业文化的特点

企业文化作为一种文化，具有以下几个特点。

（1）独特性　企业文化产生于不同企业，每个企业有其独特的文化氛围、企业精神、经营理念，有自己企业中形成的价值观，因此其所形成的企业文化也是各不相同，各有其特点。

（2）难交易性　企业文化是为该企业内部成员所认同的并用来教育新成员的一套价值体系（包括共同意识、价值观念、职业道德、行为规范和准则等）。甲企业优秀的企业文化，是能被甲企业成员认同的一套价值体系，能极大地促进甲企业的发展，但它出自甲企业，不一定能被乙企业成员认同，也不一定能适合乙企业，对乙企业未必能起到促进作用。

（3）难模仿性　现代企业的核心竞争力技术创新可以模仿，但企业文化不能模仿。企业文化有其独特性，是一套非常复杂的价值体系。

因此，企业文化成为企业核心专长与技能的源泉，是企业可持续发展的基本驱动力。

任何企业都是有文化的，没有没有文化的组织，只有不同文化的组织。

4. 企业文化的作用

（1）导向作用　即把企业职工个人的目标引导到企业所确定的目标上来。在激烈的市场竞争中，企业如果没有一个自上而下的统一的目标，很难参与市场角逐，更难在竞争中求得生存与发展。在一般的管理概念中，为了实现企业的既定目标，需要制定一系列的策略来引导员工，而如果有了一个适合的企业文化，职工就会在潜移默化中接受共同的价值理念，凝成一股力量向既定的方向努力。

企业文化就是在企业具体的历史环境条件下，将人们的事业心和成功的欲望化成具体的目标、信条和行为准则，形成企业职工的精神支柱和精神动力，为企业共同的目标而努力，因此优秀的企业文化建立的实质是建立企业内部的动力机制。这一动力机制的建立，使广大职工了解了企业正在为崇高的目标而努力奋斗，这不但可以产生出具有创造性的策略，而且可以使职工勇于实现企业目标而做出个人牺牲。

（2）约束作用　作为一个组织，企业常常不得不制定出许多规章制度来保证生产的正常运行，这当然是完全必要的，但是即使有了千万条规章制度，也很难规范每个职工的行为，而企业文化是用一种无形的文化上的约束力量，形成为一种行为规范，制约员工的行为，以此来弥补规章制度的不足。它使信念在职工的心理深层形成为一种定势，构造出一种响应机制，只要外部诱导信号发生，即可以得到积极的响应，并迅速转化为预期的行为。这就形成了有效的"软约束"，它可以减弱硬约束对职工心理的冲撞，缓解自治心理与被治理现实形成的冲突，削弱由其引起的一种心理抵抗力，从而使企业上下左右达成统一、和谐和默契。

（3）凝聚作用　文化是一种极强的凝聚力量。企业文化是一种黏合剂，把各个方面、各个层次的人都团结在本企业文化的周围，对企业产生一种凝聚力和向心力，使职工个人思想和命运与企业的安危紧密联系起来，使他们感到个人的工作、学习、生活等任何事情都离不开企业这个集体，将企业视为自己最为神圣的东西，与企业同甘苦、共命运。

（4）激励作用　企业文化的核心是要创造出共同的价值观念，优秀的企业文化就是要创造出一种人人受重视、受尊重的文化氛围。良好的文化氛围，往往能产生一种激励机制，使每个成员做出的贡献都会及时得到职工及领导的赞赏和奖励，由此激励员工为实现自我价值和企业发展而不断进取。

（5）辐射作用　企业文化塑造着企业的形象。优良的企业形象是企业成功的标志，包括两个方面：一是内部形象，它可以激发企业职工本企业的自豪感、责任感和崇尚心理；二是外部形象，它能够更深刻的反映出该企业文化的特点及内涵。企业形象除了在本企业有很大的影响之外，还会对本地区乃至国内外的其他一些企业产生一定的影响，因此，企业文化有着巨大的辐射作用。

虽然没有好的企业文化的企业也可以成长，但没有好的企业文化的企业却难以实现可持续成长。没有文化就好像没有灵魂，没有指引企业长期发展的明灯，因而无法获得牵引企业不断向前发展的动力。文化不解决企业赢利不赢利的问题，文化只解决企业成长持续不持续的问题。从这个意义上说，中国企业能否不断长大成为世界级企业，成为长寿公司，与企业文化建设的成败有着密切关系。

如果一个企业没有好的企业文化，它就会失去持续发展的动力，最终走进失败的深渊。

国内有好些小企业不注重企业文化的建设，在短期内，由于一些原因，企业经营状况可能会好一些。但是，这种状况不会持久，这些企业经不起时间的考验，由于没有企业文化的引导，企业就像失去灵魂一样，如一盘散沙一样，最后在竞争中被淘汰。如果单纯以金钱报酬为标准，只会造成员工没有归属感，频繁跳槽，企业不注重对员工进行培训，长此以往，形成恶性循环，对人才成长和企业发展都会造成消极影响。

文化不是产品，究其本质是一种"群体经历"的结果。企业文化的形成是企业家带领员工

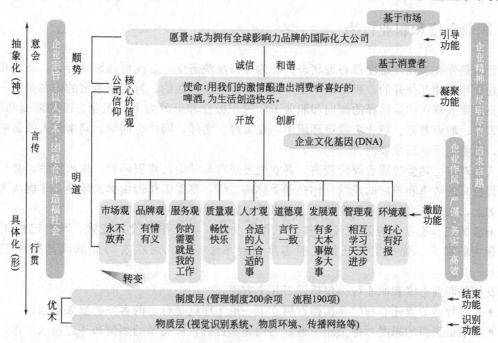

图 1-13　某啤酒生产企业的企业文化图解

干出来的，企业家只有通过用科学的管理方法和制定符合本企业实际的工作制度，真抓实干，企业愿景才能实现，企业发展壮大了，其企业文化才能产生、才能生存，失败的企业不可能有文化。因此，企业家注重把精力放在抓管理、抓技术创新、抓人才培养上，工作做实了，企业文化也自然形成了，企业成功了，自然就有"文化"人，也就有人来总结企业文化了。

【讨论1】如图1-13所示为某啤酒生产企业的企业文化展示，你是否能理解该企业的文化内涵是什么？假如你是该企业的一名员工，你认为自己该思考什么？该如何工作？

【讨论2】如果你想了解某个企业真正的企业文化，你会采取什么方法？

【思考】企业文化的误区有哪些？能否查阅相关资料举例说明？

【阅读材料】 感受优秀企业文化的魅力

案例　前两年在海尔还流传着一个故事：有一位进入海尔工作的大学生，在一段短暂的时间之后离开海尔，到深圳的一家非常著名的大企业集团当了部门经理。可是不久，他就给张瑞敏总裁写了一封信，他的信上说，我现在深圳的这家公司工作，收入很高，但是我总觉得我缺了点什么，我仔细地想，缺的是文化，缺的是团队精神，缺的是透明的人际关系。这就是海尔的文化。

分析：案例中的那个大学生只在海尔工作了一段短暂的时间，他通过对比最终发现了海尔文化的真正魅力。他虽然在大企业做了部门经理，收入很高，但他却还对海尔的文化念念不忘。在海尔那个文化氛围中，员工的离职率是非常低的，这全得益于海尔优秀的企业文化。

观点：对于知识型员工来说，物质不再是非常重要的东西。他们不全是经济人。根据马斯诺的需求层次理论可知，人类的需要是分层次的，由低到高。它们是：生理的需要，安全的需要，尊重的需要，社交的需要，自我实现的需要。物质需求是最底层的需求，当物质满足了之后，就会有高层次的需求。此时物质利益对他的吸引力就非常小了。因此，作为企业，单纯靠高薪、高待遇是不容易网罗人才、留住人才的。因为只凭借高薪是无法满足他们高层次需求的。只有企业文化才会对他们起到很强的吸引作用，使他们产生强烈的归属感。

企业的人才争夺战中，真正起关键作用的是企业文化。企业对人才的争夺真正体现在不同企业文化的竞争上。各种人才通过对公司的企业文化的了解、认识，选择适合自己发展的公司。很多人才都是因为青睐一个公司的企业文化而选择进入该公司的。

六、职业态度和职业行为

行为是外在表现，态度是心理状态；行为可以反映态度，态度可能影响行为；态度和行为又是独立和可相互分开的。职业态度是个人对职业的较持久的、肯定或否定的内在倾向。职业行为则主要表现在职业选择的倾向和职业劳动的积极性和忍耐力上。职业态度的形成和改变，是在家庭、职业教育、职业实践等环境中，在父母、老师、同伴、同学、同事等人的影响和引导下，由量到质逐渐发展的。

人们对自己热爱的职业评价较高，喜欢也愿意参与并为之克服困难，作出牺牲，并且往往会取得较高的效率和较好的成绩。你必须爱你的工作，享受工作带给你的乐趣，才能成为一个乐观的人，抱着认真做事的态度把自己的事情做好才是根本。

消极的工作态度会导致交流和整体工作的失败，在工作上没有成就，与自己的工作态度有很大的关系。如果工作开始之前态度已经不端正了，怎么有可能圆满地完成工作任务呢？

良好的职业态度和职业行为包括以下几个方面：

- 具有较强的责任心和敬业精神，树立下一道工序就是自己的客户的服务意识；
- 以积极正面的态度对待工作中遇到的问题和挫折，以高昂的热情和斗志投入工作；
- 学会处理个人与公司的关系，服从组织规则，"小我"融入"大我"；

- 掌握沟通技能，学会与上司、同事和客户的相处技巧，减少误解和冲突，增进信任，提高工作绩效；
- 分清轻重缓急，合理安排工作，体现工作的成果与意义；
- 学会解决问题的程序，能运用辅助的工具去分析并解决工作中出现的疑难问题；
- 了解礼仪与成功的关系，把礼仪化作自己的行为习惯，塑造良好的职业形象；
- 树立自我批判的意识，更新观念，规划职业生涯，适应公司的发展。

职业态度已经成为大学生求职时比学历文凭、实践能力更重要的因素，许多用人单位更注重应聘大学生的职业态度。

【讨论】如果你在应聘时面对用人单位以下的提问，你会如何回答？
- 你觉得你做得最让自己满意的事情是什么？最窝囊的事情是什么？
- 如果进入公司后你发现你的待遇在同行业中处于中下等，你会怎么办？
- 你应聘的这个职位的工作会很辛苦，而且工资也不高，你知道吗？
- ……

七、与管理者和同事的沟通

企业非常需要具备有高效"执行能力"和良好素质的员工，不仅自身能尽职尽责，独立完成工作目标，而且有良好的人际交往能力，能与他人合作，共同完成团队的工作目标。

尽管具备一定的专业知识，但是，要成为一个合格的企业员工，大学毕业生还必须在上岗前，从心态、技能等方面，完成从校园人到企业人的角色转换，才能踏踏实实地进入工作状态。

实训项目　酒类生产企业的认识及酒类市场调查

学习工作页

年　　月　　日

项目名称	查阅饮料酒分类等相关的国家标准	国标种类	
学习领域	酒类生产经营体系	实训地点	图书馆、微机房等
项目任务	利用互联网、图书馆等，查阅饮料酒相关的国家标准，并进行分类	班级	
		姓名	

一、关于饮料酒，国家出台了多少相关标准？将你查阅到的饮料酒相关国标目录分类整理列出，注意标准的更新，要查阅最新的标准。

二、按照国家标准，饮料酒分为哪几类？分类的依据是什么？

三、就酿造工艺而言，中国酒与其他种类的酒比较，其最大的不同在哪里？

四、就酿酒原料而言，用果质原料与淀粉质原料酿酒在工艺上的最主要差异是什么？

五、酿酒主要利用了哪些微生物？这些微生物在酿酒过程中有何主要作用？

六、设计一份关于酒类产品的市场调查问卷，主题自拟。

项目任务书

年　　月　　日

项目名称	酒类市场调查计划	实训学时	
学习领域	酒类生产经营体系	实训地点	超市等酒类经营场所
项目任务	利用超市、酒类专卖店、酒吧等,对饮料酒进行市场调查	班级	
		姓名	
实训目的	1. 能够对酒类市场进行初步的调查,并进行分析得出结论 2. 通过项目方案的讨论和实施,体会完整的工作过程,掌握市场调查和市场分析的基本方法,学会用比较完整的写作形式准确表达市场调查研究的成果 3. 培养学生团队工作能力		
工作流程	教师介绍背景知识　　教师引导查阅资料 ↓ 填写工作页,制定初步方案 ↓ 讨论 ↓ 方案定稿,填写任务书		
初步方案	(包括调查问卷的设计)		
审核意见			
定稿方案	(包括调查问卷)		
方案审核人(签名)			

实训项目操作指南　酒类市场调查

市场调查、信息收集是辨认市场机会,确立企业竞争优势,建立市场竞争战略的出发点;是营销管理的基础工作,具有长期性、动态性,是需要专项化的工作,做好市场调查是做好管理工作的前提。

(1)市场调查的类型　包括内部报告系统和外部情报收集。

① 内部报告　包括客户订单;销售预测表;销售汇总报表(月、季分地区);销售价格水平表;存货统计表;应收账款统计表等。对报表提供数据定期统计,并将数据进行整理、分析、归纳、对比,以此收集市场情报,了解企业内部营运状况。

② 外部情报收集　包括消费者调查、产业市场调查、竞争者情况调查、本企业经营战略决策执行情况调查、政策法规情况调查。在进行深入调查分析的基础之上,才能对产品进行定位、制定战略部署、进行开发、营销推广等一系列工作。

由于条件所限,本次酒类市场调查主要进行外部情报收集。

(2)市场调查的操作　分为以下四个阶段。

① 调查前的准备阶段　确定调查主题,收集调查主题的相关资料并进行初步的分析,找出问题存在的征兆,明确调查课题的关键和范围,以选择最主要也是最需要的调查目标,制定出市场调查的方案。主要包括:市场调查的内容、方法和步骤,调查计划的可行性、经费预算、调查时间等。

② 正式调查阶段　市场调查常用的方法有下述几种。

●问卷调查法：关键在于设计好问卷，首先调查目的和内容要明确，即为什么要做调查？调查了解什么？注意避免在调查内容上有使被调查人难以回答，或者是需要长久回忆而导致模糊不清的问题。其次要明确针对人群，问卷题目设计、语言措辞选择得当。第三，问卷设计的题目答案，必须充分考虑后续的数据统计和分析工作易于操作。具体来说设计的题目答案，必须是容易录入的，而且可以进行具体的数据分析的，即使是主观性的题目的答案在进行文本规范的时候也要具有很强的可操作性，这样才能使整个环节更好地衔接起来。第四，问卷卷首最好要有说明，如称呼、目的、填写者受益情况、主办单位等。由于调查的目的和调查内容不同，针对的群体也不尽相同，还由于受到受调人群配合的积极性的影响，市场调查在操作上往往会比较困难，这也是很多市场调查往往做一些赠送返利等的原因。但是作为操作市场调查的策划人员，就应该从这点上充分地尊重受调人员，因此在问卷的设计上也应该尽量规范，同时必须要有受调人员有权力知道的内容，对调查的目的、内容进行一个说明。具体来说，需要有一个尊敬的称呼，填写者的受益情况，主办者和感谢语，同时，如果问卷中有涉及个人资料，应该要有隐私保护说明。只有尊重受调人群，才有可能使他们积极配合。第五，问卷的问题要合理化、逻辑化，规范化。为了使受调人员能够更容易回答问题，可以对相关类别的题目进行列框，受调人员一目了然，在填写的时候自然就会比较愉快地进行配合。另外，主观性的题目应该尽量避免，或者换成客观题目的形式，如果确实有必要的话，应该放在最后面，让有时间和能配合的受调人员进行一定的文字说明。

●访谈法：个别访问、集体座谈会、电话访谈等。

●观察法：到销售现场观察、生产现场观察、使用现场和家庭现场观察等。

●试验法：向市场投放部分产品进行试销，看消费者的反应，以检验产品的品种、规格、花色款式是否对路、价格是否适中等。

③ 综合分析整理资料阶段　当统计分析和现场直接调查完成后，市场调查人员拥有大量的一手资料。对这些资料首先要编辑，选取一切有关的、重要的资料，剔除没有参考价值的资料。然后对这些资料进行编组或分类，使之成为某种可供备用的形式。最后把有关资料用适当的统计表或统计图展示出来，以便说明问题或从中发现某种典型的模式。

④ 提出调查报告阶段　经过对调查材料的综合分析，便可根据调查目的写出一份调查报告，得出调查结论。

（3）如何进行调查结果的分析　问卷的统计与分析是调查的重点，也是调研工作的难点。同样的统计数据，由于分析方法的不同以及对数据的理解不同，可能会得到不同的结果。问卷的统计分析方法可分为两类：定性分析和定量分析。

① 定性分析　定性分析是一种探索性调研方法。目的是对问题定位或提供比较深层的理解和认识依据，或利用定性分析来定义问题或寻找处理问题的途径。但是，定性分析的样本一般比较少（一般不超过三十），其结果的准确性可能难以捉摸。实际上，定性分析很大程度上依靠参与工作的统计人员的天赋眼光和对资料的特殊解释，没有任何两个定性调研人员能从他们的分析中得到完全相同的结论。因此，定性分析要求分析者具有较高的专业水平，并且优先考虑那些做数据资料收集与统计工作的人员。

② 定量分析　在对问卷进行初步的定性分析后，可再对问卷进行更深层次的研究——定量分析。定量分析首先要对问卷数量化，然后利用量化的数据资料进行分析。定量分析可通过扇形统计图、条形图、折线图等让数据差异清晰显示。

（4）实习总结（技能要求）　市场竞争十分激烈，企业需要随时掌握市场和客户需求，掌握竞争对手的动向，这样才有可能做出正确的决策，为客户提供合格的产品和服务，在市场上占一席之地。因此市场调研是十分重要的，而问卷调查既可以直接与消费者接触，又可以节省成本，是诸多调研方法中的首选，通过实习，要使学生掌握如何做出有针对性，又可节省被调查者时间和精力的调查问卷，并学会分析收到的调查问卷，根据反馈的信息，对调查产品做出切合市场的调整，使企业在市场中处于有利的地位。

项目记录表

项目名称	酒类市场调查		实训学时	8学时
学习领域	酒类生产经营体系		实训地点	超市等酒类经营场所
项目任务	利用超市、酒类专卖店、酒吧等，对饮料酒进行市场调查		班级	
			姓名	
调查问卷	另附			

项目实施过程记录

阶段	操作步骤	原始数据或资料	注意事项
准备阶段			
正式调查阶段			
综合分析整理资料阶段			
提出调查报告阶段			

项目报告书

　　　　　　　　　　年　　月　　日

项目名称	酒类市场调查结果及分析		实训学时	
学习领域	酒类生产经营体系		实训地点	超市等酒类经营场所
项目任务	利用超市、酒类专卖店、酒吧等，对饮料酒进行市场调查		班级	
			姓名	
实训目的				
调查问卷	自行设计，另附			

项目实施过程记录整理

阶段	操作步骤	原始数据或资料	注意事项

结果报告及讨论

项目小结

成绩/评分人	

【附 1-1】调查问卷参考模版

调 查 问 卷

您好,感谢您在百忙之中抽出时间来填写这份调查问卷,这是一份关于选择酒类产品因素的调查问卷。希望您能如实填写,支持我们的调查工作。深表感谢!

您的基本情况

性别:□女士 □先生 您的年龄:□25 岁以下 □26～35 岁 □36～45 岁 □46～60 岁 □60 岁以上

受教育程度:□初中 □高中/中专等 □大专 □本科 □研究生

就业情况:□在职 □待业 □下岗 □退休 □学生 □军人

您的职位:□专业人士 □部门主管 □市场营销/销售总监 □行政经理/人事经理 □财务总监/总会计师 □总经理/副总经理 □董事长 □其他＿＿＿＿＿＿＿

1. 您经常饮酒吗?

□不饮酒 □每月 1～2 次 □每周 1～2 次 □2～3 天 1 次

□一天 1 次 □一天几次

2. 您喜欢饮什么酒(产地)?

□国产酒 □洋酒 □不确定

3. 您喜欢饮什么酒?(类型,可选 1～3 项)

□啤酒 □葡萄酒 □果酒(除葡萄酒外) □黄酒

□药酒或保健酒 □高度白酒(酒精度 40 度以上)

□低度白酒(酒精度 39 度以下) □其他酒类

4. 您每次饮酒量大约是?

1)□基本稳定 □易受情境、气氛影响

2) 多数情况下,每次您的啤酒饮量是(注:一瓶 640 毫升,一罐 355 毫升)

□少于 200 毫升 □200～500 毫升 □501～1000 毫升 □1001～2000 毫升

□超过 2000 毫升 □几乎不喝

3) 多数情况下,每次您的白酒饮量是(注:约 50 毫升合 1 两)

□少于 50 毫升 □50～100 毫升 □101～250 毫升 □251～500 毫升

□超过 500 毫升 □几乎不喝

4) 多数情况下,每次您的黄酒饮量是(注:约 50 毫升合 1 两)

□少于 50 毫升 □50～100 毫升 □101～250 毫升 □251～500 毫升

□超过 500 毫升 □几乎不喝

5) 多数情况下,每次您的葡萄酒饮量是(注:约 50 毫升合 1 两)

□少于 100 毫升 □100～250 毫升 □251～500 毫升 □501～1000 毫升

□超过 1000 毫升 □几乎不喝

5. 您家里平均每周购买酒(用于消费或送礼)的次数是

□几乎不买 □1～2 次 □3～5 次 □超过 5 次

6. 您时常购买的酒是(可选 1～3 项)

□啤酒 □葡萄酒 □果酒(除葡萄酒外) □黄酒

□药酒或保健酒 □高度白酒(酒精度 40 度以上) □低度白酒(酒精度 39 度以下) □其他酒类

7. 您家里平均每周用于购买酒的费用大约是

□几乎不花钱 □少于 20 元 □20～50 元 □51～100 元

□101～150 元 □151～200 元 □201～300 元 □超过 300 元

8. 您一般在何处购得(获得)酒?

□大型商场 □大型超市 □小超市或连锁店 □专业批发市场

□糖烟酒专卖店 □附近小店 □单位发放 □亲友赠送

9. 对于一种您从来没有喝过的酒,您会

□一定去买 □很可能会买 □说不准 □可能不买 □一定不买

10. 您饮酒多数是在

□中午用餐时　　　□晚上用餐时　　　□早上用餐时　　　□非用餐时间　　　□不能确定

11. 您一般在何种场合饮酒？

　　□家里　　　　　□单位里　　　　　□宾馆饭店　　　　□娱乐场所

　　□一般餐饮场所　□其他场合

12. 您喝酒的习惯是

　　□认准一个牌子　□认准少数几个牌子　□偶尔换换牌子　□经常换牌子　□随意

13. 您认为酒瓶子的包装内容应突出

　　□现代性　　　　□传统性　　　　　□其他

14. 您认为酒瓶子的包装形式应突出

　　□豪华精美　　　□平实朴素　　　　□其他

15. 您认为酒应当具备……（多项选择）

　　□醇香气味　　　□口感良好　　　　□不易头疼　　　　□保健功能

　　□包装设计精美　□酒瓶造型精美　　□防伪技术　　　　□其他

16. 您认为一瓶酒的容量多少才合适（除啤酒外）？

　　□少于 200 毫升　□200～500 毫升　　□超过 500 毫升

17. 重大节日、事件，您送礼多数情况下送什么呢？

　　1）□金钱　　　　□实物　　　　　　□两者结合　　　　□其他

　　这是因为＿＿＿＿＿＿＿＿＿＿＿＿＿＿＿＿

　　2）送实物，多数情况下送什么呢？（可选 1～3 项）

　　□小家电　　　　□酒类　　　□烟草类　　　□食品、保健品类　　□化妆品、保洁品类

　　□少儿玩具、学习用品　　□服装饰品类　　□金银首饰手表类　　□其他

　　3）如送酒，您希望的是

　　□单瓶装　　　　□多瓶礼品装　　　□酒和其他物品组合礼品装

　　□酒和其他当地特产组合装　　　　□其他要求＿＿＿＿＿＿＿＿＿

再次感谢您对我们工作的支持！

参考文献

[1] 中华人民共和国国家标准 GB/T 17204—2008《饮料酒分类》.

[2] 中华人民共和国商务部第 25 号令《酒类流通管理办法》.

[3] 国家认证认可监督管理委员会公告 2005 年第 27 号《食品质量认证实施规则——酒类》.

[4] 国家职业标准——白酒酿造工. 北京：中国劳动社会保障出版社，2003-05.

[5] 国家职业标准——啤酒酿造工. 北京：中国劳动社会保障出版社，2003-06.

[6] 国家职业标准——黄酒酿造工. 北京：中国劳动社会保障出版社，2003-05.

[7] 国家职业标准——果露酒酿造工. 北京：中国劳动社会保障出版社，2003-06.

[8] 国家职业标准——酒精酿造工. 北京：中国劳动社会保障出版社，2003-06.

[9] 国家职业标准——酿酒师（试行）. 北京：中国劳动社会保障出版社，2008-07.

[10] 国家职业标准——品酒师（试行）. 北京：中国劳动社会保障出版社，2008-07.

[11] 施托德（德）. 汽车机电技术（一）. 华晨宝马汽车有限公司（译）. 北京：机械工业出版社，2008.

[12] 周恒刚，徐占成. 白酒品评与勾兑. 北京：中国轻工业出版社，2004.

[13] 王俊玉. 葡萄酒的品评. 呼和浩特：内蒙古人民出版社，2005.

[14] 中国酒业新闻网 http://www.cnwinenews.com

[15] 中国酿酒工业协会 http://www.cada.cc

[16] 中国酿酒网 http://www.zgnj.org

[17] 中国酒类技术网 http://www.jiuyansuo.com

[18] 企业文化网 http://www.oilcul.com

[19] 国家职业资格工作网 http://www.osta.org.cn

[20] 168 标语网 http://www.biaoyu168.com

学习领域 2　黄酒酿造

- - - - - - - - - - - - - - - - - - -

○ 基础知识：黄酒概述

○ 单元生产 1：黄酒酒曲生产

○ 实训项目 2-1　黄酒酒曲制作工艺

○ 单元生产 2：黄酒酿造工艺及主要设备

○ 实训项目 2-2　黄酒酿造工艺

基础知识：黄酒概述

一、黄酒的定义及特点

黄酒（Chinese rice wine），又称为老酒，据 GB/T 13662—2008，黄酒的定义为：以稻米、黍米为主要原料，经加曲、酵母等糖化发酵剂酿造而成的发酵酒。

黄酒是世界上最古老的酒类之一，源于中国，且唯中国有之，与啤酒、葡萄酒并称世界三大古酒。据考证，我国酿酒起源于龙山文化时期（公元前 2800—公元前 2300 年）。我国古书《世本》中记载有"仪狄始作酒醪，变五味"，《事物纪原》中有"少康作秫酒"等记载。仪狄是龙山文化之后夏禹时代的人，少康（又名杜康）是殷商时代的人。他们虽不是酿酒的发明家，但是可以断定历史传说中仪狄、杜康所酿的酒就是黄酒的原始类型。明朝李时珍在《本草纲目》中写道："烧酒非古法也，自元时创其法"，又据袁翰青的研究以及大量考古研究鉴定，认为烧酒即白酒起源于唐代，因此我国酒的起源应该是黄酒，而白酒是蒸馏器发明后在黄酒的基础上发展起来的。

黄酒从古至今一直都是人们日常消费品之一。每逢婚庆、寿诞、佳节、迎送宾友时都以酒助兴，黄酒也是中药中修合丸散、膏丹的辅助原料，又是烹调菜肴时所需的一种调味去腥佳品。黄酒生产具有耗能低、投资少、周转快、积累多的特点。黄酒的发源地为浙江绍兴，所以又称为绍兴酒，后来发展到浙江全省，并逐步发展到江苏、福建、江西和上海等地，现今已有26 个省市生产，成为全国性的酒类工业，这些省市生产的黄酒又称之为仿绍酒。随着需求的不断增长，各地黄酒的产量不断增加，质量也不断提高，名优酒由 1952 年时仅一种绍兴加饭酒，发展至今已拥有 8 种国家名酒、18 种国家优质酒及多种省优质酒。

绍兴酒年出口量达 5000t 左右，是我国黄酒中出口量最大的酒种，在国际上享有很高的声誉。沉缸酒、福建老酒、江苏老酒、九江封缸酒、山东即墨老酒等，也均有不同数量的出口。此外，黄酒生产中的浆水和酒糟是畜牧业营养丰富的饲料。

黄酒制法和酒的风味都有独特之处，其生产特点归纳如下。

① 我国幅员辽阔，自然条件不同，酿酒采用的原料、糖化发酵剂各异，工艺操作又各有一套传统的方法，因而黄酒的品种繁多，有麦曲酒、红曲酒等多种类型，酒的风格各具特色。

② 黄酒酿造是一种双边发酵过程，与葡萄酒和啤酒的发酵过程不同，采用的是边糖化边发酵的方式，由于糖分不会过高积累，因而有利于发酵生成酒精，黄酒的酒精含量可达到 $16\% \sim 22\%$。

③ 黄酒酿造传统上是选择冬季低温条件下进行，因为在低温条件下，杂菌难以生长繁殖，不易使酒酸败，有利于糖化菌和酵母菌进行长时间的低温发酵，以逐步形成黄酒特有的色、香、味、体。实践证明，短期发酵的酒香味较差。

④ 黄酒由多种霉菌、酵母菌和细菌等共同作用酿制而成。不同的酒曲有不同的微生物谱系，这些微生物在制曲药及发酵过程中产生的代谢产物构成了黄酒特有的香味成分。实践证明，采用单一菌种的纯种曲药不及多菌种的自然曲药酿的酒好。

⑤ 黄酒酿造用米类，制曲原料用小麦，是古代酿酒的宝贵技术经验。因为糯米中含支链淀粉多，使酒中能残留较多的界限糊精，因而味感醇厚；小麦能够为霉菌提供丰富的碳源、氮源以及微量元素，这些成分也为酵母菌的繁殖和发酵提供营养，并构成了麦曲酒特有的浓

香味。

⑥成品黄酒都必须经过灭菌，为增加香气和提高酒的醇厚感，还需要装入陶坛内密封，进行适当时间的贮存。经过贮存的黄酒风味更好，称为陈年酒或老酒。

二、黄酒的分类及相关的国家标准

黄酒历史悠久，全国各地黄酒的品种繁多，取名不一。黄酒产地较广，品种很多，著名的有绍兴加饭酒、福建老酒、江西九江封缸酒、江苏丹阳封缸酒、无锡惠泉酒、广东珍珠红酒、山东即墨老酒等，其中绍兴酒最为著名。因为大多数品种酒的色泽黄亮，故俗称黄酒。根据2009年6月1日开始实施的黄酒国家标准GB/T 13662—2008，黄酒产品可按如下方法分类。

1. 按产品风格分类

（1）传统型黄酒 以稻米、黍米、玉米、小米、小麦等为主要原料，经蒸煮、加酒曲、糖化、发酵、压榨、过滤、煎酒（除菌）、贮存、勾兑而成的黄酒。

（2）清爽型黄酒 以稻米、黍米、玉米、小米、小麦等为主要原料，加入酒曲（或部分酶制剂和酵母）为糖化发酵剂，经蒸煮、糖化、发酵、压榨、过滤、煎酒（除菌）、贮存、勾兑而成的、口味清爽的黄酒。

（3）特型黄酒 由于原辅料或工艺有所改变，具有特殊风味且不改变黄酒风格的酒。

2. 按含糖量分类（以葡萄糖计）

（1）干黄酒 成品酒的总糖含量≤15.0g/L。

（2）半干黄酒 成品酒的总糖含量15.1～40.0g/L。

（3）半甜黄酒 成品酒的总糖含量40.1～100.0g/L。

（4）甜黄酒 成品酒的总糖含量＞100g/L。

此外，习惯上还有按糖化发酵剂分类（如红曲酒、麦曲酒、小曲米酒）；按工艺分类（如淋饭酒、摊饭酒、喂饭酒）等。

成品黄酒的感官要求、理化要求、分析方法等，详细参见GB/T 13662—2008《黄酒》。

三、黄酒的原料与辅料

1. 稻米

稻谷籽粒由颖（外壳）和颖果（糙米）两部分组成，如图2-1所示。

黄酒生产原料在酿造前，为了减少杂菌繁殖、便于有益微生物的糖化发酵作用，均需要去除脂肪、蛋白质含量较高的外层、糊粉层、胚芽等。通常所指的大米是稻谷经过除谷壳、去米糠后得到的白米。糙米碾制成白米的过程称为大米的精白。白米的碾制从原理上可分为脱壳和精白两步，如图2-2（见封三彩图）所示。

2. 黍米

黍米又称大黄米、糯秫、糯粟、糜子米等，禾本科植物，是我国栽培最早的谷物之一，被列为五谷之一，我国华北、西北多有栽培。品种多样，不同品种的黍米出酒率差异很大。黍米按颜色分，有黑色、白色、黄油色三种，其中以大粒黑脐的黄色黍米品质最

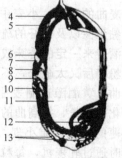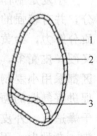

图 2-1 稻谷形态结构和糙米剖面图

1—糠层；2,11—胚乳；3,12—胚；4—外颖；
5—内颖；6—糊粉层；7—种皮；8—内果皮；
9—中果皮；10—外果皮；13—护颖（谷柄）

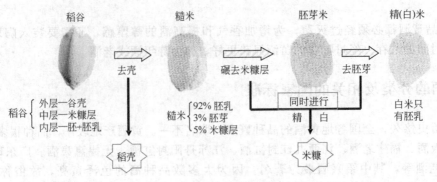

图 2-2　白米的碾制过程

佳，是黍米中的糯性品种。白色黍米和黄油色黍米都是粳性品种，和粳性稻米一样，米质较硬，出酒率不高。

3. 玉米

玉米是我国北方的主要粮食作物之一，与大米、小麦并列为世界三大粮食作物。

由表 2-1 可见，玉米除淀粉含量稍低于大米外，蛋白质与脂肪含量都超过大米，特别是脂肪含量丰富。玉米的脂肪多集中于胚芽中，它将给糖化、发酵和酒的风味带来不利的影响，因此，玉米必须脱胚成玉米渣后才能酿造黄酒。脱胚后的脂肪含量因玉米品种不同，差异较大，如黑玉 46 品种的脱胚玉米，脂肪含量仅剩 0.4%，而一般品种的脱胚玉米，脂肪含量约为2.0%。如果用脱胚不完全的玉米酿制黄酒，会使发酵醪表面漂浮一层油，给酿造工艺控制和成品酒质量带来不利影响。

表 2-1　大米、玉米、黍米成分对比　　　　　　　　　　　单位：%

类别	淀粉及糖分	含氮物	脂肪	粗纤维	灰分	水分
粳米	77.6	6.7	0.8	0.26	0.64	14.0
黍米	71.3~74.5	8.8~9.8	1.3~2.5	0.6~1.2	1.0~1.3	10.3~10.9
玉米	65.0~70.0	9.0~12.0	4.0~6.0	1.5~3.0	1.5~1.7	12.0~14.0

玉米淀粉结构致密坚硬，呈玻璃质的组织状态，糊化温度高，胶稠度硬，较难蒸煮糊化，因此要十分重视对颗粒的粉碎度、浸泡时间和温度的选择，重视对蒸煮时间、温度和压力的选择，防止因没有达到蒸煮糊化的要求而老化回生，或因水分过高、饭粒过烂而不利于发酵，导致糖化发酵不良和酒精含量低、酸度高的后果。

4. 小麦

小麦是制作麦曲的原料。小麦中含有丰富的淀粉和蛋白质，以及适量的无机盐等营养成分，并有较强的黏延性以及良好的疏松性，适宜霉菌的生长繁殖，能产生较高的糖化力和蛋白质分解力，给黄酒带来一定的香味成分。大麦和小麦的成分基本相同，但因大麦有芒，皮又厚又硬，皮壳多，粉碎后又太疏松，不容易黏结，制曲时不便调制，所以，酿造黄酒的大部分地区都采用小麦制曲。黄酒酿造制麦曲时可在小麦中配入 10%~20% 的大麦，以改善透气性，促进好气性的糖化菌生长，提高曲的酶活力。制曲用麦以红色软质小麦为好，要求用当年产的干燥适宜、外皮薄的红色软质小麦，麦粒完整、饱满、均匀，无霉烂、虫蛀、异味、农药污染，杂秕少。用时通过轧麦机，每粒小麦轧成 3~5 片。

5. 水

水称为"酒之血"，是黄酒的主要成分，黄酒中水分达 80% 以上。黄酒生产用水量很大，每生产 1t 黄酒需耗水 10~20t，包括制曲、浸米、洗涤、冷却、酿造和锅炉用水等。用途不同，对水质的要求也不同。酿造用水是微生物对原料进行糖化、发酵作用的重要媒介，其质量好坏直接影响酒的质量和产量。

（1）水源选择　黄酒酿造用水应选择来自山中的泉水以及远离城镇的上游河道的较宽阔洁净的河心水或湖心水。由于河边或湖边的水含微生物和有机杂质较多，所以不宜采用。随着生产废水及生活污水的污染，有些河、湖、江甚至浅井水的水质已不甚理想，不少大的酒厂已不直接取用天然水，而改为使用水厂或酒厂经处理过的水。

（2）酿造用水的质量要求　见表 2-2。

表 2-2　酿造用水的质量要求

物理性质要求	化学性质要求	微生物要求
外观无色且澄清透明 在 20～50℃时均应无味无臭、洁净 水中所含固形物（蒸发残渣）≤100mg/L，不含肉眼可见物	pH＝6.8～7.2 硬度＝0.71～2.14mmol/L(2～6°d) 铁含量≤0.3mg/L 锰含量≤0.1mg/L 其他重金属含量符合饮用水标准 有机物≤高锰酸钾耗用量 5mg/L 氨态氮、亚硝酸根态氮含量为零，硝酸根态氮含量≤0.2mg/L 氯化物（以 Cl^- 计）＝20～60mg/L 游离氯（以 Cl_2 计）≤0.1mg/L 含钾适量，磷酸盐含量＝3～10mg/L，钙、镁总量＝36～90mg/L	细菌总数和大肠菌群数应符合饮用水标准，且越少越好

注：硬度以每 1L 水中含各种硬度离子的物质的量表示，现习惯表示法以每 1L 水中含 10mg 氧化钙为硬度 1 度（德国度以°d 表示）。

总之，无论取自于江、湖、河和浅井的地表水，还是深井的地下水、泉水，或水厂的自来水，只有达到水质清洁、无色、透明无沉淀，冷水或煮沸后均无异味、异臭，口尝有清爽的感觉，没有咸、苦、涩味，水源洁净，符合我国的生活饮用水卫生标准的优良水质，才是理想的酿造用水。如水质分析不符合饮用水标准，则不可直接作为酿造用水，而必须经过认真有效的水质改良处理，确证达到酿造用水要求及符合饮用水标准以后，方能使用。

（3）酿造用水的改良处理　当水中某些杂质含量超过上述标准，达不到酿造用水的要求时，应对酿造用水作适当的处理，改良水质。酿造用水的处理方法很多，应根据水质状况，选择经济有效、简单方便的方法，加以适当的改良和处理。表 2-3 归纳了各种净化方法，可按照工厂的具体情况和净化对象来适当选择。例如，浑浊水中的泥砂等颗粒杂质可用自然沉淀法或砂滤法除去，含有微细悬浮物和胶体物的浑浊水可用混凝法处理，水中的臭气、铁质、有机物、氨、氯臭等可用活性炭处理，无机成分多的高硬度水可用离子交换法、沸石过滤或石灰处理法除去。

表 2-3　酿造用水的净化方法

颗粒名称	外观	颗粒内容	处理方法
溶液	透明	各类盐离子	离子交换、软化、电渗析法、反渗透法除盐等方法除去
胶体	浑浊	有机腐殖质、细菌、病毒、黏土、重金属、氧化物等	混凝、沉淀、过滤除去
悬浮杂质	浑浊	浮游生物、泥土	自然沉淀、过滤除去
		泥砂	沉砂池除去

四、黄酒酒曲的种类及主要微生物

酒曲即为糖化发酵剂，黄酒生产中传统的糖化发酵剂是以粮食或农副产品为原料，在适当的水分和温度、气候条件下自然培养、繁殖微生物的载体。自然接种的糖化发酵剂，在制作过程中网罗了自然界中特定的微生物菌系，这些微生物在曲料上生长、繁殖、分泌，积累了多种胞内、胞外酶和代谢产物。成熟后的糖化发酵剂，经干燥、贮存过程中的物理化学变化，某些微生物细胞和多酶系统被基质固定化。参与固定化的基质主要是淀粉、粗纤维、葡聚糖、几丁质、多糖类代谢产物及其衍生物。这些基质以物理吸附、离子吸附、共价键结合等方式，吸附、包埋微生物和胞外酶。被基质固定化后的微生物细胞和酶分别处于下列三种生理状况。

① 部分微生物细胞受外界因素的影响（如缺氧、干燥）而处于死亡状态，其胞内酶也大多丧失活性，只有少部分酶存活。

② 细胞处于生存状态，但不再生长繁殖，大部分酶系统存活并被保留在细胞内，曲霉孢子、细菌芽孢大多以这种状态被固定化。

③ 某些细胞在一定条件下，仍继续生长、繁殖。

当然，存在于基质中的胞外酶，由于各自的特性，也有不同程度的失活。因此可以说，糖化发酵剂是在人为条件下，按优胜劣汰的自然法则，有选择地培养繁殖和保存有益微生物细胞和酶的制品。在黄酒酿造中，糖化发酵剂不仅提供各种酶类，起糖化、发酵作用，而且还以自身制作过程中产生和积累的各种代谢产物，赋予黄酒独特的风味。糖化发酵剂的质量优劣直接影响到黄酒的质量和产量，其地位之重可被比喻为"酒之骨"。

黄酒酒曲是黄酒酿造中使用的酒药、酒母和曲等微生物制品（或制剂）的总称。黄酒生产中传统的酒曲是麦曲、米曲、酒药和酒母，现代黄酒酿造还有麸曲，详见表2-4。

表 2-4　黄酒酒曲的种类、原料及主要微生物

分　类	原　料	主要微生物	品　种
麦曲	小麦	米曲霉、根霉、毛霉等	踏曲、挂曲、草包曲、生麦曲、熟麦曲
米曲	大米	米曲霉、根霉、毛霉等	红曲、乌衣曲、黄衣曲
酒药	大米，中药	根霉、酵母菌等	白药、黑药、曲饼、曲丸、粉状散曲
麸曲	麸皮	黑曲霉或黄曲霉	黑曲霉麸曲、黄曲霉麸曲
酒母	糯米	酵母菌	淋饭酒母、纯种培养酒母

（1）麦曲　又叫大曲，是我国独特的酿酒微生物培养和保藏的载体，是现代酶制剂的原始状态，在黄酒和白酒生产中的地位极为重要。以小麦为原料，在黄酒酿造中，曲用量占到投料米的1/6左右。麦曲只有糖化作用，所以它仅仅是糖化剂而没有发酵功能。麦曲中微生物的种类很多，各批次之间也有差异，生长最多的是米曲霉、根霉、毛霉，还有少量的黑曲霉、青霉等，通常米曲霉占优势，但有时根霉或毛霉也会占优势。按制作工艺不同分为踏曲、挂曲、草包曲、生麦曲、熟麦曲等，主要代表是踏曲（块曲）。

（2）米曲　我国福建、浙江等地常见，根据选用的霉菌种类和成曲后的米粒外表颜色的不同分为红曲、乌衣曲、黄衣曲等。

（3）麸曲　以麸皮为原料，接入经过筛选驯化的纯种黑曲霉或黄曲霉制成的酒曲，是工业化生产黄酒的现代技术产物。麸皮为小麦最外层的表皮，小麦加工面粉后剩下的皮即为麸皮，可作饲料和酿酒的辅料使用。

（4）酒药　又叫小曲、酒饼，也是我国独特的酿酒微生物培养和保藏的载体，具有糖化和

发酵的双重作用，是真正意义上的糖化发酵剂。酒药中的微生物种类复杂，主要有根霉和酵母，还有少量的毛霉、犁头霉、红曲霉、念珠霉、青霉和细菌。酒药的制造与麦曲一样，均属于自然培养，但起到种曲作用的种母则经过长期驯养，具备了纯种培养的某些特征。酒药原有白药和黑药两种，白药作用较猛烈，适宜冬季使用；黑药作用较缓和，适宜较暖和的季节使用。因为冬季酿造黄酒更容易控制生产，所以黑药使用很少，现基本不用，现在大多用的是白药，还有曲饼、曲丸、粉状散曲等。

（5）酒母　酒母即"制酒之母"，是由少量酵母逐渐扩大培养形成的酵母醪液，以提供黄酒发酵所需的大量酵母。可分为两种，一种是传统酒母，它是用酒药通过自然培养淋饭酒醅的方法来繁殖酵母的，所以又称淋饭酒母。另一种是纯种培养酒母，是选用优良的黄酒酵母纯种试管，在无菌条件下逐级扩大培养而成。与传统酒母相比，具有菌种优良、杂菌少、质量稳定、劳动强度低、适合机械化生产，且不受季节限制等优点，但由于酵母菌种单一，在风味上较传统黄酒单薄。纯种酒母按糖化与发酵的关系分为两种：一种是仿照黄酒生产的双边发酵酒母，因其制造时间比淋饭酒母短，又称速酿酒母；另一种是高温糖化酒母，首先采用 55～60℃高温糖化，糖化完毕后经高温灭菌，使糖化醪中的野生酵母和酸败菌死亡，冷却，接入纯种酵母进行培养。

（6）酶制剂及活性干酵母　酶制剂是采用现代生物技术制成的一种生物催化剂，具有活性强、用量少、专一性强、无杂菌污染、使用方便等优点。目前黄酒生产中使用的酶制剂主要是 α-淀粉酶（液化酶）和葡萄糖淀粉酶（糖化酶），用以取代部分麦曲，在不改变黄酒特色风味的前提下，通过增加糖化力，提高淀粉利用率，减少杂菌感染，由此提高产品质量和经济效益。

活性干酵母是利用现代生物技术和先进设备将工业规模生产的酵母细胞干燥成干物质95％以上、水分5％以下的产品。抽真空包装，货架期为一年。其见水后瞬间即变成具有生理活性的细胞，所以又称之为即发活性干酵母。该产品被广泛用于食品工业和发酵工业。酒用活性干酵母用于白酒、酒精、醋的生产发酵，可以节约人力、物力，降低成本，提高粮食利用率（3％～5％）。目前我国正在以酒用活性干酵母代替白酒厂和酒精厂酒母培养车间，大大节省了建厂投资。啤酒、葡萄酒等企业也需要专用的啤酒和葡萄酒酵母，以提高酒的品质，其在黄酒生产中的应用也已起步。

五、黄酒工业的发展

黄酒酿造历史悠久，产品优良，但是传统的酿酒方法十分陈旧。随着科学技术的进步，人们逐渐了解到酿酒的科学原理，开始对黄酒生产进行科学的研究和总结。

1932 年，我国微生物学专家陈驹声在他的毕业论文中谈到，在南京等地酒药中分离出七株酵母菌及数种曲霉，并对它们进行了形态和生理研究。1935 年，方心芳先生对酒曲、酒药和传统的酿酒技术作了大量的调查研究，从各地酒药中分离出 40 株酵母，并分别作了发酵力试验。1937 年，金培松先生将从中国各种酒曲中分离所得的曲霉、根霉及酵母菌进行了观察和分类。秦含章、朱宝铺及徐呈祥、徐文琦等专家也对我国酿酒的传统工艺进行了多方面的研究和总结，对发展我国黄酒工业作出了重大贡献。

新中国的成立，使我国宝贵的民族遗产——黄酒工业得到快速发展。黄酒生产由浙江、福建、江西、江苏、上海逐渐扩大到安徽、陕西、山西、湖南、湖北、广东、广西、山东、北京、天津、辽宁、黑龙江、吉林等地，产量不断增长，质量不断提高，品种不断增加。从1952 年开始，绍兴加饭酒、福建龙岩沉缸酒多次被评为全国名酒，并涌现出如九江陈年封缸酒、丹阳封缸酒、江苏老酒、无锡惠泉酒、福建老酒、山东即墨老酒、绍兴善酿酒等众多名优产品。

黄酒的机械化生产从 20 世纪 60 年代开始，生产工艺不断改进，日趋成熟，设备改进更趋合理，可以说已经彻底告别了酸败关。如何进一步完善改进工艺，提高新工艺黄酒的风味是今后黄酒发展的关键。当今酿酒业界，有实力的企业均在大力扩张新工艺黄酒的产量，可以说新工艺黄酒在未来的酿酒生产中所占的比重将会越来越大。与传统工艺手工酿酒相比，新工艺黄酒有较多的优势，如产品质量控制稳定、受气候因素影响较少、劳动强度大大减低、生产效率及产能大大提高等，但也有其固有的弱点，如单品种酵母作用、成品酒风味略差、培养曲作用使成品酒苦口略重等，如何发挥优势、扬长避短是每一个机械化生产工艺黄酒生产厂家面临的新课题。

单元生产 1：黄酒酒曲生产

工作任务 1　麦曲生产

麦曲是用小麦为原料，培养繁殖糖化菌而制成的黄酒糖化剂。传统麦曲生产是在人工控制的条件下，利用原料、空气中的微生物，按优胜劣汰的规律，自然繁殖微生物的方法。1957年苏州东吴酒厂采用黄曲霉生产纯种麦曲，把麦曲的自然培养推向人工接种培养的新阶段。纯种麦曲从曲盒制曲、地面制曲发展到厚层通风制曲的机械化生产，改善了制曲的劳动条件，降低了劳动强度并提高了生产力，适应了黄酒机械化生产的需要，酒的质量也基本上达到要求，因而在普通黄酒酿造中得到了普遍的应用和推广。

纯种麦曲是把经过纯粹培养的糖化菌接种在小麦上，在一定条件下，使其大量繁殖而制成的黄酒糖化剂。与自然培养的麦曲相比，纯种麦曲具有酶活力高、液化力强、酿酒时用曲量少和适合机械化黄酒生产的优点，但不足之处是其为酿造黄酒提供的酶类及其代谢产物不够丰富多样，不能像自然培养麦曲那样，赋予黄酒特有的风味。

在培养方式上，纯种麦曲又有地面、帘子和通风曲箱培养等方式，多数厂采用通风方法培养纯种麦曲。

一、纯种麦曲的生产工艺流程
纯种麦曲的生产工艺流程如图 2-3 所示。

| 原菌 | → | 试管培养 | → | 三角瓶扩大培养 | → | 种曲扩大培养 | → | 麦曲培养 |

图 2-3　纯种麦曲的生产工艺流程

二、工艺说明
1. 菌种

黄酒厂制造麦曲的菌种都选用黄曲霉或米曲霉。常用的菌种为苏 16 号和中国科学院的3800 号，这两株菌种具有糖化力强、容易培养和不产生黄曲霉毒素等特点。苏 16 号是从自然培养的麦曲中分离出来的优良菌株，用该菌株制成的麦曲酿造黄酒，有原来的黄酒风味特色，因此被各地酒厂所采用。

2. 试管菌种的培养

一般采用米曲汁，在 28～30℃培养 4～5 天。培养好的斜面菌种要求菌丝健壮、整齐，孢子丛生丰满，菌丛呈鲜丽的深绿色或黄绿色，不得有异样的形态和色泽，镜检不得有杂菌。斜面菌种应放入4℃左右的冰箱中保藏备用，每隔3～6个月进行移植培养，保持菌种性能不退化。

3. 三角瓶种子培养

将蒸好的米饭（含水分约43%）分装在500mL三角瓶中，装米厚度0.3～0.4cm。杀菌冷却后接入试管菌种，充分摇匀并将米饭堆积在三角瓶的一角，使成三角形，放入30℃的保温箱内培养10～12h，米粒呈现白色斑点，摇瓶1次，摇后堆置如前。再经5～7h，进行第2次摇瓶。又经4～6h，米粒全部变白，进行第3次摇瓶，摇瓶后将米饭摊平于瓶底。此后经过8～10h，由于菌丝的蔓延生长，使米粒连成饼状，即行扣瓶（将瓶轻轻振动放倒，使米饼脱离瓶底）。扣瓶后继续保温培养。自接种起经40～48h饭粒全部变为深绿色，即可移出保温箱，进行干燥。干燥时仅将三角瓶棉塞稍加旋转，使水汽能逸出即可，在35～38℃下进行干燥。若要长期保存，则需干燥到水分在13%以下，然后用油纸将瓶口扎紧，并存放在冰箱中，也可装入经消毒的纸袋贮藏于干燥器中。

三角瓶种子的质量标准以感官标准为主，要求菌丝健壮、整齐，孢子丛生，繁殖透彻，米饼中间无白心，色泽一致，呈深绿色。显微镜检查，应无杂菌发现。

4. 种曲扩大培养（帘子种曲培养）

种曲一般采用麸皮，因为麸皮含有充足的曲菌繁殖所需的营养物质，且又很疏松，有利于曲菌迅速而均匀地生长。

（1）前期培养　接种后4～10h，是孢子膨胀发芽的阶段，品温应保持在30℃左右。由于初期并不发热，故需用室温来维持品温。后阶段温度上升，要进行适当控制。通常可用划帘操作来控制品温，并给以足够的氧气。

（2）中期培养　在以后的14～18h，发芽的孢子生长菌丝，呼吸作用较强，放出热量大，使品温迅速上升。这时应控制室温在28～30℃，品温不超过35～37℃。采用划帘和倒换上下帘位置来控制品温。

（3）保温期培养　继续培养8～12h，菌丝生长缓慢，放出热量少，品温开始下降，出现分生孢子柄和孢子。这时应控制室温30～34℃，品温35～37℃，可利用直接蒸汽提高室温和湿度，为使品温均匀，应进行上下倒架。

（4）后期干燥　当外观上曲已结成孢子、曲料变色时，即可停止直接蒸汽保湿，改用间接蒸汽加热，并开窗通风，室温保持在34～35℃，品温保持在36～38℃，进行排湿和干燥。整个制曲过程经50h左右，便可出房，出房时种曲水分要控制在13%以下，以避免在贮存过程中引起染菌变质。

成熟种曲的外观要求为菌丝稠密，孢子粗壮，颜色一致，呈新鲜的黄绿色，不得有杂色，不得有酸味或其他霉味，更重要的是无杂菌。经检查合格的种曲即可使用，或者储存于清洁的石灰缸中备用。

5. 纯种麦曲的通风培养

通风培养以熟麦曲为例。生麦曲和爆麦曲由于原料处理的不同，配料加水量也不同，例如生麦曲拌料后的含水量一般要求在35%左右，而爆麦曲含水量低，拌料时要多加些水。至于培养过程中的操作和要求，基本相同。

（1）拌料和蒸料　将小麦轧成3～4瓣，拌入约40%的水，拌匀后堆积润料1h，然后上甑进行常压蒸煮，上汽后蒸45min，以达到糊化与杀菌的目的。

（2）冷却接种　将蒸料用扬碴机打碎团块，并降温至36～38℃进行接种。种曲用量为原料的0.3%～0.5%，应视季节和种曲质量而增减。

（3）堆积装箱　曲料接种均匀后，有的先进行堆积4～5h，堆积高度为50cm左右，有的直接入箱进行保温培养。装箱要求均匀疏松，以利于通风，料层厚度一般为25～30cm，品温控制在 30～32℃。

（4）通风培养

① 前期（间断通风阶段）　接种后最初 10h 左右，菌体呼吸不旺，产热量少，为了给孢子迅速发芽创造条件，应注意保温保湿，室温宜控制在 30～31℃，相对湿度控制在 90%～95%。同时，在原料进箱后，为使品温上下一致，可在室温提高的前提下，开风机用最小风量使室内成循环风，待整个曲箱品温一致后停机保温培养。以后每隔 2～3h，可用同样的方法通风一次。随着霉菌菌丝的繁殖，品温逐步上升，可根据品温升高情况，及时进行通风，使前期品温控制在 30～33℃，不超过 34℃，同时要注意保温。因为这时菌丝刚生成，曲料尚未结块，通气性好，如水分散失太快或通风前后温差大，就会影响菌丝的生长。

② 中期（连续通风阶段）　经过前期的培养，霉菌的生长繁殖进入旺盛时期，此时菌丝大量形成，呼吸旺盛，并产生大量的热，品温上升很快，再加上曲料逐渐结块变坚实，通风也受到了一定的阻力，应开始连续通风，使品温控制在 38℃左右，不得超过 40℃，否则将影响曲霉的生长和产酶。

③ 后期（产酶和排湿）　在制曲后期，曲霉的生命活动逐步停滞，呼吸也不旺盛，开始生成分生孢子柄及分生孢子，这是积聚酶最多的阶段，应该降低湿度，提高室温，或通入干热风，使品温控制在 37～39℃，以利于排潮。这对于酶的形成和成品曲的保存都很重要。出房要及时，一般从进箱到出曲约需 36h，若再延长，反而降低了酶活力。

三、技术要点

① 纯种熟麦曲的通风培养技术操作和通风制纯根霉曲的技术操作有许多相同之处，区别主要是某些技术参数及培养时间的差异。

② 纯种熟麦曲的质量要求是：菌丝稠密粗壮，不能有明显的黄绿色；应具有曲香，不得有酸味及其他霉臭味；曲的糖化力要高（1000U 以上），水分较低（25% 以下）。

③ 制成的麦曲，应及时使用，尽量避免存放。因为在贮存过程中，曲容易升温，生成大量孢子，造成淀粉的损失和淀粉酶活力的下降，而且易感染杂菌，影响质量。如为了生产的衔接而必须贮存一定量的曲子，则应将麦曲存放在通风阴凉处，堆得薄些，还要经常检查和翻动，使麦曲的水分和热量进一步散发。如图 2-4 所示为机械通风制曲箱结构示意图。

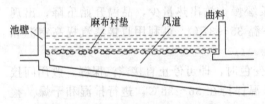

图 2-4　机械通风制曲箱结构示意图

④ 预防杂菌污染。污染杂菌控制主要环节种曲、培养过程中的温度控制和杀菌卫生工作。在通风培养过程中，温度是管理工作的关键，尤其前期培养，要保持品温在 30～33℃，温度长时间太低，容易引起青霉的繁殖；但温度过高，又会造成烧曲，使霉菌以后的生长受到影响，给杂菌侵入以可乘之机。

工作任务 2　酒药生产

传统酒药是我国古代劳动人民独创的，保藏优良菌种的一种糖化发酵剂。酒药中的微生物以根霉为主，酵母菌次之，所以酒药具有糖化和发酵的双重作用。酒药中尚含有少量的细菌、毛霉和犁头霉。如果培养不善，质量差的酒药会含有较多的生酸菌，酿酒时发酵条件控制不好，就容易生酸。生产上每年都选择部分好的酒药留种，相当于对酒药中的微生物进行长期、持续的人工选育和驯养。在我国南方使用酒药较为普遍，不论是传统黄酒生产，还是小曲白酒生产，都要用酒药。酒药具有糖化发酵力强、用药量少、药粒制作简单、设备简单、容易保藏和使用方便等优点，产地遍布南方城乡，民间和大中小型酒厂都可生产。

酒药生产中还需添加中药，添加中药的酒药称为药曲。药曲的制法在晋代的《南方草木状》和稍后的《齐民要术》中均有记载，酒药中加入中药在当时可谓是一种重大发明。现代研究结果表明，酒药中的中药对酿酒菌类的营养和对杂菌的抑制都起到了一定的作用，能使酿酒过程发酵正常并产生特殊香味。

药曲生产遍及江南各省，所用原料和辅料各不相同，如有的用米粉或稻谷粉，有的添加粗糠或白土。所用中药配方各有不同，各地不同的技工有各自的配方，至今还没有一个统一的配方，有的20多味，有的30多味，而中药的品种也各有不同。由于对应用中药存在着一种保守观点，因而不同程度地存在着一定的盲目性。在生产方式上，有的在地面稻草窝中培养，有的在帘子上培养，还有的用曲箱培养等。

一、白药的生产

1. 工艺流程

白药生产的工艺流程如图2-5所示。

2. 工艺说明

配方为糯米粉：辣蓼草粉：水＝20：（0.4～0.6）：（10.5～11.0）。

（1）上白、过筛　将称好的米粉及辣蓼草粉倒入石臼内，充分拌匀，加水后再充分拌和，然后用石锤捣拌数十下，以增强它的黏塑性。取出，在谷筛上搓碎，移入打药木框内。

（2）打药　每白料（20kg）分3次打药。木框长70～90cm、宽50～60cm、高10cm，上覆盖竹席，用铁板压平，去框，再用刀沿木条（俗称划尺）纵横切开成方形颗粒，分3次倒入悬空的大竹匾内，将方形滚成圆形，然后加入3%的种母粉，再行回转打滚，过筛使药粉均匀地黏附在新药上，筛落碎屑并入下次拌料中使用。

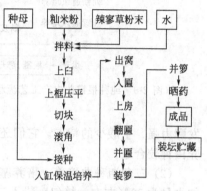

图2-5　白药生产工艺流程

辣蓼属一年生草本植物，含有丰富的酵母菌及根霉所需的生长素，有促进菌类繁殖、防止杂菌侵入的作用。每年7月中旬，取尚未开花的野生辣蓼，当日晒干，去茎留叶，粉碎成粉末，过筛后装入坛内压实，封存备用。如果当日不晒干，色泽变黄，将影响酒药的质量。

（3）摆药培养　培养采用缸窝法，即先在缸内放入新鲜谷壳，距离缸口边沿0.3m左右，铺上新鲜稻草芯，将药粒分行留出一定间距，摆上一层，然后加上草盖，盖上麻袋，进行保温培养。当气温在30～32℃时，经14～16h培养，品温升到36～37℃，此时可以去掉麻袋。再经6～8h，手摸缸沿有水汽，并放出香气，可将缸盖揭开，观察此时药粒是否全部而均匀地长满白色菌丝。如还能看到辣蓼草粉的浅草绿色，说明药坯还嫩，则不能将缸盖全部打开，而应逐步移开，使菌丝继续繁殖生长。用移开缸盖多少的方法来调节培养的品温，可促进根霉生长，直至药粒菌丝不粘手，像白粉小球一样，方将缸盖揭开以降低温度，再经3h可出窝，晾至室温，经4～5h，待药坯结实即可出药并匾。

（4）出窝并匾　将酒药移至匾内，每匾盛药3～4缸数量，不要太厚，防止升温过高而影响质量。主要应做到药粒不重叠且粒粒分散。

（5）进保温室　将竹匾移入不密闭的保温室内，室内有木架，每架分档，每档间距为30cm左右，并匾后移在木架上。控制室温在30～34℃，品温保持在32～34℃，不得超过35℃。装匾后经4～5h开始第一次翻匾，即将药坯倒入空匾内，12h后上下调换位置。经7h左右第二次翻匾并调换位置。再经7h后倒入竹席上先摊两天，然后装入竹箩内，挖成凹形，并将箩搁高通风以防升温，早晚倒箩各1次，2～3d移出保温室，随即移至空气流通的地方，再繁殖1～2天，早晚各倒箩1次。自投料开始培养6～7d即可晒药。

（6）晒药入库　正常天气在竹席上需晒药 3d。第一天晒药时间为上午 6～9 点，品温不超过 36℃，第二天为上午 6～10 点，品温为 37～38℃；第三天晒药的时间和品温与第一天一样。然后趁热装坛密封备用，坛要先洗净晒干，坛外粉刷石灰。

二、纯种根霉曲的生产

以上的传统酒药采取自然培养制作而成，除了培育较多的根霉和酵母菌外，其他多种菌（包括有益的和有害的）同时生长，故是多种微生物的共生体。而纯种根霉曲则是采用人工培育纯粹根霉菌和酵母菌制成的小曲，用它生产黄酒能节约粮食，减少杂菌污染，发酵产酸低，成品酒的质量均匀一致，口味清爽，还可提高 5%～10% 的出酒率。

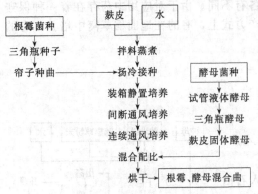

图 2-6　纯种根霉曲生产工艺流程

1. 工艺流程

如图 2-6 所示。

2. 工艺说明

（1）试管斜面培养基和菌种　采用米曲汁琼脂培养基、葡萄糖马铃薯汁培养基等。多数厂家炎热季节用中国科学院微生物所引进的河内根霉3.866，它具有糖化发酵力强、生酸适中的特点，其他季节用贵州轻工科研所的 Q303，它具有糖化发酵力强、生酸少的特点。它们还具有产生小曲酒香味前体物质的酶系，因此作为小曲纯种培养菌种较合适。

（2）三角瓶种曲培养　培养基采用麸皮或早籼米粉。麸皮加水量为 80%～90%；籼米粉加水量为 30% 左右，拌匀，装入三角瓶，料层厚度在 1.5cm 以内，经灭菌并冷至 35℃ 左右接种，28～30℃ 保温培养 20～24h 后长出菌丝，摇瓶一次以调节空气、促进繁殖。再培养 1～2d 出现孢子，菌丝布满培养基表面并结成饼状，即进行扣瓶，继续培养直至成熟。取出后装入灭菌过的牛皮纸袋，置于 37～40℃ 下干燥至含水 10% 以下，备用。

（3）帘子曲培养　麸皮加水 80%～90%，拌匀堆积半小时，使其吸水，经常压蒸煮灭菌，摊冷至 34℃，接入 0.3%～0.5% 的三角瓶种曲，拌匀，堆积保温保湿，促使根霉菌孢子萌发。经 4～6h，品温开始上升，进行装帘，控制料层厚度 1.5～2.0cm。保温培养，控制室温 28～30℃，相对湿度 95%～100%，经 10～16h 培养，菌丝将麸皮连接成块状，这时最高品温应控制在 35℃，相对湿度 85%～90%。再经 24～28h 培养，麸皮表面布满菌丝，可出曲干燥。

（4）通风制曲　用粗麸皮作原料有利于通风，可提高曲的质量。麸皮加水 60%～70%，具体应视季节和原料粗细进行适当调整，然后常压蒸汽灭菌 2h。摊冷至 35～37℃，接入 0.3%～0.5% 的种曲，拌匀，堆积数小时后装入通风曲箱内。要求装箱疏松均匀，控制装箱后品温为 30～32℃，料层厚度 30cm，先静置培养 4～6h，促进孢子萌发，室温控制在 30～31℃，相对湿度 90%～95%。随着菌丝生长，品温逐步升高，当品温上升到 33～34℃ 时，开始间断通风，以保证根霉菌获得新鲜氧气。当品温降低到 30℃ 时，停止通风。接种后 12～14h，根霉菌生长进入旺盛期，品温上升迅猛，曲料逐渐结块，散热比较困难，需要进行连续通风。最高品温可控制在 35～36℃，这时尽量要加大风量和风压，通入的空气温度应在 25～26℃。通风后期由于水分不断减少，菌丝生长缓慢，逐步产生孢子，品温降到 35℃ 以下，可暂停通风。整个培养时间为 24～26h。培养完毕，可通入干燥空气进行干燥，使水分下降到 10% 左右。

（5）麸皮固体酵母制备　传统的酒药是根霉、酵母和其他微生物的混合体，能边糖化边发酵，故在培养纯种根霉曲的同时，还要培养酵母，然后混合使用。

以米曲汁或麦芽汁作为黄酒酵母菌的固体试管斜面、液体试管和液体三角瓶的培养基，在

28～30℃下逐级扩大，保温培养 24h，然后以麸皮为固体酵母曲的培养基，加入 95%～100% 的水经蒸煮灭菌，接入 2% 的三角瓶酵母成熟培养液和 0.1%～0.2% 的根霉曲，使根霉对淀粉进行糖化，供给酵母必要的糖分。接种拌匀后装帘培养。装帘时要求料层疏松均匀，料层厚度为 1.5～2cm，在品温 30℃下培养 8～10h 后，进行划帘，继续保温培养，当品温升高至 36～38℃时，再次划帘。培养 24h 后品温开始下降，待数小时后，培养结束，进行低温干燥。

（6）根霉曲和酵母曲按比例混合为纯种根霉曲　将培养好的根霉曲和酵母曲按一定的比例混合成纯种根霉曲，混合时一般以酵母细胞数 4 亿个/g 计算，加入根霉曲中的酵母曲量应为 6% 最适宜。

工作任务 3　酒母生产

酒母即为"制酒之母"，是由少量酵母逐渐扩大培养形成的酵母醪液，以提供黄酒发酵所需的大量酵母。在传统的淋饭酒母中，酵母数高达 8～10 亿/mL；一般的纯种酒母则含有 2～3 亿/mL 的酵母。

酒母的培养方式分为两类：一是传统的自然培养法，用酒药通过淋饭酒母的繁殖培养酵母；二是用于大罐发酵的纯种培养酒母。淋饭酒母和纯种酒母培养各有优缺点。

淋饭酒母又叫"酒酿"，因米饭采用冷水淋冷的操作而得名。淋饭酒母集中在酿酒前一段时间酿造，无需添加乳酸，而是利用酒药中根霉和毛霉生成的乳酸，使酒母在较短时间就形成低于 pH4.0 的酸性环境，从而发挥驯育酵母及筛选、淘汰微生物的作用，使淋饭酒母仍能做到纯粹培养；特别是酵母菌以外的微生物生成的糖、酒精、有机酸等成分，可以赋予成品酒浓醇的口味；还可以对酒母择优选用，质量较差的酒母可加到黄酒后发酵醪中作发酵醪用，以增加后发酵的发酵力。但淋饭酒母培养时间长，与大罐发酵的黄酒生产周期相当，操作复杂，劳动强度大，不易实现机械化；在整个酿酒期内，所用酒母前嫩后老，质量不一，影响黄酒发酵速度和质量。纯种酒母操作简便、劳动强度低、占地面积少，酿造过程较易控制，可机械化操作。但由于使用单一酵母菌，培养时间短，成熟后的酒母香气较差、口味淡薄，影响成品酒的浓醇感。

除部分传统黄酒仍保留淋饭酒母工艺外，一般黄酒都用纯种酒母。为了改进纯种酒母酿酒的风味，也有采用多种风味好、发酵力强、抗污染能力大的优良黄酒酵母混合使用的方法。

一、淋饭酒母生产

1. 工艺流程

如图 2-7 所示。

2. 工艺说明

（1）投料搭窝　制备淋饭酒母多采用糯米，浸 2d 后，以清水淋净，蒸熟淋冷后饭温为 32～35℃。投料比为糯米 125kg、块曲 19.5kg、酒药 0.19～0.25kg，饭水总量为 375kg。投料时，将沥去余水的米饭倒入洁净或灭过菌的缸内，先把饭团捏碎，再撒入酒药，与米饭拌匀，并搭成凹形窝，缸底的窝口直径约 10cm，窝要搭得疏松些，以不倒塌为度。搭窝的目的是增加米饭与空气的接触面

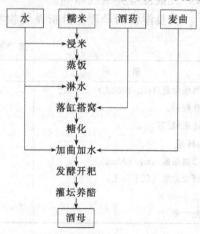

图 2-7　淋饭酒母生产工艺流程

积，以利于好气性的糖化菌繁殖；同时因有窝的存在而使较厚的饭层品温较均匀；还便于检查糖液的积累和发酵情况。窝搭好后，再在上面撒上一些酒药粉，然后加盖保温。一般窝搭好后

品温为 27～29℃。

（2）保温糖化　投料搭窝后，要根据气温和品温的不同，合理保温，使酒药中糖化菌和酵母菌得以迅速生长和作用。根霉等糖化菌分泌糖化酶，将淀粉分解为葡萄糖，并产生乳酸、延胡索酸等有机酸，逐渐积聚甜液，使酒窝中的酵母菌迅速繁殖；同时，有机酸的生成降低了甜液的 pH，抑制了杂菌生长。经 36～48h，缸内饭粒软化，香气扑鼻，甜液充满饭窝的 4/5。取甜液分析，浓度在 35°Bx 左右，还原糖为 15%～25%，酒精含量 3% 以上，酵母细胞数达 7000 万/mL。

（3）加曲冲缸　当甜液达 4/5 窝高时，投入麦曲，再冲入冷水，搅拌均匀，并继续做好保温工作。冲缸后品温的下降程度因气温、水温的不同而有很大差别，一般冲缸后品温下降 10℃ 以上。例如，当气温和水温均在 15℃ 时，冲缸后，品温由 34～35℃ 下降到 22～23℃。

（4）开耙发酵　冲缸后，由于醪液稀释和麦曲持续的糖化作用，醪液营养丰富，酵母大量繁殖和进行酒精发酵，约 12h，CO_2 大量生成，醪液密度相对增加，将醪中的固形物顶至液面，形成一层厚厚的醪盖，缸内发出嘶嘶的声音，并有小气泡逸出。当饭面中心为 10～20cm 深，品温达 28～30℃ 时，用木耙进行搅拌，俗称开耙。开耙的目的是为了降低品温，使上下温度一致，酵母均匀分布，排出醪中的 CO_2，供给新鲜空气，促进酵母繁殖，减少杂菌滋生的机会。第 1 次开耙后，根据气温和品温，每隔 4h 左右，进行第 2～4 次开耙，使醪温控制在 26～30℃ 范围内。一般二耙后可除去缸盖。四耙后开冷耙，即每天搅拌 2～3 次，直至品温与室温一致时，缸内醪盖下沉，上层已成酒液。

（5）后发酵　在开耙发酵阶段，酵母菌大量繁殖，酒精含量增长很快，冲缸后 48h 已达 10% 以上，糖分降至 2% 以下。此后，为了与醪中曲的糖化速度协调，必须及时降低品温，使酒醪在较低温度下继续进行缓慢的后发酵，生成更多的酒精，提高酒母的质量。后发酵多采用灌坛养醪（坯）来完成，将缸中醪盖已下沉的酒醪搅拌均匀，灌入坛内，装至八成满，上部留一定空间，以防养醪期间，由于继续发酵引起溢醪现象。后发酵也可在缸内进行（俗称缸养），上盖一层塑料布，用绳子捆在缸沿上即可。经 20～30d，酒精含量已达 15% 以上，即可作酒母用。

为了确保摊饭酒的质量，淋饭酒母在使用前，要进行品质检查，从中选出优良的酒母。优良酒母应符合酒醪发酵正常；养醪成熟后，酒精浓度在 16% 左右，酸度在 0.4% 以下；品味爽口，无酸涩等异杂气味等。

优良淋饭酒母理化分析及镜检实例见表 2-5。

表 2-5　淋饭酒母理化分析及镜检结果

项　目	例 1	例 2	例 3	例 4
酒精含量/(mL/100mL)	15.8	16.7	15.6	16.1
总酸/%	0.342	0.394	0.310	0.384
还原糖/%	0.263	—	0.451	0.259
pH 值	3.95	3.93	4.16	4.0
总氨基酸/(mg/100mL)	18	21	15	23
酵母总数/(亿个/mL)	9.7	9.3	9.1	5.7
出芽率/%	3.7	4.3	6.0	4.4
死亡率/%	1.4	1.7	1.8	—

二、纯种酒母生产

1. 速酿酒母工艺流程

如图 2-8 所示。

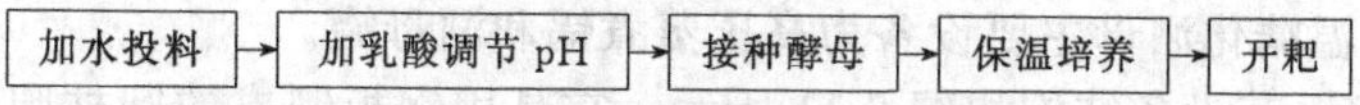

加水投料
加乳酸调节 pH
接种酵母
保温培养
开耙

图 2-8 纯种酒母生产工艺流程

(1) 设备 速酿酒母罐结构如图 2-9 所示，用普通碳钢制成，内涂生漆或环氧树脂等耐腐蚀涂料，也有用搪瓷或不锈钢衬里的；另外，为了保温或冷却，还附有夹套，并可配制铝或不锈钢盖。

下料
3
2
1

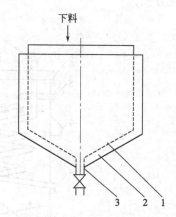

图 2-9 速酿酒母罐结构示意图

1—罐内壁；2—夹层；3—出料口

(2) 工艺说明

① 酒母培养液配方 某黄酒厂酒母罐培养液配方见表 2-6。

表 2-6 酒母罐培养液配方 单位：kg

大米	块曲	纯种曲	乳酸	清水	合计	酵母液
132	12.5	2.5	0.5	300	450 左右	4000mL

② 接种保温培养 将接入三角瓶或卡氏罐培养的液体酵母菌种充分搅拌均匀。接种量约 1%，过小的接种量不利于酵母在开始时就占据优势，容易使野生酵母等杂菌趁机繁殖而降低酒母的纯度。接种时的品温视气温而定，其控制参数见表 2-7。

表 2-7 酒母罐落罐温度控制 单位：℃

气温	6～10	10～15	15～20	20 以上
落罐品温	27±0.5	25±0.5	24±0.5	＜24

③ 开耙 落罐后约 10h，当品温升至 31～32℃时，应及时开耙，使品温保持在 28～30℃，以后应根据品温开耙 2～3 次。培养 48h 即可。

④ 酒母质量要求 酸度：0.3%以下；杂菌：平均每一视野不超过 1 个；细胞数：2 亿个/mL 以上；出芽率：15%以上；酒精含量：9%以上。

2. 高温糖化酒母工艺流程

如图 2-10 所示。

蒸煮锅
升温糊化
酵母罐
升温杀菌
冷却
保温培养
加水投料
加糖化剂保温糖化
接种酵母

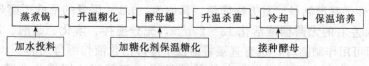

图 2-10 高温糖化酒母工艺流程

(1) 设备 高温糖化酒母主要设备为高压蒸煮锅和酒母罐。

① 高压蒸煮锅 其设备结构如图 2-11 所示，它是用钢板制成的圆柱圆锥体联合型式，上部是圆柱形，下部是圆锥形，焊接制成。材料可采用 A3 号钢，锥体用法兰连接，以便于检修和更换。蒸煮锅承受压力大多在 0.4MPa 左右。这种类型的蒸煮锅比较适宜于对整粒原料的蒸煮，其蒸汽是从锥形底部引入，并可利用蒸汽循环搅拌原料，因此蒸煮醪的质量很均匀，同时由于下部是锥形，蒸煮醪放出比较方便。

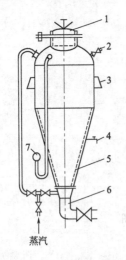

图 2-11 蒸煮锅示意图

1—加料口；2—排气阀；3—锅耳；
4—取样器；5—衬套；6—排醪管；
7—压力表

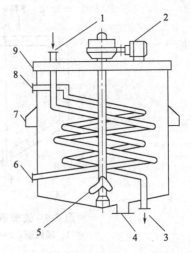

图 2-12 高温糖化酒母罐示意图

1—冷却水进口；2—电机；3—冷凝水出口；
4—排醪口；5—搅拌叶；6—冷却水出口；
7—罐耳；8—蒸汽进口；9—平盖

② 酒母罐 高温糖化酒母罐的结构如图 2-12 所示，为铁制圆桶形，装有夹套或蛇管冷却系统和蒸汽管道及搅拌器。

(2) 工艺说明

① 原料蒸煮糊化 选用糯米或粳米，按配方进行过秤，然后倒入水槽中洗米，将大部分糠秕漂去，沥尽水后，倒入高压蒸煮锅，锅内放入 3 倍的水。将高压锅密闭后，通入蒸汽，以 0.3～0.4MPa 压力保持 30min，进行糊化。

② 高温糖化 将糊化醪从蒸煮锅压到糖化酒母罐中，夹套进冷却水，开动搅拌器，同时从视孔中冲入冷水，使糊化醪中大米与水的比例为 1:7。待品温降至 60℃时，从视孔中加入酒母原料米 15% 的糖化曲。关闭夹套进冷却水的阀门和搅拌器，静置糖化 3～4h，糖化温度应保持 55～60℃。

③ 升温灭菌 糖化完成后，打开蒸汽阀门，使糖化醪品温升至 85℃，保持 20min，灭菌，以保证酒母醪的纯净。

④ 接种培养 灭菌后的糖化醪冷却至 60℃左右，加入乳酸调节至 pH4 左右，继续冷却至 28～30℃，接入酵母培养液。培养温度维持在 28～30℃，培养 14～16h，即可使用。

(3) 技术要点

① 接种的酵母液除上述三角瓶或卡氏罐酵母培养外，现因活性干酵母的推出及普及，不少厂改用黄酒活性干酵母制备。其方法简便，具体为：0.1% 用量的活性干酵母，用 38～40℃ 的无菌水或 2°Bx 左右的无菌糖液活化 15～20min，充分搅拌、溶化、起泡、发腻，当温度降至 36℃左右时即可用作制酒母，也有直接将活性干酵母活化液作酒母用的。

② 速酿酒母是水、米饭、糖化曲和纯种酵母液一起下罐，用糖化曲将米饭进行糖化，

同时培养酒母，它与传统的黄酒发酵一样具有双边发酵的特点，加上所用的糖化曲，主要是含有多种微生物的生麦块曲，酶系复杂，代谢产物多，故其酒质可接近传统工艺酒的风味。

③ 高温糖化酒母是采用大米高压糊化，以稀醪在60℃下糖化，经灭菌降温后，接种培养。采用稀醪，对细胞膜的渗透压低，加之营养充足，有利于酵母在短期内迅速繁殖，并能以优势抑制杂菌的生长。酒母醪质量要求虽然与速酿酒母相同，但纯度高，杂菌少，酵母细胞健壮，发酵旺盛，产酒快，因此发酵较为安全。

实训项目 2-1　黄酒酒曲制作工艺

学习工作页

年　　月　　日

项目名称	黄酒酒曲制作工艺探究	酒曲种类	
学习领域	2. 黄酒酿造	实训地点	图书馆等
项目任务	根据查阅的资料，设计出某种黄酒酒曲制作方案，包括详细的准备项目表和工艺路线	班级	
		姓名	

一、请将你查阅到的相关资料按照参考文献的格式列出。

序号　　作者　　论文题目(书名)　　期刊名(出版社)　　刊期(出版时间)　　页码

二、黄酒可分为哪些类型？分类依据是什么？

三、为什么酿造黄酒应使用软质米和新米？酿造用米为何要精白？糯米、粳米、籼米三者有何区别？

四、为何选用籼米和小麦制曲，而不用糯米和大麦制曲？

五、各类传统天然酒曲及浆水中有哪些主要微生物？

六、制作根霉曲应注重哪些主要的技术问题？如何检测根霉曲的质量？有何质量标准？

七、解释：淋饭酒母、酒曲、酒药、酸浆水、开耙。

项目任务书

年　　月　　日

项目名称	纯种根霉酒曲的制作	实训学时	
学习领域	2. 黄酒酿造	实训地点	
项目任务	根据提供的材料和设备等，设计出纯种根霉酒曲制作方案，包括详细的准备项目表和工艺路线	班级小组	
		小组成员签名	
实训目的	1. 能够全面系统地掌握黄酒酒曲制作的基本技能与方法 2. 通过项目方案的讨论和实施，体会完整的工作过程，掌握黄酒酒曲制作和检测基本方法，学会用比较完整的写作形式准确表达实验成果 3. 培养学生团队工作能力		

工作流程	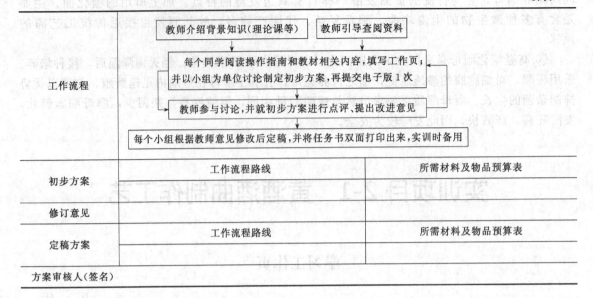	
初步方案	工作流程路线	所需材料及物品预算表
修订意见		
定稿方案	工作流程路线	所需材料及物品预算表
方案审核人(签名)		

【说明1】设计初步方案的基本步骤:

① 查阅资料;仔细阅读本次实训的操作指南;仔细阅读教材相关内容。

② 写出本次实训的工作流程路线,要注意其中的基本原理和逻辑关系。

③ 列表写出本次实训所需的仪器、用具（注明所需数量）、材料及所需数量的预算表,尽量不要有遗漏。

④ 方案提交（实训前一周电子版提交1次,实训时每个小组至少打印出一份带到实验室,供本小组成员实训参考;实训结束离开实训室之前,每个小组成员签字,然后向任课教师提交纸质版）。

【说明2】定稿方案由任课教师就以上初步方案进行点评、提出改进意见等,根据教师意见修改后的方案填写在"定稿方案"这一栏,教师的点评及修改意见请保留在修订意见处,一并打印出来。注意排版,尽量在一张A4纸上双面打印完成。方案审核人可以是任课教师,也可以是学习委员、实训小组长等。

【说明3】后面其他实训项目的任务书均照此流程完成,不再另行说明。

实训项目操作指南 纯种根霉酒曲制作

用曲酿酒是我国酿酒技艺的特色。长期以来制造小曲多以上等大米为原料,配以几十种甚至上百种药材用自然法混菌培养小曲。其生产周期长,酒曲质量不稳定,出酒率和酒质低。1959年四川省商业厅在永川酒厂进行无药糠曲试验获得成功,打破了"无药不成曲"的观念。随着微生物纯种培养技术的发展,采用纯根霉菌种和酵母制作酒曲,酒曲质量已达到相当好的水平。近年来,除少数名优酒厂外都相继用纯种培养小曲代替了传统工艺。

(1) 准备阶段

① 菌种

a. 根霉:3.866(夏季用)或Q303(其他季节用)。也可从购买的安琪甜酒曲或其他甜酒曲分离出纯种根霉。

b. 酵母:1308或K酵母等酿酒酵母。

② 培养基

a. 葡萄糖马铃薯汁培养基：用于分离根霉菌种。

b. 固体麸皮培养基：用于扩大培养和保藏根霉菌株。称取 45g 麸皮加水 65%~70%拌匀，装入 500mL 三角瓶中，在 0.1MPa 压力下灭菌 30min 后冷却至 30~35℃备用（也可用过 60 目筛的籼米粉替代麸皮，但加水量只需 20%~25%）。

c. 麦芽汁培养基或葡萄糖豆芽汁培养液：用于三角瓶酵母的培养。

③ 仪器　手提高压灭菌锅，不锈钢丝漏碗，滤布，发酵瓶，不锈钢锅，汤匙，筷子，恒温培养箱等。

（2）酒曲制作阶段

① 工艺流程　如图 2-13 所示。

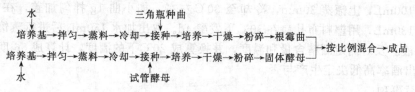

图 2-13　酒曲制作工艺流程

② 操作步骤

a. 根霉曲培养

●菌种活化：用葡萄糖马铃薯汁斜面培养基将根霉菌种在 30℃下保温培养 2~3d 进行。

●培养基制备：籼米经粉碎，过 60 目筛；称取过筛米粉 25g、麸皮 25g，二者混合，加水 50%~60%拌匀，装入 250mL 三角瓶中，加塞包扎，在 0.1MPa 压力下灭菌 30min 后冷却至 30~35℃。

●接种：无菌条件下将斜面根霉菌种接入三角瓶中，每株斜面原菌接种 3 个三角瓶培养基并搅拌均匀。

●培养：将接好种的三角瓶置于恒温箱内 30℃培养 2~3d，待菌丝布满培养基结成饼后扣瓶，即将三角瓶倒置使麸饼脱离瓶底，悬于瓶中，继续培养约 1d 即可将温度升高至 35~40℃进行烘干，待干燥后迅速研磨粉碎并盛于无菌牛皮纸袋内待用。要求菌丝呈白色，不得有黄色等斑点的杂菌。

●种曲培养：以脸盆或木盒为容器，原料要求和三角瓶培养相同，接入盛于无菌牛皮纸袋内的三角瓶菌种，接种量夏季为 0.3%、冬季为 0.5%左右。用纸覆盖。放入恒温培养箱，培养温度 28~30℃，繁殖旺盛时最高品温不超过 35℃。培养 48h 左右，培养基成饼状，无杂色，时间过长有根霉黑孢子产生。将温度升高至 35~40℃进行烘干，再将干曲粉碎，盛于无菌干燥容器内待用。

b. 固体酵母培养　在 500mL 三角瓶中装入葡萄糖豆芽汁培养液 100mL，0.1MPa 下灭菌 20min，取出冷至 30~32℃，接种试管酵母菌 2~3 环。28~30℃保温培养约 36h 左右，待三角瓶内有大量气泡产生时即可用于固体酵母生产。

称取一定量麸皮米粉混合物（1:1），加水 50%~60%，拌匀后于 0.1MPa 灭菌 30min，取出装盘扬冷至 30~35℃，接入 2%的三角瓶酵母液和 0.1%~0.2%的根霉种曲。28℃保温培养，注意此间的温度管理，方法是适时翻曲。培养 9~10h 品温开始上升，需要翻拌一次，11~13h 二次翻曲，15~17h 左右温度上升较快即进行第三次翻曲，18~20h 第四次翻曲，21~23h 翻第五次，24~27h 曲成熟，即可干燥，干燥条件与根霉曲相同。

c. 根霉曲配比　根霉曲的酵母添加量是否恰当，直接影响到小曲酒质量和出酒率，其配比与菌种生长速度、酵母质量、酿酒工艺条件以及季节和气温等许多因素有关。一般来说酵母用量在 8%~10%之间（夏少冬多）便能获得质量优良的小曲。

（3）小曲质量检查阶段　只有用优质的小曲才能生产出高质量、高产量的小曲酒。衡量小曲质量的标准包括感官检查和理化指标，如糖化酶活力的测定、发酵力的分析等，事实上外观好或糖化力高的小曲不一定就好，尚需综合评定，常用方法如下。

① 试饭试验　称取一定量的糯米浸泡半天后上甑蒸熟（约需 20～30min），取出拌冷至30～35℃。选取气味和色泽都正常的根霉曲，按 0.3% 加入糯米饭中，混匀，分装入无菌的250mL 烧杯，在饭团中扒一小窝，加入少量无菌温水，用无菌塑料布封口，置于保温箱内30～32℃保温培养约 36～48h，即可检饭。若饭团松软、味甜、有香味，则表明根霉曲质量较好，否则较差。

② 发酵试验　用试饭试验合格的根霉曲作发酵试验。称取 100g 大米洗净置于 250mL 烧杯中，加水 100mL，上甑蒸 30min，冷却至 30℃左右，加小曲 1g 拌匀加盖，在 30℃下培养1d，再加水 130mL，用塑料布扎口在 30℃下发酵 4d。取出加水 150mL 后进行蒸馏，准确蒸取150mL 馏出液。及时测定酒精含量和温度，并换算成 20℃下的酒度，计算成 56 度酒的原料出酒率，根据出酒率高低决定生产与否。

（4）注意事项

① 如果孢子稀疏长势不好，主要原因是菌种退化，此时应对菌种进行分离、复壮，以筛选出优良稳定的菌种。

② 如果曲料松散，则是由于前期水分过大、品温过高，烧坏幼嫩的菌丝导致曲料不结块；前期水分过少，温度过低，菌丝发育不良也会造成同样结果。因此必须注意配料水分，适时翻曲，控制品温。

③ 如果曲面出现小白点和蓝绿色斑点，这是由于青霉的污染或曲料水分过大造成的。需对原料、场地、设备和工具进行彻底灭菌，控制配料水分。

④ 如果原料加水量过小、曲房空气湿度过小或品温过高使水分大量蒸发会造成干皮现象。

⑤ 接种多的地方根霉迅速生长，导致温度过高便发生烧曲，原料加水量过大也会烧曲；接种少或无种的地方温度过低，易污染杂菌并造成夹心。为此需做到接种均匀，曲料水分控制适当。

⑥ 因过热而烧坏的曲、接种不匀时在接种少的地方易染菌或品温过低都会使曲料发酸、发黏。对此必须对原料、场地、设备等彻底灭菌，掌握好曲料水分，加强温度管理，勿使温度高于 35℃或低于 25℃。

项目记录表

年　　月　　日

项目名称	纯种根霉酒曲的制作		实训学时	
学习领域	2. 黄酒酿造		实训地点	
项目任务	根据提供的材料和设备等，按照各小组自行设计的纯种根霉酒曲制作方案进行酒曲生产		班级	
			姓名	
使用的仪器和设备				

项目实施过程记录

阶段	操作步骤	原始数据（实验现象）	注意事项	记录者签名
准备阶段				
实验室操作阶段				
发酵培养观察阶段				
干燥成品阶段				

【填表说明】在整个实验过程中，每个小组成员必须在此表上详细记录观察到的实验现象和原始数据，并将此原稿附在实训项目报告书后面一起提交。后面其他实训项目的记录表均照此流程完成，不再另行说明。

项目报告书

年　　月　　日

项目名称	纯种根霉酒曲的制作		实训学时	
学习领域	2. 黄酒酿造		实训地点	
项目任务	根据提供的材料和设备等，按照各小组自行设计的纯种根霉酒曲制作方案进行酒曲生产		班级小组	
			小组成员姓名	
实训目的				
原料、仪器、设备				

项目实施过程记录整理（附上原始记录表）

阶段	操作步骤	原始数据或资料	注意事项
准备阶段			
实验室操作阶段			
发酵培养观察阶段			
小曲质量检查阶段			

结果报告及讨论

项目小结

成绩/评分人	

【结果报告及讨论填写说明】请按照正确格式书写报告实训结果；并对该结果进行评价（结果是否可靠？）、分析（为什么结果可靠或不可靠？）、讨论（用所学知识原理阐述结果与过程有何相关性？）等。

【项目小结填写说明】对本次实训项目进行总结，包括好的方面与不足之处；通过本次实训项目得到的经验、体会，并提出改进建议等。

后面其他实训项目的报告书均照此方法完成，不再另行说明。

单元生产 2：黄酒酿造工艺及主要设备

【阅读材料】　黄酒发酵概述

（1）黄酒发酵特点　黄酒发酵与其他酒类发酵的不同点，主要有开放式发酵、糖化与发酵并行、高浓度发酵、低温长时间发酵和高浓度酒精生成等。

① 开放式发酵　黄酒发酵是不灭菌的开放式发酵。投入的曲、水和各种用具都存在着大量的杂菌，发酵过程中空气里的有害微生物也有机会侵入。古人不可能有现代人的无菌意识和无菌操作，那为什么长期以来能够安全酿造黄酒呢？现在来看，这除了必须在冬季低温条件下酿造外，还因为各种黄酒生产方法都有其安

全发酵和防止酸败的措施。

② 糖化与发酵并行　黄酒发酵过程中，淀粉糖化和酒精发酵两大作用是同时并进、相对平衡的。成熟酒醪中酒精含量高达 16% 以上，因而需要可发酵性糖含量在 32% 以上。但如果酒醪中一下子含有这么高的糖分，渗透压就很大，酵母菌就很难存活，更不用说进行发酵了。只有边糖化、边发酵，两者保持平衡，才能使糖液浓度不至于积累过高，而逐步发酵产生含量在 16% 以上的酒精。

糖化与发酵的平衡是相对的，平衡与不平衡没有严格的界限。由于糖化与发酵哪一方面的作用偏快或偏慢，都会影响酒的质量，产生不同的口味，因此，为稳定酒的口味，要求糖化力和发酵力有一个相对固定的模式。在采用相同原料的不同厂家，糖化与发酵的平衡模式决定了其生产酒的固有风味。

③ 高浓度发酵　酒类生产中，像黄酒醪这样的高浓度发酵是罕见的。加酒曲和水以后，每 100kg 大米的黄酒醪量为 300～330kg，即大米与水之比为 1 : 2 左右。而啤酒发酵的麦芽汁固形物含量仅占 12%～14%。

黄酒醪浓度高，产热量多，同时整粒的米饭易浮在上面形成醪盖，使热量不易散失，如果因此而使品温过高，就会使酵母菌早衰，引起杂菌侵入。由于酒醪高浓度而呈非流态（故又称酒醅），所以其品温在各处是不同的。因此，对发酵温度的控制就显得尤为重要，关键是掌握好开耙调节温度的操作，尤其是第一耙的迟或早对酒质的影响很大。当缸心温度在 35℃ 以上时，开头耙的酒口味较甜，而在 30℃ 左右就开头耙的酒甜味少、酒精含量较高。

④ 低温长时间发酵　酿造黄酒不仅仅是产生酒精，作为饮用酒还要求生成多种物质，使香味调和。酵母菌种特性对香味的形成起重要作用，而长时间的低温后发酵对香味的形成和调和的贡献也早有定论。在后发酵过程中，除继续产生酒精和 CO_2 外，随着时间的推移，在某些微生物酶的作用和化学、物理因素的影响下，还生成高级醇、有机酸、酯、醛、酮等，它们与微生物细胞分泌的若干含氮物质共同构成了黄酒的香味；此外还有些挥发性的不良成分逐步被转化或逸出，使酒的香味变得柔和、细腻。各种酒的酿造实践表明，低温长时间发酵比高温短时间发酵的酒，香气和口味都好。

⑤ 高浓度酒精的生成　常用的酒精酵母耐酒精能力在 12% 左右，而黄酒酵母在黄酒醪中能生成 16%～20% 的高浓度酒精，耐酒精能力特别强。

(2) 发酵过程中成分的变化　在霉菌、酵母菌和细菌等多种微生物酶的作用下，发酵过程中黄酒醪的成分变化非常复杂。根据微生物代谢机理和分析检测，主要成分变化如下：

糖化　　　淀粉（大米、小麦）→糖分
酒精发酵　糖分→酒精、二氧化碳
酸的生成　糖分及其他物质→有机酸
蛋白质分解　蛋白质（大米、小麦）→肽、氨基酸→高级醇
脂肪分解　脂肪（大米、小麦）→甘油＋脂肪酸→酯

工作任务 1　淋饭酒酿造

淋饭酒是指蒸熟的米饭用冷水淋凉，然后拌入酒药粉末，搭窝，糖化，最后加水发酵成酒，口味较淡薄。这样酿成的淋饭酒，有的工厂是用来作为酒母的，即所谓的"淋饭酒母"。其是传统绍兴酒的制造方法之一。

一、淋饭酒生产工艺流程

如图 2-14 所示。

二、工艺说明

① 糯米一般浸泡 48h 以上，米质较硬的大米（如粳米、籼米等）需浸泡 18～20d，浸泡要求米粒完整而酥，能用手捏成粉末状为度，其吸水率为 25%～30%。其目的是为了让米粒吸水膨胀，便于蒸煮时糊化完全。

② 将米取出，以清水冲淋，直到沥米水清澈为止，沥干，即可上甑蒸饭。

③ 蒸煮：糯米只要 20min 左右即可蒸熟，对于米质较硬的品种（如粳米、籼米等）可采用闷浇复蒸法将其蒸透。具体做法是：蒸汽透出米面时，将饭撬松，分 2 次浇上 50～80℃ 的

热水，边撬边浇，使饭充分吸水，再闷 5min，出甑倒入缸内，再用 60～70℃ 的热水边浇边撬，捣匀后重新上甑复蒸。蒸饭要求饭粒松软，熟而不烂，内无白心。

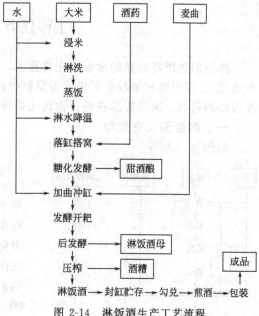

图 2-14　淋饭酒生产工艺流程

④ 蒸好的米饭用冷水进行冲淋降温，米饭淋冷后品温为 32～35℃。将沥去余水的米饭倒入洁净或灭过菌的缸内，先把饭团捏碎，再拌入 0.3%～0.4% 的酒药粉，并搭成凹形窝，缸底的窝口直径约 10cm，窝要搭得疏松些，以不倒塌为度。搭窝的目的是增加米饭与空气的接触面积，以利于好气性的糖化菌繁殖；同时因有窝的存在而使较厚的饭层品温较均匀；还便于检查糖液的积累和发酵情况。窝搭好后，再在上面撒上一些酒药粉，然后加盖保温进行糖化发酵。一般窝搭好后品温为 27～29℃。

⑤ 一般经过 36～48h 后，饭粒软化，糖液满至酿窝的 4/5 高度，浓度在 35°Bx 左右，还原糖为 15%～25%，酒精含量在 3% 以上，酵母细胞数达 7000 万/mL。可加入一定比例的麦曲和水进行冲缸，充分搅拌，酒醅由半固体状态转为液体状态，浓度得以稀释，并补充了糖化剂（麦曲）和新鲜的溶解氧，强化了糖化能力，由此促使酵母迅速繁殖，并逐步开始旺盛的酒精发酵，使醪液温度迅速上升，米饭和部分曲浮于液面上形成泡盖，此时可用木耙进行搅拌，俗称开耙。第一次开耙的温度和时间的掌握尤为重要。开耙的目的是为了降低品温，使上下温度一致，酵母均匀分布，排出醪中的 CO_2，供给新鲜空气，促进酵母繁殖，减少杂菌滋生的机会。第 1 次开耙后，根据气温和品温，每隔 4h 左右，进行第 2～4 次开耙，使醪温控制在 26～30℃ 范围内。一般二耙后可除去缸盖。四耙后开冷耙，即每天搅拌 2～3 次，直至品温与室温对应时，缸内醪盖已下沉，上层已成酒液。

⑥ 在开耙发酵阶段，酵母菌大量繁殖发酵，酒精含量增长很快，冲缸后 48h 已达 10% 以上，糖分降至 2% 以下。此后，为了与醪中曲的糖化速度协调，必须及时降低品温，使酒醅在较低温度下继续进行缓慢的后发酵，生成更多的酒精，提高酒的质量。一般在落缸 7d 左右，将缸中醪盖已下沉的酒醅搅拌均匀，灌入坛内，在低温下进行后发酵（灌坛养醅）。一般装至八成满，上部留一定空间，以防养醅期间，由于继续发酵引起溢醅现象。后发酵也可在缸内进行（俗称缸养），上盖一层塑料布，用绳子捆在缸沿上即可。经 20～30d，酒精含量已达 15% 以上。

⑦ 将后发酵的酒醅进行压榨，使酒液与酒糟分离。收集酒液放入干净的缸中，加盖封缸，在 20℃ 左右进行贮存，使其老熟，产生风味物质和黄酒特有的颜色，一般需 1～3 年。吸取经老熟后的酒的上清液，放入干净的缸中，再进行勾兑、煎酒（灭菌），质检合格后即可包装出厂。

三、技术要点

① 生产淋饭酒母多采用糯米为原料，而生产淋饭酒的原料则各类大米均可。

② 开耙技术是酿好酒的关键，应根据气温高低和保温条件灵活掌握。开耙技工在酒厂享有崇高的地位——"头脑"，作为开耙头脑，必须具备丰富的酿酒经验，断米质、观麦粒、制酒药、做麦曲以及淋饭酒等先期工作中的一切技术都必须由开耙工把关。开耙操作需具备一听、二嗅、三尝、四摸的经验。

工作任务2 摊饭酒酿造

摊饭酒是指将蒸熟的米饭摊在竹箧上，使米饭在空气中冷却，然后再加入麦曲、酒母（淋饭酒母）、浸米浆水等混合后进行发酵制得的酒。如绍兴元红酒、加饭酒、善酿酒等都是应用摊饭法制得的，风味醇厚独特。摊饭法是传统黄酒酿造的典型方法之一。

一、摊饭酒工艺流程

如图2-15所示。

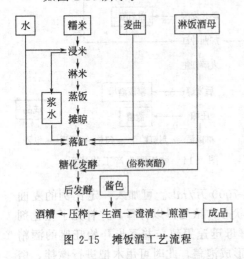

图2-15 摊饭酒工艺流程

二、工艺说明

（1）配料 传统的摊饭酒酿造常在11月下旬至翌年2月初进行，强调使用"冬浆冬水"，对抑制发酵过程中产酸菌的污染和促进酵母生长繁殖极其有利。20世纪50年代，元红酒用料统一为：每缸用糯米144kg、麦曲22.5kg、水112kg、酸浆水84kg、淋饭酒母5～6kg。这些数量是按现行计量法，从石、斗折算而来的。在每缸用水中，沿用历史上就有的"三浆四水"配比，即酸浆水和清水比例为3∶4。

（2）浸米 浸米操作与淋饭酒基本相同，但因摊饭酒浸米长达18～20d，所以在浸渍过程中，要注意及时加水，勿使大米露出水面，并要防止稠浆、臭浆的发生，一经发生，应立即换入清水。

浸米2d后，由于微生物繁殖，浸米的浆水微带甜味，冒出小气泡，缓慢发酵，乳酸链球菌将糖分转化为乳酸，浆水酸度渐高——酸浆水。配料所需的酸浆水，是在浸米蒸饭的前一天从中汲取洁净浆水，一缸浸米约可得160kg原浆水，将其置于空缸内，再掺入约50kg清水进行稀释以调整酸度，然后让其澄清一夜后，取上清液按"三浆四水"比例配料发酵，缸脚可作饲料。采用酸浆水配料发酵是摊饭酒的重要特点。

（3）蒸饭和摊晾 与淋饭酒不同，摊饭酒的大米浸渍后，不经淋洗，保留附在大米上的浆水进行蒸煮。即使不用其浆水的陈糯米或粳米，也采用这种带浆蒸煮的方法，这样可起到增加酒醅酸度的作用，至于米上浆水带有的杂味及挥发性杂质则可借蒸煮除去。

米饭冷却用摊饭法或改用鼓风法，要求品温下降迅速而均匀，根据气温掌握冷却温度，一般冷至60～65℃。

（4）落缸 落缸前把发酵缸和工具先经清洗和沸水灭菌。落缸时先投放清水，再依次投入米饭、麦曲和酒母，最后冲入浆水，用木耙或木揖与小木钩等工具将饭料搅拌均匀，达到糖化、发酵剂与米饭均匀接触和缸内上下温度一致的要求。

落缸温度的高低直接关系到发酵微生物的生长和发酵升温的快慢，特别注意勿使酒母与热饭块接触而引起"烫酿"，造成发酵不良，引起酸败。落缸温度应根据气温高低灵活掌握，一般控制在24～26℃，不超过28℃，参见表2-8。

表2-8 气温与落缸要求温度   单位：℃

气温	落缸后要求品温	备　注
0～5	25～26	
6～10	24～25	每缸原料落缸时间总共不超过1h,落缸后加草缸盖保温
11～15	23～24	

（5）糖化和发酵　物料下缸后便开始糖化和发酵。前期主要是酵母菌的增殖，热量产生较少，应注意保温。经过 10h 左右，醪中酵母菌已大量繁殖，开始进入主发酵阶段，温度上升较快，可听见缸中嘶嘶的发酵声，产生的 CO_2 气体把酒醅顶上缸面，形成厚厚的醪盖，醪液味鲜甜略带酒香。待品温升到一定程度，就要及时开耙。测量品温用手插，多以饭面向下 15～20cm 的缸心温度为依据。有高温开耙和低温开耙，依地区和技工的操作习惯而选择。经过5～8d，品温与室温相近，糟粕下沉，主发酵结束，就可灌坛进行后发酵。

（6）后发酵（养醪）　灌坛前先在每缸中加入 1～2 坛淋饭酒母，目的在于增加发酵力，然后将缸中酒醪分盛于已洗净的酒坛中，每坛装 25kg 左右，坛口盖一张荷叶，每 2～4 坛堆一列，多堆置室外，最上层坛口再罩一小瓦盖，以防雨水入坛。在天气寒冷时，可将后发酵酒坛堆在向阳温暖的地方，以加速发酵。天气转暖时，则应堆在阴凉地方或室内为宜，防止因温度过高、发生酸败现象。摊饭酒的发酵期一般掌握在 70～80d。

三、技术要点
① 注意酸浆水的酸度和质量，不要使用发黏、发臭的浆水。
② 根据发酵过程中醪液的变化掌握好开耙时机。

工作任务3　喂饭酒酿造

喂饭酒是指酿酒时米饭不是一次性加入，而是陆续分批加入所制得的酒。第一批米饭先做成酒母，在培养成熟阶段，陆续分批加入新原料，起扩大培养、连续发酵的作用，类似于现代发酵工艺学中的"递加法"，具有出酒率高、成品酒口味醇厚、酒质优美的特点，不仅适于陶缸发酵，也适合大罐发酵生产和浓醪发酵的自动开耙。

一、工艺流程
如图 2-16 所示。

二、工艺说明
（1）配料　以每缸为单位的物料配比为：淋饭搭窝用粳米 50kg 第 1 次喂饭用粳米 50kg；第 2 次喂饭用粳米 25kg；黄酒药（淋饭搭窝用）250-30 她；麦曲（按粳米总量计）8％～10％；总控制量 330kg；

加水量＝总控制量－（淋饭后的平均饭重＋用曲量）。

（2）浸渍、蒸饭、淋冷　在室温 20℃左右的条件下，浸渍 20～24h。浸渍后用清水冲淋，沥干后采用"双蒸双淋"操作法蒸煮。米饭用冷水进行淋冷，达到拌药所需品温 26～32℃。

（3）搭窝　米饭淋冷后沥干，倾入缸中，用手搓散饭块，拌入酒药；搭成 U 字形圆窝，窝底直径约 20cm，再在饭面撒一薄层酒药，拌药后品温以 23～26℃为宜，然后盖上草缸盖

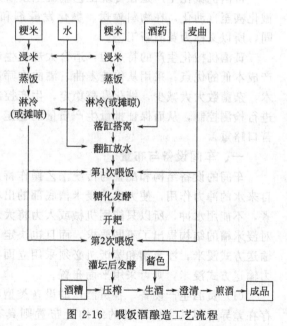

图 2-16　喂饭酒酿造工艺流程

保温。18～22h 后开始升温，24～36h 即出甜酒酿液，出酒酿品温 29～33℃。出酒酿前应掀动一下缸盖，以排出 CO_2，换入新鲜空气。

成熟酒酿相当于淋饭酒母，要求酿液满窝，呈白玉色，有正常的酒香，绝对不能带酸或异常气味；镜检酵母细胞数 1 亿/mL 左右。

（4）翻缸放水　拌药后 45~52h，酿液到窝高八成以上时，将淋饭酒母翻转放水，加水量按总控制量计算，每缸放水量在 120kg 左右。

（5）第 1 次喂饭　翻缸次日，第 1 次加曲，加量为总用曲量的一半，约 4kg，并喂入粳米 50kg 的米饭，喂饭后品温一般为 25~28℃，略拌匀，捏碎大饭块即可。

（6）开耙第 1 次　喂饭后 13~14h，开第 1 次耙，使上下品温均匀，排除 CO_2，增加酵母菌的活力及与醪液的均匀接触。

（7）第 2 次喂饭　在第 1 次喂饭后次日，开始第 2 次加曲，其用量为余下部分，即 4kg，并喂入粳米 25kg 的米饭。喂饭前后的品温为 28~30℃，这就要求根据气温和醪温的高低，适当调整喂米饭前的温度。操作时尽量少搅拌，防止搅成糊状而阻碍酵母菌的活动和发酵力。

（8）灌坛后发酵　第 2 次喂饭后 5~10h，将酒醪灌入酒坛，堆放露天中进行缓慢后发酵。60~90d 后进行压榨、煎酒、灌坛。总酸 0.350%~0.385%，糖分小于 0.5%，出糟率 18%~20%。

三、工艺要点

我国江浙两省采用喂饭法生产黄酒的厂家较多，具体操作因原料品种、喂饭次数和数量等的不同而有多种变化。采用喂饭法操作，应注意下列几点。

① 喂饭次数以 2~3 次为宜。

② 各次喂饭之间的间隔时间为 24h。

③ 酵母菌在醪液中要占绝对优势，以保持糖化和发酵的均衡，防止因发酵迟缓、糖浓度下降缓慢引起的升酸。

工作任务 4　黄酒机械化生产

黄酒机械化生产是在传统工艺基础上发展起来的，其主要的标志是生产设备的大型化、机械化甚至自动化，在物料输送、糖化发酵剂和发酵、贮存容器等方面与传统生产有着明显不同，所以又称为黄酒新工艺。

黄酒机械化生产的特点为：适合大规模生产，具有劳动强度低、生产效率高、耗能少、生产成本低的优点；采用从传统麦曲、酒曲中筛选培养的优良菌株，通过现代微生物扩大培养技术，杂菌数大大减少，糖化发酵稳定，生产控制容易；易实现自动化控制，对工艺参数能有效进行检测控制，从而保证批量生产质量的稳定。但是，由于单种酵母作用，成品酒风味略差，苦口略重。

一、车间设备与布置

车间的设备结构和配置与传统工艺操作特点有密切关系。如：采用淋饭法，浸米时可借助自来水的冲力作用，使大米从浸米槽底部的出料管流出。而采用摊饭法，浸米时因要求带浆蒸煮，不能用水冲，所以只能用机械或人力将大米取出并直接送去蒸饭。不同的浸米方式，不但对浸米槽的结构提出了不同要求，而且也决定了浸米槽和蒸饭机的相对位置。通常，采用水力输送方式浸米，浸米槽和蒸饭机必须采用立面布置，浸米槽在上层，蒸饭机在下层；若不用水力输送方式浸米，则可采用平面布置。

（1）黄酒生产设备　各黄酒厂的设备类型和数量因生产工艺、输送方式和产量等的不同而存在差异，但其主要设备的结构及布置则具有共性。现将机械化黄酒生产的主要设备作一简述。

① 精米机　一般采用 3 号碾米机或金刚砂碾米机。

② 大米输送装置　大米输送装置有斗式输送、传送带输送、水米混合泵送和气流输送等装置。一般多采用气流真空抽吸方式，开动真空泵，使输料管内形成负压，将米吸入抽升至高

位贮米罐，由此卸入浸米池。该装置由大米料斗、输料管、高位贮米罐、抽气管、水环式真空泵及排气水箱组成，依次形成一个封闭的输米系统，称之为负压密相输米系统（图 2-17）。

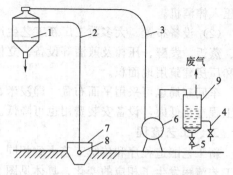

图 2-17　负压密相输米系统示意图
1—高位贮米罐；2—吸米管；3—吸气管；4—进水管；
5—排水管；6—真空泵；7—料斗；8—吸嘴；9—水箱

③ 浸米槽　浸米槽为敞口短胖形，上部为圆筒形，下部为圆锥形，锥角以 60°～90° 为宜，便于浸米滑入底部，由出料口排出。槽上部侧面开有一带有活动筛网的溢流口，漂洗时用来进行排污；锥底部排米口装有自来水管，放米时先将米层用自来水冲松，以免填塞；槽内装有加热蒸汽管，以调节水温，槽壁可设保温层保温。

对带浆蒸煮的浸米方式，需在浸米槽圆锥形一侧开一个可开闭的长方形出料口，用机械或人工将带浆浸米送入长方形出料口出料。

④ 淋米洗米装置　主体为振荡式的流米床，床面为筛网结构，床身纵向微倾斜，利于大米流落至蒸饭机；床上方装有 3～5 根平行、多孔眼的自来水管，可放水冲淋；床下砌槽，承受米浆水并集中至米浆水贮罐。因此该装置在洗米淋水的同时，还能起到从浸米槽输米到蒸饭机的作用。

⑤ 蒸饭设备　蒸饭设备有立式蒸饭机、卧式蒸饭机以及立式、卧式结合型多种。

⑥ 落饭装置　淋饭落饭装置由槽式振荡筛、接饭口和溜槽等组成。米饭从蒸饭机下口落入振荡筛，经筛床上方水管淋水，振（流）落至接饭口，经溜槽进入发酵罐。非立体化生产厂，可用转子泵输送入罐；采用卧式蒸饭机蒸饭，可从其出饭口直接经溜槽进入发酵罐。

⑦ 加曲料斗　料斗设置在溜槽上方，斗框内有电动绞龙。开动绞龙，可将曲块粉碎并落入溜槽。

⑧ 酒母槽

⑨ 前发酵罐　前发酵罐大多数采用瘦长形，直径与高度比一般为 1∶2.5 左右，个别厂也有采用矮胖形的。按罐口类型可分为直筒敞口式和焊接封头可密闭式两种，前者采用泵输送发酵醪，后者可采用压缩空气输送发酵醪。附设的冷却装置分为内置列管式、外夹套式和外围螺旋形导向槽钢式三种。外夹套冷却式的冷却面积大，冷却速率较高，但冷却水利用率不高。一般酒厂采用外围导向冷却，其优点是能合理使用冷却水，虽比夹套冷却面积减少，冷却速率减低，但也能满足主发酵控温要求。

⑩ 后发酵罐　罐形采用瘦长形，罐口直径应比前发酵罐小些，但不低于人孔大小要求，以利于维修。其容量有的比前发酵罐大 1 倍，将两罐前发酵醪合并到 1 只后发酵罐中，可节约建筑面积和设备制造费用。有的后发酵罐容量同前发酵罐，一前发酵罐对一后发酵罐，便于工艺和计量管理。

⑪ 输醪装置　将前发酵醪液输入后发酵罐，有真空吸送和净化空气压送两种方式，但这两种方式均存在着管道内排醪不尽和不易灭菌的弊病。为此，有些厂在输醪管上装置蒸汽管，在输醪完毕后再用蒸汽吹尽管内余积，同时起到灭菌作用；也有些采用罐与罐间连接胶管输醪的方法，输醪后胶管可用清水冲洗干净，从而防止了杂菌污染。为防止管道阻塞，有的酒厂在罐与罐输送途中安装一个类似鸟笼式的截物器，以截留醪液中较大的固形物，保护管道畅通和避免损坏输醪设备。同时该截物器也起到连接前发酵罐与后发酵罐的两根食用橡胶管的作用。

后发酵罐成熟醪液的排放，可采用醪泵（如泥浆泵）输送。有的厂也用压缩空气压至榨酒机，但这增加了对后发酵罐的耐压要求，还需要有数只能承受压力的过滤罐，然后视榨酒情况再压入榨酒机。

（2）设备布置　大多数工厂新工艺生产车间均采用立体布局，即自上而下，按流程设置浸米、蒸饭、发酵、压榨及煎酒等设备。立体布局合理紧凑，并能利用位差使物料自流，节约动力和厂房建筑用地面积。

车间布局也可采用平面布置，即浸米、蒸饭、发酵等布置在同一平面，这样操作简单，车间工程造价低廉，设备安装费用也可降低。

二、工艺流程

新工艺酿造程序和传统工艺大致相同，只是由于生产方式从手工操作转为机械化操作后，其工艺流程发生了相应的变化，具体见图2-18。

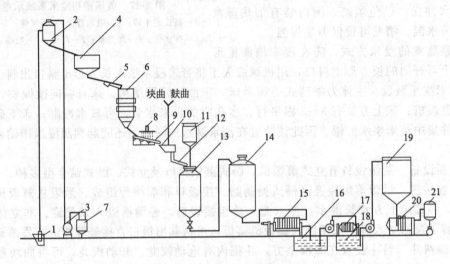

图 2-18　黄酒机械化流程图

1—集料；2—高位米罐；3—水环式真空泵；4—浸米槽；5—溜槽；6—蒸饭机；7—水箱；
8—喷水装置；9—淋饭落饭装置；10—加曲斗；11—酒母罐；12—涡槽；13—前发酵罐；14—后发酵罐；
15—压滤机；16,18—清酒池；17—棉饼过滤机；19—清酒高位罐；20—热交换杀菌器；21—贮热酒罐

工艺操作机械化方式生产黄酒的工艺设计，主要应考虑下列因素。

① 把确保产品质量，保留黄酒传统风味作为前提。

② 采用制冷技术，控制发酵温度，实现常年生产。

③ 采用紧凑合理的立体布局，并利用位差使物料自流，节约动力和厂房建筑占地面积。

④ 采用无菌压缩空气输送酒醪，减少输醪过程的杂菌污染，无菌压缩空气还用于发酵搅拌、提供氧气、排除 CO_2 和热量，使物料均匀，促进发酵。

⑤ 实行文明生产，创造良好的卫生条件。

⑥ 以节约能源、确保产品质量、提高效率为出发点，选择与设计机械设备。

工作任务 5　发酵后处理

一、压榨

将发酵成熟醪中的酒液和糟粕加以分离的操作过程称为压榨。

当酒醪的糟粕已完全下沉，上层酒液已澄清并透明黄亮，有正常的新酒香气时，并经品尝，基本符合理化指标，表明酒液已基本成熟，即可压榨。

（1）压榨设备和原理　黄酒醪具有固液两部分的密度接近，醪液黏稠；滤饼糟板滤层具有可压缩性；酒糟可回收利用，一般不添加助滤剂等特性。因此要使固、液相分离，就不能采用

如化工生产中的沉淀、过滤等单元操作，而需采用过滤和压榨相结合的方法来完成。

我国黄酒压榨设备过去长期采用杠杆式的古老木榨。木榨有结构简单、造价低廉、易拆卸堆放的优点，但也存在生产能力低、劳动强度大、不安全等缺点。20世纪50年代起逐步发展螺旋杆压榨机、板框压滤机及水压机压榨的方法，但都不很理想。

目前，黄酒压榨都采用板框式气膜压滤机。该机具有性能良好、操作方便、生产能力大和出酒率高等优点。进一步将压板、滤板改用聚丙烯塑料板材料后，使该机具有化学性能稳定、耐酸碱腐蚀、无毒、操作轻便等特性。

以BKAY54/820型板框式气膜压滤机为例，其结构、原理、技术特性和使用效能举例如下。

① 主要结构　该机由机体和油压两部分构成（见图2-19）。机体部分起压滤作用，其两端由支架和固定封头定位，由滑杠和拉杆连为一体，滑杠上承放59片压板、滤板和一个活动封头；由油泵、换向阀和油箱管道等组成的油压系统起动力作用（一台油压装置可带动多台机体操作）。

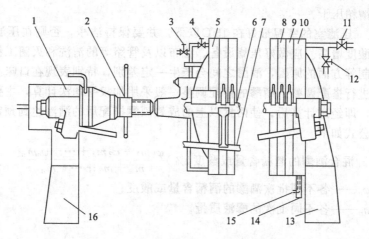

图2-19　板框式气膜压滤机结构示意图

1—液压支架；2—手柄螺母；3—排气阀；4—吹料管；5—活动封头；6—滑杠；7—拉杆；8—压板；9—滤板；10—固定封头；11—进料阀；12—排渣管；13,16—机体支架；14—流酒管；15—进气管

② 工作原理　由于油压部分的推动作用，使封头和压板、滤板形成一个封闭容器，压板、滤板间套上两层滤布，用泵将酒醪送入两层滤布之间，然后用气泵通过管道向压板进气孔充气，使压板上的橡胶膜向外侧鼓胀，压迫滤布间的酒醪，酒液就从滤布孔隙流出，通过滤板的梯形沟槽和压板橡胶膜的波纹凹槽进入流酒孔，从预定管道流出，完成压滤工作。

当酒醪开始进入压榨机时，由于滤布间的醪液中液体成分多于固体成分，酒液能借助输醪压力从滤布孔隙中流出，所以开始时是以过滤作用为主的流酒阶段。这时酒液的流速比较快，随着过滤时间的延长，固体部分逐渐增加，液体含量相对减少，加之滤布孔隙被堵塞而变小，使过滤阻力增加，因此就要靠强制挤压把酒榨出来，这就是压榨阶段。在压榨时压力应慢慢地加大，如压力过大，固体物质会从滤布孔隙中挤出来，流出的酒液就会浑浊。压榨时要求先轻压，逐步地加大压力，不使附着在滤布上的糟粕滤层（起助滤作用）遭到破坏，这样流出的酒液能自始至终保持澄清。因此，黄酒醪压榨一般需要较长的时间。

（2）压榨要求　榨酒要求酒液清澄、糟粕干和时间短。如果酒液不清、糟粕不干，就起不到榨酒的作用，既影响滤过酒的质量，又使出酒率减少。"清"是过滤的问题，"干"是压榨的问题，因此缩短时间要靠过滤和压榨之间的相互结合。为了达到榨酒要求，应注意以下几点。

① 选择合适的滤布　对滤布的要求是：一是酒液透过性能良好，滤布能截住糟粕等固形物，滤布孔隙不易填塞；二是滤布牢固耐用，吸水少，易和糟粕分开。一般采用牢度强的尼龙、锦纶等化纤布作滤布，其孔眼也要选择得当，用36号锦纶作滤布较好。木榨采用生丝做的绸袋或尼龙布袋。

② 过滤面积大，滤层薄而均匀　若过滤面积大并且糟粕形成的滤层薄，压滤速度就快。滤层厚薄不一，会造成压榨单元的压滤速度不一，产生板糟干湿不匀的问题。所以，压榨前应将成熟酒醪搅拌均匀后再上榨，上榨进料也不宜太多或太急，否则将会产生滤层厚薄不匀的问题。

③ 缓慢加压　不论哪种形式的压榨机，开始时都不需要大的压力，此期间随酒液的自然流出，醪液中的粒子同时堆积在滤布上，自然形成大粒子在滤布壁，顺次向内为中小粒子的助滤层。为形成良好的助滤层，使酒液较自然地流出，加压迟些为好。加压速度也要避免过激，必须徐徐上升，到压滤结束时才升到预定的最大压力，将糟粕压干。

采用木榨时，后阶段应上下调换布袋，将布袋对折后再堆在榨箱内，利用缩小过滤面积而使压力增大，把糟粕压干。

④ 保持卫生　压滤室的室温最好在15℃以下，并要保持洁净，否则在压滤过程中会污染杂菌，造成酒液酸度增高。应做好压滤设备、滤布以及管路等的清洗和灭菌工作。此外，由于黄酒发酵操作控制等方面的原因，酒醪之间会产生一定差别，特别表现在口味上。所以在压榨前要按化验数据进行搭配调整。酒醪的搭配调整一般采用加权平均法计算，主要是酒精含量和酸度的搭配计算，即经过计算后，使两批以上的成熟酒醪搭配后的酒液达到预定的酒精含量或酸度要求。计算公式如下：

$$混合酒醪的酒精含量或酸度(\%) \frac{\varphi_1 m_1 + \varphi_2 m_2 + \cdots + \varphi_n m_n}{m_1 + m_2 + \cdots + m_n} \tag{2-1}$$

式中　$\varphi_1, \varphi_2 \cdots, \varphi_n$——各不同批次酒醪的酒精含量或酸度；

$m_1, m_2 \cdots, m_n$——各不同批次的醪液质量。

二、澄清

榨出来的酒液叫生酒，需汇集到贮酒容器内进行静置澄清。贮酒容器多数酒厂采用地下池，因地下池既不占用土地面积，受气温的影响也小。池壁需涂抹大漆或环氧树脂等无毒耐酸的涂料，以防渗漏。室内有空调条件的酒厂，可采用贮酒罐。

刚榨出来的酒由于压榨中有些细微粒子随酒流出以及酱色含有微粒杂质等，酒色不清，还需静置澄清2～4d，目的是将生酒中的淀粉、糊精、不溶性蛋白质、微生物等微细的悬浮物逐渐沉降到池底部，使酒液澄清。但澄清时间不宜过长，特别是气温在20℃以上时更应注意。因为酒液中丰富的营养物质和较高的温度，有利于酒液中的菌类繁殖生长，易引起酒液浑浊，甚至变酸。这种现象俗称"失煎"。有的厂在榨酒前，向酒醪中加入少量石灰浆水，以利于中和黄酒里的酸，降低酒醪酸度，同时还起到促进酒液澄清和改善口味的作用。但加石灰浆水要合乎卫生要求，国家标准规定成品黄酒中氧化钙含量最高不得超过0.07%。

澄清处理可以改善黄酒的风味，刚榨出的酒，口味粗糙辛辣，经过一段时间的澄清，口味逐渐变得甜醇。这是由于压榨后酒液中的酶重新游离出来，进一步将残留在酒液中的淀粉、糊精、蛋白质、多肽等分解成糖、氨基酸等。可见，适当延长澄清期对黄酒质量的提高有促进作用。

经过澄清，酒液中大部分固形物已沉入池底，但仍有部分极细小、相对密度较轻的粒子悬浮在酒液中，影响酒的清澈度。所以，经澄清后的酒液还需再进行一次过滤。过滤设备一般采用板框式棉饼压滤机，该机过滤介质采用棉纸饼，生酒液经过厚度达4.0～4.5cm的棉纸饼时，比棉纸饼孔隙大的颗粒就被截留下来，从液体中分离出来。使用棉纸饼过滤时要经常清洗滤饼，每连续过滤 20～30t 酒，就要清洗棉纸饼一次，否则会造成过滤困难。洗压后的棉纸饼必须当班使用，不允许放置 6h 以上，否则会生长杂菌造成质量事故。气温高时还应用沸水进行灭菌，否则也会生长杂菌，导致酒液生酸浑浊而变质。清酒应该边过滤边打入高位槽或清酒罐，流入煎酒器进行灭菌。生酒过滤完毕后，贮酒池的沉渣和酒脚可并入将要压榨的成熟酒醪中重新压滤，回收酒液。

三、消毒

消毒俗称煎酒，因过去采用把黄酒放在锡壶里煎熟而得名。

(1) 消毒目的　经过发酵、压榨及过滤的清酒，仍残留着一些微生物，包括有益和有害的菌类，也残存一部分有一定活力的酶，因此必须进行灭菌。通常采用加热方法灭菌，其作用如下。

① 将微生物杀灭，破坏酶，使黄酒成分基本固定下来，并在长期贮存中不发生酸败和质量变坏，提高黄酒的生物稳定性。

② 加热使酒的成分产生变化，蒸出不良的挥发性物质（如醛类），促进酒的老熟。加热还可促使部分蛋白质变性凝固。经过较长时间的贮存，已凝固的蛋白质沉淀并吸附其他微粒，形成酒脚，使黄酒的色泽更为清亮透明。

(2) 消毒温度　消毒温度的选择，与酒中的酒精浓度和糖浓度有关。合适的灭菌温度既可达到灭菌的目的，又能减少酒精的挥发损失和高温下由糖的复合、分解等不良化学反应产生的有害物质和色素的含量。一般来说，酒精含量高、糖分含量低的黄酒可采用较高的灭菌温度，而糖分高的黄酒应采用较低的消毒温度。各酒厂采用的消毒温度一般为 85～90℃。

(3) 消毒设备　灭菌设备种类很多，传统的有用锡壶煎酒，也有将包扎好的数十坛生酒堆在大石板屋内或大木桶内进行蒸煮，用大铁锅烧水产生的蒸汽加热灭菌。这些方法效率低、损耗大，已不适合大生产的要求，只有极少数工厂还在继续使用。目前用得较多的是列管式热交换器，条件好的酒厂也有用薄板式热交换器的。

(4) 灭菌操作　经棉滤机过滤的清酒，用泵输入高位槽，利用位差流入列管式交换器内进行灭菌，或流入薄板式热交换器前置的贮生酒桶，桶内由浮球阀自动控制液位。如有预热要求，则需先进入预热器，再进灭菌器。灭菌后的热酒应趁热进行灌装。

四、分装

通常商品黄酒多采用瓶装、袋装或罐装方式。

(1) 陶坛包装　陶坛稳定性高，不仅具有防腐蚀、抗化学性，还具有透气保温、绝缘、防磁和热膨胀系数小等特点，有利于黄酒的自然老熟和香气质量的提高。但陶坛的机械强度和防震能力弱，容易破损或产生裂纹；某些釉面质量不好的酒坛长期存放黄酒会出现微弱渗漏的现象，俗称"冒汗"。一般酒厂每年坛装库存酒的损耗在 3% 以上。坛装操作劳动强度大，酒坛笨重，包装搬运不便，不易实现机械化。酒坛外表不太美观，再加上烂泥封口更有碍观瞻。为此，有些厂采用小型精美的工艺陶瓷坛包装。

灌酒前，先将洗好的空坛倒套在蒸汽消毒器上，采用蒸汽冲喷的方式对空坛杀菌，以坛底边角烫手为准。另外，由于坛外壁已涂上石灰浆，如坛破损，在蒸汽冲喷时容易发现。灭好菌的空坛标上坛重，应立即使用。荷叶、箬壳等包装材料也要在沸水中灭菌 30min 以上方可使用。

将杀好菌的黄酒趁热灌入坛内，随即盖上荷叶、箬壳，用竹丝或麻丝紧扎坛口。包扎好的酒坛水平或倒放都不得有渗漏。扎好坛口后要趁热糊封泥头，因为刚灌好的酒温度很高，足以杀灭坛内空气中的微生物，并可将荷叶、箬壳及泥头里的水分迅速蒸发掉，否则封口的荷叶、箬壳会因泥头潮湿时间长而发霉，造成质量事故。

(2) 大容器贮装　大容器贮存是采用钢板或不锈钢板制成的大罐贮存黄酒。与坛装比较，大容器贮酒能减少黄酒漏损，降低劳动强度，提高经济效益，实现黄酒后道工序的机械化。此外，因放酒时很容易放去罐底的酒脚沉淀，所以有利于黄酒的稳定性。

各厂均采用热酒进罐的方式，生酒在 85℃ 左右煎酒并维持 10～15min，然后急冷至 63～64℃ 进罐，满罐后采用罐外喷淋冷却法，对热酒进行急速冷却，使罐内酒液品温在 24h 内降至接近室温。热酒应从贮罐下部进入，所产生的酒精蒸气可顶走罐内空气，并起到杀菌作用。热酒进罐能够进一步对管道和贮罐进行灭菌，但酒液不可长期维持高温，否则会产生熟味而损害酒的风味。

空瓶→洗瓶→空水→验瓶
原酒→开坛割脚→勾兑→过滤→灌装
酒脚——压榨　　　　检验
瓶酒←装箱←贴标←验酒←杀菌

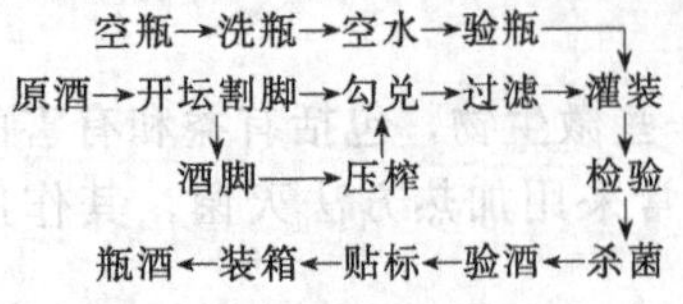

图 2-20　黄酒瓶装工艺流程

（3）瓶装黄酒　瓶装黄酒具有购买方便、选择性强、质量可靠和斤准量足等优点，几乎所有高档黄酒或花色酒都采用瓶装。但生酒不能直接瓶装，因其在加热灭菌后会产生浑浊或沉淀而影响酒的质量。生酒必须先经灭菌灌入陶坛或大罐，静置若干时间后除去酒脚，并经过滤后方可装瓶，然后采用水浴或喷淋方式，于 62～64℃ 灭菌 30min。黄酒瓶装的工艺操作与过程参见图 2-20。

五、陈酿

刚酿制出来的黄酒口味粗糙、香味不足，必须通过贮存或人工催陈的方法，使酒老熟陈化，酒味变得柔和醇厚和芳香浓郁。对贮存过程中容易出现的一些质量问题，则应采取相应的措施。此外，为了使成品酒的质量稳定，最后还需对酒进行勾兑和调味。

各类黄酒的生产过程中，都规定要有一定的贮存期，即经过压榨、过滤、杀菌后的新酒要在陶坛或贮酒罐中贮存一段时间。贮存的过程也就是黄酒的老熟陈化过程，通常称为陈酿。黄酒的贮存过程，也就是黄酒的老熟过程，其时间的长短，没有明确的界限，应根据不同的酒种、陈化速度和销售情况来定。理论上，陈化速度与酒中浸出物的多少及 pH 值的高低等因素有关。实际生产中，则以酒中糖、氮的含量多少来掌握，一般干黄酒含糖较少，贮存期可以长些；不用麦曲的甜黄酒，因含氮量较低，虽然有较高的含糖量，贮存期仍可适当长些，而含糖、氮等浸出物高的甜黄酒和半甜黄酒，贮存期过长，往往会发生酒色变深和产生焦糖苦味的现象，影响酒的色、香、味。普通黄酒贮存一年半载即可，而绍兴酒的贮存则多在 1～3 年以上。贮存酒的老熟度主要靠感官品尝来判断。

工作任务 6　黄酒的质量标准及品质鉴定

一、黄酒的质量标准

中华人民共和国国家标准 GB/T 13662—2008 中规定了黄酒的质量标准包括以下几个方面：

① 原辅料的质量要求。

② 三种成品黄酒（传统型、清爽型、特型黄酒）的感官要求，如：传统型黄酒感官要求详见表 2-9。

③ 净含量要求和卫生要求。

二、黄酒的品质鉴定

中华人民共和国国家标准 GB/T 13662—2008 中对黄酒的质量分析方法也做了具体的规定，这些分析方法包括：

① 感官检查方法。

② 总糖检查方法：廉爱农法（适用于甜酒和半甜酒），亚铁氰化钾滴定法（适用于干型和半干型黄酒）。

③ 非糖固形物检查方法：蒸发称量。

表 2-9 传统型黄酒感官要求

项目	类型	优级	一级	二级
外观	干黄酒、半干黄酒、半甜黄酒、甜黄酒	橙黄色至深褐色,清亮透明,有光泽,允许瓶(坛)底有微量聚集物		橙黄色至深褐色,清亮透明,允许瓶(坛)底有少量聚集物
香气	干黄酒、半干黄酒、半甜黄酒、甜黄酒	具有黄酒特有的浓郁醇香,无异香	黄酒特有的醇香较浓郁,无异香	具有黄酒特有的醇香,无异香
口味	干黄酒	醇和,爽口,无异味	醇和,较爽口,无异味	尚醇和,爽口,无异味
	半干黄酒	醇厚,柔和鲜爽,无异味	醇厚,较柔和鲜爽,无异味	尚醇厚鲜爽,无异味
	半甜黄酒	醇厚,鲜甜爽口,无异味	醇厚,较鲜甜爽口,无异味	醇厚,尚鲜甜爽口,无异味
	甜黄酒	鲜甜,醇厚,无异味	鲜甜,较醇厚,无异味	鲜甜,尚醇厚,无异味
风格	干黄酒、半干黄酒、半甜黄酒、甜黄酒	酒体协调,具有黄酒品种的典型风格	酒体较协调,具有黄酒品种的典型风格	酒体尚协调,具有黄酒品种的典型风格

④ 酒精度检查方法:蒸馏测定。

⑤ pH 测定方法:酸度计。

⑥ 总酸、氨基酸态氮测定方法:氢氧化钠标准溶液滴定法。

⑦ 氧化钙测定方法:原子吸收分光光度法、高锰酸钾滴定法、EDTA 滴定法。

⑧ β-苯乙醇测定方法:气相色谱法。

⑨ 净含量检测方法。

同时,还对检验规则、标志、包装、运输、贮存做了详细说明和规定。

三种成品黄酒的理化要求,如:传统型干黄酒理化要求详见表 2-10。

表 2-10　传统型干黄酒理化要求

项目	稻米黄酒			非稻米黄酒	
	优级	一级	二级	优级	一级
总糖(以葡萄糖计)/(g/L) ≤	15.0				
非糖固形物/(g/L) ≥	20.0	16.5	13.5	20.0	16.5
酒精度(20℃)/(%vol) ≥	8.0				
总酸(以乳酸计)/(g/L)	3.0~7.0				
氨基酸态氮/(g/L) ≥	0.50	0.40	0.30	0.20	
pH	3.5~4.6				
氧化钙/(g/L) ≤	1.0				
β-苯乙醇/(mg/L) ≥	60.0			—	

注:1. 稻米黄酒:酒精度低于 14%vol 时,非糖固形物、氨基酸态氮、β-苯乙醇的值,按 14%vol 折算。非稻米黄酒:酒精度低于 11%vol 时,非糖固形物、氨基酸态氮的值按 11%vol 折算。

2. 采用福建红曲工艺生产的黄酒,氧化钙指标值可以≤4.0g/L。

3. 酒精度标签示值与实测值之差为±1.0。

【阅读材料】　日本清酒介绍

清酒俗称日本酒,是古代日本受中国"曲蘖酿酒"影响所酿制的日本民族传统酒,与我国黄酒有许多共同点。据中国史书记载,古时候日本只有"浊酒",没有清酒。后来有人在浊酒中加入石炭,使其沉淀,取其清澈的酒液饮用,于是便有了"清酒"之名。其酒精含量一般为 15%～17%,是一种营养丰富的酿造酒。日本清酒虽然借鉴了中国黄酒的酿造法,但却有别于中国的黄酒。该酒色泽呈淡黄色或无色,清亮透明,芳香宜人,口味纯正,绵柔爽口,其酸、甜、苦、涩、辣诸味谐调,酒精含量在 15%以上,含多种氨基酸、维生

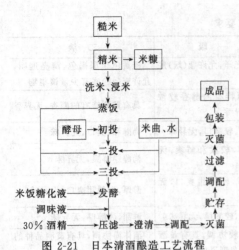

糙米
↓
精米 → 米糠
↓
洗米、浸米
↓
蒸饭
↓
酵母 → 初投 ← 米曲、水
↓
二投
↓
三投

米饭糖化液 —— 发酵
调味液
30%酒精 —— 压滤 —— 澄清 —— 调配 —— 灭菌

成品
↑
包装
↑
灭菌
↑
过滤
↑
调配
↑
贮存

图 2-21　日本清酒酿造工艺流程

素，是营养丰富的饮料酒。

日本清酒的制作工艺十分考究，精选的大米要经过磨皮，使大米精白，浸渍时吸收水分快，而且容易蒸熟；发酵时又分成前、后发酵两个阶段；杀菌处理在装瓶前、后各进行一次，以确保酒的保质期；勾兑酒液时注重规格和标准。如"松竹梅"清酒的质量标准是：酒精含量 18%，含糖量 35g/L，含酸量 0.3g/L 以下。

一、日本清酒酿造工艺

1. 工艺流程　如图 2-21 所示。

2. 工艺说明

（1）生产原料

① 粳米　日本清酒的原料用米只有粳米一类。清酒酿造用米与食用米在品质上是不同的。通常在日本本土出产的米中，酿造用米比食用米的价格要高，如著名的"山田锦"米比食用米价格高出 20% 以上。清酒对原料米的纯度要求很高，精米率一般规定：酒母用米为 70%，发酵用米为 75%。

② 米曲　清酒全部用粳米制曲，菌种为米曲霉类。酿造用曲量较高，达 20% 左右。

③ 酒母　日本清酒酿造最早只用米曲，在 1897 年发现清酒酵母以后才用酒母。现在日本 70% 左右以上的清酒厂都用速酿酒母，酒母用量为原料米量的 7% 左右。

④ 水　生产不同清酒采用不同水质的水。如酿制辣口酒用硬水（又称强水），其中钾、镁、氯、钠等成分较多；软水（又称弱水）用于酿制甜口酒。日本清酒呈淡黄色或无色，因此要求水中增色物质的含量低，特别注意对水中铁、锰等增色成分的去除。

（2）洗米、浸米　洗米设备为专用洗米机，通常兼有搅动、输送及分离米、水的功能。浸米用浸米槽，浸米时间一般为 20℃ 下一昼夜左右，浸后的白米含水量以 28%～32% 为适度，通常 1t 米洗米耗水 5～10t，也有采用特殊碾米机先除糠、后浸米的不洗米的浸米法，该方法 1t 米仅耗水 1.5t 左右。

（3）蒸饭、冷却及输送　通常每天投料 3t 以下的用甑桶，3t 以上的用立式或卧式蒸饭机蒸饭。冷却方式有将米饭摊晾的自然放冷和鼓风冷却两种。夏季时可采用冷却投料用水或投料水加冰的方法来降低水温。米饭的输送有人力、传送带或罗茨涡轮式鼓风机气流输送法。

（4）原料配比和投料

① 原料配比　日本清酒典型的投料方式为 3 次投料加第 4 次补料。投料配比可按 3 次投料及水量的不同分 3 种标准投料配比类型（酵母增殖促进型、酵母增殖缓慢型、中间型），其中酵母增殖促进型标准投料配比列于表 2-11。

表 2-11　酵母增殖促进型标准投料配比

投料阶段	总米量/kg	醪用米量/kg	曲用米量/kg	水量/L
酒母	145	100	45	160
初投	200	205	85	275
二投	550	425	125	660
三投	855	685	170	1295
四段	160	160	—	160
总计	2000	1575	425	2550

② 初投　在投料前 1～3h 按规定量将酒母、曲和水配成水曲，水曲温度以 7～9℃ 为标准。加米饭后将物料搅拌均匀，品温为 12～14℃。如果饭粒较硬，则投料温度与水曲温度要高些，以促进饭粒的溶解。投料后 11～12h，为使上浮的物料与液体混合均匀，应稍加搅拌。

初投后次日醪温保持在 11～12℃。初投后约 30h 出现少量气泡，波美计测定为 10°Bé 左右，酸度应在 0.12% 以上，温暖地区酸度约达到 0.30%，酸度不足应补酸。

③ 二投　当醪液酸度为 0.16% 左右时，已具备安全发酵的条件，这时应进行第二次投料。水曲温度同初投，投料后品温为 9～10℃，除特别寒冷的地区外，不必保温。同初投一样适时作粗略搅拌。

④ 三投 投料温度以三投为最低，投料后品温为 7～8℃。若室温、饭温高于水曲温度，应将水曲温度降低。如果投料后温度高，发酵就会前急而短（10～14d）；反之，如温度过低，3d 后仍不能起泡，则易污染有害菌。三投后 12～20h 物料上浮，应粗略搅拌，若浓度过高应追加适量水。

（5）发酵

① 清酒发酵的特点 第一，分批投料、双边发酵（即糖化发酵同时进行），一般分 3～4 批逐步投料，以使糖化、发酵和酵母生长平衡、协调；第二，长时间低温发酵，以 15℃ 左右缓慢发酵，以获得香、味的相互协调。

② 发酵过程及现象 发酵现象是发酵管理的依据和指标，按发酵过程泡沫情况分为以下几类。

• 小泡：三投后 2～3d，出现稀疏小泡，表明酵母菌已开始增殖和发酵。

• 水泡：三投后 3～4d 出现肥皂泡似的薄膜状白水泡，说明发酵产生二氧化碳，但发酵还较微弱。醪液略有甜味，糖分达最高值，酸度为 0.05% 左右。如此时醪液翻腾则属发酵过急。

• 岩泡：品温急速上升，二氧化碳大量产生，醪液黏稠度增加，泡沫如岩面状，岩泡期为 1～2d。

• 高泡：品温继续上升，泡沫呈黄色，形成无凹凸的高泡期，高泡期为 5～7d。醪液具有清爽的果实样芳香和轻微的苦味、酸味及甜味，泡层沉实、活动而不黏。在高泡期应经常开动消泡机，使泡中的酵母溶入醪液。

• 落泡：高泡后期泡大而轻，搅拌时有落泡声。这时醪液酒精含量为 12%～13%，是酒精生成最快、辣味激增的阶段。一般酒精含量在 15% 以上而酵母发酵力弱时，可加少量水稀释醪液，以促进发酵。如果泡黏、发酵速度慢，可提前加水，加量为 3%～5%。落泡期为 2～3d。

• 玉泡：从落泡进入玉状泡而逐渐变小，最终泡呈白色。这时醪已具有独特的芳香，酒体已较成熟。

• 地：玉泡后酒醪表面呈地状，因酵母菌种类、物料组成及发酵条件的不同，分为无泡、皱褶状泡层、饭盖、厚盖等几种。

③ 发酵温度 清酒醪的发酵品温不宜超过 18℃，在此以内温度对糖化和发酵的影响程度基本相同，即能保持两者平衡。三投 10d 达 15～16℃ 为标准。

（6）补料、添加酒精

① 补料 若采用三投法，通过调节发酵温度来达到预定的日本酒度和酒质，管理操作较难，往往发酵期参差不齐，同样的发酵期其酒精含量和出糟率相差较多，因此，日本普遍在玉泡（三投后约 20d）后、酒精添加前 1～2d。采用补料方式（称四段法）酿制日本酒度在 0～+4 度的辣口酒及 –10 度的甜口酒。四段法所用的物料类型较多，有米饭的酶糖化液、米饭的米曲糖化液、米糠糖化液，也有直接投入米饭、酿酒糟或成熟酒母。四段法在调整酒醪成分的同时，增加了酒醪的糖分及浓醇味。

② 添加酒精 日本在 1945 年原料不足的情况下，推行酒精添加法，后来酒精使用量逐渐减少，以后随米价上扬及酒质淡丽化倾向的增加，仍有继续增加酒用量的趋势。为了控制清酒中酒精添加量，日本规定，在全年清酒产量中，平均每 1t 原料白米限用 100% 的酒精 280L。多在落泡后数日、酒醪快要成熟时添加。因该法添加酒量大，使吨白米的清酒产量骤增，所以不能单用酒精，而需配成加有糖、有机酸、氨基酸、盐等成分的酒精调味液。

（7）压滤、澄清、过滤 清酒醪压滤工艺有水压机袋滤和自动压滤机（类似黄酒醪压榨用的气膜式压滤机）两种操作法。压榨所得的酒液含有纤维素、淀粉、不溶性蛋白质及酵母菌等物质，需在低温下静置 10d 进行澄清，静置澄清后的上清液入过滤机过滤。一般用板框压滤机作第一次过滤，卡盘型或薄膜型过滤器进行第二次过滤，这类过滤机通常为除去助滤剂及细菌的精密过滤器或超滤器。大部分一次过滤机用滤布或滤纸作滤材。二次过滤的滤材最好用各种过滤膜，其孔径为 0.6～0.7mm。

（8）灭菌 灭菌装置有蛇管式、套管式及多管式热交换器，较复杂的为金属薄板式热交换器。灭菌温度为 62～64℃，灭菌后的清酒进入贮罐的温度为 61～62℃。为防止贮存中清酒过熟，灭完菌的酒应及时冷却。

（9）贮存 清酒的贮存期通常为半年至 1 年，经过一个夏季，酒味圆润者为好酒。影响贮存质量的主要因素为温度，温度提高 10℃ 左右，清酒的着色速度将增加 3～5 倍。有的厂用 30～35℃ 加温法促使生酒老熟，但成熟后的清酒色、香、味不协调，而采用低温贮存的成熟清酒较柔和可口。

（10）成品酒 清酒出库前，应进行最终成分的调整。添加沉淀剂除去清酒中的白浊成分，补酸、加水和用极辣或极甜的酒进行酒体调整，最后用活性炭或超滤器作最终过滤。滤过的酒进入热交换器，加热至 62～63℃ 后灌瓶、装箱。

二、清酒的分类

1. 按制法不同分类

（1）纯米酿造酒　即为纯米酒，仅以米、米曲和水为原料，不外加食用酒精。此类产品多数供外销。

（2）普通酿造酒　属低档的大众清酒，是在原酒液中兑入较多的食用酒精，即 1t 原料米的醪液添加 100％ 的酒精 120L。

（3）增酿造酒　是一种浓而甜的清酒。在勾兑时添加了食用酒精、糖类、酸类、氨基酸、盐类等原料调制而成。

（4）本酿造酒　属中档清酒，食用酒精加入量低于普通酿造酒。

（5）吟酿造酒　制作吟酿造酒时，要求所用原料的精米率在 60％ 以下。日本酿造清酒很讲究糙米的精白程度，以精米率来衡量精白度，精白度越高，精米率就越低。精白后的米吸水快，容易蒸熟、糊化，有利于提高酒的质量。吟酿造酒被誉为"清酒之王"。

2. 按口味分类

（1）甜口酒　甜口酒为含糖分较多、酸度较低的酒。

（2）辣口酒　辣口酒为含糖分少、酸度较高的酒。

（3）浓醇酒　浓醇酒为含浸出物及糖分多、口味浓厚的酒。

（4）淡丽酒　淡丽酒为含浸出物及糖分少而爽口的酒。

（5）高酸味酒　高酸味酒是以酸度高、酸味大为其特征的酒。

（6）原酒　原酒是制成后不加水稀释的清酒。

（7）市售酒　市售酒指原酒加水稀释后装瓶出售的酒。

3. 按贮存期分类

（1）新酒　新酒是指压滤后未过夏的清酒。

（2）老酒　老酒是指贮存过一个夏季的清酒。

（3）老陈酒　老陈酒是指贮存过两个夏季的清酒。

（4）秘藏酒　秘藏酒是指酒龄为 5 年以上的清酒。

三、清酒的命名、包装与保藏

清酒的牌名很多，仅日本《铭酒事典》中介绍的就有 400 余种，命名方法各异。有的用一年四季的花木和鸟兽以及自然风光等命名，如白藤、鹤仙等；有的以地名或名胜定名，如富士、秋田锦等；也有以清酒的原料、酿造方法或酒的口味取名的，如本格辣口、大吟酿、纯米酒之类；还有以各类誉词作酒名的，如福禄寿、国之誉、长者盛等。清酒的好坏主要是看酒的等级，并不是牌子，名厂同样生产便宜的产品。

日本清酒多采用瓶或杯式包装。容量有多种，但市场上 1800mL 的瓶装酒占 90％ 以上，如白鹤、松竹梅、月桂冠等清酒。清酒是一种谷物原汁酒，不宜久藏。清酒很容易受日光的影响。白色瓶装清酒在日光下直射 3h，其颜色会加深 3~5 倍。即使库内散光，长时间的照射影响也很大。所以，应尽可能避光保存，通常用棕色、祖母绿色或磨砂玻璃瓶来灌装。酒库内保持洁净、干爽，同时，要求低温（10~12℃）贮存，贮存期通常为半年至一年。

实训项目 2-2　黄酒酿造工艺

学习工作页

年　　月　　日

项目名称	黄酒酿造工艺探究	黄酒种类	
学习领域	2. 黄酒酿造	实训地点	
项目任务	根据提供的材料和设备等,设计出某种黄酒酿造方案,包括详细的准备项目表和工艺路线	班级小组	
		姓名	

一、什么是黄酒？黄酒发酵有哪些特点？

二、传统干型黄酒酿造工艺的一般流程有哪些主要环节？喂饭法如何酿造黄酒？

三、试比较淋饭酒、摊饭酒和喂饭酒酿造的工艺特点有何不同？为什么说各类黄酒的酿造方法难以截然分清，也不应截然分清？

四、传统黄酒的酿造容器及用具有哪些？酿造黄酒的大米为何要精白？玉米原料又应如何预处理？大米精白和玉米处理设备有哪些？

五、机械化酿造黄酒的原料可采用哪些输送装置？机械化黄酒厂的设备应如何布置？

六、黄酒厂对操作人员及参观者的卫生及健康要求有哪些规定？

七、黄酒为何需要有一定的贮存期？如何进行黄酒的大罐及陶坛贮存？

项目任务书

年　　月　　日

项目名称	糯米酒制作工艺设计及品质鉴定	实训学时	
学习领域	2. 黄酒酿造	实训地点	
项目任务	根据提供的材料和设备等,设计出某种黄酒酿造方案,包括详细的准备项目表和工艺路线	班级小组	
		小组成员签名	
实训目的	1. 能够全面系统地掌握黄酒酿造的基本技能与方法 2. 通过项目方案的讨论和实施,体会完整的工作过程,掌握黄酒酿造和检测的基本方法,学会用比较完整的写作形式准确表达实验成果 3. 培养学生团队工作能力		
工作流程	教师介绍背景知识(理论课等)　　教师引导查阅资料 每个同学阅读操作指南和教材相关内容,填写工作页;并以小组为单位讨论制定初步方案,再提交电子版1次 教师参与讨论,并就初步方案进行点评、提出改进意见。 每个小组根据教师意见修改后定稿,并将任务书双面打印出来,实训时备用		
初步方案	工作流程路线	所需材料及物品预算表	
修订意见			
定稿方案	工作流程路线	所需材料及物品预算表	
方案审核人(签名)			

实训项目操作指南　糯米酒的制作及品质鉴定

以糯米（或大米）经甜酒药发酵制成的甜酒酿，是我国的传统发酵食品。我国酿酒工业中的小曲酒和黄酒生产中的淋饭酒在某种程度上就是由甜酒酿发展而来的。

甜酒酿是将糯米经过蒸煮糊化，利用酒药中的根霉和米曲霉等微生物将原料中糊化后的淀粉糖化，将蛋白质水解成氨基酸，然后酒药中的酵母菌利用糖化产物生长繁殖，并通过酵解途径将糖转化成酒精，从而赋予甜酒酿特有的香气、风味和丰富的营养。随着发酵时间延长，甜酒酿中的糖分逐渐转化成酒精，因而糖度下降，酒度提高，故适时结束发酵是保持甜酒酿口味的关键。

（1）准备阶段

① 材料：糯米、酒曲。

② 仪器（器皿）：手提高压灭菌锅，不锈钢丝漏碗，滤布，发酵瓶，不锈钢锅，汤匙，筷子，恒温培养箱等。

（2）实验室操作阶段

① 工艺流程　如图 2-22 所示。

糯米—→浸米—→蒸饭—→淋水—→落缸搭窝—→糖化发酵—→甜酒酿
　　　　　↑　　　↑　　　↑　　　　↑
　　　　　水　　　水　　　水　　　酒曲

图 2-22　糯米酒的制作工艺流程

② 操作步骤

a. 洗米蒸饭　将糯米淘洗干净，用水浸泡至米无硬心（浸泡约 4h），捞起放于置有滤布的钢丝碗内，于高压锅内蒸熟（约 0.1MPa，9min），使饭"熟而不糊"。

b. 淋水降温　用凉开水淋洗蒸熟的米饭，使其降温至 35℃ 左右，同时使饭粒松散。倒于盘内。

c. 落缸搭锅　按说明书称取酒曲粉用量，大部分均匀拌入已经冷却好的米饭内，预留少许，然后将饭松散入烧杯内，搭成凹型圆锅，再将预留少许的酒曲粉撒在米饭的表面，盖培养皿。

项目记录表

年　　　月　　　日

项目名称	糯米酒的制作及品质鉴定		实训学时	
学习领域	2. 黄酒酿造		实训地点	食品加工实训室
项目任务	根据提供的材料和设备等，按照各小组自行设计的糯米酒酿造方案，进行糯米酒的酿造生产		班级小组	
			小组成员姓名	
使用的仪器和设备				
项目实施过程记录				
阶段	操作步骤	原始数据（实验现象）	注意事项	记录者签名
准备阶段				
实验室操作阶段				
发酵培养观察阶段				
后处理阶段				

项目报告书

<table>
<tr><td colspan="2"></td><td colspan="2" align="right">年　月　日</td></tr>
<tr><td>项目名称</td><td>糯米酒的制作及品质鉴定</td><td>实训学时</td><td></td></tr>
<tr><td>学习领域</td><td>2. 黄酒酿造</td><td>实训地点</td><td></td></tr>
<tr><td rowspan="2">项目任务</td><td rowspan="2">根据提供的材料和设备等，按照各小组自行设计的糯米酒酿造方案，进行糯米酒的酿造生产</td><td>班级小组</td><td></td></tr>
<tr><td>小组成员姓名</td><td></td></tr>
<tr><td>实训目的</td><td colspan="3"></td></tr>
<tr><td>原料、仪器、设备</td><td colspan="3"></td></tr>
<tr><td colspan="4" align="center">项目实施过程记录整理（附上原始记录表）</td></tr>
<tr><td>阶段</td><td align="center">操作步骤</td><td align="center">原始数据或资料</td><td align="center">注意事项</td></tr>
<tr><td>准备阶段</td><td></td><td></td><td></td></tr>
<tr><td>实验室操作阶段</td><td></td><td></td><td></td></tr>
<tr><td>发酵培养观察阶段</td><td></td><td></td><td></td></tr>
<tr><td>后处理阶段</td><td></td><td></td><td></td></tr>
<tr><td colspan="4" align="center">结果报告及讨论</td></tr>
<tr><td colspan="4"></td></tr>
<tr><td colspan="4" align="center">项目小结</td></tr>
<tr><td colspan="4"></td></tr>
<tr><td>成绩/评分人</td><td colspan="3"></td></tr>
</table>

d. 保温发酵　将米饭搭成凹型圆锅的烧杯于 30℃ 保温，待发酵 2d 后，当窝内甜液达饭堆 2/3 高度时，进行搅拌，再发酵 1d 左右，待洞中出来的酒液满窝，有酒味时即发酵结束。

（3）质量检测及品质鉴定阶段

① 发酵期间每天观察、记录发酵现象。

② 品质鉴定：品尝各发酵产品，对产品进行感官评定，记录各烧杯内所得酒酿的感官评定结果。

（4）拓展技能训练　根据甜酒酿制作的具体情况，并根据淋饭酒或摊饭酒的生产工艺原理，利用现有的甜酒酿材料，自行设计后续工序并进行试验，包括加曲冲缸、保温发酵、后发酵、压榨、澄清、过滤、灌装、煎酒、贮存等工艺环节的设计和操作。并将设计的工艺路线和具体制作过程记录在实训项目任务书、记录表和报告书中。

参 考 文 献

[1] 胡文浪编著. 黄酒工艺学 [M]. 北京：中国轻工业出版社，2000.

[2] 李艳主编. 新版配制酒方 [M]. 北京：中国轻工业出版社，2002.

[3] 康明官编著. 黄酒和清酒生产问答 [M]. 北京：中国轻工业出版社，2003.

[4] 刘心恕主编. 农产品加工工艺学 [M]. 北京：中国农业出版社，2000.

[5] 傅金泉编著. 黄酒生产技术 [M]. 北京：化学工业出版社，2005.

[6] 桂祖发主编. 酒类制造 [M]. 北京：化学工业出版社，2001.

[7] 中华人民共和国国家标准 GB/T 13662—2008《黄酒》.

[8] 顾国贤主编. 酿造酒工艺学 [M]. 第 2 版. 北京：中国轻工业出版社，2005.

[9] 何国庆主编. 食品发酵与酿造工艺学 [M]. 北京：中国农业出版社，2005.

[10] 刘德中. 纯种根霉曲的小型生产技术 [J]. 四川制糖发酵，1991，2：39-42.

[11] 傅金泉. 纯种甜酒曲制作方法 [J]. 食品科学. 1994，1：73-74.

[12] GB/T 23542—2009 黄酒企业良好生产规范.

[13] GB/T 17946—2008 地理标志产品. 绍兴酒（绍兴黄酒）.

学习领域 3　白酒酿造

- - - - - - - - - - - - - - - - - -

- ○ 基础知识：白酒概述
- ○ 单元生产 1：白酒酒曲生产
- ○ 实训项目 3-1　白酒酒曲的制作
- ○ 单元生产 2：白酒酿造工艺及主要设备
- ○ 实训项目 3-2　白酒酿造工艺

基础知识：白酒概述

一、白酒的定义及特点

白酒因能点燃而又名烧酒，它是以大曲、小曲或麸曲及酒母等为糖化发酵剂，利用高粱等粮谷及代用原料经蒸煮、糖化发酵、蒸馏、陈酿勾兑而制成的蒸馏酒。

白酒与白兰地、威士忌、伏特加、朗姆酒、金酒并列为世界六大蒸馏酒之一。但白酒所用的制曲和制酒的原料、微生物体系以及各种制曲工艺，平行或单行复式发酵等多种发酵形式和蒸馏、勾兑等操作的复杂性，是其他蒸馏酒所无法比拟的。

(1) 白酒生产的工艺特点

① 双蒸合一　白酒的蒸馏方法与一般蒸馏酒不同，它以酒醅为填充料，将甑桶变为填充式蒸馏塔。特别是甑内的酒醅里本身含有各种物质，当酒精和水的蒸气通过时，各种成分按不同的蒸发系数分配馏入酒内。尤其是白酒蒸馏与原料糊化混合在一起同时进行，两者起到相互调节作用，从而减少煤耗，缩短工时，降低劳动强度。

② 配醅入室　白酒发酵时，需配入大量酒醅。以粮谷或薯类为原料，用麸曲法生产时，一般配醅量为1∶(4~5)；用小曲法生产时，为1∶(2~3)。这些酒醅起着松散及分界面作用，并且是调节酸度、供应微生物的营养和香味物质的前体，同时还起到调节基质浓度即淀粉浓度的作用。此外，酒醅经多次发酵，可充分利用淀粉，有利于提高出酒率和改善产品质量。加醅固态发酵，所产酒糟亦为固体，可提供家畜饲料，给运输和贮藏都创造了方便条件。酒醅经长期反复发酵，从而积累了大量的微生物代谢产物及菌体自溶物。这些物质有的本身就呈香味，有的则是香味的前体物质。因此，出酒率的高低、质量的优劣，都与酒醅的质量密切相关。

③ 界面复杂　白酒固态发酵时，窖内气相、液相、固相三种状态同时存在（气相比例极少），这个条件有力地支持着微生物的繁殖与代谢，遂形成白酒特有的芳香。例如利用相同的糖蜜原料，液体发酵后经蒸馏塔蒸出来的橘水酒（粗馏酒）不具有白酒的芳香；若将糖蜜拌入谷壳进行固态发酵、固态蒸馏，尽管其质量较差，但有地道的老白干酒风味。

④ 多菌发酵　白酒生产目前多是手工操作，感染野生菌的机会极多，从而形成多菌发酵，发酵期长时尤其如此。这些菌类是在生产过程中，由空气、场地、工具、窖泥等感染而来的。这些外界侵入的微生物，虽然当时数量极少，但当窖内条件适宜时，则迅速繁殖。在某一时期可能成为窖内的主宰者，而另一时期则死亡殆尽。各种微生物在窖内盛衰消长，互相交替。由于代谢产物的积累及其他原因，有的维持下去，有的被中途淘汰。在多种微生物之间，有着互生、共生、拮抗等关系；又有着各式各样的酶活物质和各种不同的代谢产物；还有分解、合成、开环、酯化、氧化还原等生化反应。这些错综复杂的变化，在其他发酵工业中是罕见的。

(2) 白酒质量的特点　饮料酒与一般食品不同，它属于食品中的嗜好品。乙醇是白酒的主要成分，对饮者起刺激作用，这与其他饮料酒是相同的。但是由于原料和工艺与其他饮料酒不同，所以其风味与其他饮料酒亦相异。其香味物质与以葡萄为原料发酵蒸馏的白兰地不同，与以大麦芽为原料发酵蒸馏的威士忌不一样，与以甘蔗糖蜜发酵蒸馏的朗姆酒更有明显的区别。白酒有其独特的风格，主要特征如下。

① 高级醇类少　白酒中的高级醇类较其他蒸馏酒少得多，其中戊醇类低于白兰地、威士忌的2~4倍，低于朗姆酒的10倍左右。丁醇类的含量也低许多。

② 乙酸乙酯含量高　白酒中的乙酸乙酯高于其他蒸馏酒许多倍。比白兰地的高10倍，比朗姆酒的高2～3倍，比威士忌的高0.5～1倍。

③ 乳酸乙酯含量高　白酒更突出的是乳酸乙酯含量高。其他蒸馏酒只是微量检出，而白酒的乳酸乙酯含量一般都达40～200mg/100mL之多。这是固态发酵和固态蒸馏的特点所造成的。在白酒生产过程中，侵入大量的乳酸菌，并能充分繁殖而产生相当多的乳酸及其酯类，应用甑桶蒸馏又能将其大量蒸出，遂使乳酸乙酯在白酒的香味物质中占有很大比重。因而说白酒香气的主要特征是含有大量的乳酸乙酯并不过分。

④ 芳香族化合物含量少　芳香族化合物是各种蒸馏酒的重要香气成分来源。白兰地、威士忌、朗姆酒都含有较多的芳香族化合物。这些物质主要来自原料中的单宁，更重要的是在木桶中经长期贮存，木材中的木质素被分解而参与了芳香族化合物的生成，如香草醛、香草酸、阿魏酸等。威士忌则有一部分芳香族化合物来自泥炭。白酒多贮存于瓷缸中，不接触木材，但也含有芳香族物质。经试验证明，愈创木酸系统的物质主要来自曲的原料——小麦、麸皮，丁香系统则来自高粱中的单宁。白酒中芳香族化合物的种类和数量都比白兰地、威士忌、朗姆酒的少得多。

尽管白酒与其他蒸馏酒的许多微量成分在种类、数量以及比例关系上有不少差别，但最主要的是上述四种差异，构成了各种酒的不同风味，形成各自的典型性。

二、白酒的分类及相关的国家标准

白酒是中国传统蒸馏酒，工艺独特，历史悠久，享誉中外。中国白酒是世界著名的六大蒸馏酒之一，如茅台酒、五粮液、汾酒、西凤酒、洋河大曲等。白酒的分类方法有多种，根据2009年6月1日开始实施的饮料酒分类国家标准GB/T 17240—2008，白酒产品分为：

1. 按用糖化发酵剂种类分类

① 大曲酒　以大曲为糖化发酵剂酿制而成的白酒。

② 小曲酒　以小曲为糖化发酵剂酿制而成的白酒。

③ 麸曲酒　以麸曲为糖化发酵剂酿制而成的白酒。

④ 混曲酒　以大曲、小曲或麸曲混合为糖化发酵剂酿制而成的白酒。

⑤ 其他糖化剂酒　以糖化酶为糖化剂，加酿酒酵母（或活性干酵母、清香酵母）发酵酿制而成的白酒。

2. 按生产工艺分类

（1）固态法白酒　以粮谷为原料，采用固态（或半固态）糖化、发酵，及未添加食用酒精及非白酒发酵产生的呈香呈味物质，具有本品固有风格特征的白酒。

（2）液态法白酒　以含淀粉、糖类物质为原料，采用液态糖化、发酵、蒸馏所得的基酒（或食用酒精），可调香或串香，勾调而成的白酒。

（3）串香白酒　以食用酒精为酒基，利用固态法发酵的酒醅（或特制的香醅）进行串香（或浸蒸）而制成的白酒。

（4）固液法白酒　以固态法白酒（不低于30%）、液态法白酒、食品添加剂勾调而成的白酒。

3. 按香型分类

（1）浓香型白酒　以粮谷为原料，经传统固态发酵、蒸馏、陈酿、勾兑而成的，未添加食用酒精及非白酒发酵产生的呈香呈味物质，具有己酸乙酯为主体复合香的白酒。以四川泸州老窖特曲酒为代表，国家名酒中的五粮液、剑南春、洋河大曲、古井贡酒等均为此香型白酒。这种酒的风格特点是：窖香浓郁、入口绵甜、清爽甘洌、回味悠长，主体香为己酸乙酯和适当的丁酸乙酯。

（2）酱香型白酒　以粮谷为原料，经传统固态发酵、蒸馏、陈酿、勾兑而成的，未添加食用酒精及非白酒发酵产生的呈香呈味物质，具有其特征风格的白酒。以贵州茅台酒为代表，该酒以醇香幽雅、香而不艳、空杯留香著称。它的特点是：酒色微黄透明、酱香浓郁、幽雅细腻、酒体醇厚、味长回甜，该酒主体香成分复杂。

（3）清香型白酒　以粮谷为原料，经传统固态发酵、蒸馏、陈酿、勾兑而成的，未添加食用酒精及非白酒发酵产生的呈香呈味物质，具有乙酸乙酯为主体复合香的白酒。以山西杏花村汾酒为代表，这种酒的风格特点是：清香纯正、醇甜柔和、余味爽净，主体香是乙酸乙酯和适量的乳酸乙酯。

（4）米香型白酒　以大米等为原料，经传统半固态发酵、蒸馏、陈酿、勾兑而成的，未添加食用酒精及非白酒发酵产生的呈香呈味物质，具有乳酸乙酯、β-苯乙醇为主体复合香的白酒。以广西桂林三花酒为代表，这种酒的风格特点是：蜜香清雅、入口柔绵、落口爽冽、回味怡畅，其主体香成分是乳酸乙酯和适量的乙酸乙酯，β-苯乙醇的含量也较高。

（5）凤香型白酒　以粮谷为原料，经传统固态发酵、蒸馏、酒海（详见阅读材料3-1）陈酿、勾兑而成的，未添加食用酒精及非白酒发酵产生的呈香呈味物质，具有乙酸乙酯和己酸乙酯为主体复合香的白酒。以陕西的西凤酒和太白酒为代表，这种酒的风格特点是：醇香秀雅，醇厚丰满，甘润挺爽，诸味谐调，尾净悠长，具有乙酸乙酯为主、一定量的己酸乙酯为辅的复合香气。

（6）豉香型白酒　以大米为原料，经蒸煮，用大酒饼作为主要糖化发酵剂，采用边糖化边发酵的工艺，釜式蒸馏，陈肉坛浸勾兑而成，未添加食用酒精及非白酒发酵产生的呈香呈味物质，具有豉香特点的白酒。以广东石湾酒厂生产的石湾米酒玉冰烧为代表，并成为国家11种白酒香型代表酒中唯一一个产自广东的白酒。具有独特的豉香味，入口醇滑，无苦杂味，玉洁冰清，豉香独特，醇和甘滑，余味爽净等特点。其历史悠久，深受人们的喜爱。其生产量大，出口量也相当可观，是一种地方性和习惯性酒种。

（7）芝麻香型白酒　以高粱、小麦（麸皮）为原料，经传统固态发酵、蒸馏、陈酿、勾兑而成的，未添加食用酒精及非白酒发酵产生的呈香呈味物质，具有芝麻香型风格的白酒。以山东景芝白干为代表，具有芝麻香幽雅纯正、醇和细腻、香气谐调、余味悠长、风格典雅的特点。

（8）特香型白酒　以大米为主要原料，经传统固态发酵、蒸馏、陈酿、勾兑而成的，未添加食用酒精及非白酒发酵产生的呈香呈味物质，具有特香型风格的白酒。以产自江西樟树的四特酒为代表，具有幽雅舒适、诸香谐调、柔绵醇和、余味悠长，以及饮之不干口、不上头等特点。在1959年的庐山会议上，周恩来总理对四特酒赞为其具有四大特点："清香醇纯，回味无穷！"，值此，四特酒开始名扬四海。

（9）浓酱兼香型白酒　以粮谷为原料，经传统固态发酵、蒸馏、陈酿、勾兑而成的，未添加食用酒精及非白酒发酵产生的呈香呈味物质，具有浓香兼酱香独特风格的白酒。以湖北白云边酒为代表，具有芳香优雅、酱浓谐调、绵厚甜爽、圆润怡长的独特风格。

（10）老白干香型白酒　以粮谷为原料，经传统固态发酵、蒸馏、陈酿、勾兑而成的，未添加食用酒精及非白酒发酵产生的呈香呈味物质，具有以乳酸乙酯、乙酸乙酯为主体复合香的白酒。以河北衡水老白干为代表，具有芳香秀雅、醇厚丰柔、甘冽爽净、回味悠长的特点。

（11）其他香型　不属于以上香型的白酒均列为其他香型。

此外，习惯上还有以下分类方法：

4. 按酒度高低分类

（1）高度白酒　酒精度含量为41%～65%vol的白酒。

（2）低度白酒　酒精度含量为40%vol以下的白酒。

5. 按原料分类

（1）粮谷酒　用粮谷为主要原料生产的白酒。如高粱酒、玉米酒、大米酒等。

（2）薯干酒　用鲜薯或薯干为原料生产的白酒。

（3）代粮酒　用含淀粉较多的野生植物和含糖、含淀粉较多的其他原料制成的白酒，如甜菜、高粱糠、薯干、糖蜜等。

【阅读材料】　关于酒海

"酒海"是用柳条或荆条编制，以鸡蛋清等物质配成黏合剂，用白棉布、麻纸裱糊，再以菜油、蜂蜡涂抹内壁，干燥后用于贮酒老熟的容器。因其体积庞大，盛酒数万斤，故被称为酒海。其制作工艺十分考究，如太白酒的酒海制作，首先是在编制好的酒海内层用糯米浆和植物蛋白等物敷设填平，酒海内表层用轻盈柔软、结实耐用的植物纤维枸皮纸和纯棉布料裹糊，然后将白石灰、动物血浆（以猪血最佳）等胶凝材料按一定比例复配，稻草调和碾磨制成黏性极强的天然膏状黏合剂，小心谨慎地用枸皮纸一层（3～4张）一层反复裱糊贴平。每个酒海需裱糊99层，每层裱糊完待其自然晾干后再糊第2层，直至第99层，再用白棉布裱糊三层。整个裱糊过程耗时9个月。最后用新榨菜籽油、山槐花蜂蜡、鸡蛋清等天然有机食品材料进行表面涂抹挂蜡处理，使其平整光滑、密实无隙。随后将裱糊处理好的酒海移放到洁净干燥的地方，进行后期养护定型，再用原木固定即可投入使用。

三、白酒的原料与辅料

从酿酒原理而言，任何含淀粉、含可发酵性糖，或可转化为可发酵性糖的原料（除对人体有害的以外）均可用来酿酒。但作为一种民族特产大曲酒酿造来说，为保证其固有的风格，原料的选择与一般白酒有所不同，目前除一部分采用玉米、稻米、麦类等多品种原料搭配酿酒以外，大多数使用高粱为酿造大曲酒的原料。

1. 高粱

高粱亦称红粮，为一年生禾木科草本植物，用于酿酒的部分为该作物的籽粒。高粱在我国分布极广。北方多为粳高粱，又称饭高粱，南方多为糯高粱，又称黏高粱。现在普遍种植杂交高粱，为丰产作物。

高粱按籽粒颜色，可分为白、青、黄、红、紫色。籽粒内含有单宁，高粱所含单宁是与色素结合在一起的，它是作为发芽和抵抗鸟虫病害的保护物。但在酿酒工艺中，含单宁过高是妨碍发酵的。单宁在高粱中的含量是依籽粒的颜色增深而增加。也就是说白高粱中单宁含量最少，紫高粱中单宁含量最高，所以使用深色的高粱酿酒，对出酒率有一定的影响。

高粱是酿造大曲酒的主要原料，它的质量好坏直接关系到出酒率的高低与产品质量的优劣。因此要选择籽粒颜色淡、饱满、无虫蛀、无壳、无夹杂物，淀粉含量在58%以上，水分16%以下的新鲜高粱作为酿酒原料较为适宜。

（1）高粱的化学成分　不同品种的高粱酿酒，其出酒率和酒味都不同，这是因为原料成分有差异。即使同一成分，它的组织结构也不是完全一样。例如，淀粉粒的大小不一样，支链淀粉和直链淀粉的比例也不一样。同样是蛋白质，有的组织庞大而复杂；有的则较为简单。高粱的化学成分因品种不同而异，现将我国盛产的几种高粱成分列于表3-1。

表 3-1　高粱的化学成分　　　　　　　　　　　　　单位：%

高粱类别	水分	粗蛋白	粗脂肪	粗纤维	粗淀粉	灰分
东北区 22 种高粱平均	10.27	10.08	4.88	2.06	70.92	1.79
黄高粱	13.15	9.88	4.02	1.74	69.29	1.92
紫高粱	13.07	9.78	4.20	1.67	69.25	2.03
红高粱	13.30	9.75	3.45	1.34	69.21	1.85
白高粱	11.76	9.43	4.37	1.53	69.99	1.92

（2）成分在酿酒生产中的作用

① 碳水化合物 原料中所含的淀粉或与淀粉相类似的菊糖、蔗糖、麦芽糖、果糖、葡萄糖等都是碳水化合物。这些物质均能发酵生成酒精。同时也是酿酒有益微生物生长发育必不可少的热源。因此，它们是酿酒的主要物质，含量越多产酒就越多。

原料中所含纤维也属碳水化合物。它可以起填充作用，对发酵没有直接影响。

② 蛋白质 它为酿酒微生物的主要营养物质。在发酵过程中生成杂醇油和氨基酸，与酒的口味有一定的关系。但该物质在原料中含量不宜过多，过多的蛋白质会使酒产生邪杂味。杂醇油含量过高的酒遇冷时还容易产生乳白色沉淀。此外，蛋白质过多，在工艺过程中极易感染杂菌，造成生酸过多，妨碍发酵。但成品酒中含适量的杂醇油（高级醇）有助于酒体的丰满。

③ 脂肪 原料中如脂肪含量高，生成的高级脂肪酸酯类则多，使酒出现油腥味，酒中冬季低温下容易出现白色浑浊，影响外观质量。在发酵过程中原料（如高粱糠及米糠）含油脂过多会导致酒醅生酸快，升酸幅度大，发酵不良，从而产生邪杂味而影响酒质。

④ 灰分 一般来说灰分对酿酒工艺影响不大，在某种程度上对菌类的生长还有些好处，原料中所含灰分一般过多。

⑤ 果胶 植物根、茎、果实中含果胶均较谷类多好几倍，果胶在发酵过程中能生成对人体有害的甲醇。果胶在薯类原料中含量较多，在谷类原料中含量极少。

⑥ 单宁 高粱特别是高粱糠中含有大量的单宁，单宁用口尝有涩味，遇到铁后生成单宁铁，成蓝黑色。含单宁的酒醅多呈黑色。单宁有收敛性，它能凝固蛋白质。糖化酶和酵母细胞的主要成分是蛋白质，遇到单宁后就会凝固硬化而失去其应有活性，使之不能正常糖化发酵。但高粱中所含适量的单宁经发酵后能生成丁香酸等芳香物质，是大曲酒的香气来源之一，所以高粱原料能赋予大曲酒特有的风味。

高粱糠中五碳糖含量较多，在发酵过程中能生成糠醛，是成品酒中的有害物质。故在使用前要对高粱糠进行排杂处理。

2. 辅料（填充料）

在酿酒过程中，为疏松酒醅，冲淡淀粉，吸附水分，利于操作和促进糖化发酵等，必须使用植物皮壳辅助原料作为酒醅的填充料（北方多使用谷糠和高粱糠，南方多使用稻壳）。辅料质量好坏及用量多少对出酒率和酒的质量影响甚大。因为皮壳中含有较多果胶和多缩戊糖等成分，在发酵过程中极易产生甲醇、糠醛等有害物质，因此，填充料的选择极为重要。现将常用的几种辅料介绍如下。

（1）谷糠 谷糠（即小米糠）的疏松度和吸水能力都很好，生产中可以减少用量。选用谷糠作辅料，能赋予大曲酒以粮香。

（2）高粱糠 高粱糠的疏松性和吸水能力仅次于谷壳，西凤酒生产就是用它作辅料。

（3）稻糠 稻糠疏松度甚好，但吸水性稍差，酒醅入窖发酵后容易产生淋浆现象。其次，稻糠含硅酸盐成分较多，质地坚硬，酿酒后的酒糟当饲料时影响质量。但是，稻壳是一种资源较丰富、价格低廉的辅料，因此，目前被广泛地用作大曲酒和固态白酒生产的填充料。

（4）玉米芯 玉米芯被破碎后，疏松度和吸水性最大，填充效果较好。但含多缩戊糖较高，发酵过程中易产生较多的糠醛从而给酒带来一定的焦苦味。

大曲酒生产使用的辅料多以稻壳为主，由于大曲酒产量逐年增加，辅料资源愈感供不应求，对酿酒生产发展造成一定的影响。因此，开展对新的辅料资源使用的研究试验已成为当前生产中的一项重要课题。现将几种辅料成分列于表 3-2。

3. 酿造用水

"名酒需有佳泉"，说明水质的好坏对酒的质量有至关重要。但如过分地夸大水的作用，甚至把美酒佳泉带上许多神秘色彩，传说离奇，这就缺乏科学根据了。

表 3-2　常用酿酒辅料理化性质

辅料种类	粗淀粉/%	松紧度/(g/100mL)	吸水量/(g/100g)	多缩戊糖/%	果胶/%	水分/%
稻壳	—	12.9	120	16.9	0.46	12.7
谷糠	38.5	14.3	230	12.7	1.07	10.3
花生壳	24.5	24.5	250	17.0	2.10	11.9
玉米芯	31.4	16.7	360	23.5	1.68	12.4
新鲜酒糟	8～10			6.0	1.83	60 以上
高粱糠	38～62	13.2	350	—	—	12.4

　　水在酿酒生产过程中，是一种很重要的物质，因为物质的分解与合成离开了水就无法进行。微生物的生长与繁殖也离不开水。对酿造用水的选择，也正如对食品用水的要求一样，应做到水质纯净、卫生、没有异臭和异味，并对工艺过程的糖化与发酵没有阻碍的成分，对酒的口味没有不良影响的物质。其具体的选择要求见学习领域二相关内容。

四、白酒酒曲的种类及主要微生物

　　白酒的酒曲基本上可分为以下三大类。

　　（1）大曲　以大米、小麦和豌豆为主要原料，经粉碎加水压制成块状，在一定温度和湿度下培育而成，主要微生物为霉菌（黑霉菌、黄曲霉、米曲霉、红曲霉等）、酵母菌和细菌，是一种多菌种的混合体，因酿酒时添加量大，所以大曲不仅是糖化发酵剂，也是酿酒的原料之一。

　　根据制曲过程中对曲胚最高品温的不同控制，大曲又可分为高温曲、中温曲、低温曲三种，详见表 3-3。

表 3-3　大曲的种类、主要微生物、特点及用途

分类	最高制曲品温/℃	主要微生物	特　　点	主要用途
高温曲	＞60	细菌、少量霉菌	糖化力低、发酵力弱，液化力高，蛋白分解能力强	酿造酱香型大曲酒
中温曲	50～60	细菌、酵母、霉菌	糖化发酵能力介于高温曲和低温曲之间，香气较浓	酿造浓香型大曲酒
低温曲	≤50	酵母、霉菌	糖化力、发酵力均较强，出酒率高，香气清淡	酿造清香型大曲酒

　　（2）小曲　以米粉或米糠为原料，并添加部分中草药或辣蓼草，接种曲母培养而成，主要含有根霉、毛霉和酵母菌等，主要用于生产小曲白酒，以桂林三花酒、广东长乐烧为代表。小曲发酵所产生的香味物质主要是乳酸乙酯、乙酸乙酯、β-苯乙醇，所制得的白酒酒味纯净、香气幽雅。

　　（3）麸曲　以麸皮为主要原料，酌量配入酒糟、稻壳、谷糠，接入纯种霉菌，扩大培养而成。其糖化力强，淀粉利用率高，酿造时宜作糖化剂使用，主要用于麸曲酒的生产。

五、现代白酒酿造技术进展

1. 微生物学研究

　　现代酿酒的基础之一是微生物学和生物化学，从民国开始就对酿酒微生物进行了研究，从大曲和小曲中筛选微生物。20 世纪 30～70 年代，主要目的是研究酒曲微生物的淀粉分解能力，以期提高出酒率，如五六十年代对大曲生产工艺技术的总结提高所做的工作；从 80 年代开始，注重酒曲及酒窖泥中微生物的代谢产物对酒的风味的影响，以期提高酒的质量。如利用优良酒曲和酵母菌，在酒醅中泼洒己酸菌培养液等。

2. 发酵工艺的研究

我国的白酒发酵技术虽源于黄酒，但相对于黄酒历史而言，白酒的生产技术还很不完善，故现代对白酒的发酵工艺进行了大量的研究，在20世纪五六十年代，影响最大的改革是全面总结了"烟台操作法"，这个操作方法借鉴了酒精工业的麸皮曲及酒母制作两个关键技术，并结合传统的白酒工艺，形成了一套较为规范的操作法。当时总结了其特点是："麸曲酒母、合理配料、低温入窖、定温蒸烧"十六个字。

由于浓香型酒在名优酒中的产量最大，深受消费者的喜爱，许多工厂和研究机构对浓香型大曲酒工艺进行了大量的研究。如研究控制低温发酵，对发酵温度曲线进行总结，提出了前期缓升、中期挺坚、后期缓落的策略。

此外还采用回醅发酵，即长期反复发酵的酒醅，配加在新酒醅中，以老醅带新醅进行发酵的措施。或采用回糟发酵。有的也采用回酒发酵，成品酒依次分为头级酒，二级酒，三级酒。二级酒倒回新酒醅中，再次入窖发酵，再次蒸馏，可将二级酒变为头级酒。

3. 人工培养老窖

浓香型白酒采用泥窖发酵，在自然情况下，一个泥窖从建窖到窖的成熟，直至产出高质量的酒，往往要经过很长的时间，这对提高名优酒的产量极为不利。故名酒厂对人工老窖的培养作了大量的工作。

4. 蒸馏技术的改进

蒸馏技术的提高是提高酒质的重要环节，新技术采用缓慢蒸馏、量质摘酒、分批入库、串香法等措施。同时对蒸馏锅进行改革设计。

5. 低度酒的研制

我国出口量最大的白酒，如广东的"玉冰烧"酒，酒度在29.5度，很受东南亚一带消费者的欢迎。国外的蒸馏酒酒度一般较低，在40度左右，如果酒度超过43度，则视为烈性酒。但是我国的白酒，由于历史上的原因，以及其本身的一些特点，酒度往往在55度以上时，酒的香味才较好。大多数白酒的酒度在60度左右。酒度高的酒，对体内不能分泌乙醛脱氢酶，或这种酶的分泌量少的人是不适应的，而这种人在我国人群中所占比例较大，因此，低度白酒的研制势在必行。低度白酒的生产方法主要有两类：一种是先将选择好的酒基单独加水降低酒度，澄清后，按一定的比例勾兑、调味、贮存、过滤。另一种方法是先按高度酒的生产方法进行勾兑、调味，然后加水降度、澄清、贮存、过滤。由于低度酒酒精度较低，一些芳香性的成分较难溶解其中，容易产生浑浊的沉淀，故要进行"除浊"处理，将浑浊的颗粒去除掉。另外，降低酒度所用的水也要经过处理。

6. 后处理技术的进展

（1）陈酿法　贮存老熟，一般用陶瓷坛陈酿效果好。

（2）勾兑　这是决定酒质的重要环节，以往都是由富有经验的老师傅担任这项工作。现在利用计算机的勾兑技术也正在研究发展之中。

（3）配加混合香酯（新工艺白酒）的研究　现在能够生产混合香酯。这是以硫酸为催化剂，将酒精和醋酸人工合成为乙酸乙酯，用酒精和高级脂肪酸合成相应的高级脂肪酸酯，然后蒸馏、分馏、净化处理后，进行毒性实验，证明无毒，可供食用，又进一步制成混合各酯分的"混合香酯"，作为调香剂加入到一般质量的白酒中，可提高白酒的质量。

（4）酒香气成分的研究　白酒中的香气成分极为复杂，除了酒精（乙醇）之外，还含有数百种化学成分。白酒中的主要成分分为四大类：醇类物质、酯类物质、酸类物质和醛酮类物质。不同香型的白酒，其主体香气成分是不同的。如汾香型白酒中，乙酸乙酯是最主要的香气成分，乳酸乙酯的含量约为乙酸乙酯含量的30%，而己酸乙酯的含量较低。泸香型白酒中，主体香气成分是己酸乙酯及适量的丁酸乙酯。而米香型白酒中的乳酸乙酯的含量比乙酸乙酯的含量较高。

7. 白酒机械化生产

从古代到 20 世纪 40 年代，白酒的生产都是人工操作，劳动强度非常大，如踏曲、翻曲、粉碎、酒醅的入窖和出窖都是靠人力。新中国成立后，在白酒生产的机械化方面作了大量的探索。在许多方面已经实现了机械化生产，如用粉碎机代替了牲畜拉磨，将蒸馏器的"天锅"改为冷凝器，免去了人工经常换水。大曲的踏制改为曲坯成型机，人工推车送料改为皮带输送或桁车抓斗。陶坛贮酒也改为大容器贮酒，减少了酒的损耗，还减轻了工人的劳动强度。白酒的包装设备也普遍实现了洗瓶、灌装、压盖、贴标流水线。

单元生产 1：白酒酒曲生产

工作任务 1　大曲生产

我国名优白酒和地方名优白酒的生产，大多数采用大曲作为糖化发酵剂。

大曲系用小麦、大麦、豌豆等粮食为原料，经过破碎加水拌合压制而成各种规格不同的块状，在曲室内经过一定时间的保温保湿，利用自然界的各种微生物在块状淀粉原料中进行培养，聚集了各种酿酒有益微生物后，经过干燥、贮存而成为大曲。

大曲中含有丰富的微生物，如霉菌、酵母菌、细菌等，它们给大曲酒的生产提供了所需要的多种微生物群及其分泌的各种酶类，使大曲具有液化力、糖化力、发酵力和蛋白分解力等。大曲中含有的各种酵母菌具有一定的发酵力和产酯力。在大曲培养过程中，微生物分解原料所形成的代谢产物，如氨基酸、阿魏酸等，是形成大曲酒芳香和口味的前体物质，因而对大曲酒的风格质量起着重要作用。

1. 制曲原料

制曲用的原料，要求含有丰富的碳水化合物（主要是淀粉）和蛋白质等营养成分，以提供微生物生长繁殖，获得酿酒所需的糖化与发酵的酶系列。目前常用原料一般有小麦、大麦和豌豆。这些原料要求不霉变，无农药污染。

由于微生物对培养基的营养物质具有选择性，所以制曲原料的选择配比对成品曲的质量有一定的影响。几种原料的化学成分如表 3-4 所示。

表 3-4　大曲原料的化学成分　　　　　　　　　　　　　单位：%

原料名称	水分	淀粉	粗蛋白	粗脂肪	粗纤维	灰分
大麦	11~12	58~61	10~12	1.5~2.5	6~7	3.5~4.3
小麦	11~12.5	61~65	9~15	1.8~2.6	1.2~1.5	2~2.8
豌豆	11~12	43~45	20~28	3.5~4.2	1.5~2	3~3.2

2. 大曲的种类

大曲又名麦曲。根据制曲过程中对控制曲房最高品温的不同，大致分为低温曲、中温曲和高温曲三种类型。低温曲一般最高品温不超过 50℃，高温曲最高品温可达到 65℃左右。安徽省大曲酒生产一般以使用中温曲为主，有的厂掺和部分高温曲混合使用，以提高酒的曲香味。

3. 大曲对白酒质量所起的作用

（1）多种微生物的作用　制造大曲是利用自然界空气中的微生物，通过曲室管理控制温度、湿度等手段，给有益微生物创造适宜的环境，使其生长繁殖。由于微生物种类众多，产生的酶系复杂，因此大曲是酿造白酒的复合酶制剂，也是多种微生物生长繁殖的复合体。

大曲中的多种微生物群，以霉菌占大多数，酵母和细菌较少。在霉菌范围中，犁头霉较多，其次为念珠霉，它是大曲"上霉"的主要微生物。有益的曲霉、毛霉、根霉所占比例较小，酵母居末位。

这些杂乱不纯的微生物群，具有"群微共酵，各显其能"的特殊作用。它们的酶活性各有其特点，其中有的产生酒精，有的产酯生香，有的产生调味助香物质，各有所长，各有其作用。因此用大曲酿造的白酒，具有芳香、醇和、味厚、回甜的独特典型风格。

（2）大曲的基质作用　由于制曲的原料是小麦、大麦和豌豆等，这些原料含有丰富的营养成分，微生物在基质中，只能摄取一部分，剩余的大量营养物质，经过一定温度的作用，使淀粉、蛋白质等分解转化为氨基酸、醇、醛、酚等物质，又经过酿酒发酵和蒸馏而带入酒中，从而赋予大曲酒特有的质量风味。

一、例一　中温大曲生产工艺流程

酿造大曲酒的主要糖化发酵剂"中温曲"，又名中火曲，是安徽省传统的大曲酒生产用曲。中火曲这个名词的由来是因为在培养过程中，潮火拉皮，升温要圈，后火上垛，拢火挤潮，与其他制曲工艺有所不同。在培养管理中，控制的温度比低温晾曲高 2~5℃，比高温曲低 15~20℃，处于两者中间，所以叫中火曲。例如淮北市酒厂制曲工艺如图 3-1 所示。

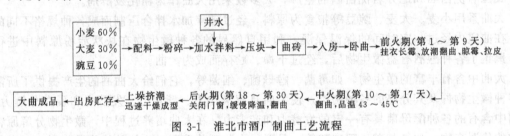

图 3-1　淮北市酒厂制曲工艺流程

二、工艺说明

（1）原料　小麦、大麦、豌豆三种原料感官标准为：颗粒饱满，干燥纯净，无霉烂变质、无虫蛀、无农药污染。

（2）配料混合　配料比：小麦 60%、大麦 30%、豌豆 10%，将三种原料按比例掺拌均匀备用。

每一曲室（55m²）投料 12~13.5kg（视季节气温可适当增减）。

（3）粉碎　混合均匀的原料，先经振动筛除杂，再通过辊式粉碎机破碎成曲料。

粉碎规格：要求通过 40 目筛细面占 33%~35%，粗渣占 65%~67%，握手柔软不扎手为标准。

曲料的粉碎度对成曲的质量关系很大。过细或过粗均对制曲不利，过细则面粉太多，黏性大，空隙小，制曲时水分不易散发和温度不易降低，微生物由于通气不好，生长繁殖缓慢，易造成窝生不透，或窝热圈老等现象。过粗时造成曲块粗糙，空隙大，水分和热量不易保持，蒸发快，使曲胚过早干燥或裂口，表皮不挂衣上霉，微生物繁殖不好。所以要严格控制好曲料的粉碎度。

（4）加水拌料压块　拌料用水量为原料的 40%~43%，化验水分 38%~40%。夏季用清洁凉水，冬季用 35~40℃的温水。曲料经拌料机加水拌和，再通过机器压制即制成曲胚送入曲房，每块曲胚重量 2.25kg。外形尺寸为：19.5cm×13.8cm×7.5cm。要求外形平整紧实，厚薄一致，水分均匀，无缺边掉角，块重误差不超过 100g。在压块时使用明浆喷雾，增加表皮水分，以利于挂衣长霉。水分大小对大曲质量影响很大，水分小了，曲块表皮干燥，皮厚不挂衣，微生物不能很好地繁殖。水分过大，曲胚易变形，歪斜黏合，并大量生长毛霉、根霉等形成网状或点状菌丝体，使曲皮上霉过多，犹如穿了厚厚的一层霉衣，对制曲不利。

（5）入房 曲房以通风向阳，清洁干燥，有效使用面积 54～60m² 为宜。

入房前要做好准备工作，提前一天用鹛麦草 300～350kg 泼洒清洁水 150～200kg，使麦草潮湿均匀。并准备好芦席和小竹竿，地面铺上干麦草一层约 7～10cm 厚。若天气寒冷将室温调节到 20℃ 左右（冬季可生火炉或安装暖气设备），以保证曲胚入房后升温正常。

曲胚入房顺序排列，摆高两层（最高不超过三层），层间用 2～3 根小竹竿隔开，防止曲胚倒歪和碰靠黏结。曲块间距 7cm，行间距 7～10cm。分行、分层摆曲，每摆三行随即覆盖温麦草约 13～16cm 厚。进房完毕，四周围盖麦草，或用芦席覆盖，然后随即封闭门窗，进行保温保湿，以利曲块表皮挂衣长霉。

（6）培养管理 大曲的质量优劣主要决定于入房后的培菌管理，管理的方法是用翻曲的手段，改变堆放形式和间距，以及通过启闭门窗的方法以保持和调节温度、湿度，达到酿酒有益微生物的繁殖和培养目的。

曲胚入房至成熟出房，共需 30～35d，从温度掌握特点来看，可分为三个阶段：

前火期（潮热）：入房后 1～9d，要求潮热急而快。

中火期（起大热）：入房后 10～17d，要求大热稳又平。

后火期（挤潮拢火）：入房 18d 以后，要求后火紧跟不放松。

（7）出房储存 大曲成熟后，需及时出房入库，存放于干燥通风的地方。曲垛摆高 20～25 层，要防止日光直射，以及升温起潮、感染杂菌等现象。

入库大曲应分期分批分别存放，登记卡片，对出房日期、质量、数量等情况作好记录，并经常检查，防止虫蛀和霉变等现象出现。

大曲出房后，必须贮存三个月才能用于生产，并严格掌握先出先用、质量优次搭配、混合使用的原则。

（8）成品曲质量标准 出房大曲和贮存后的生产用曲，均须进行质量鉴定。成曲质量标准如下述。

① 感官标准 曲块表面遍布白色斑点，断面呈褐黄色圈纹两道，中间点心，色泽为淡黄带白色，具有特殊的浓厚曲香气。无干皮（即不挂衣）、生心、红点、黑圈、风火圈、窝潮、悬心、脱壳等现象。

② 理化指标 水分：12%～15%（贮存后）；酸度：0.5～0.7 度；淀粉：45%～50%；糖化力：20～35（林脱纳值）；发酵力：6～6.5g（144h）。

林脱纳（Lintner 氏）值是指糖化一定量的淀粉所需的糖化酶量，其结果是糖化力越大，林氏值越小。现白酒厂在实际测定麸曲糖化力时，常以 1g 曲，在 30℃、pH 值 4.6 的条件下，作用一定量的 2% 可溶性淀粉，每小时生成的葡萄糖质量（mg）来表示糖化力的单位，还有以 30℃ 单位表示糖化力者，即 1g 曲，30℃，每小时作用 2% 的可溶性淀粉，所生成的麦芽糖的质量（mg）。

三、工艺要点

（1）原料 原料是制曲之本。没有好原料就难以做出质量好的曲，再加上制曲原料中某种成分也会带到酒中，因此制曲原料直接影响酒的风味，所以按标准选择原料极为重要。

（2）温度 温度是制曲过程中的重要环节。温度能否掌握适当，关系到各种微生物的生长繁殖。温度高低全靠培养管理来控制；培养管理的每个阶段，对曲的质量都有很大的影响，"前火"第一次翻曲如不注意，就很容易被有害菌类侵入繁殖，出现长毛、黑衣、灰衣等现象。"中火"温度上升猛烈，若不及时采取调节措施容易产生温度太高，曲块内部两道圈老化变黑，造成脱壳出废品。"后火"曲块因大部分成熟干燥，室温、品温随之急剧下降，如不注意控制温度，则一些曲块内部繁殖不透，会产生窝潮、生心不熟等现象。

（3）水分　水分是制曲中的重要因素之一。在拌料和加曲管理中要掌握适当，过干过潮都影响成曲质量。

（4）做好原始记录　原始记录是积累数据、分析生产情况、总结经验、发现问题的依据，是提高业务技术水平、加强工作责任感必不可少的资料，因而它是做好大曲生产的重要组成部分。

（5）曲的病害及其处理　对于制造大曲所用的设备、模具、原料、工艺等，目前国内各地没有统一的标准。只能因时因地制宜，灵活掌握。尤其是制曲操作，大都系手工劳动，生产多以经验为准，因此在制曲过程中，难免出现不正常的病害现象。

四、例二　高温大曲生产工艺流程

如图 3-2 所示。

图 3-2　高温大曲生产工艺流程

五、工艺说明

（1）原料选择和粉碎　制曲原料全系小麦。感官标准：颗粒肥大，整齐均匀，色泽淡黄、两端不带褐色，无霉变、无虫蛀者均可。

图 3-3　近代人工踏制大曲

粉碎程度：原料粉碎前加 5%～10% 水拌匀，润料 3～4h 后，用粉碎机粉碎，使麦皮挤成薄片、麦心破成细粉。粉碎要求通过 20目标准筛细面占 42%，粗糁占 58%。

（2）加曲母、加水拌料　选择质量好的老曲作曲母，使用量要随季节气候灵活掌握，夏季曲母用量为原料的 4%～6%，冬季为 6%～8% 左右。用水量为原料的 36%～38%，

（3）踩曲　人工踩曲是用一个长 37cm、宽 24cm、厚 7.5cm 的曲模进行的（图 3-3）。将已拌和好的原料装入曲模内进行踩踏，先全面地踩一遍，然后顺着曲模边沿踩紧，避免有缺角、跑边等现象。如用制曲机压块成型，要求松紧适宜，表面光滑整齐。踩制好的曲块，将其竖起放置 1～2h，待曲块表面发硬即移入曲室培养（图 3-4、图 3-5）。

图 3-4　成品大曲

图 3-5　曲房里的堆曲

（4）堆曲、盖草、洒水

① 堆曲　曲胚移入室内以前，先将地面铺上一层稻草，厚约15cm。曲块按三横三竖排列堆放，每块及每行之间的间隔2cm左右，并填入稻草隔开。排满一层后再铺上稻草约7cm厚，继续堆摆第二层；但横竖上下要错开，便于空气流通。一直堆排4～5层高为止，再排第二行，最后留几行空地，作为翻曲时周转场地。

② 盖草　曲块排堆好后，用稻草覆盖进行保温。覆盖厚度夏季13～17cm、冬季20～25cm。四周也要围盖稻草。

③ 洒水　为了保持曲胚堆中的湿度，并使曲胚能逐步升温，必须向曲胚堆上的盖草喷洒清洁凉水，用水量约占原料的1.3%～1.4%，达到盖草湿润、水又不流入曲胚堆为准。

（5）保温培养和翻曲

① 保温培养　曲胚入房完毕，封闭门窗，进行保温。由于微生物在繁殖过程中，产生热能，促进堆内温度上升。夏季约5～6d、冬季约7～9d温度可达最高点，曲堆内部品温为60～65℃。此时曲胚表面霉衣已长出，温度基本停滞不升，再经2～3d即可转入翻曲。

② 翻曲　室内保温培养曲胚的时间，夏季7～8d，冬季11～12d，开始进行第一次翻曲。摆列的原则是上下内外互相对调，使温度均匀一致。每块曲的间隙中要更换新稻草隔开，以利保温保湿。每行每排翻完后，清除掉落的零星小块曲渣，聚集一处，放在曲堆的顶部，使之升温培养繁殖。第一次翻曲后，再经9～10d，曲堆温度又上升到55～60℃，开始第二次翻曲。这时曲堆表面较为干燥，将每块曲间夹塞之稻草全部去掉，翻摆的操作方法同前。

曲胚经过30d左右的时间，大部分已接近成熟，温度逐渐下降，但室内湿度较大，必须开启窗户放潮，有利于曲块干燥。

（6）拆曲及成曲贮存

① 拆曲　曲胚进房40～45d，曲堆温度降到接近室温，曲已成熟干燥，即可拆曲出室。拆曲就是将曲块表面附着的干草或烂草清除干净。

② 贮存　出室的每块成曲重5.5～6kg。仓库贮存中要做到妥善保管，经常开放门窗，畅通空气，挥发水分，以利成曲干燥，防止霉烂变质。一般要求贮存3～4个月，即可用于酿酒生产。

（7）成品曲质量

① 感官标准　曲块表面为深黄色，断面呈黄褐色，具有特殊的浓郁酱香气。

② 化验分析　淀粉50%～56%，水分13%～15%，酸度1.6～2.6度，糖化力1.9～2.1（林脱纳值）。

工作任务2　麸曲生产

麸曲是将纯种培养的曲霉菌接种在以麸皮为主，并添加适量鲜酒糟和填充原料的培养基上培养制成的（麸皮为小麦最外层的表皮，小麦加工面粉后剩下的皮即为麸皮，可作饲料和酿酒的辅料使用）。制曲工艺分为试管固体斜面培养、扩大培养、曲种制备以及麸曲生产四个过程。麸曲具有糖化力强、用曲量少、出酒率高的特点，但因使用菌种单一，所得白酒香气较差。目前，这类白酒已向液态法生产方向发展，或者用糖化酶代替麸曲，用活性干酵母代替纯种酒母生产，工艺大为简化。

一、麸曲生产工艺流程

如图3-6所示。

二、工艺说明

（1）扩大培养

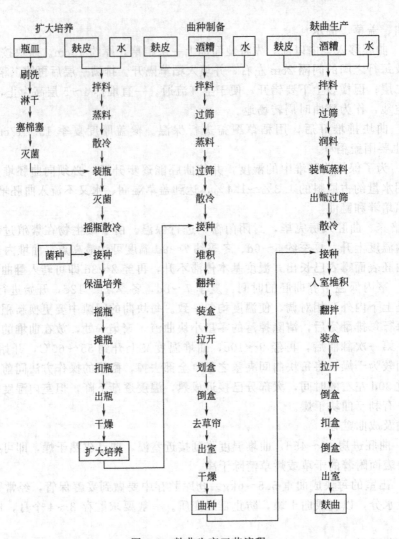

图 3-6 麸曲生产工艺流程

① 原料处理　取麸皮，每千克原料加水 0.8～1.0kg，混合拌匀，用粗布包好，放在蒸汽灭菌器中（笸子上垫一层干布），蒸煮 30min，取出散冷并充分搓碎疙瘩。如发现被水浸湿的原料，应除去不用。

② 装瓶灭菌　将蒸好的麸皮原料分装于三角瓶或培养皿中，装料厚度约为 0.25～0.30cm。装料时应防止原料粘在瓶壁或皿盖上，装完三角瓶塞好棉塞，培养皿用纸包好，加压（1kg/cm²）灭菌 15～20min，冷却后瓶壁或皿盖上附着有凝结水，需旋转摇动瓶皿使凝结水被原料吸收。但应注意防止原料粘在瓶壁或皿盖上，特别要严防原料与棉塞接触。

③ 接种　在无菌操作台上按无菌操作进行接种。

④ 保温培养　将接种后的瓶、皿（三角瓶内的麸皮应堆积在瓶的一角使成三角形）放在 31～32℃ 的保温箱或保温室中，进行培养。

用三角瓶培养时，经过 10～12h 摇瓶一次，使瓶壁附着的凝结水为麸皮吸收。摇瓶后，将麸皮摊平。再经 4～8h 菌丝蔓延生长，待麸皮刚刚连成饼时即可进行扣瓶。扣瓶时应将瓶轻轻振动倒放，使成饼的材料脱离瓶底悬起来，便于曲饼底部也生长菌丝，并防止凝结水浸渍原料。扣瓶后应将瓶倒放，继续保温 31～33℃。

用皿培养时，经过 12～14h 摇皿一次。待孢子全部生成后，应除去皿盖上的水滴，即将皿盖稍稍提起，略为倾斜，使水滴通过盖边流到外边。

⑤ 干燥保存　自接种开始经 65～72h，曲菌已发育成熟。这时可由瓶、皿内取出曲饼（用三角瓶时应防止曲饼与瓶口的凝结水接触），放进已灭菌的纸袋内，在不超过 40℃的温度条件下进行充分干燥，使水分降到 10%以下。然后将纸袋密封在低温干燥处妥善保存。保存时应严防吸潮，保存期最多不超过一个月。

⑥ 成品质量的检查和要求　用肉眼或放大镜观察，曲菌的菌丝应整齐健壮，顶囊肥大，孢子丛生，且均匀一致没有白心，具有本菌固有色泽，不应检出有异状菌丝及杂菌。

（2）曲种制备

① 准备工作　曲盒、筛子、工具等，在每次使用前均需刷洗干净，晾干后备用。拢堆蒸料的草帘应放在清水中浸渍，冲洗并进行蒸汽灭菌 1h 后备用（可在蒸料时放在甑上蒸汽灭菌）。

保温室每次使用前均需进行清扫、刷洗和灭菌。灭菌前先将刷洗干净并晾干的曲盒及其他工具放进室内，密闭门窗，并用纸条封好缝隙，按保温室容积每立方米用硫黄 5g 的甲醛（30%～35%）5mL，点燃硫黄并加热使甲醛全部蒸发，密闭 12h，然后打开门窗换入新鲜空气。如无甲醛，可单用硫黄杀菌，每立方米用量为 10g 左右。灭菌时如果室内比较干燥，可在灭菌前喷雾，使室内保持一定湿度，以提高灭菌效果。在同一个曲种室内生产黑、黄两种曲种时，更需要进行严格彻底的灭菌，以防止相互感染。同时在灭菌时应注意防火。

② 原料处理　麸皮 100kg，配酒糟 15kg 左右（酒糟必须用新鲜的，水分含量按 12%计算），如原料过细，可酌情加入谷糠 5%左右。每 100kg 原料加水 89～90kg（加水时应扣除酒糟含量，加水量的计算法和使用酒糟的注意事项见制曲部分）。加水时最好用叶壶边加边搅拌，拌匀后过筛一次（筛孔直径 3～4mm），堆积润料 1h。然后放置小甑锅或蒸笼中蒸 50～60min，如果没有上述设备也可将原料用粗布包起来，在麸曲蒸料时放在锅的中间进行蒸煮。

③ 散冷接种　操作前应先洗手并用酒精灭菌，然后将已蒸好的原料放在保温室内已灭菌的木箱（糟）中，过筛一次，翻拌散冷到 38℃左右进行接种。接种量为每百公斤原料加入扩大培养的原菌种 0.15～0.20kg。在接种时先用一小部分原料与扩大培养的原菌种混合搓散，使霉菌孢子散布均匀，然后洒在其余的原料上。再翻拌 2～3 次，充分混合均匀并降温到 30～32℃，用原来包原料的包布包起来，放在离地面 30cm 左右的木架上进行堆积保温。夏季也可以直接装盒，但直接装盒时应将原料堆在曲盒中而不摊平，原料的高度应略低于曲盒边的高度，以防将原料压紧。

④ 保温培养

a. 堆积装盒　自接种到开始装盒，是曲霉菌的发芽阶段，一般需经过 5～6h。堆积开始的品温应在 30～32℃，曲料水分含量为 50%～53%，酸度为 0.3～0.5。此时应控制室温在 29℃左右，干湿球差 1～2℃。大约经过 3～4h，进行松包翻拌一次，翻完后品温不得低于 30℃。再包好，并经 3～4h 即可进行装盒（曲料不经堆积直接装盒时，可将原料摊平）。装盒前将原料翻拌 1～2 次，装原料厚度为 0.5～0.8cm。装盒时应轻松均匀，装完用手摊平，使盒的中心稍薄、四周略厚些。搬曲盒时，应轻拿轻放，避免震动，并将其放在木架上摆成柱形，每摞为 6～8 个曲盒，最上层的曲盒应盖上草或空盒，避免原料水分迅速挥发。冬季摞与摞之间应靠紧，夏季则可留 2～4cm 的空隙。

b. 装盒、拉盒　自装盒到拉盒（拉开）7h 左右是曲霉菌营养菌丝的蔓延阶段，装盒后品温应控制在 30℃左右，室温仍控制在 28℃，干湿球差 1～1.5℃。装盒后 4h 左右倒盒一次，柱形不变，只是上下调换曲盒位置，达到温度均一。再经 3h 左右，品温上升到 35℃左右时，进行拉盒。盒子都盖上已灭菌的湿帘，摆成"品"字形，草帘含水不宜过多，严禁有水滴入原料内。此时应控制品温不超过 35℃。

c. 保潮阶段　拉盒后的 24h 以内是曲霉菌生长子实体和生成孢子时期，即进入保潮阶段。

此时曲霉菌繁殖迅速，呼吸旺盛，品温应掌握在 35～36℃，最高不超过 37℃，室温控制在 24～25℃，干湿球差 0.5℃。在保潮阶段应每隔 3～4h 倒盒一次，如果品温上升过猛，除适当降低室温外，还可将曲盒之间的空隙加大，减少曲盒的层数，或将草帘折在一起，以散发热量。如果温度不够，可以用冷开水喷雾或向地面洒水。保潮期间应掀开草帘 1～2 次，以散发二氧化碳和热量。如发现草帘干燥，应用冷开水浸湿后再盖上。

自装盒后约经 10～12h，曲料已连成饼状，可用灭菌的玻璃棒将曲料划成 2cm 左右的小块，但不要划得太细，以免菌丝断裂而影响发育和生长。

⑤ 排潮出室　拉盒 24h 以后则为孢子成熟期进入排潮阶段。此时可揭去草帘，品温有逐渐降低趋势，必须保持室温在 29～31℃，干湿球差 1～2℃，品温在 36℃左右，保持 14～16h 曲霉已发育成熟。在此期间为使品温一致，自接种开始到 58～60h 期间还应倒盒 1～2 次，即可出房进行干燥（没有干燥室的工厂，可在曲种室内进行），干燥温度以不超过 40℃为宜，干燥完毕后用原盒保管。

⑥ 成品质量的检查和要求　用肉眼或放大镜观察，菌丝应健壮整齐，顶囊肥大，孢子丛生，繁殖良好，内外均匀一致，具有本菌固有的色泽和曲种应有的香味，不得有异状菌丝、异色、馊味及其他不良气味。

⑦ 成品保管　成熟干燥后的曲种，应按批号将黑、黄两种曲种严格分开，放在干燥低温处保存。其水分含量应在 10%以下。保管时间以不超过一个月为宜。保管期内要经常检查，严防吸水受潮和虫蛀，如发现有吸水受潮、虫蛀、发热或有异味时，必须进行严格的分析鉴定或小型试验，证明没有问题时，方可用于生产。否则不能投入生产，以免影响曲子质量。

（3）麸曲生产

① 配料　配料比例：麸皮 75%～85%，鲜酒糟 15%～25%（风干量计算）。如果原料较细，可再加入 5%～10%的谷糠，以调剂原料的疏松程度。做黑曲时切忌曲料含淀粉量过高。

制曲原料应有较严格的质量要求，麸皮必须是干燥不发霉的。酒糟应使用当日生产出的新鲜糟，并在蒸完酒出甑时趁热扬 3～4 次。热窖糟，压窖糟，雨淋、腐烂的糟，酸度过高的糟，均不得用作制曲的原料。没有麸皮或麸皮不足，必须使用期货原料制曲时，除了必须保证曲料有足够的营养和适宜的疏散程度外，糖料以及含有单宁等阻碍曲霉生殖的原料，如高粮糠和橡子粉等都不适宜作曲的原料。但这些原料制酒后的酒糟可以制曲，其用量应略少些。

② 润料

应加水量（kg）＝

$$\frac{麸皮量（kg）\times[要求含水（\%）-麸皮水分（\%）]+酒糟量（kg）\times[要求水分（\%）-酒糟水分（\%）]}{1-要求水分（\%）}$$

(3-1)

将拌料场清扫干净，然后将麸皮摊开，边加水边搅拌。加完水后，用锨翻拌一次，再加入酒糟，过筛一次（筛眼 4～6mm），或用扬片机打一遍，消除疙瘩并堆成丘形。润料时间一般为 1h，冬季则应适当延长。

③ 蒸料　打开甑锅气门或加大火力，使锅水沸腾，然后铺好帘子将已润好的曲料用簸箕或木锨装甑。装甑操作必须轻松均匀并顶着汽装，装完后盖上草袋或草帘，有些工具可以同时进行灭菌。蒸料的火力要充足，自圆汽开始计算，约蒸煮 40min。

④ 散冷接种　接种地面应保持清洁，切忌有生料。散冷接种操作必须迅速，以减少杂菌侵入的机会。蒸料完毕后，揭去锅上草袋，出甑过筛或用扬片机吹扬（扬麸场应事先清扫干净），充分打碎疙瘩，翻扬散冷到 38～40℃左右，进行接种。接种数量按投入风干原料计算，每百公斤料加曲种：春夏秋冬 0.2～0.35kg；冬季 0.3～0.40kg。

接种时先将曲种加入 2 倍左右的熟曲料，充分搓散使孢子分布均匀，然后与大堆曲料混合翻拌1～2次，并降温到32～34℃即可入室堆积。

⑤ 堆积、装盒　堆积开始时，要求曲料的含水量，冬季应为48%～50%，春夏秋季为52%～54%，酸度为0.45～0.65，品温在31～32℃，室温在27～29℃，干湿球差1～2℃。堆积时间（从接种开始计算）夏季4～7h，冬季6～8h（黄曲应比黑曲长1h左右）。曲料入室后，如发现品温不均匀，可再翻拌一次，堆成丘形，堆积高度不超过60cm。在堆积的中心处，插入温度计，每小时检查一次，约经3～4h品温上升时翻拌一次，再经2～3h即可进行装盒。

装盒前，应将曲料翻拌均匀，分装于盒内摊平，要求装得轻松均匀，四周较厚，中心稍薄。料层厚度在1.5～2cm之间，夏天应稍薄些。装盒时应轻拿轻放，以保持曲料疏松。曲盒应摆在木架上，每摆高度以不超过十四个为宜。冬天摆与摆之间应靠紧，夏天可留2～3cm的空隙。靠门窗处应用草袋或席子挡上，以防冷风侵袭。

⑥ 装盒、拉盒　装盒后品温约在30～31℃，室温应保持在28～30℃，干湿球差1℃。经3～4h，品温则上升到37℃左右，这时可把盒拉开，摆成"品"字形，并根据品温、室温情况来调节盒与盒之间的距离。此时应控制品温在36℃左右，室温28℃左右，干湿球差0.5～1.0℃。

⑦ 拉盒、扣盒　拉盒后曲霉菌的生殖和呼吸逐渐旺盛起来，应加强降温保潮工作。这时要控制品温不超过39℃左右，室温下降到25～26℃，干湿球差0.5℃。拉盒后再经3～4h应倒盒一次，以保持上下曲盒的温度均匀。倒盒后再经3～4h，肉眼可以看到菌丝蔓延生长，曲料连成饼状，试扣一盒不破不裂时，即可进行扣盒。扣盒方法一般是先把空盒扣在装料的曲盒上，轻轻翻过来，使顶面材料翻到下面来，吸收盒底水分，底部材料翻到上面，散发热量和二氧化碳。

⑧ 扣盒、出室　扣盒后曲霉菌繁殖很旺盛，品温猛烈上升，此时应将品温严格控制在40℃左右，保持室温25～26℃，干湿球差0.5℃左右，并且每隔3～4h倒盒一次。同时，要根据品温变化情况，改变摆盒形式，调节盒与盒之间的距离，以及开放天窗或进行喷雾。自扣盒后，保持品温39～40℃，室温为28℃左右，干湿球差为1～2℃。

自堆积开始经过28～34h的培养（夏天短，冬天长），曲子淀粉酶活力达到高峰时，即可出室。将曲盒搬到贮曲场，倒出曲料并将曲盒扫净。如果曲子出室时，曲霉已生成许多孢子，应测定制曲过程（堆积24h后）糖化变化情况，并在糖化力最高时出室。出室后，曲子应及时使用，以防止曲子因出室后继续老熟，从而使糖化力降低。

⑨ 成品质量的检查指标　曲子成品质量的检查，应以感官、化验和显微镜检查三种方法相结合，并且以化验检查为主。

a. 感官检查　用肉眼或30～50倍放大镜观察，曲料应成松软饼状，没有干皮和白心，菌丝多而内外一致，没有孢子或极少，具有曲霉固有的曲香味，不得有酸臭味及其他霉味。

b. 检验指标　糖化力（O.C.）一律以含水20%计算，参考指标如表3-5中所列。

表3-5　麸曲糖化力参考指标

项目	黑　曲			黄　曲		
	一级品	二级品	三级品	一级品	二级品	三级品
糖化力	700以上	501～700	400～500	2200	1800～2200	1700～1800

显微镜检查：菌丝应健壮整齐，无异状菌丝，杂菌少。

⑩ 成品的贮藏与保管　麸曲不适宜长期保管贮存，最好在出室后立即使用，一般贮存时间不超过24h。如果必须延长贮存时间时，应将曲料平铺在干燥的地面上，或放在曲盒内保存，以防止曲子吸潮和发热。一般应每隔5～6h检查一次品温，如果发现品温上升，应立即摊薄和翻拌降温。

⑪ 卫生要求　曲盒必须经常刷洗保持清洁，曲室的四周墙壁应整齐平滑，以便于洗刷。天棚应为拱形，以防止凝结水滴入曲内。曲室的天棚和墙壁要定期用石灰喷刷，以保持清洁。如发现有杂菌污染时，应随时用石灰乳涂刷。室内不得存有腐烂曲料及其他杂物，每次作业后都应随时扫干净，并经常洒生石灰水。有条件的（地板或水泥抹面）应每日擦洗一次以保持清洁。堆积曲料的地面应略高些，避免不平整或有缝隙，以免存水和便于经常清扫和洗刷。每日用完后，应撒些石灰粉，并在次日堆料前扫去。堆料的地面严禁通行。

蒸锅、拌料场地、四壁及顶棚应该定期打扫，不得存有积料和灰尘。每月应用石灰水喷刷一次，每天操作前后均应打扫干净，有条件的工厂可用水冲刷一次，或用 0.1‰漂白粉水溶液灭菌。生料和熟料的场地最好分开，以免相接触感染杂菌。操作场地最好离贮曲场稍远一点。

生产黑、黄两种麸曲时，曲盒最好能分开使用，有条件的工厂应进行单房培养。

曲室面积不宜过大，一般每一个室在 100m² 左右比较适宜。每平方米面积的投料量约为 6～8kg。

工作任务 3　小曲生产

小曲是用米粉或米糠为原料，添加或不添加中草药，接种曲种或接入纯种根霉和酵母培养而成。其草药可添加一种或多种。制作容易、周期短（7～15d）、用量少（为大曲的 1/20 左右），制曲温度 25～30℃，曲块外形多样，品种多，尺寸比大曲小。加入的中草药具有促进微生物生长，抑制、杀灭有害微生物，赋予小曲独特的香气，疏松曲胚，利于微生物培养小曲等作用。在我国具有悠久历史，所酿酒各具特色，尤以四川邛崃米曲、厦门白曲、桂林酒曲丸、广东酒饼等较著名。

一、例一　桂林酒曲丸生产工艺流程

如图 3-7 所示。

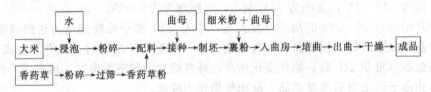

图 3-7　桂林酒曲丸生产工艺流程

二、工艺说明

（1）原料配比

① 大米粉　总用量 20kg，其中酒药坯用米粉 15kg、裹粉用细米粉 5kg。

② 香药草粉　用量 13％（对酒药坯的米粉重量计）。香药草是桂林特产的草药，茎细小，稍有色，香味好，干燥后磨粉即成香药草粉。

③ 曲母　是指上次制药小曲时保留下来的一小部分酒药种，用量为酒药坯的 2％，为裹粉的 4％（对米粉的重量计）。

④ 水　60％左右。

（2）浸米　大米加水浸泡，夏天约为 2～3h，冬天约为 6h 左右，浸后滤干备用。

（3）粉碎　浸米滤干后，先用石臼捣碎，再用粉碎机粉碎为米粉，其中取出 1/4，用 180 目细筛筛出约 5kg 细米粉作裹粉用。

（4）制坯　每批用米粉 15kg，添加香药草粉 13％、曲母 2％、水 60％左右，混合均匀，制成饼团，然后在制饼架上压平，用刀切成约 2cm 大小的粒状，以竹筛筛圆成酒药坯。

（5）裹粉　将约 5kg 细米粉加入 0.2kg 曲母粉，混合均匀，作为裹粉。然后先撒小部分裹粉于簸箕中，并洒第一次水于酒药坯。倒入簸箕中，用振动筛筛圆成型后再裹粉一层。再洒水，再裹，直到裹完裹粉为止。洒水量共约 0.5kg。裹粉完毕即为圆形的酒药坯。分装于小竹筛内扒平，即可入曲房培养。入曲房前酒药坯含水量为 46％。

（6）培曲　根据小曲中微生物的生长过程，大致可分三个阶段进行管理。

① 前期　酒药坯入曲房后，室温宜保持 28～31℃。培养经 20h 左右，霉菌繁殖旺盛，观察到霉菌丝倒下、酒药坯表面起白泡时，可将盖在药小曲上面的空簸箕掀开。这时的品温一般为 33～34℃，最高不得超过 37℃。

② 中期　24h 后，酵母开始大量繁殖，室温应控制在 28～30℃，品温不得超过 35℃，保持 24h。

③ 后期　为 48h，品温逐步下降，曲子成熟，即可出曲。

④ 出曲　曲子成熟即出房，并于烘房烘干或晒干，贮藏备用。药小曲由入房培养至成品烘干共需 5d 时间。

（7）质量要求

① 感官鉴定　外观带白色或淡黄色，要求无黑色，质松，具有酒药特殊芳香。

② 化验指标　水分：12％～14％。

总酸：不得超过 0.6g/100g。

发酵力：用小型试验测定的 58 度桂林三花酒在 30kg 以上。

三、例二　广东酒曲饼生产工艺流程

如图 3-8 所示。

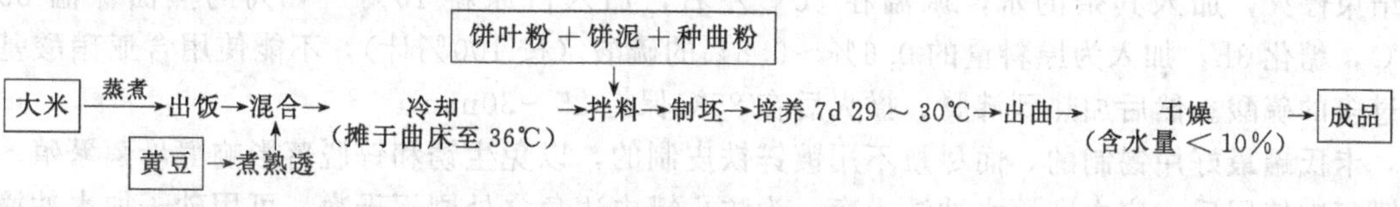

图 3-8　广东酒曲饼生产工艺流程

四、工艺说明

（1）原料配比　大米 100kg，大豆 20kg，曲种 1kg，曲药 10kg（其中串珠叶或小橘叶 9kg，桂皮 1kg），填充料白癣土泥 40kg。

（2）煮料　大米宜采用低压蒸煮或常压蒸煮。加水量为 80％～85％（按大米重量计），大豆采用常压蒸煮 16～20h，务须熟透。

（3）拌料制坯　大米蒸熟即出饭，摊于曲床上，冷却至 36℃左右，加入经冷却的黄豆，并撒加曲种、曲药及填充料等。拌匀即可送入成型机，压制成正方形的酒曲饼。

（4）入房培养　成型后的品温为 29～30℃，即入曲房保温培养 7d。培养过程中要根据天气变化和原料质量的情况适当调节温度和湿度。酒曲饼培养成熟，即可出曲，转入 60℃以下低温的焙房，干燥 3d，至含水分达到 10％以下，即为成品。

工作任务 4　酒母生产

将纯种酵母菌经过累代扩大培养最后供制酒用的醪液叫做酒母。它在窖内专门进行发酵的作用。制酒母分为液体试管、三角瓶、卡氏罐及大缸培养四个工艺过程。

一、酒母生产工艺流程

如图 3-9 所示。

斜面菌种→液体试管→500mL 三角瓶培养→卡氏罐培养→酒母罐培养

图 3-9　酒母生产工艺流程

二、工艺说明

(1) 培养基制备　见表3-6。

表 3-6　培养基制备

培养工具	液体试管	500mL 三角瓶	卡氏罐	酒母罐
培养液的种类	米曲汁	米曲汁	玉米粉＋麸曲的糖化液	玉米粉＋麸曲的糖化液
培养液的浓度/°Bé	8～9	8～9	7～8	7～8
培养液的酸度(pH)	0.2～0.3	0.2～0.3	0.45～0.55	
培养液的数量/mL	10	200	2/3 卡氏罐	2/3 酒母罐
培养温度/℃	28～30	28～30	28～30	28～30
培养时间/h	24	12～15	12～15	10～12
扩大倍数		10 倍	10 倍	10 倍

(2) 三角瓶酵母质量的检查和要求

① 外观检查　三角瓶和试管底部有较多的白色酵母菌沉淀，糖液浑浊，有气泡继续上升。

② 显微镜检查　细胞应健壮、肥大、整齐，形态正常，芽生率25％以上，没有杂菌。

(3) 卡氏罐酒母的制备及质量检查和要求

① 糖化醪制备　制糖化醪的原料质量要求与大缸酒母同。每千克原料加水5.5kg左右。先将用水量的2/3放在锅里加热到50～60℃，然后加入用温水调好的薯干粉或玉米粉，搅拌均匀并消除疙瘩，加热到沸腾，保持沸腾状态糊化40min。糊化时应不断搅拌以防止糊锅，糊化结束停火，加入其余的水，调温在60℃左右，加入占原料10％～15％的黑曲保温55～58℃，糖化3h，加入为原料量的0.6％～0.8％的硫酸（按100％计），不能使用含亚硝酸基和砷过多的硫酸。然后加热到沸腾，撤火后在85℃保持25～30min。

卡氏罐最好用锡制的，而尽量不用镀锌铁皮制的，以免生锈和锌脱落影响酵母菌繁殖。卡氏罐每次使用后，应立即用水冲洗干净，为防止罐内边角之处刷不干净，可用砂子加水冲撞刷洗，然后用棉花塞上棉塞（或者用一个中心打孔的木塞，从孔中插入一个向下弯的S形的锡管或铜管，管口塞上棉花），进行蒸汽灭菌30min。如果灭菌有困难时，卡氏罐必须充分刷洗冲净，再用沸水烫洗1～2次。夏季气温高，卡氏罐的灭菌尤为重要。

② 装罐灭菌　糖化醪的滤液，浓度应在7～8°Bé，酸度在0.45～0.55之间，趁热用漏斗装入已灭菌的卡氏罐中（装入量不超过罐容积的2/3）。装入时，应严防糖液涂到罐的口上。装完塞上木棉塞，趁热用蒸汽灭菌60min后取出。冬季放在低温处散冷到25℃左右备用，夏季气温较高，灭菌后的卡氏罐应用冷水浸渍，使其急速冷却，以免杂菌滋长。

如确实没有条件灭菌时，必须严格履行操作手续，加强空罐处理与糖化醪的灭菌，以保证卡氏罐酵母液的质量。

装完糖化醪的卡氏罐，必须及时使用，不可久存。

③ 接种培养　卡氏罐的接种量为1/20。取已灭菌并冷却到25℃左右的卡氏罐及培养成熟的第二代烧瓶扩大培养液，放在清洁的操作室内，用酒精擦洗烧瓶口和罐口，把烧瓶中扩大培养的酵母菌液摇匀，然后拨去棉塞迅速倒入卡氏罐中，塞上棉塞摇匀。接种及摇罐时，严格防止糖液涂到罐口或溅到棉塞上去。

接完后放在25～28℃的温室中，冬天培养15～18h左右，夏天培养12～14h左右。经6h摇罐一次，摇罐时切忌糖液溅到棉塞上。

④ 卡氏罐酵母质量的检查和要求　糖液消耗不超过原糖度的2/3。升酸幅度不超过原酸度的0.1。气味正常，不得有酸味、馊味及其他异味。显微镜检查的质量指标是，细胞数每毫升0.8～1.2亿个；芽生率25％以上；死亡率不超过2％；形状健壮整齐并均匀一致；杂菌无。

(4) 大缸酒母醪的制备及质量检查和要求

① 原料处理　配料：薯干粉（或玉米面、大麦粉、马铃薯粉等）85％～90％，鲜酒糟10％～15％，用谷皮率（按总投量计算）5％～10％，用曲率（按总投料量计算）10％～15％。

② 润料　将原料混合均匀，每百公斤原料加水 50～60kg，加硫酸 1.0％（硫酸缓慢加入润料水中，切勿向硫酸中加水）。加水量应减去酒糟的含量，实际加水量的计算方法与制曲部分同。加水时应边加边搅拌，以消除疙瘩。混合均匀后，堆积润料 1～2h。

③ 蒸料　蒸料操作与制曲部分同。自圆汽开始计算，蒸煮 45～50min，取出放在已洗净的大筐或木箱内，盖上已灭菌的草袋，抬到酒母室内备用。蒸完的料应立即使用不宜久存，如必须贮存时，最长不得超过 12h（夏季不得超过 8h）。堆存期间严禁翻拌。

④ 下缸接种　大缸的接种量为 1/15～1/12，要求按制酒生产的需要每班分两批下缸，夏季应分甑下缸。

⑤ 保温培养　保温开始时，品温夏天为 27～28℃、冬天为 30℃左右，经过 4h，缸内已形成顶盖，可打耙一次。再隔 3h 左右，醪液在缸内开始翻腾，二氧化碳气较多，可进行第二次打耙。培养期间品温不得高于 31℃和低于 26℃。自接种开始经过 7～10h 后，酒母已成熟，即可出缸使用。

⑥ 成品质量　按规定的培养时间检查，应达到下列质量指标：酸度　生酸不超过 0.2 度，细胞数每毫升为 0.8～1.2 亿个，芽生率 20％～30％，死亡率不超过 4％，杂菌极少。

三、技术要点

① 酵母菌扩大培养成熟后，应立即使用，不能贮存。同样地，成熟的酒母也应立即使用，不可久存。搬运酒母的工具应经常刷洗并保持清洁，以免带入杂菌。

② 扩大培养的接种时间必须和制酒生产密切结合，按生产需要按时进行操作，以免影响酒母质量。

③ 注意生产过程的卫生要求。

实训项目 3-1　白酒酒曲的制作

学习工作页

年　　月　　日

项目名称	白酒酒曲的制作工艺探究	国标种类	
学习领域	3. 白酒酿造	实训地点	
项目任务	利用互联网、图书馆等，查阅白酒相关的国家标准等资料，并进行分类整理	班级小组	
		姓名	

一、什么是白酒？我国白酒有哪些类型和特点？

二、生产白酒的主要原料有哪些？在选择制曲原料和制酒原料上有何不同？生产白酒常用的辅料有哪些？各有什么优缺点？

三、白酒酒曲常见的微生物有哪些？它们各起什么作用？

四、白酒生产用曲包括哪些种类？各有什么特点？白酒酒曲与黄酒酒曲在制作上有何异同？

五、中温大曲与高温大曲的一般工艺过程有哪些共同点和不同处？

六、为什么说麸皮是制曲的好原料？为什么白麸皮比红麸皮好？麸皮质量不好，采取什么措施提高麸皮糖化力？

七、制小曲的主要原料是什么？小曲有哪些种类？有什么特点？小曲的一般制造方法怎样？

八、查阅资料，写一篇关于我国白酒行业的基本概况及发展方向的小论文，题目自拟，字数约 1500 左右。

单元生产 2：白酒酿造工艺及主要设备

工作任务 1 传统白酒酿造工艺

我国白酒采用固态酒醅发酵和固态蒸馏传统操作，是世界上独特的酿酒工艺。固态发酵法生产白酒，主要根据生产用曲的不同及原料、操作法及产品风味的不同，一般可分为大曲酒、麸曲白酒和小曲酒等三种类型。

（1）大曲酒 全国名白酒、优质白酒和地方名酒的生产，绝大多数是用大曲作糖化发酵剂。白酒酿造上，大曲用量甚大，它既是糖化发酵剂，也是酿酒原料之一。目前，国内普遍采用两种工艺：一是清蒸清烧两遍清，清香型白酒如汾酒即采用此法；二是续渣发酵，典型的是老五甑工艺。浓香型白酒如泸州大曲酒等，都采用续渣发酵生产。酿酒用原料以高粱、玉米为多。大曲酒发酵期长，产品质量较好，但成本较高，出酒率偏低，资金周转慢，其产量估计约占全国白酒总产量的 1% 左右。

（2）麸曲白酒 北方各省都采用本法生产，江南也有许多省份采用。麸曲法白酒生产占全国比重最大。此法的优点是发酵时间短，淀粉出酒率高。麸曲白酒生产采用麸曲为糖化剂。另以纯种酵母培养制成的酒母作发酵剂。麸曲白酒产品含酒精 50～65 度，有一定的特殊芳香。酿酒用原料各地都有不同，一般以高粱、玉米、甘薯干、高粱糠为主。所采用工艺，南方都用清蒸配糟法，北方主要用混蒸混烧法。近年来，固态法麸曲白酒生产机械化发展很快，已初步实现了白酒生产机械化和半机械化。

（3）小曲酒 小曲酒是以小曲作为糖化发酵剂。我国南方气候温暖，适宜于采用小曲酒法生产。小曲酒生产可分为固态发酵和半固态发酵两种。四川、云南、贵州等省大部分采用固态发酵，在箱内糖化后配醅发酵，蒸馏方式如大曲酒，也采用甑桶。用粮谷原料，它的出酒率较高，但对含有单宁的野生植物适应性较差。广东、广西、福建等省区采用半固态发酵，即固态培菌糖化后再进行液态发酵和蒸馏。所用原料以大米为主，制成的酒具独特的米香。桂林三花酒是这一类型的代表。此外，尚有大小曲混用的生产方式，但不普遍。

表 3-7 所列为大曲酒、小曲酒以及麸曲酒的比较。

表 3-7 大曲酒、小曲酒、麸曲酒的比较

类型	糖化发酵剂	优点	缺点	代表酒
大曲酒	大曲（固态发酵）	发酵期长、贮存期长、品质好	成本高、出酒率低、奖金周转慢	大多数的名优酒
小曲酒	小曲（固态发酵，半固态发酵）	发酵期短、出酒率高、用曲量少	品质较大曲略逊色	南方生产的白酒（云贵川小曲酒例外，为固态发酵、固态蒸馏）
麸曲酒	麸曲（糖化剂）酒母（纯培养）（固态发酵，液态发酵）	发酵期短、出酒率高、成本较低	品质较大曲略逊色	北方生产的大众化白酒

（4）传统白酒酿造大都以固态发酵法生产，其特点是：

① 采用比较低的温度，让糖化作用和发酵作用同时进行，即采用边糖化边发酵工艺。

② 发酵过程中的水分基本上是包含于酿酒原料的颗粒中。

③ 发酵后的酒醅以手工装入传统的蒸馏设备——甑桶中，这种简单的固态蒸馏方式，不

仅是浓缩分离酒精的过程，而且也是香味的提取和重新组合的过程。产生具典型风格的白酒。

④ 在整个生产过程中都是敞口操作，除原料蒸煮过程能起到灭菌作用外，通过空气、水、工具和场地等各种渠道都能把大量的、多种多样的微生物带入到料醅中，它们将会与曲中的有益微生物协同作用，产生出丰富的香味物质，因此固态发酵是多菌种的混合发酵。实践证明，名酒生产厂，老车间的产品常优于新车间的，这与操作场所存在有益菌比较多有关。

【阅读材料】　原料的预处理

原料的粉碎目的是为了增加原料的表面积，使其易于吸水膨胀，并在加热过程中利于糊化。可以缩短蒸煮时间，节约热能，提高热处理效率。一般说来，原料粉碎越细，糖化和发酵越彻底，残余淀粉越少，出酒率越高。但固态发酵的原料如果太细，蒸煮后料醅容易发黏起疙瘩，给操作带来一定困难。若增大填充料，势必又影响产品质量。续渣法生产大曲酒，料醅要经过多次发酵，在正常情况下，淀粉均能得到充分利用，因此，原料粉碎并不要求过细。

(1) 高粱的粉碎　高粱粉碎，目前多数工厂采用辊式粉碎机。粉碎的粗细程度应根据发酵周期等工艺情况来决定。一般发酵期长的要求破碎成 4~6 瓣/粒，通过 40 目筛的细粉超过 20%。发酵期较短的普通大曲酒，高粱破碎成 6~8 瓣/粒，通过 40 目筛的细粉不超过 30%。如原料含淀粉高，料可以粉碎粗一些，原料淀粉含量低则破碎细一些，总之，高粱粉碎程度各厂应根据生产实际情况适当掌握，以适应工艺条件的需要。

(2) 大曲的粉碎　大曲是一种粗酶制剂，又是大曲酒生产中的糖化发酵剂，也是酿酒原料。目前各厂一般采用锤式粉碎机，大曲的破碎规格应视发酵周期长短和渣次而定。如曲子细、用量多，会使酒醅发酵升温过猛，影响出酒率，酒后味也易产生苦杂。若曲粉粗、用量少则会使糖化发酵不彻底，使发酵周期延长，不能达到优质高产的目的。长期发酵使用的大曲应破碎成高粱粒大小，细粉不超过 20%，最大的不应超过黄豆粒状。用于短期发酵的大曲，可破碎得细些，使曲粉充分与酒醅接触，使其糖化发酵尽量彻底。

例一　大曲酒生产

一、续渣法大曲酒酿造工艺

1. 工艺流程

如图 3-10 所示。

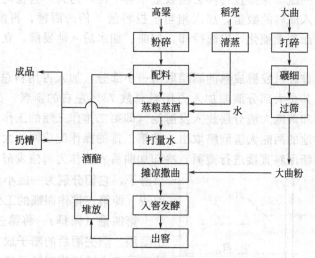

图 3-10　续渣法大曲酒酿造工艺流程

2. 工艺说明

大曲酒酿造一般多采用清渣法和续渣法两种生产工艺，大部分属于续渣法。所谓续渣法就是原料投入生产后，不是把淀粉利用完再投新料，而是新料与淀粉没有利用完的醅子混合进行连续多次发酵（一般新料经过三次发酵以后才能成为丢糟）。续渣法中"老五甑"混烧操作又是大曲酒酿造中传统的操作方法，如图 3-11 所示。

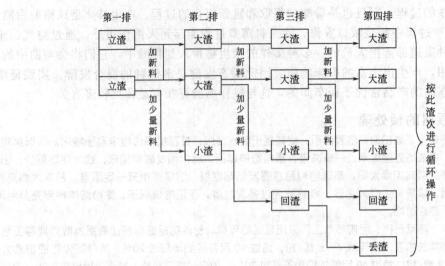

图 3-11 老五甑操作图解

（1）配料 混蒸老五甑操作是指每个生产班将窖子发酵成熟的酒醅与新投的原料、辅料混合后分五甑进行蒸馏糊化。开始投产时，原料配上酒糟或酒醅进行蒸煮糊化，出甑降温、加曲、加水后即可入池。第一次入池发酵称立渣，立渣经发酵成熟后出池，出池的酒醅取三分之一稍多一点配上新料作为小渣（有的称三渣），其余三分之二稍弱的酒醅作两甑大渣（有的称大渣和二渣）。小渣入池发酵后不再配入新料，蒸酒后降温加曲称为回渣，回渣经发酵蒸馏称作丢糟。

自投料立渣开始为第一排，至第四排时各渣次已齐全，称为园排。园排后的正常操作是每个发酵池内有一个小渣，两个大渣，一个回渣。发酵后取出蒸馏时，把两个大渣配成三个渣子（两个大渣，一个小渣），小渣不加新料当回渣，回渣蒸酒后作丢糟。这样每班每天蒸酒料五甑，下池四甑，扔糟一甑，保持投料和丢糟数量相对平衡，达到产量稳定，均衡生产。

第一排：根据投入原料的数量，加入相当于投料量 3 倍的酒糟，再配以 20％～30％的填充料，混合拌匀后装甑蒸煮糊化，出甑冷却，加曲、加水后入池发酵，立两个渣子（即第一排蒸两甑料）。

第二排：将第一排经过发酵成熟的酒醅取出一小部分，加入占用料总数约 25％的新原料，配成一甑作为小渣。其余大部分酒醅加入占用料总数 75％左右的新料，配成两甑大渣，进行蒸酒蒸料，一甑小渣和两甑大渣分层放入发酵池（即第二排作三甑的工作量）。

第三排：将发酵池的两甑大渣酒醅取出，按第二排的操作配成两甑大渣和一甑小渣，第二排的小渣取出后不回新原料直接进行蒸酒，冷却加曲后入池作为回渣发酵。这样池子里共有四个渣子，它们分别为一甑小渣、两甑大渣和一甑回渣（即第三排作四甑的工作量）。

第四排（园排）：将第三排发酵池的回渣取出蒸酒，蒸完酒后的醅子成为酒糟丢掉。两甑大渣和一甑小渣按第三排的操作配在四甑。从第四排起，每天出池的酒醅加入新料后都要蒸五甑，其中四甑入池发酵，一甑为丢糟。第四排已经做到了园排，以后可按此方法循环进行操作。各渣次在窖内发酵安排如图 3-12 所示。

它具有如下特点：

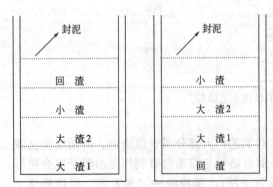

图 3-12 老五甑操作渣次的两种安排方法

① 由于蒸酒蒸料同时进行，可以把粮食本身含有的特殊香味物质带入大曲酒中，对酒起到一定的助香作用。

② 原料经过多轮次发酵，有利于料醅香味成分的积聚，能给以大曲酒积累更多香味的前体物质，对浓香型大曲酒生产提高产品质量创造有利条件。

③ 原料与酒醅混合配料，可以减少酒醅水分，增加疏松度，提高蒸馏效率，同时新料由于吸收酒醅中的酸，能加速糊化。此外，混蒸配料可以减少填充料的用量，对热能利用也较为经济。

（2）发酵

① 出甑晾渣　酒醅与原料混合的料醅，经装甑蒸馏蒸料完成后，即可出甑进行晾渣。

晾渣的目的是为了降低料醅温度，以便加入大曲进行糖化发酵。通过晾渣又可使部分水与杂质得以挥发和排除，便于吸收新的浆水。在晾渣过程中，由于料醅充分接触空气，可使其所含的还原性物质得到充分氧化，减少了还原性物质对发酵的不良影响。

晾渣的方法以前都是用手工扬晾，劳动强度很大，目前普遍改变为通风冷却，多数厂采用地面通风晾渣。机械化程度较高的工厂已采用带式晾渣机进行连续通风冷却，大大降低了劳动强度，提高了生产效率。利用带式晾渣机进行晾渣，要注意料层厚度、风速、风量等因素。风速不可过高，否则淀粉颗粒表面水分蒸发快，而内部水分又来不及向外扩散，影响水分和热量的散发。晾渣时要保持料层厚薄均匀，上下部的温度不能相差很大，要防止下层料醅干皮现象。晾渣降温根据气温不同而不同，一般要求料醅降温到 15℃～25℃左右。夏季尽量低于室温 1～2℃。如有空调冷风，夏季也可达到所要求的温度。

② 加水加浆　加水的目的是补充料醅中的水分，使霉菌和酵母所产生的酶能以水为媒介，对淀粉和糖分进行生化作用，并让生成的酒精溶解于水，及时均匀地分散开来，减少酒精对酵母的毒害和抑制。料醅中的营养物质也要通过水溶解后，才能被霉菌和酵母吸收利用。水分对调节酸度、温度起着重要作用。

料醅加浆，是利用冷凝器交换的冷却水，有的厂在出甑前用 60℃ 以上的热水泼入甑桶料醅内，称泼闷浆。有的厂待料醅出甑后泼入 60℃ 以上的热水，也有用洁净冷水泼洒的。但一般认为热水泼浆能使料醅充分吸水，发酵过程不易淋浆。加水量以入池水分在 52%～56% 为宜，池底水分要少于池子上层料醅的水分。

③ 入池及封池　浓香型大曲酒生产普遍采用泥池发酵，其容积一般为 8～10m³。但为了适应机械化生产的需要，有的发酵池容积也达到 20m³ 以上。贵州泸型酒生产，因与窖泥的接触面积有关，所以要求有尽量大的池表面积。当发酵池的长宽比例为 1：1 的正方形时，其总面积最小。同样容积的发酵池长方形的表面积较大，但长宽比也不能无限增加，一般要求长与宽之比为 2：1 左右，这样的池形较合理，能提供最大的表面积，使酒醅与泥土接触面积增加，可多产好酒。

入池水分和温度是微生物活动的重要因素，是保证正常发酵、提高产量和质量的关键。一般入池温度为 15～20℃，高温季节尽量低于自然气温 1～2℃。入池水分控制在 52%～55%；入池淀粉浓度夏季控制为 14%～16%，冬季控制在 16%～18%；入池酸度夏季要求在 2 度以下，冬季要求在 1.8 度以下。

发酵物料入池后，随即将池顶封闭。酒精发酵是厌氧发酵，封池可以防止空气和外界微生物的侵入，也可减少酒精和芳香成分的挥发损失。封池有的采用黄泥，有的采用塑料布。

窖底部分粮糟含水分多于上层。在把上部粮糟挖出进行配料上甑后，对窖下部的三甑粮糟要进行"滴窖降水"操作。即将窖中的粮糟移到窖底部较高的一端，让粮糟中黄水滴出，舀出黄水，以达到降低母糟酸度和水分的目的。亦可采用把粮糟移到窖外堆糟坝上进行滴黄水。滴窖时间至少在 12h 以上。有的泸型酒厂还采用在起窖时，将已成熟的粮糟起到视黄水所能浸到

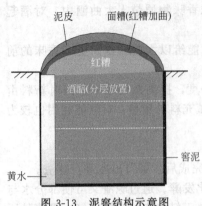

图 3-13　泥窖结构示意图

母糟的位置为止，下面为黄水层，在窖角上挖约 1m 深的坑，进行滴窖操作，将黄水滴完舀尽。

黄水是窖内酒醅向下层渗漏的黄色淋浆水，一般含有酒精 4.5%～4.7%（体积分数）以及醋酸、腐殖质和酵母菌体自溶物，而且还含有一些经过驯化的己酸菌等，并含有多种白酒香味的前体物质，故黄水是用作人工培窖的好材料。另外采用集中起来送入甑桶底锅可蒸得黄水酒。如果滴出的黄水发黑，说明生产工艺发生了问题，这是由于窖温过高引起的。

如图 3-13 示意了发酵池（泥窖）外观及结构。

④ 发酵变化及发酵周期　大曲酒醅在窖内固态发酵，气、液、固三态界面同时存在，并交织在一起。故发酵过程中微生物的生理生化变化极为复杂，从而形成了白酒的独有风格。

决定发酵期是一件复杂而细致的工作，它受许多条件的相互制约，故发酵期多以气温、原料粉碎度、淀粉浓度、入窖温度、大曲用量与老窖质量等条件进行调整。

浓香型大曲酒的主要组分己酸乙酯的生成是极为复杂和缓慢的，发酵周期过短是生产不出香气浓郁的优质大曲酒的。但发酵周期过长，在酒醅生成有益成分的同时，亦伴随着很多有害物质的产生，酒醅中产酸过高，酒精损耗过大，对出酒率有很大影响，并对下排生产影响也大，故发酵周期的长短应从质量和经济效益两方面来考虑，顾此失彼都是不可行的。一般浓香型优质大曲酒的生产周期以 45～60d 为宜；短期发酵的普通大曲酒为 15d 左右，这样既能保证质量又不影响出酒率。

（3）蒸馏与蒸煮　续渣法混蒸操作生产大曲酒，原料的蒸煮和酒的蒸馏是在同一种设备中同时进行的，但在原料蒸煮与酒的蒸馏过程中，物质自身变化和进行的目的却不相同。在蒸馏（煮）过程中，前期为初馏段，甑内酒精成分高，而温度较低（一般在 85～95℃），这时糊化作用并不显著。后期流酒尾时，甑内温度逐渐升高，此时蒸煮效果明显，要适当加大火力，追尽余酒。拉盘后火力要更大些，以促进糊化作用彻底，并将一部分杂质排出。

蒸煮糊化时间要适当，蒸煮过度，不仅使酒醅发黏，而且破坏一部分糖分，使原料受到损失。蒸煮时间过短，高粱颗粒不能熟透，也影响原料淀粉的充分利用。蒸料糊化要求熟而不黏，内无生心即可。

3. 技术要点

使用大曲应注意以下几点：

① 新出房的曲有害菌较多，升酸大。故要求存放三个月后才使用。

② 大曲粉碎既要根据发酵周期，也要考虑到与料的接触面积，做到随破随用，以防反火。

③ 加曲不宜温度过高，否则造成入池糖分高，不能与酵母菌相衔接，为杂菌创造繁殖机会。冬季加曲温度一般应掌握在 20℃左右。夏季应低于室温 1～2℃为宜，待酒醅冷至入池温度前加曲。

④ 严格控制醅子酸度，酸度大对曲子中的淀粉酶破坏性大，使大曲降低糖化能力。

大曲酒酿造工艺条件错综复杂，互相影响的因素很多，用曲量一般根据经验确定，目前尚不能确切地按照糖化力及其发酵率来计算用曲量。大曲的质量和酶系统也相当复杂，故用曲量很难统一，一般用曲量与制曲温度有一定关系，中温曲糖化能力较强，应适当减少用量。中温曲通常为原料的 18%～30%。用曲量不可过多，过多不但增加成本，也造成酒醅回烧，升酸大、酒分流失，严重影响出酒率和质量。但用量过少则使酒醅糖化发酵缓慢、不彻底，亦影响出酒率。

二、清渣法大曲酒生产工艺

采用清渣法工艺生产大曲酒的数量较少，其中汾酒较为典型。

1. 工艺流程

```
                                    热水              冷水
        ┌──────────────────┬───────────────────────────────────┐
高粱 →  粉碎 → 润糁 → 装甑蒸料 → 出甑加水 → 扬冷加大曲
        ┌─ 大渣汾酒 ← 装甑蒸馏 ← 出缸拌糠 ← 大渣入缸发酵 ─┘
新产汾酒 ← 勾兑
        二渣汾酒 ← 装甑再蒸馏 ← 出缸拌糠 ← 二渣入缸再发酵 ← 扬冷加大曲 ← 出甑 ─┘
        酒糟
```

2. 工艺说明

汾酒采用传统的"清蒸二次清"，地缸、固态、分离发酵法，所用高粱和辅料都经过清蒸处理，将经蒸煮后的高粱拌曲放入陶瓷缸，缸埋土中，发酵28天，取出蒸馏。蒸馏后的醅不再配入新料，只加曲进行第二次发酵，仍发酵28天，糟不打回而直接丢弃。两次蒸馏的酒，经勾兑成汾酒。由此可见，原料和酒醅都是单独蒸，酒醅不再加入新料，与前述续渣法工艺显著不同，汾酒操作在名酒生产上独具一格。

汾酒的主体香是乙酸乙酯和乳酸乙酯，而己酸乙酯、丁酸乙酯没有或很少。因为它采用了清渣法，设备用陶瓷缸，封口用石板，场地、晾堂用砖或水泥地，刷洗很干净，这就保证了汾酒具清香、醇净的显著特点。

(1) 原料　原料主要有高粱、大曲和水。高粱是应用晋中平原出产的"一把抓"品种，水的质量密切地影响到酒的质量，应选用优质的水。所用大曲有清茬、红心和后火三种中温大曲，按比例混合使用，一般为清茬∶红心∶后火＝30％∶30％∶40％。

所使用的高粱和大曲必须经过粉碎后才投入生产，粉碎度要求随生产工艺而变化。

(2) 润糁　粉碎后的高粱原料称红糁，在蒸料前要进行热水润糁，称高温润糁。

(3) 蒸料　蒸料使用活甑桶。红糁的蒸料糊化采用清蒸，这样可使酒味更加纯正清香。在装入红糁前先将底锅水煮沸，然后将500kg润料后的红糁均匀撒入，待蒸汽上匀后，再用60℃的热水15kg（所加热水量为原料的26％～30％）泼在表面上以促进糊化（称加闷头量）。在蒸煮初期，品温在98～99℃，加盖芦席，加大蒸汽，温度逐渐上升到出甑时品温可达105℃，整个蒸料时间从装完甑算起需蒸足80min。红糁上部覆盖辅料，一起清蒸。经过清蒸的辅料应当天用完。

红糁蒸煮后质量要求达到"熟而不黏，内无生心，有高粱糁香味，无异杂味"为标准。

(4) 加水和扬晾（晾渣）　糊化后的红糁趁热由甑中取出堆成长方形，即泼入为原料质量28％～30％的冷水（18～20℃的井水），立即翻拌使高粱充分吸水，即可进行通风晾渣，冬季要求降温至20～30℃，夏秋季气温较高，则要求品温降至室温。

(5) 加大曲（下曲）　红糁扬晾后就可加入磨粉后的大曲粉，加曲量为投料高粱重的9％～11％，加曲的温度主要取决于入缸温度，应在加曲后立即拌匀下缸发酵。

加曲温度根据经验采用：春季 20～22℃，夏季 20～25℃，秋季 23～25℃，冬季 25～30℃。

(6) 大渣（头渣）入缸　所用发酵设备和一般白酒生产不同，不是用窖而是用陶瓷缸。采用陶瓷缸装酒醅发酵是我国的古老传统。缸埋在地下，口与地面平。缸的容量有255kg或127kg两种规格。

每酿造1100kg原料需8只或16只陶瓷缸。缸间距离为10～24cm。陶瓷缸在使用前，必须用清水洗净，再用花椒水洗刷一次。

水分和温度是控制微生物生命活动的最重要因素，是保证正常发酵的核心，是提高酒的质量的关键，故入缸温度和水分应准确。

大渣入缸的温度一般为 $10\sim16℃$，夏季越低越好，应做到比自然气温低 $1\sim2℃$。

大渣入缸水分控制在 $52\%\sim53\%$。控制入缸水分是发酵好的首要条件，入缸水分过低，糖化发酵不完全，相反水分过高，则发酵不正常，酒味寡滞不醇厚。

入缸后，缸顶用石板盖子盖严，使用清蒸后的小米壳封缸口，盖上还可用稻壳保温。

（7）发酵 要形成清香型酒所具独特风格，就要做到中温缓慢发酵。通过多年来对发酵温度变化规律的摸索证明：只要掌握发酵温度前期缓升，中期能保持住一定高温，后期缓落的所谓"前缓、中挺、后缓落"的发酵规律，就能实现生产的优质、高效、低消耗。原传统发酵周期为 21 天，为增加酒质芳香醇和，现已延长到 28 天。

（8）出缸、蒸馏 把发酵 28 天的成熟酒醅从缸中挖出，加入为原料质量 $22\%\sim25\%$ 的辅料——糠（其中稻壳∶小米壳＝3∶1），翻拌均匀装甑蒸馏。辅料用量要准确。

一般每甑约截酒头 1kg，酒度在 75 度以上。此酒头可进行回缸发酵。截除酒头的数量应视成品酒质量而定。截头过多，会使成品酒中芳香物质去掉太多，使酒平淡；截头过少，又使醛类物质过多地混入酒中，使酒味暴辣。

随"酒头"后流出的叫"六渣酒"，这种酒含酯量很高。蒸馏液的酒精度随着酒醅中酒精分的减少而不断降低，当流酒的酒度下降至 30 度以下时，以后流出的酒称尾酒，也必须摘取分开存放，待下次蒸馏时，回入甑桶的底锅进行重新蒸馏，尾酒中含有大量香味物质，如乳酸乙酯。有机酸是白酒中的呈味物质，在酒尾中含量亦高于前面的馏分。因此在蒸馏时，如摘尾过早，将使大量香味物质存在于酒尾中及残存于酒糟中，从而损失了大量的香味物质。但摘尾长，酒度会低。在蒸尾酒时可以加大蒸汽量"追尽"酒醅的尾酒。在流酒结束后，抬起排盖，敞口排酸 10min。

（9）入缸再发酵 为了充分利用原料中的淀粉，提高淀粉利用率，大渣酒醅蒸完酒后的醅子，还需继续发酵利用一次，这叫做二渣。二渣的整个酿酒操作原则上和大渣相同。

二渣酒醅出缸后，加少量的小米壳，即可按大渣酒醅一样操作进行蒸馏，蒸出的酒叫二渣汾酒，二渣酒糟则作饲料用。

（10）贮存勾兑 汾酒在入库后，分别班组，由质量检验部门逐组品尝，按照大渣、二渣，合格酒和优质酒分别存放在耐酸搪瓷罐中，一般须存放三年，在出厂时按大、二渣比例，混合优质酒和合格酒，勾兑小样，送质量部门核准后，再勾兑大样，品评出厂。

例二 麸曲酒生产

麸曲白酒是以高粱、薯干、玉米及高粱糠等含淀粉的物质为原料，采用纯种麸曲酒母代替大曲（砖曲）作糖化发酵剂所生产的蒸馏酒。目前，这类白酒正在向液态法生产的方向发展，随着液态法白酒质量的不断提高，液态发酵法有可能成为这类白酒的主要生产方法。当前麸曲白酒的生产，主要采用混烧法，清蒸法较少用，较适合于以茯苓或类似的原料酿制白酒。其操作特点是：细粉加酸、黑曲糖化、清蒸清烧，并显著地改进了产品质量。

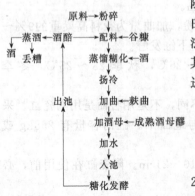

一、混烧法麸曲酒生产

1. 工艺流程

2. 工艺说明

（1）原料粉碎 破碎的红薯干、高粱、玉米等原料应通过 20 孔筛者占 60% 以上。通过 20 孔筛的原料除作三渣及酒母外，余者仍混入未通过 20 孔筛的原料中，作大渣、二渣用。原料破碎程度直接影响糊化、糖化、发酵的进行，是提高出酒率的重要一环，所以应在不影响制酒操作的条件下，尽量细些。

（2）出窖配料　出窖要快，配料要准，并根据气温调节大、二渣下窖材料的淀粉含量为 14%～17%，酸度为 0.5～0.8，保持适宜疏松程度。挖窖时脚不要随意移动，以防将酒醅踩烂，影响蒸馏和操作。

一面加酒醅，一面拌原料和谷糠。拌时要轻，不要高扬；拌匀的材料，表面要拍紧，用谷糠和草袋隔开盖好，以防酒精挥发和材料混入。五甑操作法，则可将原料与酒醅分别进行蒸煮和蒸馏，糊化后在场上配醅。

投入原料的数量是根据甑桶、窖子的大小，原料淀粉含量的高低以及气温的不同而决定的。甑桶体积每立方米总投料量，红薯干原料为 300kg 左右（包括酒母用料在内）。

（3）装甑　每班应清换锅水一次，经常保持锅水干净。预先检查锅内水位（水位应离箅子约 0.66m）。每甑锅内的水开沸以前，应先将水面浮悬物捞出。锅内的水开沸以后，铺好箅子，并撒上一些谷糠。

装甑时，材料先扒松，消除疙瘩，见潮就撒，并且要撒得准、撒得松，汽上得齐，不压汽，不跑汽。甑内材料不能装得太多，以装平口为宜。

（4）蒸馏及糊化　蒸馏时防止喷汽、坠甑、淤锅、压汽、跑汽等事故。出甑材料应熟而不黏，内无生心，酒温不超过 30℃，平均酒度不低于 65%（体积分数）。

火力要均匀，不可忽大忽小。开始装甑时，火力稍小些，以后逐渐加大，到盖甑盘时，火力要略小；流酒时火力恢复正常，流酒约三分之二时，加大火力追尽余酒。

（5）扬冷、加曲、加酒母、加水　各项操作要均匀细致。入窖条件应根据气温变化和发酵时间来决定。扬渣有人工扬渣和通风晾渣 2 种方法。

酒曲在使用前先粉碎，然后加入，并与材料掺拌均匀。冬季较下窖温度高 10～15℃ 时加入，夏季扬渣至温度不再下降时加入。

加水是在扬渣、加曲、加酒母后进行的。加水量应将加入桶数、"握把"和化验三者结合起来适当掌握。加水后，应倒堆至水分均匀。

（6）入窖和窖子管理　窖头、窖底和窖顶材料的温度不能过低。窖内材料应与空气隔离，经常检查窖子，使其不致有裂缝和翻边现象。

① 堵头铺底　冬季防止窖头、窖底和窖顶材料温度低，在入窖前应使用一些较入窖材料温度高 2～4℃ 的糟或谷糠来堵头、铺底及覆盖窖顶。夏季气温高时可不做。

② 抹窖泥　抹窖用泥应经常更换。冬季窖泥要稍薄，多盖糠；夏季稍厚，少盖或不盖糠。窖泥要密封。如果窖泥皮干燥将要裂缝时，应在上面加很少的水抹一抹。

③ 跟窖子　材料入窖后，每 24h 检查一次，压一两遍，避免窖泥皮裂缝、翻边致使空气中的杂菌侵入，引起酸败。

④ 测量温度　在场上量温度时，温度计应插在材料中间。看度数时，应手握材料，包裹温度计，垂直检看。

⑤ 取样品　拨开窖泥皮，在材料中央（测量温度附近）使用取样器取出样品。取完后，盖好窖泥皮，使其不漏气。

⑥ 检查　每日下班后，利用一定的时间检查材料发酵情况，并与温度变化情况和化验结果结合起来研究。

⑦ 化验　在不同时间内，分析化验一定的项目。

二、清蒸法麸曲酒生产

1. 工艺流程

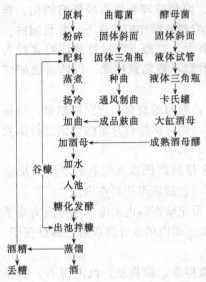

2. 工艺说明

其一般操作工艺与混烧法大致相似，主要区别在于混烧法是原料蒸煮和白酒蒸馏同时进行的，蒸煮前期主要表现为酒的蒸馏温度较低，一般为85～95℃，糊化效果并不显著，后期主要为蒸煮糊化，温度较前期提高许多。而清蒸是蒸煮和蒸馏分开进行的，这样有利于原料糊化，又能防止有害杂质混入成品酒内，对提高白酒质量有益。其工艺有清蒸混入四大甑操作法、清蒸混入五大甑操作法、清蒸清烧的一排清操作法，在此不一一详述。

例三 小曲酒生产

小曲酒是以大米为原料，小曲作为糖化发酵剂，采用半固态发酵法并经蒸馏而制得。半固态发酵法生产白酒是我国劳动人民创造的一种独特的发酵工艺，具有悠久的历史，主要盛行于南方各省，特别是福建、广西、广东等地，素为劳动人民所喜爱，东南亚一带的华侨与港澳同胞均习惯饮用。此外，还习惯用米酒作"中药引子"或浸泡药材，以提高药效。因此，米酒出口数量也较大。1949年后，小曲酒生产有了较大的发展，生产技术水平、酒的质量以及出酒率都持续有所提高。在1963年轻工业部召开的全国评酒会议上，广西桂林三花酒（58度）和全州县酒厂的湘山酒（58度）两种小曲酒被评为优质酒。近年来各地小曲酒厂均较重视生产技术的改进，小曲酒质量普遍提高。

半固态发酵的小曲酒与固态发酵的大曲酒相比，无论在生产方法上还是成品风味上都有所不同。它的特点是饭粒培菌，半固态发酵，用曲量少，发酵周期较短，酒质醇和，出酒率高。

我国西南地区四川、云南、贵州等地的小曲酒生产，尽管原料是采用粮谷，曲子仍采用小曲，也主要借根霉作糖化剂，出酒率较高，但其发酵工艺是采用在箱内固态培菌糖化后，配醅进行固态发酵。蒸馏方法也与固态大曲酒的蒸馏操作相同，因此这部分内容本章不再重复论述。

黄酒与糯米酒的生产也属于半固态发酵法。如我国著名的浙江绍兴香雪酒、福建龙岩的沉缸酒以及九江的封缸酒等，均属酿造酒内容，详见学习领域2。

由于各地制曲工艺和糖化发酵工艺的不同，小曲酒的生产方法也有所不同。概括来说可分为先培菌糖化后发酵和边糖化边发酵两种典型的传统工艺。

一、先培菌糖化后发酵工艺（以广西桂林三花酒为例）

1. 工艺流程
2. 工艺说明

（1）蒸饭 将浇洗过的大米原料倒入蒸饭甑内，扒平盖盖，进行加热蒸煮，待甑内蒸汽大上，蒸约15～20min，搅松扒平，再盖盖蒸煮。上大汽后蒸约20min，饭粒变色，则开盖搅松，泼第一次水。继续盖好蒸至饭粒熟后，再泼第二次水，搅松均匀，再蒸至饭粒熟透为止。蒸熟后饭粒饱满，含水量为62％～63％。目前不少工厂蒸饭工序已实现机械化生产。

（2）拌料 蒸熟的饭料，倒入拌料机中，将饭团搅散扬凉，再

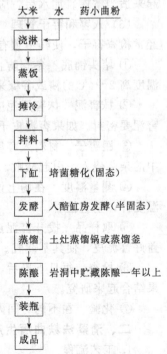

经传送带鼓风摊冷，一般情况在室温 22～28℃ 时，摊冷至品温 36～37℃，即加入原料量 0.8%～1.0% 的药小曲粉拌匀。

（3）下缸　拌料后及时倒入饭缸内，每缸约 15～20kg（以原料计），饭的厚度约为 10～13cm，中央挖一空洞，以利有足够的空气进行培菌和糖化。通常待品温下降至 32～34℃ 时，将缸口的簸箕逐渐盖密，使其进行培菌糖化，糖化进行时，温度逐渐上升，约经 20～22h，品温达到 37～39℃ 为适宜，应根据气温，做好保温和降温工作，使品温最高不得超过 42℃，糖化总时间共约 20～24h，糖化达 70%～80% 左右即可。

（4）发酵　下缸培菌，糖化约 24h 后，结合品温和室温情况，加水拌匀，使品温约为 36℃ 左右（夏天在 34～35℃，冬天 36～37℃），加水量为原料的 120%～125%，泡水后醅料的糖分含量应为 9%～10%，总酸不超过 0.7，酒精含量 2%～3%（体积分数）为正常，泡水拌匀后转入醅缸，每个饭缸装入两个醅缸，入醅缸房发酵，适当做好保温和降温工作，发酵时间约 6～7d。成熟酒醅的残糖分接近于 0，酒精含量为 11%～12%（体积分数），总酸含量不超过 1.5g/100g 为正常。

（5）蒸馏　传统蒸馏设备多采用土灶蒸馏锅，桂林三花酒除了以土灶蒸馏外还有采用卧式或立式蒸馏釜设备，详见本学习领域的工作任务 2。

二、边糖化边发酵工艺（以广东玉冰烧酒为例）

1. 工艺流程

2. 工艺说明

（1）蒸饭　以大米为原料，一般要求无虫蛀、霉烂和变质的大米，含淀粉在 75% 以上。蒸饭采用水泥锅，每锅先加清水 110～115kg，通蒸汽加热，水沸后装粮 100kg，加盖煮沸时即行翻拌，并关蒸汽，待米饭吸水饱满，开小量蒸汽焖 20min，便可出饭。蒸饭要求熟透疏松，无白心，以利于提高出酒率。目前广东石湾酒厂等已采用连续蒸饭机蒸饭，效果良好。

（2）摊凉　将熟透的蒸饭，装入松饭机，打松后摊于饭床或用传送带鼓风摊凉冷却，使品温降低，一般要求夏天 35℃ 以下，冬天 40℃ 左右，摊凉时要求品温均匀，尽量使饭粑松，勿使成团。

（3）拌料　待凉放至适温，进行拌曲，酒曲的用量以每 100kg 大米用酒曲饼粉 18～22kg，拌料时先将酒曲饼磨碎成粉，撒于饭粒中，拌匀后装埕。

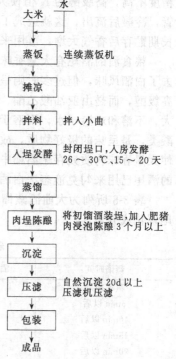

（4）入埕坛发酵　装埕时每埕先注清水 6.5～7kg，然后将饭分装入埕，每埕 5kg（以大米量计），装埕后封闭埕口，入发酵房进行发酵，发酵期间要适当控制发酵房温度（26～30℃），注意控制品温的变化，特别是发酵前期三天的品温，一般在 30℃ 以下、不超过 40℃ 为宜，发酵周期夏季为 15d、冬季为 20d。

（5）蒸馏　发酵完毕，将酒醅取出，进行蒸馏。蒸馏设备为改良式蒸馏甑，用蛇管冷却，蒸馏时每甑投料 250kg（以大米量计），截去酒头酒尾，减少高沸点的杂质，保证初馏酒的醇和。

（6）肉埕陈酿　将初馏酒装埕，加入肥猪肉浸泡陈酿，每埕放酒 20kg、肥猪肉 2kg，浸泡陈酿三个月，使脂肪缓慢溶解，吸附杂质，并起酯化作用，提高老熟度，使酒香醇可口，同时具有独特的豉味。

（7）压滤包装　陈酿后将酒倒入大池或大缸中（酒中肥肉仍存于埕中，再放新酒浸泡陈酿），让其自然沉淀 20d 以上，待酒澄清，取出酒样，经鉴定、勾兑合格后，除去池面油质及池底沉淀物，用泵将池中间部分澄清的酒液送入压滤机压滤，最后装瓶包装，即为成品。

工作任务 2　白酒的蒸馏

在白酒的生产中，蒸煮与蒸馏往往是同时进行的（如混烧法）。在蒸馏（煮）过程中，前期为初馏段，甑内酒精分高，而温度较低（一般在 85～95℃），这时糊化作用并不显著。后期流酒尾时，甑内温度逐渐升高，此时蒸煮效果明显，要适当加大火力，追尽余酒。拉盘后火力要更大些，以促进糊化作用彻底，并将一部分杂质排出。后期为蒸煮段，蒸煮糊化时间要适当，蒸煮过度，不仅使酒醅发黏，而且破坏一部分糖分，使原料受到损失。蒸煮时间过短，高粱颗粒不能熟透，也影响原料淀粉的充分利用。蒸料糊化要求熟而不黏，内无生心即可。

酒头中存在一些比酒精更容易挥发（即沸点比酒精低）的物质，如乙醛、乙酸乙酯、甲酸乙酯、甲醇等。另外高级醇（杂醇油）也存在于酒头，这是由于挥发系数 K 值和甑桶设备条件所致。高级醇中的戊醇，在酒精浓度 55 度（容量）时 $K=0.98$，当酒精浓度低时，K 值大于 1（即在该情况时，戊醇比酒精更容易挥发）；反之则小于 1。在用甑桶蒸酒时，因为初期酒精度不高，高级醇的 K 值便大于 1，这样高级醇会先被蒸到酒醅上层，气化后立即进入过气管，冷凝后流出，这就造成了在酒头中的高级醇含量高。所以流出来的新酒头邪味很大，但经长期贮存后香气大增，可用来勾酒。

粮食酒的酒尾有大量香味物质，如乳酸乙酯聚集于酒尾，白酒中如果没有乳酸乙酯，就失去了白酒风味，但过多时则呈青草味，酒味发涩。通过气相色谱法测定，酒尾中的油状物不是高级醇，而是由亚油酸乙酯、棕榈酸乙酯、油酸乙酯等高级脂肪酸酯类组成。由于它们分子量大，不溶和难溶于水，不溶于酒精和乙醚，这些高级脂肪酸乙酯和乳酸乙酯构成了酒尾的主要酸类，是呈味的极好物质，故正确地进行蒸馏过程，去头去尾操作十分重要。如去尾过早，会使大量香味物质残存于酒糟中，从而损失了大量的香味，但去尾长，酒度会低。近年来粮食酒的酒尾已用来勾兑液态法白酒，以提高产品质量。

表 3-8 所列为大曲酒蒸馏时间、温度及酒度的关系，表 3-9 所列为白酒酒头、酒身以及酒尾理化成分表。

表 3-8　大曲酒蒸馏时间、温度及酒度关系

蒸馏时间	酒度（体积分数）/%	流酒温度/℃	附　注
蒸馏初期	80.5	23	除酒头 2.5kg
5min 以后	80.5	27	大曲酒
10min 以后	78.8	30	大曲酒
15min 以后	77.0	32	大曲酒
20min 以后	73.0	35	大曲酒
25min 以后	62.9	38	大曲酒
30min 以后	48.5	38	去酒尾
35min 以后	34.1	40	去酒尾
40min 以后	16.6	40	去酒尾
45min 以后	13.3	40	去酒尾

表 3-9　白酒酒头、酒身以及酒尾理化成分

项目 酒别	酒度（15℃，体积分数）/%	总醛 /(g/100mL)	总酯 /(g/100mL)	总酸 /(g/100mL)	杂醇油 /(g/100mL)	糠醛 /(g/100mL)
酒头	73	0.0073	0.1944	0.0460	0.52	0.00026
酒身	63	0.0011	0.0289	0.0540	0.15	0.00035
酒尾	40	0.0060	0.1252	0.2002	0.23	0.00129

一、白酒蒸馏设备

（1）**土灶蒸馏锅**　土灶蒸馏锅设备结构如图3-14所示，采用去头截尾间歇蒸馏的工艺。

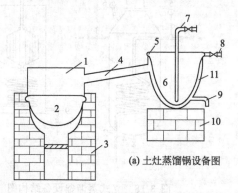

(a) 土灶蒸馏锅设备图

(b) 外观图

1—木制锅盖；2—铁锅；3—土灶；4—竹制气筒；5—锡制水圈；6—锡锅；7—冷水入口；8—热水排出口；9—接酒口；10—砖墩；11—苏缸（一种陶制大缸）

图3-14　土灶蒸馏锅

（2）**固态甑桶**　大曲酒的固态甑桶蒸馏形式是我国劳动人民独创的一种蒸馏设备，它相当于一个酒精填料蒸馏塔，酒醅既是填充料，又是蒸馏的物料，随着不断加热的过程，水蒸气与酒醅充分接触，并进行相互间的物质和热量交换，最后把酒醅中约含5％左右的酒精分浓缩到60度以上。此外，甑桶蒸馏还有一种特殊作用，就是能将一些高沸点的芳香成分通过托带的过程把它带到大曲酒中，使大曲酒独具风格。如图3-15所示为固态甑桶结构示意。

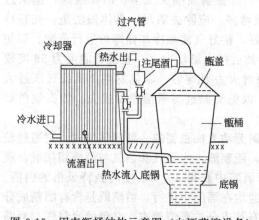

图3-15　固态甑桶结构示意图（白酒蒸馏设备）

图3-16　木甑

传统使用的甑桶，高1m左右，直径是上口1.7m、下口为1.6m，呈"花盆甑"最好用（图3-16）。甑下部是一层竹制篦子。甑桶外壁为木板，内壁铺以石板，石板间应彼此嵌合，在合缝处涂以防酸水泥，使之不渗漏。使用平板甑盖，这样能较好地控制每甑所蒸馏酒醅的数量。甑桶与纯锡制立管式冷却器中间架一过汽管（通称大龙），以使两者相通。在冷却器的侧面中上部，又设一支管与甑桶之蒸锅相通，在支管上设置有开关阀门，便于将冷却酒后的热水送入蒸锅，这样便使热的利用更趋合理，又在支管开关阀门下装一分支管，用于酒尾回锅时流加使用。甑桶采用锅炉蒸汽或直接火加热，前者宜将蒸汽管通入底锅水，使成二级蒸汽，以避免锅炉带来的杂味，另外蒸馏效果也较好。锅内水位在装甑前必先检查，水位应保持距篦子0.6m左右。

（3）**卧式与立式蒸馏釜**　如图3-17、图3-18所示。

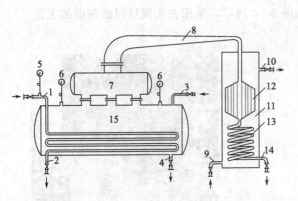

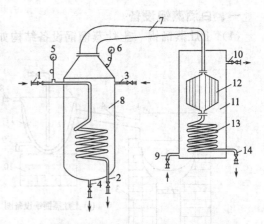

图 3-17　卧式蒸馏釜设备结构图

1—5cm蒸汽入口及间接加热管；2—废气及冷凝水排出口；
3—12.7cm发酵成熟酒醅入口管；4—酒糟排出口；5—间
接蒸汽管蒸汽压力表；6—蒸馏釜的压力表；7—气鼓；
8—气筒；9—冷水入口；10—热水排出口；11—水箱；
12—双管冷却器；13—蛇形冷却器；
14—接成品酒口；15—蒸馏釜

图 3-18　立式蒸馏釜设备结构图

1—5cm蒸汽入口及间接加热管；2—废气及冷凝水排出口；
3—发酵成熟酒醅入口管；4—酒糟排出口；5—间接
加热管蒸汽入口压力表；6—蒸馏釜的压力表；
7—气筒；8—蒸馏釜；9—冷水入口；10—热
水排出口；11—水箱；12—双管冷却器；
13—蛇管冷却器；14—接成品酒口

二、蒸馏操作及要求

(1) 土灶蒸馏锅蒸馏　使用土甑蒸馏采用去头截尾间歇蒸馏的工艺。要"缓汽蒸酒"、"大汽追尾"，流酒速度3～4kg/min、流酒温度控制在25～35℃左右，并根据酒的质量采取掐头去尾。酒头的量一般为成品的2‰左右，掐头过多，芳香物质损失太多，酒味淡薄，掐头过少，酒味暴辣。成品酒度在50度以下，高沸点杂质增多，应除去酒尾。具体做法是：先将待蒸的酒醅倒入蒸馏锅中，每锅装5个醅子，将盖盖好，接好气筒和冷却器即可进行蒸馏。酒初流出时，杂质较多的酒头，一般应去除2～2.5kg，然后接入酒坛中，一直接到酒度为58度较好。58度以下即为酒尾，可掺入第二锅蒸馏。蒸酒时火力要均匀，以免发生焦锅或气压过大而出现跑糟现象。冷却器上面水温不得超过55℃，以免酒温过高酒精挥发损失。酒头颜色如有黄色现象和出现焦气、杂味等，应接至合格为止。

(2) 装甑蒸酒蒸料　白酒的固态装甑蒸馏是我国劳动人民独创的一种蒸馏型式，它通过较矮的固体发酵酒醅料层进行水蒸气蒸馏法，随加热，随装甑，水蒸气和酒气与酒醅相接触，层层浓缩，能从含酒精5度左右及含芳香成分的发酵酒醅中获得40～65度具独特风格的白酒。白酒甑桶相当于一个填料蒸馏塔，物质和热量的传递均在酒醅中进行，酒醅既是含有酒成分的物料，又是蒸馏塔的填充料。为提高酒精及其他有益成分的蒸馏效率，必须使水蒸气和酒醅得以充分接触，进行相互间物质和热量交换。白酒的香味物质多具可挥发性，为此装入甑桶内的酒醅必须疏松，加热用蒸汽必须缓慢，装甑操作要做到轻、松、匀，见潮就撒。还应掌握汽量，基本上要做到不压汽、不跑汽。

为使蒸煮糊化彻底，蒸馏效率达到理想的要求，应按如下程序操作：酒醅发酵结束后，将其分层出窖，大渣、二渣与新料配成三甑渣子，小渣打回（不加料），回渣单独蒸馏后丢弃。但它们都必须分别加入清蒸后的熟糠，使之疏松，才可装甑蒸馏。

装甑前先用清洁水冲净冷却器，箅子上稍铺一层大糠，待汽上来即可装甑。装甑操作要求轻装均撒，见潮上甑，以保证醅子在甑内疏松，有效地增加蒸汽和酒醅的接触。装甑时间一般要求30～45min装满。甑装满后盖盘馏酒，馏酒时应缓汽蒸酒，气压不超过0.8kgf/cm² [●]。

[●] 1kgf/cm²＝98.0665kPa。

要求分段取酒，截头除尾。流酒时间一般为 10～20min，流酒速度大约为 3～5kg/min。总的蒸酒蒸料时间一般为 50～60min。

在装甑操作上要求边高中低。装甑时间一般为 35～45min。如装甑太快，料醅会相对压得实，高沸点香味成分蒸馏出来就少，如装甑时间过长，则低沸点香味成分损失会增多。另外装甑时间与出酒率也有一定关系。

蒸馏要控制酒度，入库酒度不低于 62 度（体积分数），以防尾酒过多而带入杂质，但尾酒不可截得过早，避免大量香味成分残存糟内。在整个蒸馏过程中，气压不能忽大忽小，否则会破坏甑桶内各层气液相平衡，降低蒸馏效率。

掌握蒸汽气压、温度和流酒速度是控制蒸酒质量的重要环节。在装甑及流酒时，进汽管压力一般为 14.7kPa。流酒温度规定为 35℃，接取酒头 0.5kg。流酒时间为 15～20min，流酒速度一般为 3～4kg/min。在蒸馏（煮）过程中，前期（即初馏温度）甑内酒精分高，而温度低，一般在 85～95℃，糊化作用效果并不显著，后期流酒尾时，蒸煮效果大，此时应加大蒸汽压力，促进糊化作用，并将一部分杂质排出。入库酒平均酒度要求控制在 61 度。

发酵如果正常，酒精分含量就高，酒醅疏散，不仅装甑操作容易，醅内残酒也少。发酵不正常，酒醅发黏，残余酒精多，拉酒尾时间长，给操作带来困难，出酒率也低，更影响质量。

泸州、五粮液酒厂等为提高名酒质量，还采用"量质接酒"这一特殊工艺，即边接边尝，取流酒质量中某一段最佳者，单独入库，分级贮存，勾兑出厂。

（3）蒸馏釜的间歇蒸馏工艺　先将待蒸馏的酒醅倒入酒醅贮池中，用泵泵入蒸馏釜中，卧式蒸馏釜装酒醅 100 个醅子，立式蒸馏釜装酒醅 70 个醅子。通蒸汽加热进行蒸馏，初蒸时，保持蒸汽压力为 39.2266×10⁴Pa 左右，出酒时保持（4.9～14.7）×10⁴Pa，蒸酒时火力要均匀，接酒时的酒温在 30℃ 以下，酒初流出时，低沸点的头级杂质较多，一般应截去 5～10kg 酒头，如酒头带黄色和具焦杂味等现象时，应接至酒清为止，此后接取中流酒，即为成品酒，酒尾另接取转入下一釜蒸馏。

罐式连续蒸酒机目前没有标准化，由于在蒸馏时整个操作是连续进行的，因此在操作时应注意进料和出料的平衡，以及热量的均衡性，防止跑酒。添加填充料要均匀，池底部位的酒醅要比池顶部位的酒醅多加填充料，一般添加填充料的量为原料的 30%，由于蒸酒机是连续运转，无法掐头去尾，成品酒质量比土甑间歇蒸馏要差。

【阅读材料】　我国名优白酒简介

我国的白酒生产历史悠久，工艺独特。随着科学技术水平不断提高，传统特产名白酒更有了新发展，地方名酒和优质酒也不断涌现。1963 年，中国轻工业部召开全国第二届评酒会议，评出贵州茅台酒、山西汾酒、四川泸州老窖特曲酒、陕西西凤酒、四川五粮液、四川全兴大曲酒、安徽古井贡酒、贵州遵义董酒等共八个特产名白酒为全国八大名白酒。另外江苏双沟大曲酒、哈尔滨龙滨酒、湖南德山大曲酒、广西全州湘山酒、桂林三花酒、锦州凌川白酒等九种评定为全国优质白酒。

八大名白酒质量优美，广为中外人士所赞美，现将八大名白酒特点简介如下。

（1）茅台酒　茅台酒驰名中外，产于贵州省仁杯县茅台镇。茅台酒受到国际上的欢迎，出口量逐年上升。茅台酒以"亮亮透明，特殊芳香，醇和浓郁，味长回甜"为特点，尤以酱香为其典型。含酒精 52～53 度。相传建厂于 1704 年，早在 1915 年巴拿马赛会上被评为世界名酒，荣获优胜金质奖章。

茅台酒生产，是先辈劳动人民把北方大曲酒与南方小曲酒的生产工艺巧妙地结合起来，并不断加以完善，形成了现在茅台酒的生产方法。用纯小麦制高温曲，用高粱作原料，一次酒要两次投料，即经一次清蒸下沙，一次混蒸糙沙，八次发酵，每加曲入窖发酵一个月，蒸一次酒，共计取酒七次（本是八次蒸酒，但第一次不作正品，泼回酒窖重新发酵）。由投料到丢糟整个过程共 9～10 个月。各轮次酒的质量各有特点，应分质贮存，三年后再进行精心勾兑。每轮次蒸馏得到的酒还可分为三个典型体，即窖底香型、酱香型和醇甜型。窖底香型一般产于窖底而得名，己酸乙酯为其主要成分。酱香是构成茅台酒的主体香，对其组成成分目前还未能全部确认，但从分析结果看，其成分最为复杂。醇甜型也是构成茅台酒特殊风格的组成成分，以多元醇为主，具甜味。

(2) 汾酒　汾酒因产于山西汾阳县杏花村而得名。其酿酒历史非常悠久，据记载，唐朝已盛名于世。在 1915 年巴拿马赛会上被评为世界名酒，荣获优胜金质奖章，在国际市场享有盛名。据分析汾酒以乙酸乙酯和乳酸乙酯为主体香味物质，并含有多元醇、醋翁（酉翁）、双乙酰等极其复杂的芳香和口味成分，相对调和匀称。其产品质量特点是"无色透明、清香、醇厚、绵柔、回甜、饮后余香，回味悠长"，含酒精 65 度。杏花村又产"竹叶青酒"，系以汾酒为基础，加进竹叶、当归、砂仁、檀香等十二味药材作香料，加冰糖浸泡调配而成。酒度 46 度，糖分 10% 左右，酒液金黄微绿，透明，有令人喜爱的芳香味，入口绵甜微苦。该酒同列为国家名酒。

(3) 西凤酒　陕西省凤翔县、宝鸡市、眉县、岐山一带盛产，而以凤翔县柳林镇为最佳。西凤酒历史悠久，据传远在唐代西凤酒即列入珍品。西凤酒在公元 1911 年（清宣统二年），在南洋赛会荣获奖章后，遂膺全球声誉。西凤酒酒色透明，清芳甘润，味醇厚，咽后喉有回甘。含酒精 65 度。西凤酒用大麦 60%，豌豆 40% 制大曲。以高粱为原料，清蒸高粱壳为辅料，采用续渣六甑混烧，老泥土窖发酵。发酵期为 14～15d，部分窖池发酵期为 30d，在名白酒中发酵期是较短的。蒸馏后的酒须装入"酒海"储存三年，再勾兑而成。"酒海"为西凤酒的独特存酒容器，用柳条酒篓或水泥池内壁糊以猪血、石灰、麻纸，可用来长期贮酒。

(4) 泸州老窖大曲酒　泸州老窖中以"温永盛"、"天成生"为最有名。温永盛创设于 1729 年（清雍正七年），但最老的窖相传已有 376 余年历史。此酒产于四川省泸州市。泸州老窖大曲酒根据其质量可分为特曲、头曲、二曲和三曲。以泸州特曲酒为优，其产品具有"浓香、醇和、味甜、回味长"的四大特色，其中浓香为泸型酒一类风格的典型。泸州老窖大曲酒因采用多年老窖发酵而得名。1919 年曾荣获巴拿马赛会优胜奖章和奖状。泸州大曲酒采用纯小麦制大曲，以糯高粱为原料。发酵期 60d，采用混蒸混糟、续渣配料的生产工艺，并采用"分层回酒"和"双轮底"发酵操作，以提高成品酒的浓郁香味，含酒精 60 度。

(5) 五粮液　四川宜宾五粮液采用五种粮食（高粱、大米、糯米、小麦、玉米）为原料酿制而成，故称"五粮液"。因使用多种粮食，以及特殊制曲（包包曲）和老窖发酵（70～90d），给五粮液带来了复杂的香味和独特的风味，其特点是："香气悠久，喷香浓郁，滋味醇厚，入口甘美，入喉清爽，各味谐调，恰到好处。"酒度 60 度（出口产品 52 度）。

(6) 古井贡酒　安徽亳县古井贡酒，历史悠久，明、清两代作为贡品。其质量特点因"浓香、回味幽长"而著名，含酒精 62 度。

(7) 全兴大曲酒　成都全兴大曲酒为轻浓香型酒，己酸乙酯和乙酸乙酯为主体香。由于生产使用相传已有 360 余年的老窖，又有一套传统的操作方法，故酿出的白酒其质量特点为："无色透明、清香、醇和、回甜、尾净。"除有泸型酒的风格外，还以自己的特色独具一格。含酒精 59～60 度。

(8) 董酒　贵州遵义董酒厂所产董酒，酒质晶莹透明，醇香浓郁，清爽适口，回甜味长，独具一格。含酒精 58～60 度。董酒酿酒工艺较特殊，制曲工艺也较为复杂，使用小曲和大曲（麦曲）两种曲子。董酒贮藏一年以上后勾兑成成品。

【阅读材料】　白酒生产中的有害物质

在白酒生产中，必然会产生一些有害杂质，有些是原料带入的，有些是在发酵过程中产生的，对于这些有害物质，必须采取措施，以降低它们在白酒中的含量。

1. 杂醇油

杂醇油是酒的芳香成分之一，但含量过高对人们有毒害作用，它的中毒和麻醉作用比乙醇强，能使神经系统充血，使人头痛，其毒性随分子量增大而加剧。杂醇油在体内的氧化速度比乙醇慢，在机体内停留时间较长。

杂醇油的主要成分是异戊醇、戊醇、异丁醇、丙醇等，其中以异丁醇、异戊醇的毒性较大。原料中蛋白质含量较多时，酒中杂醇油的含量也高。杂醇油的沸点一般高于乙醇（乙醇沸点为 78℃，丙醇为 97℃，异戊醇为 131℃），在白酒蒸馏时，应掌握温度，进行掐头去尾，以减少成品酒的杂醇油含量。

2. 醛类

酒中醛类是分子大小相应的醇的氧化物，也是白酒发酵过程中产生的。低沸点的醛类有甲醛、乙醛等，高沸点的醛类有糠醛、丁醛、戊醛、己醛等。醛类的毒性大于醇类，其中毒性较大的是甲醛，毒性比甲醇大

30 倍左右，是一种原生质毒物，能使蛋白质凝固，10g 甲醛可使人致死。在发生急性中毒时，出现咳嗽、胸痛、灼烧感、头晕、意识丧失及呕吐等现象。

糠醛对机体也有毒害，使用谷皮、玉米芯及麸糠作辅料时，蒸馏出的白酒中糠醛及其他醛类含量皆较高。白酒生产中为了降低醛类含量，应少用谷糠、稻壳，或对辅料预先进行清蒸处理。在蒸酒时，严格控制流酒温度，进行掐头去尾，以降低酒中总醛的含量。

3. 甲醇

含果胶质多的原料用来酿制白酒，酒中会含有多量的甲醇，甲醇对人体的毒性作用较大，4～10g 即可引起严重中毒。尤其是甲醇的氧化物甲酸和甲醛，毒性更大于甲醇，甲酸的毒性比甲醇大 6 倍，而甲醛的毒性比甲醇大 30 倍。白酒饮用过多，甲醇在体内有积蓄作用，不易排出体外，它在体内的代谢产物是甲酸和甲醛，所以极少量的甲醇也能引起慢性中毒。发生急性中毒时，会出现头痛、恶心、胃部疼痛、视力模糊等症状，继续发展可出现呼吸困难，呼吸中枢麻痹，昏迷甚至死亡。慢性中毒主要表现为黏膜刺激症状、眩晕、昏睡、头痛、消化障碍、视力模糊和耳鸣等，以致双目失明。

4. 铅

铅是一种毒性很强的重金属，含量 0.04g 即可引起急性中毒，20g 可以致死。铅通过酒引起急性中毒是比较少的，主要是慢性积蓄中毒。如每人每日摄入 10mg 铅，短时间就能出现中毒，目前规定每 24h 内，进入人体的最高铅量为 0.2～0.25mg。随着进入人体铅量的增加，可出现头痛、头昏、记忆力减退、睡眠不好、手的握力减弱、贫血、腹胀便秘等。

白酒含的铅主要是由蒸馏器、冷凝导管、贮酒容器中的铅经溶蚀而来。以上器具的含铅量越高，酒的酸度越高，则器具的铅溶蚀越大。

为了降低白酒的含铅量，要尽量使用不含铅的金属来盛酒或制作器具设备。同时要加强生产管理，避免产酸菌的污染，因为酒的酸度越高，铅的溶蚀作用愈大。对于含铅量过高的白酒，可利用生石膏或麸皮进行脱铅处理，使酒中的铅盐 $[Pb(CH_3COO)_2]$ 凝集而共同析出。在白酒中加入 0.2% 的生石膏或麸皮，搅拌均匀，静置 1h 后再用多层绒布过滤，能除去酒中的铅，但这样处理会使酒的风味受到影响，需再进行调味。

5. 氰化物

白酒中的氰化物主要来自原料，如木薯、野生植物等，在制酒过程中经水解产生氢氰酸。中毒时轻者流涎、呕吐、腹泻、气促。较重时呼吸困难、全身抽搐、昏迷，在数分钟至 2h 内死亡。

去除方法为：应对原料预先进行处理，可用水充分浸泡，蒸煮时尽量多排气挥发。也可将原料晒干，使氰化物大部分消失。也可在原料中加入 2% 左右的黑曲，保持 40% 左右的水分，在 50℃ 左右搅拌均匀，堆积保温 12h，然后清蒸 45min，排出氢氰酸。原料粉碎得细，排除效果较好。

6. 黄曲霉毒素

麦类、大米、玉米、花生等由于霉烂变质，会污染上黄曲霉，有些黄曲霉菌会代谢产生出有毒物质，人们食用这些原料制成的食品后，会产生致癌物质，对于发酵食品尤其要引起注意。发酵食品中黄曲霉毒素（以黄曲霉毒素 B_1 计）不得超过 5μg/kg。

对原料要采取妥善的管理措施，防止发霉变质，超过黄曲霉毒素允许量的原料不可直接使用。发酵用的菌种应经有关部门鉴定，确认无毒产生，才能使用。

7. 农药

谷类和薯类在生长过程中，由于过多施用农药，经吸收后，会残留在果实或块根中。在制酒时，这些有毒物质会进入酒体，特别是有机氯和有机磷农药更应注意。按卫生部规定，每千克粮食，六六六不得超过 0.3mg，滴滴涕不得超过 0.2mg。

为了防止农药中毒，对原料要加强检验。积极推广生物防治等无毒无害的灭虫办法。农药要合理使用，推广高效低毒农药。积极治理三废，不用有毒有害的废水灌溉农田，防止有毒农药和三废污染农作物。对原料要推广缺氧保管，低温保管，少用药剂熏蒸，不能把有毒有害物质与原料同库贮存。

工作任务 3 白酒的贮存、勾兑与调味

新蒸馏出来的酒只能算半成品，具辛辣味和冲味，饮后感到燥而不醇和，必须经过一定时

间的贮存才能作为成品。经过贮存的酒，它的香气和味道都比新酒有明显的醇厚感，酒的燥辣味明显减少，酒味柔和，香味增加，酒体变得协调。此贮存过程在白酒生产工艺上称为白酒的"老熟"或"陈酿"。名酒规定贮存期一般为三年。而一般大曲酒亦应贮存半年以上，这样对提高酒的质量有一定的好处。

【阅读材料】 白酒老熟原理

① 挥发作用　新蒸馏的酒之所以呈现辛辣味以及不醇甜柔和，主要是因为新酒中含有的某些刺激性大、挥发性强的化学物质所引起。刚蒸出的新酒常含有硫化氢、硫醇等挥发性的硫化物；同时也含有醛类等刺激性强的挥发性物质。这些物质是导致新酒刺激味强的主要成分。上述物质在贮存期间，能够自然挥发，一般经半年的贮存后，几乎检查不出酒中硫化物的存在，刺激味也大大减轻。

② 分子间的缔合　乙醇和水都是极性分子，经贮存后，使乙醇分子与水分子的排列逐步理顺，从而加强了乙醇分子的束缚力，降低了乙醇分子的活度，使白酒口感变得柔和。与此同时，白酒中的其他香味物质分子也会产生上述缔合作用。当酒中缔合的大分子群增加，受到束缚的极性分子越多，酒质就会越绵软、柔和。

③ 化学变化　白酒在贮存过程中，所发生的缓慢化学变化主要有氧化、酯化和还原等作用，使酒中的醇、醛、酯等成分达到新的平衡。例如：在醇酸酯化过程中，生成新的产物酯，可以赋予白酒的酯香。

一、白酒贮存与老熟

1. 贮存容器

(1) 陶质容器　陶质容器主要是指陶坛，是我国一直以来使用的贮酒容器。该容器的特点是保持酒质，有一定的透气性，促进酒的老熟。一般名、优酒厂采用传统的陶坛贮存。

(2) 血料容器　采用血料纸等作为防止酒的渗漏的容器。如上文中提到的酒海。

(3) 水泥池　水泥池是一种大型的贮酒设备，有贮存量大、适合贮酒要求、贮存安全、投资较少、坚固耐用等特点。

(4) 金属容器　一般有铝质容器和不锈钢容器。

2. 酒库管理

(1) 称量入库　入库酒要及时计量酒度，将酒的特点、等级、酒度、质量、坛号、日期等填好卡片贴在坛上；酒坛整齐排放、及时密封。

(2) 陈酿　陈酿过程中应做好管理工作，搞好酒库清洁卫生，注意通风；注意密封坛口，检查酒坛是否渗漏等；贮存中不要轻易变动存放位置，定期品尝复查；定时检查酒库安全设施情况等。白酒经贮存后，其风味会有良好的改变，因此各白酒厂都比较重视贮存期，不轻易变动。

3. 白酒的人工老熟

白酒的贮存期长，要占用大量的贮存容器和资金。为缩短贮存期，就要采用一些科学的方式以加快酒的老熟，一般可采用以下方法。

(1) 冷、热处理　对新酒采用加热保温或冷热处理，可增强酒分子的运动，强化反应条件，增加反应概率，有利于加速酒的老熟。新酒在 50～60℃ 保温 3d，香味无大的变化，口味略见平和。如果在 60℃ 和 -60℃ 环境中各保持 24h，其效果更为显著，经处理后，香柔醇和，尾子净。另外采用在 40℃ 环境中贮藏一个月的新酒和对照样品相比，也有一定的好转。

(2) 微波处理　微波之所以能促进酒的老熟，是因为它是一种高频振荡，若把这种高频振荡的能量加到酒体，酒也要做出和微波频率一样的分子运动，这种高速度的运动，改变了酒精水溶液的分子排列，促使酒的物理性能有所变化，使酒醇和，同时由于酒精水分子做高速度的运动，必然产生大量的热，使酒温急速升高，加速酒的酯化，增加酒香。经过微波处理后的酒，口味醇和，总酯含量微增，总醛、杂醇油、甲醇含量略见减少。

用微波处理白酒加速新酒老熟，目前正在进一步深入研究，因为它具有简单易行、稳定可靠等特点。微波机发出的微波能能迅速被酒吸收，利用系数较大。微波对于新酒的老熟效果明显，即使老酒，如果再经微波处理，酒体也会更软绵滑润。微波处理不但能加速新酒老熟，而且能除掉一部分杂味。微波应用在酒的老熟方面，必将得到发展。

此外，还有高频处理、综合处理等方法。

二、白酒的勾兑与调味

白酒的勾兑与调味就是按不同比例，把不同批次、不同层次、不同特色的酒掺兑、调配，平衡酒体，使之形成（保持）一定风格、质量稳定、符合标准的成品酒或半成品酒的一项专门技术。其区别是勾兑在先，调味在后；勾兑各组分用量大，调味酒用量小。勾兑粗调，调味则是微调。勾兑后的酒称为调味用的基础酒，再用具有独特风味的调味酒调味后才算定型。它是白酒生产工艺中的一个重要环节，对于稳定和提高曲酒质量以及提高名优酒率均有明显的作用。酒行业内素有"生香靠发酵，提香靠蒸馏，成型靠勾兑"一说。

现代化的勾兑是先进行酒体设计，按统一标准和质量要求进行检验，最后按设计要求和质量标准对微量香味成分进行综合平衡的一种特殊工艺。从本质上来讲，勾兑技术就是对酒中微量成分的掌握和应用。

白酒的勾兑，讲究的是以酒调酒，一是以初步满足该产品风格、特点为前提组合好基础酒；二是针对基础酒尚存在的不足进行完善的调味。前者是粗加工，是成型；后者是精加工、是美化。成型得体美化就容易些，其技术性和艺术性均在其中。

白酒的生产中采取自然接种制曲，生产过程中多是开放式的，因此影响白酒产量、质量的因素很多，造成酒质的不一致。如果不经勾兑加工平衡，按照自然存放的顺序灌装出厂，酒质就极不一致，批次之间的质量差别非常明显。因此就很难保持出厂产品质量的平衡、稳定及其独特风格。通过勾兑，可以统一酒质、统一标准，保证酒质长期稳定和提高，保持产品市场信誉；还可以取长补短，弥补客观因素造成的产品缺陷，改进酒质，增加效益。

1. 勾兑调味人员的基本素质

从事勾兑调味的技术人员一般为品酒师或评酒员，需要具备以下素质。

（1）良好的生理素质与心理素质　勾兑调味既是一种技术，也是一门艺术，一般名酒厂大都有专门的技师。较高的评酒能力是品酒师训练有素的基本功。他们具有敏锐的视觉、嗅觉和味觉，能找出不同酒之间的细微差别，能尝出难以言喻的味道。在工作时须有耐心、细心、专心，做到眼到、鼻到、口到、手到、心到，要详细做好记录与体会，不断学习与总结经验，并能善于与人合作，因为勾兑调味工作必须由多人进行，要求每个人都有很强的责任心、开拓精神及竞争意识。

（2）具有多方面的知识与能力　勾兑调味人员不仅要品评和操作过硬，而且要有一定的理论知识，要知其然，并知其所以然，要弄清本厂产品的原料、工艺原理、操作等与成品酒的成分及质量之间的关系。通过勾兑与调味，经常提出生产工艺及设备的改进建议。还应尽可能多地掌握和了解外厂和外国的酒产品的风味特点和生产知识，以便根据消费者消费习惯的变化，适时提出开发新产品的方案。同时，还应了解消费者对本厂和外厂同类产品的意见，及时发现问题并解决问题。

（3）重视基础工作　勾兑调味要了解原酒的库存情况，要了解本厂产品的历史与现状，还要建立文字档案，保存不同时期的酒样，使有关人员也具有这方面的知识和能力。

2. 勾兑——基础酒的组合

（1）验收合格酒　验收合格酒是勾兑组合前的一项重要工作，它包括感官验收和理化验收两个内容。班组生产出来的原酒其质量水平是不一致的，因此必须对生产班组生产的酒进行验收并确定等级。各等级酒的感官标准要求由出厂酒各等级的质量要求决定，凡是通过勾兑后能达到出厂标准的各类酒都可以认定为相应等级的合格酒。符合感官标准的各等级合格就应进行理化分析，达到该级理化指标后方能给予承认。验收的关键是熟练地掌握标准，准确地执行标准。

（2）选酒　将储存到期的酒启开封口，按照等级范围进行尝评，了解酒质在储存后的变化。选酒的主要依据是香气和口味，并按照所组合的基础酒的要求进行选取组合。

在选酒时由于香型的不同和同香型不同风格的特点要求，应注意研究和适当运用以下配比关系。

① 不同糟别酒之间的混合比例　各种糟酒有各自的特点，因此具有不同的特殊香和味。从微量成分的含量来看，有着明显的区别和不同，将它们按合理比例混合才能使酒质全面、风格完善、酒体完美，否则就会出现不协调的弊病，例如：浓香型酒把双轮底糟酒、粮糟酒、红糟酒等按照一定比例组合在一起，就会使酒体更协调、完美。

② 老酒与一般酒的组合比例　一年以上的老酒具有醇厚、柔绵、回味悠长的特点，但芳香不足之缺点。一般的酒香味较浓，但多带燥辣感，因此组合基础酒时，一般加入一定数量的老酒，以取长补短。组合浓香型酒时，大致按照一年左右老酒 80％配上三月左右的新酒 20％的配比。

③ 老窖酒和新窖酒组合比例

④ 不同季节产酒组合比例　由于入窖温度的不一致，发酵条件的不同，产出的酒也有差异，尤其是热季和冬季所产的酒，各有优缺点，在组合时应注意它们的配比关系。浓香型酒讲究划分为：7～10月所产的为一类，其他月份为另一类，其配比关系一般为 1∶3 左右。

⑤ 各种香味配比关系的选择　按照特点将酒分为以下三组：第一组带酒，具有某种独特香味的酒，主要是老酒，占 15％左右。第二组大宗酒，一般酒，无独特风格，但具有基本风格，占 80％左右。第三组搭酒，有一定特点，味稍差，或香气不正，加入后对酒无破坏作用，这种酒占 5％左右。

（3）组合小样　在选好酒进行大组合前，必须先进行小样组合试验，以验证选择的酒样香、味是否符合要求，以及试选的各种组合配比是否恰当，小样的组合步骤如下所述。

① 组合大宗酒　用 25mL 酒提（量杯、酒杯）将大宗酒按每坛实际容量相应比例取样，逐坛进行掺兑到大杯或其他容器中充分搅拌均匀，尝评其香味是否达到要求。合格后再进行下一步，否则分析原因进行调整，甚至加入带酒，再进行组合，尝评鉴定，直到符合要求为止。

② 试加搭酒　在已达到要求的大宗酒中按 1％左右的比例逐渐增加搭酒，边添加边尝评，判定该酒是否适合加入大宗酒，以确定其添加量，若搭酒的性质不合，则另选搭酒，或者不添加搭酒。有时搭酒不但不起坏作用，相反能起到良好的效果。这也是组合的作用和目的。

③ 添加带酒　在已添加搭酒并认为符合要求的大宗酒中，根据尝评结果情况，确定加入不同香味特点的带酒，按 3％左右的比例逐渐加入，边加边尝评，直至符合基础酒的标准为止。根据尝评鉴定，测试带酒的性质是否适合，以及确定添加带酒的数量，这样可以使质好的酒的用量恰到好处，既可提高产品的产量，又能节约好酒，降低成本。

④ 一次组合法　在了解本厂产品质量情况及熟悉勾兑业务，具备相当组合经验的情况下，也可以一次将三种酒按照一定比例掺兑并一起进行尝评，根据尝评鉴定结果再进行增减调整，直到达到要求。

⑤ 组合验证法　将组合好的基础小样，加浆到所需酒度，进行尝评，与出厂标样比较，若无大的变化，即可送理化分析，待各项指标符合标准，小样组合即完成。如小样酒质发生明显差异或理化指标不合格，则找出原因，继续调整，直到合格为止。

（4）正式组合　由于各厂家产量、香型、工艺等的不同，在组合小样时就应根据容器的大小确定选样的坛数。待小样合格后即可将大宗酒用酒泵打入容器搅拌均匀后，取样尝评，再取少量酒样按小样组合比例加入搭酒和带酒，并混合均匀，进行尝评，如无大的变化即可按小样组合比例，将带酒和搭酒泵入容器搅拌均匀取样尝评，若香味发生变化，可进行必要的调整，直到符合标准为止。一般只要取样准确并做好详细的记录，经过小样组合实践后的配比结果，都是比较可靠的。

（5）加浆降度　将组合的综合酒按照要求降到所需的酒度，就要向大容器加浆水。将符合标准的综合酒降到所需的酒度后，称为基础酒。加浆的基础酒还应该进行短期贮存，使酒精分子和水分子充分缔合，以减轻酒中酒精分子的辣味和冲鼻感。

3. 调味——调味酒的添加

（1）调味酒　调味酒是在香气和口味上表现为特香、特暴辣、特甜、特浓、特醇、特怪的特殊酒。要备有多种高质量的调味酒才能做好调味工作。有些酒既可作勾兑用，也可作调味用。常用的调味酒如下。

① 双轮底调味酒等　这种酒的酯和酸含量高，香浓、醇甜，糟香味突出，但较粗糙。

② 陈年调味酒　这类酒的酯和酸含量特别高，有良好的糟香味、浓而长的后味和明显的陈酿味。

③ 老酒调味酒　是指贮存期为 3 年以上的酒。

④ 酒头调味酒　刚蒸出的酒头既香又怪，经贮存后，一部分甲醇及醛类挥发掉，可提高基础酒的前香。

⑤ 酒尾调味酒　酒尾中含有较多的高沸点香味成分，如酸、酯、高级脂肪酸等，但各成分之间不协调，加上其他高沸点杂质的影响，使酒尾的香味怪而独特。可增加基础酒的后味，使成品酒浓厚且回味长。

此外，还有曲香调味酒、窖香调味酒、茅香调味酒、酯香调味酒等。

（2）调味方法

① 准备　对基础酒进行分析，并确定初步方案，调味用具要清洗洁净。

② 先调小样　取基础酒 25mL 或 50mL 放入具塞量筒中，用注射器滴加调味酒 1~2 滴，加上塞子摇匀，再倒入酒杯品尝，反复操作，直至达质量标准为止。各种调味酒可分别加入，也可几种同时加入。

③ 根据小样结果，进行大型调味。

（3）贮存　调味后的酒，不能立即出厂，需存放 7~15d，再进行检查，若有变化，应予以调整，以确保质量稳定。

4. 白酒勾兑调味实例

某泸型酒厂的勾兑调味经验如下所述。

（1）"产好优质酒"　此是进行勾兑工作的根本，首先必须加强生产技术管理，加强细致操作，"量质接酒"。务求各班组生产的原酒要质量好，口味正。规定 61 度以下的酒和丢糟酒、黄水酒以及倒烧、怪杂味重的酒均不能入库，须重新回窖发酵。

（2）"选好基础酒"　"量质接酒"后再按口味差异分别装坛，再由车间尝评验收，按质分别定为特曲、头曲、二曲酒，并作好风格口味的标记。然后按相同等级、不同口味的酒分别打入大桶内调成基础酒，为勾兑调味做好准备。

（3）"精心勾兑酒"　基础酒的醇、香、甜、回味等各有突出之点，不够全面统一，再针对弱点，适当增加"特制调味酒"，用来勾兑以求全面达到该等级酒的要求。

（4）"特制调味酒"　特制调味酒是专门进行生产的。将少数老窖和部分双轮底糟进行化验分析，找到其优异特点，采取必要的技术措施，有意识地分别延长发酵时间半年甚至一年。产出的特制酒专门用来作为调味用的精华酒。用它来调味，就可以把基础酒所存在的某一不足处加以弥补。

（5）把好质量关　应层层重视产品质量，把好质量关，这样才能产出优质名酒。

（6）应"先勾兑后贮存"　通过对比试验，证明应先勾兑再贮存，这样对酒的酯化和酒精与水分子间的缔合作用都优于先贮存后勾兑的酒。

【阅读材料】　液态法白酒生产工艺与新型白酒

一、液态法白酒生产与固态法白酒生产的区别

固态生产法是白酒的传统蒸馏操作法，是用高粱、大米等含淀粉质的谷物为原料，加入糖化发酵剂（曲），经固态或半固态发酵、蒸馏、贮存、勾兑四大工序制成。

液态生产法是新型生产法，是以谷物、薯类、糖蜜等为原料，经液态法发酵，以蒸馏出的食用酒精为基酒，经串香、勾兑而成。

传统的固态法白酒生产工艺，虽然成品酒有独特的风味，但生产过程繁杂，劳动强度大，原料出酒率低。而采用类似酒精生产方法的液态法白酒生产工艺，它具有机械化程度高，劳动生产率高，淀粉出酒率高，对原料适应性强，除制曲外不用辅料等优点，因此它是白酒生产发展的方向。目前液态法白酒生产已遍及全国各地，其产量逐年增加。但是液态法白酒与固态法白酒的风味差距较大，这也妨碍了液态法白酒进一步发展，必须进一步深入研究，逐步提高液态法白酒的质量。

二、液态法白酒与固态法白酒香味组分的区别

白酒是含香味物质的高浓度酒精水溶液。影响白酒风味的香味物质总含量都不超过 1%，固态法白酒与液态法白酒的区别就在于这不到总量 1% 的香味成分上（总量与各组分的比例不同）。为了揭示液态法白酒（没有改善质量措施的）和固态法白酒在香味成分方面的差别，采用常规分析与纸色谱、气相色谱等分析法，初步证明主要区别有以下四点。

① 液态法白酒中的高级醇含量较高，为固态法白酒的 2 倍多。在高级醇中异戊醇含量突出，异戊醇：异丁醇的比值，即所说的 A/B 值也较大（详见表 3-12）。

② 液态法白酒的酯类在数量上只有固态法白酒的 1/3 左右，在种类上则更少。

③ 液态法白酒中的总酸量仅为固态法的 1/10 左右，在种类上也少得多。有人认为这是使酒体失去平衡、饮后"上头"的原因。

④ 应用气相色谱剖析，液态法白酒的全部香味成分不足 20 种，而固态法白酒却有 40～50 种。

由此可看出，液态法白酒除了异味很浓的杂醇油高于固态法白酒外，香味成分不论在数量上和种类上都低于固态法白酒，由于两者的物质基础不同，其产品质量也有所不同。见表 3-10。

表 3-10　液态法白酒与固态法白酒主要香味成分的区别　　　　单位：mg/100mL

酒　　　种	乙酸	乳酸	乙酸乙酯	乳酸乙酯	乙醛	乙缩醛	异丁醇	异戊醇
液态法白酒	20～50	2～10	20～60	10～30	2～10	5～30	30～60	70～130
固态法普通白酒	40～80	5～20	0～80	20～70	8～30	20～70	15～30	30～60
固态法优质白酒	40～130	10～15	60～200	40～200	15～60	60～200	10～25	30～60

三、液态法白酒与固态法白酒风味不同的原因

造成两者香味成分差异的原因是多方面的，主要从发酵和蒸馏两工序进行分析。首先要了解液态法发酵是否产生了应有的香味物质，而后再分析蒸馏能收获到多少香味物质。

微生物的生命活动依赖于客观环境，它只有适应外界条件的本领而无改造客观环境的能力，当外界条件不适应，它们就延缓或停止生长。发酵方式的不同，即微生物生活环境不同，微生物群就不同，因而其代谢产物也不同。蒸馏方式的不同，各成分的选出能力也不同。所以，造成两者风味的差异主要是生产方式的不同。

液态法白酒的发酵多选用酒精发酵能力强的酒精酵母，产酯能力很弱，此外，糖化用的菌种和曲甚至用曲量也是与酒精生产相同，未考虑白酒生产的特殊性，由于微生物单一又没有按照酒的风味要求选择，其产品缺乏白酒的特色。

固态法生产白酒由于原料等没有严格的灭菌，生产过程又是开放的，因此通过原料、空气、场地、工具等各种渠道把大量的、多种多样的微生物带入料醅中，它们会在发酵过程中协同作用，产生丰富的香味物质。香味物质的产生，细菌起着主要作用，如乳酸菌，它是不可忽视的。液态法生产是纯种发酵，最忌杂菌介入；

一旦发现乳酸菌与酵母菌共栖的现象，便认为是异常，因此发酵液中香味成分来源贫乏，如酯类只能依靠酵母产生，而组成白酒口味不可缺少的乳酸与乳酸乙酯含量则极少，至于组成浓香型白酒主体香味成分的己酸乙酯、丁酸乙酯等就更难生成。

四、液态法白酒的生产类型

国外的蒸馏酒均采用液态法生产，多是特产酒基（酒精水溶液）与产香味分别加工，如将获得的酒基在橡木桶中长期贮存等。生产酒基有成熟的酒精生产经验可借鉴，问题是如何产香味，又如何使香味与酒基协调则是一个难题。

我国液态法白酒的生产类型虽然多种多样，但其主体部分酒基的生产与医药酒精生产相类似，只是工艺条件不同，所利用的设备也与酒精生产大致相同。这样得到的酒基只是半成品，为了获得成品酒，还需将酒基因地制宜地进一步加工，以增加白酒香味成分，提高产品风味。方法有很多，大致可归纳为以下几种类型：

1. 固液结合法

综合固、液生产法各自的优点，用液态法生产酒基，用固态法的酒糟、酒尾或成品酒来提高质量。

① 串香或浸蒸法　这是 20 世纪 60 年代初提出并行之有效的方法。串法是将酒基装入甑桶底锅，甑桶内装入固态法发酵的香醅，底锅内通入蒸汽，使酒基气化通过香醅，香味物质随酒精蒸气进入冷凝器，增加了酒基的香味成分。成品的质量受香醅质量和串蒸物料的比例（醅：酒基）所影响。

香醅的制法多种多样，有的是普通酒醅（发酵时间 3～5d），有的是用延长发酵时间的酒醅（20～30d），有的用回窖发酵的大曲酒糟或直接利用扔糟串蒸。成品虽有固态法酒风味，但酒味淡薄。

浸蒸法是把酒醅浸于酒基内呈醪状，加热蒸之，用醅来增加醪的组分。该方法多用在南方对小曲酒糟与黄酒糟的利用方面。其所得酒味较和谐，但由于浸醅数量的限制，成品含酸量低，香味清淡。

串香法白酒的工艺流程如下所述。

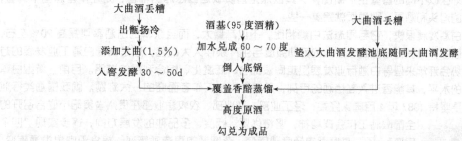

② 固液勾兑法　用液态法生产的酒基，兑入 5% 优质酒或 10% 较好的固态法白酒，使产品具有固态法白酒的风味，方法简便。产品质量决定于酒基是否纯净和固态法白酒的质量，若用粗酒精兑入 30% 普通固态法白酒，酒质仍然辛辣难饮。

这种方法要使用一定数量的优质酒，成本较高。由于固态白酒蒸馏组分的酒尾中含有机酸等较高，因此在酒基中兑入优质酒的酒尾（酒度 15～20 度），也能使产品获得较好的质量水平。这是简单地综合两种生产方法优点的办法。首先发挥液态法生产的长处做好酒基。如果做酒基时不能充分地排除异杂质，无论怎样勾兑也掩盖不了杂味，所以必须加强原料的粉碎，尽可能用低气压糊化，在糊化过程中加强排气，降低加曲温度，搞好工艺卫生，发酵醪蒸馏时加强排除杂质和提高酒度，无条件做双塔蒸馏的，粗酒精可通过复馏、掐头去尾收集中间馏分作为酒基。试验证明，复馏酒不论化验或品尝，其杂质和邪味都小于粗馏酒和非粮原料的固态法白酒。

2. 调香法

调香法是用天然香料调制或用纯化学药品模仿某一名酒成分配制的方法。早有单位研究，用液态法生产的较好酒精，添加无毒植物原料加工的天然香料，配制制成接近白酒风格的调香白酒。特别是自从科学工作者用气相色谱等方法分析名酒的芳香组分，例如明确了泸州大曲的主体香是己酸乙酯外，便在酒基中添加微量己酸乙酯，再配以适当的有机酸类、酯类和醇类等以协调口味，使酒质大有改善。因为调香白酒多是仿泸州大曲风味，所以又多称为"曲香白酒"，其闻香和口尝均有近似泸型酒风格，但酒味淡薄，入口一瞬即逝。

调香白酒的质量也决定于酒基是否纯净，此外，所用香料必须符合国家允许食用的标准，以及调入香料的种类、数量都要有科学根据，否则会造成香型特异、酒精分离、饮后不协调等弊病。

3. 全液态法

全液态法又称一步法，即酒基的生产和改善风味的措施都用液态发酵法，完全摆脱固态法生产，这就易于实现生产过程全部机械化。该种方法大致有四种型式。

① 直接向酒精发酵醪中投入产香微生物，如大曲、产酯酵母、复合菌类等，发酵成熟后蒸馏。

② 在酒精发酵初期加入己酸菌发酵液，再经 2~3d 共同发酵后蒸馏。

③ 酒精醪液与香味醪液分别发酵，然后按比例混合蒸馏成酒。

④ 将己酸菌发酵液经化学或生物学法酯化后，再加酒精发酵醪蒸馏。

上述各种生产方法实质是改善风味的措施，它们各有优缺点。串香法与浸蒸法，产品虽有明显的固态法白酒风味，也适于一般酒厂生产条件，但此法仍不能摆脱繁重劳动，且串蒸时酒精损耗较大。固液勾兑法，生产较简单，损耗也少，但风味不及串香或浸蒸法，也还需保留固态法生产。调香法生产更简单，但产品风味较差，还需要继续解剖固态法白酒的香味成分，提高香料纯度，香料要无毒，尽可能采用发酵制品。全液法可完全摆脱固态法生产，是较好的方法，但是质量还不完善，在增香与蒸馏等方面还需要进一步研究。

五、新型白酒

新型白酒是指采用液态法生产的食用酒精与优质固态法基酒（或酒醅）相结合，进行串香、浸香或固液勾兑，再用多种食用香料（精）和各种调味液（酒）按名优白酒中微量成分的量比关系或自行设计的酒体进行增香调味而成。现在绝大多数低档酒都是采用固液串香结合的新工艺生产的新型白酒。

新型白酒的研制是我国酒类科技进步的结果。四川省在 20 世纪 70 年代后期开展了生产应用，当初称为配制酒（或称调香酒）、串香酒。工艺较先进或酒质较好的是串调结合、固液勾兑或固液勾兑再调香生产的酒。串香法、串调结合法对提高酒的质量效果较显著，但必须有较好的固态香醅。调香法是 20 世纪 70 年代初在初步揭开白酒香味成分后，发展起来的一项新工艺。这种调香法液态酒的配制工艺优点是操作简单，易于掌握，可在不同地区以不同的香型生产新品种，其缺点是酒质缺乏固态酒的糟香，如在串香酒基中调香，或适当添加固态酒的酒头和酒尾，则酒质就完美一些。

近年来，新型白酒发展很快，它与固态法白酒相比，不仅产量大，而且原料的出酒率可提高 20% 左右，劳动生产率提高 1 倍多，机械化程度高，工人的劳动强度与生产条件大大改善，这是我国白酒工业发展的方向之一。中国白酒协会近年来倡导白酒行业发展应走固液结合、低度化、综合利用的道路。目前，新型白酒还局限在中低档酒的水平，其能否进入高档酒的行列，是酒类科技工作者面临的一大难题。就我国酒类行业的发展而言，仍然要坚持 1987 年 4 月国家经委、轻工业部、商业部、农牧渔业部在贵州省贵阳市联合召开的全国酿酒工作会议精神，坚持优质、低度、多品种的发展方向，逐步实现"四个转变"，即：高度酒向低度酒转变、蒸馏酒向酿造酒转变、粮食酒向果类酒转变、普通酒向优质酒转变。"四个转变"是国家对酿酒工业的产业导向，在目前乃至以后相当长的时间内都具有指导意义。酿酒行业要根据当地市场需求和节约粮食的精神安排调节好产品，做到适应市场、引导消费。

图 3-19　国家纯粮固态
发酵白酒认证标志

六、纯粮酒的授牌

20 世纪 80 年代以后，一些白酒企业开发、推广了一种以食用酒精为基本原料勾兑的新型白酒，但其香气、滋味、口感和风格远远不及传统工艺的白酒。由于白酒中呈香呈味物质极其复杂，普通消费者仅凭感官难以判定是纯粮酒还是勾兑酒，造成白酒市场上鱼龙混杂。为了保证市场销售的传统名酒声誉，维护名优白酒企业和广大消费者的利益，增加更多的科学内涵和质量安全措施，中国食品工业协会白酒专业委员会 2005 年 5 月起发布实施《纯粮固态发酵白酒行业规范》，规定中国传统工艺的白酒不论香型如何，均是以粮食为原料，经发酵、高温蒸馏后制成，即纯粮固态发酵白酒，并颁发纯粮固态发酵白酒标志证牌（见图 3-19，见封三彩图）。

【阅读材料】　关于纯净酒

一、纯净酒的概念

纯净酒是指不含或基本不含对人体有害的杂质的酒。这种酒是无色透明的，如果加香调味、加果汁、加中药提取液等，不改变其"纯净"特点的也可称为纯净酒的系列酒。

中国白酒已有固态法白酒和液态法白酒，纯净酒可以叫做纯净白酒，是白酒的一个分支。与传统的固态法白酒不同，也与以酒精为酒基仿造传统白酒风味调制而成的液态法白酒不同，纯净白酒有它自己独特的生产工艺和质量标准。

二、纯净酒的质量要求

酒类的质量标准是由感官指标、理化指标和卫生指标组成的。作为纯净酒，其卫生指标是超优级的，其感官指标要求是：外观，无色，清澈透明；气味，清淡的酒香；滋味，甜润、柔和、净爽；风格，轻快、爽利。纯净酒的特点表现在香气清雅，口感轻快，饮后轻松。这种酒饮后不上头，醒酒快。将纯净酒的感官指标与传统的固态法名白酒的感官指标相比较可以发现，二者有相同之处，也有明显的差别。相同之处在于对酒的内在质量都有很高的要求，清澈透明的外观、令人愉快的香气、绵甜净爽的口味都是相同的。不同之处在于风格，中国传统的名白酒香气浓郁，酒体丰满，风格典型，这与纯净酒的轻快、轻柔、甘爽形成了鲜明的对照。这种不同的风格，为消费者增加了选择机会。

三、纯净酒的制作技术

纯净酒的制作要有两项技术保障，一是"纯净"措施，二是"风味"措施。纯净措施是指把对人体有害的杂质基本上去掉。这部分杂质是指甲醇、杂醇油、醛类物质等。我国白酒蒸馏设备简单，利于提香，但不利于排杂，因此较难做到将杂质全部清除。为了将酒液中有害杂质除掉，要具备现代化的蒸馏设备和现代化的控制手段。风味措施来自两个方面：一方面在蒸馏时，通过水洗、脱硫等工序使酒体变得柔和、洁净；另一方面，对酒液的香气做微调，使之适合我国人的饮用习惯。

实际上，我们很少有人接触到纯净的酒精。一般人认为酒是苦的，是辣的，其实不然，纯酒精的水溶液甜润而柔和，完全不需添加外来的物质，添加了外来物质反而伤害了酒体的美感。液态法白酒中不能添加如此多的化学合成物质，应将人的健康放在首位。为了做到这一点，在标准制订和行业管理上都要采取相应的措施。健康是人的第一需要，健康消费是人民生活的基本原则，酒业的发展也应与时代进步相适应。

实训项目 3-2　白酒酿造工艺

学习工作页

年　　月　　日

项目名称	白酒酿造工艺探究	白酒种类	
学习领域	3. 白酒酿造	实训地点	
项目任务	查阅资料，并调查或参观本地白酒生产企业，写出本地某一品牌白酒的生产工艺流程及操作方法等的参观报告	班级小组	
		姓名	

一、我国八大名白酒的主要工艺特点和质量特点是什么？

二、白酒的配料操作有哪些？各有什么优点和缺点？

三、什么是"老五甑"？怎样根据"老五甑"的操作原理进行六甑操作和机械化酿酒？

四、为什么白酒发酵要十分重视酸度？酒醅为什么发黏？为什么酒醅越黏，酸度越高，越流不出酒，就越要坚持低温入池、低温发酵？

五、怎样检查酒醅的感官质量？通过检查能发现生产中的哪些问题？

六、甑桶蒸馏有哪些特点？怎样装甑？固态白酒的装甑操作技术要点有哪些？摘酒为什么要掐头去尾？

七、白酒怎样贮存老熟？白酒怎样勾兑？为什么名白酒十分重视勾兑？

八、白酒的感官质量标准和理化指标有哪些？怎样评酒？

九、参观或调查本地白酒生产企业，写出本地某一品牌白酒的生产工艺流程及操作方法等的参观报告。

项目任务书

年　月　日

项目名称	白酒的感官质量鉴定及新型白酒勾兑	实训学时	
学习领域	3. 白酒酿造	实训地点	
项目任务	根据提供的材料和设备等,设计出某种新型白酒勾兑方案,包括详细的准备项目表和勾兑程序	班级小组	
		小组成员签名	
实训目的	1. 能够全面系统地掌握白酒品评及勾兑的基本技能与方法 2. 通过项目方案的讨论和实施,体会完整的工作过程,掌握白酒品评和勾兑的基本方法,学会用比较完整的写作形式准确表达实验成果 3. 培养学生团队工作能力		

工作流程	
	教师介绍背景知识(理论课等)　　　教师引导查阅资料
	每个同学阅读操作指南和教材相关内容,填写工作页;并以小组为单位讨论制定初步方案,再提交电子版1次
	教师参与讨论,并就初步方案进行点评、提出改进意见
	每个小组根据教师意见修改后定稿,并将任务书双面打印出来,实训时备用

初步方案	工作流程路线	所需材料及物品预算表
修订意见		
定稿方案	工作流程路线	所需材料及物品预算表

方案审核人(签名)

实训项目操作指南　白酒的感官质量鉴定及新型白酒勾兑

在白酒生产中,快速、及时地检验原酒,通过品尝,量质接酒,分级入库,按质并坛,是加强中间产品质量控制的重要手段,也是白酒生产的重要环节。通过勾兑调味,巧妙地把基础酒和调味酒合理搭配,使酒达到平衡、谐调、风格突出。实践证明,感官品评也是识别假冒伪劣白酒的直观而又简便的手段。此外,为了推动白酒行业的发展和产品质量的提高,国家行业管理部门举行评酒会、产品质量研讨会等活动,检评质量、分类分级、评优、颁发质量证书。举行这些活动,也需要通过品评来提供依据。

白酒感官评定方法详细参见我国国家标准 GB/T 10345.2—1989。

新型白酒是以优质酒精为基础酒调配而成的各种白酒。根据已知的白酒骨架成分和目的酒类型,首先选择优质酒精、各种调味白酒及加浆用水,通过计算按比例进行混合。用来自固态法白酒生产的增香调味物、食品添加剂或其他增香方法进行调香，得到含一定酒精分、口味适中的新型白酒。

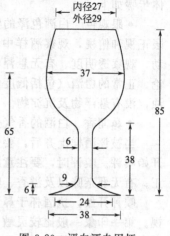

图 3-20 评白酒专用杯
单位：mm

一、准备阶段

① 材料

标准品酒杯（采用特殊工艺加工的透明玻璃高脚杯，容量30mL，详见图 3-20），品评样酒若干种。

95％（体积分数）优质食用酒精；各种调味白酒；各种酒用香精；调味液；甘油；纯净水；玻璃棒；100mL 烧杯；微量注射器。

② 品酒室要求光线充足，空气新鲜，无香气和邪杂异味。

③ 进行实验设计，按所配酒的要求，计算出优质酒精、调味白酒及纯净水的添加量。实验要求酒度在 40％～50％（体积分数）之间。

二、实验室操作阶段

1. 白酒的品评操作

（1）评酒时间　评酒时间以上午九时开始最为适宜。这时人的精神最充足稳定，注意力易于集中，感觉也灵敏。下午评酒最好是十四时或十四时半开始。每次评酒时间长短在 2h 以内。每日评酒样尽量不超过 24 个（一组 5～6 个，一日 3～4 组为宜）。总之，以不使评酒员的嗅觉和味觉产生疲劳为原则。

（2）酒样的温度　白酒温度不同，给人的味觉和嗅觉感受也不相同。人的味觉在 10～38℃最敏感，低于 10℃会引起舌头凉爽麻痹的感觉；高于 38℃则易引起炎热迟钝的感觉。评酒时若酒样的温度偏高，则放香大，有辣味，刺激性强，不但会增加酒的不正常的香和味，而且会使嗅觉、味觉发生疲劳；温度偏低，则可减少不正常的香和味。各类酒的最适宜的品评温度，也因品种不同而异。一般来说，酒样温度以 15～20℃较好。

（3）评酒样品的编排　集体评酒的目的是为了对比、评定酒的品质。因此，一组中的几个酒样必须要有可比性，酒的类别和香型要相同。分类型应根据评委会所属地区产酒的品种而定，不必强求一致。白酒分酱香、清香、浓香、米香、其他香、兼香型和糖化剂等种类，分别进行品评。也包括不同原料、不同工艺的液态法白酒、低度白酒、普通白酒。

酒样编排的品评先后顺序一般是从无色到有色，酒度由低到高，质量由低档到高档。分组时，每组酒样一般为 5 个，有时也可是 6 个。

（4）评酒的方法与步骤

① 评酒的方法　在评酒会上，评酒的方法可根据评酒的目的、提供酒样的数量、评酒员人数的多少来确定。一般分为明评和暗评两种方法。

● 明评　明评又分明酒明评和暗酒明评。明酒明评是公开酒名，评酒员之间明评明议，最后统一意见，打分、写评语，并排出名次顺序，个别意见只能保留。这种评酒方法在企业内部确定产品质量，分等定级、勾兑定级中常常使用。在酒类评优过程中，如酒样和评酒员都很多时，为了使酒样之间的打分不至相差悬殊，争取意见统一或接近，亦可部分采用明评、明议的方法。暗酒明评是不公开酒名，酒样由专人倒入编号的酒杯中，由评酒员集体评议，最后统一意见，打分、写评语，并排出名次顺序。

● 暗评　暗评是酒样密码编号，从倒酒、送酒、评酒一直到统计分数、写综合评语、排出名次顺序的全过程，分段保密，最合揭晓评酒结果。评酒员做出的评酒结论具有权威性，经法律公证后还具法律效力，其他人无权更改。一般产品的评优、质量检验等多采用此方法。

② 评酒的步骤　白酒的感官品评主要包括色、香、味、格四个方面，通过眼观其色，鼻闻其香，口尝其味，并综合色、香、味三方面感官印象，确定其风格。每次倒酒约 20mL。具

体步骤如下。

- 眼观色　白酒色泽的鉴评，是先把盛有酒样的酒杯放在评酒桌的白纸（或白布）上，用眼正视和俯视，观察酒样中有无色泽和色泽深浅，同时做好记录。再把酒杯拿起来，轻轻摇动，观察透明度、有无悬浮物和沉淀物质。根据观察，对照标准，打分并作出色泽的鉴评结论。正常的白酒（包括低度白酒）应是无色（酱香型白酒色泽呈微黄）透明的澄清液体，不浑浊，没有悬浮物及沉淀物。

- 鼻闻香　白酒的香气是通过人的嗅觉器官来检验的。

当被评酒样上齐后，要先把酒杯中多余的酒倒掉，使同一轮酒样中酒量基本相同，然后才开始嗅评。嗅评时，要注意酒的香气是否谐调愉快；主体香气是否突出、典型；香气是否强、正；有无邪杂味以及溢香、喷香、留香等特征。

嗅评开始，执酒杯于鼻下2～5cm左右，头略低，轻嗅其气味。这是第一印象，应充分重视。第一印象一般比较灵敏、准确。嗅一杯，立刻记下该杯的香气情况，避免各杯相互混淆，稍事间歇后再嗅第二杯；也可以几杯嗅完后再做记录。稍事休息后再做第二遍嗅评，转动酒杯，稍用力嗅其气味，用心辨别，这样就可以对酒的香气做出准确的判断，一组（轮）酒经2～3次嗅评，即可根据自己的感受，按香气浓淡或优劣排出顺序。若判断还有困难，可按1、2、3、4、5、再5、4、3、2、1的顺序反复几次嗅评，同时对每杯酒的情况做好记录，写出特点。

- 口尝味　白酒的口味主要通过味觉来确定，这是白酒品评中最重要的部分。

尝评要按闻香的顺序进行，先从香气较淡的样酒开始，逐个进行尝评。把异味大的异香和暴香的酒样放到最后尝评，以防止味觉刺激过大而影响品评结果。

尝评时，将酒液饮入口中，每次饮入的量要尽量保持一致，酒液入口时要慢而稳，使酒液先接触舌头，布满舌面，进行味觉的全面判断。在进行味觉判断时，气味分子的气体会部分通过鼻咽部进入上鼻道，因此嗅觉也在发挥一定的作用。所以还要注意辨别味觉与嗅觉的共同感受。

尝评中，需要辨别的感受很多，很复杂。不仅要注意味的基本情况，如是否爽、净、醇和、醇厚、辣、甜、涩等，更要注意各种味之间的谐调、味与香的谐调、刺激的强弱、是否柔和、有无杂味、后味余味如何、是否愉快等情况。

要注意每次入口的酒液量要基本相等，以防止味觉偏差过大。高度酒每次入口量为0.3～2mL，低度白酒的入口量可稍大些，当然这也因人而异。酒液在口中停留的时间一般为2～3s，如在口中停留时间过长，酒液会和唾液发生缓冲作用，影响味觉的判断，还会造成味觉疲劳。

尝评中的酒样入口次数不要太频繁集中，间隔适当大些，每次品尝后要用清水或淡茶水漱口，以防止味觉疲劳。

尝评时按酒样的多少，一般分为初评、中评、总评三个阶段。

初评：一轮酒样嗅香气后，从嗅闻香气小的开始尝评，入口酒样量以能布满舌面和能下咽少量酒为宜。酒样下咽后，可同时吸入少量空气，并立即闭口用鼻腔向外呼吸，这样可比较全面地辨别酒的味道。做好记录，排出初评的口味和顺序。初评对酒样中口味较好和较差的判断比较准确，中等情况的或口味相差不多的判断可进入中评判断。

中评：重点对口味相似的酒样进行认真品尝比较，确定中间酒样口味的顺序。

总评：在中评的基础上，可加大入口量，一方面确定酒的余味，另一方面可对暴香、异香、邪杂味大的酒进行品尝，以便最后确定排出本次酒的顺序，并写出确切的评语。蒸馏白酒的基本口味有甜、酸、苦、辣、涩等。白酒的味觉感官检验标准应该是在香气纯正的前提下，口味丰满浓厚，绵软、甘洌、尾味净爽、回味悠长、各味谐调，过酸、过涩、过辣都是酒质不高的标志。评酒员应根据尝味后形成的印象来判断优劣，写出评语，给予分数。

• 综合起来看风格　白酒的风格又称酒体、典型性，是指酒色、香、味的综合表现。这是对酒进行色、香、味的全面鉴评后所做的综合性的评价。白酒风格的形成取决于原料、生产工艺、生产环境、勾兑调味等各种综合因素。各种香型的名优白酒都有自己独特的风格，质量一般的白酒往往风格不够突出或不具有典型的风格。评判风格，就是对某种酒做出其是否具有风格、风格是否突出的判断。这种判断要靠评酒员平时对酒类的广泛接触和深刻的理解，取决于经验的积累。因此，必须进行艰苦的实践和磨炼，才能"明察秋毫"。

③ 评酒的记分办法　采用评语和评分（100 分）法。其中色泽 10 分，香气 25 分，口味 50 分，风格 15 分（参见附表）。品评记录要求客观、科学、公正、准确。

2. 新型白酒的勾兑操作

① 按照设计，根据基酒及各种调酒的体验，添加各种调味液、酒用香精，确定一最佳的口味配方。

② 按清香型、浓香型，酒度先低后高顺序进行勾调。

③ 每组调完一样后，进行评比，先由小组派代表品评，再由教师现场讲评，现场打分。

【附】

白酒感官评分表

班级　　　　　　　　　　　　姓名　　　　　　　　　　　　日期

评分项目满分100		扣　分　标　准	酒样编号				
			1	2	3	4	5
外观10	色泽6分	(1)无色或微黄　不扣分；(2)有异色　—1；(3)异色重　—2					
	透明度4分	(1)清澈透明　不扣分；(2)较清澈透明　—1；(3)稍有浑浊或悬浮物　—2；(4)外观其他缺陷　—1					
	得分						
香气25	主体香15分	(1)主体香突出　不扣分；(2)主体香明显　—1；(3)有主体香　—2					
	香气状况10分	(1)香气幽雅　不扣分；(2)诸香较协调　—1；(3)香气不正(有杂香)　—2；(4)香气其他缺陷　—1					
	得分						
口味50	丰满程度10分	(1)丰满醇厚　不扣分；(2)较丰满醇厚　—1；(3)口味淡薄　—2					
	甜味10分	(1)绵甜　不扣分；(2)醇香回甜　—1；(3)较甜　—2					
	后味10分	(1)后味悠长　不扣分；(2)后味长　—1；(3)有后味　—2					
	诸味10分	(1)诸味协调　不扣分；(2)诸味较协调　—1；(3)诸味欠协调　—2					
	净10分	(1)口味爽净　不扣分；(2)口味较净　—1；(3)口味欠净　—2；(4)有杂味　—3；(5)口味其他缺陷　—2					
	得分						
风格15		(1)典型风格突出或独特　不扣分；(2)典型风格明显　—1；(3)具有典型风格　—2；(4)风格不明显　—2；(5)偏离典型风格　—4；(6)风格其他缺陷　—1					
得分							

酒样编号	1	2	3	4	5
总得分					
评语	优点				
	缺点				

项目记录表

年　月　日

项目名称	白酒的感官质量鉴定及新型白酒勾兑			实训学时	
学习领域	3. 白酒酿造			实训地点	
项目任务	根据提供的材料和设备等,按照各小组自行设计的勾兑 方案,进行新型白酒的勾兑			班级小组	
				小组成员姓名	
使用的仪器和设备					

项目实施过程记录

阶段	操作步骤	原始数据	注意事项	记录者签名
准备阶段				
实验室操作阶段				
勾兑结果				
品评结果				

项目报告书

年　月　日

项目名称	白酒的感官质量鉴定及新型白酒勾兑		实训学时	
学习领域	3. 白酒酿造		实训地点	
项目任务	根据提供的材料和设备等,按照各小组自行设计的勾兑方 案,进行新型白酒的勾兑		班级小组	
			小组成员姓名	
实训目的				
原料、仪器、设备				

项目实施过程记录整理(附原始记录表)

阶段	操作步骤	原始数据或资料	注意事项
准备阶段			
实验室操作阶段			
勾兑结果			
品评结果			

结果报告及讨论

项目小结

成绩/评分人	

参 考 文 献

[1] 康明官编著. 白酒工业手册. 北京:中国轻工业出版社,1993.

[2] 周恒刚,沈振寰. 麸曲白酒生产基本知识. 北京:轻工业出版社,1981.

[3] 桂祖发. 酒类制造. 北京：化学工业出版社，2001.

[4] 周桓刚，徐占成. 白酒品评与勾兑. 北京：中国轻工业出版社，2004.

[5] GB/T 17204—2008 饮料酒分类.

[6] GB/T 23544—2009 白酒企业良好生产规范.

[7] GB/T 10345.2—1989 白酒感官评定方法.

[8] GB/T 15109—2008 白酒工业术语.

学习领域4　啤酒酿造

————————————————————

基础知识：啤酒概述

一、啤酒的定义及特点

据 GB/T 17204—2008 饮料酒分类，啤酒是以大麦芽、水为主要原料，加少量的啤酒花（或酒花制品），经酵母发酵酿制而成的、含有二氧化碳、起泡的、低酒精度的发酵酒（包括无醇啤酒）。除德国外，其他国家酿造啤酒时还可添加谷物辅料。啤酒具有丰富的泡沫、酒花香和爽口苦味，营养丰富，风味独特，因此又有"液体面包"之誉。啤酒与人类文明一样有着悠久的历史，它先于其他酒类而最早出现在人类的生活中，因此，不少学者把啤酒称为"酒类之父"。

【阅读材料】 啤酒的起源及发展历史

啤酒的起源与谷物的起源密切相关，人类使用谷物制造酒类饮料已有8000多年的历史。已知最古老的酒类文献，是公元前6000年左右巴比伦人用黏土板雕刻的献祭用啤酒制作法。到新巴比伦时代（公元前600年左右），可能已大规模生产啤酒了。到中世纪，欧洲领主已拥有大规模的酿造厂，利用燕麦、大麦、小麦，大量制成自用啤酒。据文献记载，公元448年，斯洛伐克人用来款待拜占庭国王使节的啤酒，就是加啤酒花酿造出来的啤酒，带有一种清香的苦味，这是在啤酒中使用啤酒花的最早记录。13世纪，德国巴伐利亚州修道士开始正式将酒花应用于啤酒酿造，自此以后，才开始制造典型的啤酒，并逐渐传遍全世界。公元1516年德国规定啤酒的原料只有水、麦芽、酵母和酒花，也就是纯酿法。公元1810年举办了首届德国慕尼黑啤酒节。1837年在丹麦的哥本哈根城里，诞生了世界上第一个工业化生产瓶装啤酒的工厂。公元1876年发明了巴氏杀菌隧道。19世纪，酿造学家相继阐明有关酿造技术，1881年E.汉森发明了酵母纯粹培养法，使啤酒酿造科学得到飞跃的进步。18世纪后叶，因欧洲产业革命的影响和科学技术的迅速发展，啤酒工业从手工生产方式跨进了大规模机械化生产。19世纪中叶，发电机和冷冻机的发明，进一步更新了啤酒酿造生产的工业基础。

我国古代的原始啤酒至少也有4000～5000年的历史了，在中国距今3500多年的商代遗址里，也发现了中国啤酒"醴"即蘗法酿醴的证据。直到19世纪，以工业化方法生产的现代啤酒酿造技术才从西方传到中国，并逐渐繁衍起来，一批啤酒厂应运而生。在中国建立最早的近代啤酒厂是俄国人1900年在哈尔滨建立的乌卢布列夫斯基啤酒厂（哈尔滨啤酒厂前身）。1903年英国和德国商人在青岛开办英德酿酒有限公司，这是现在青岛啤酒厂的前身。1904年在哈尔滨出现了第一家中国人开办的啤酒厂——东北三省啤酒厂，1914年哈尔滨又建起了五洲啤酒汽水厂，同年北京建立了双合盛啤酒厂（五星啤酒厂前身）。1920年，山东烟台几个资本家集资建成了醴泉啤酒厂（烟台啤酒厂前身）。1935年广州建起了五羊啤酒厂（广州啤酒厂的前身）。解放前夕，不论外国人开办的啤酒厂还是中国人自己经营的啤酒厂，总数不过十几家，产量不大，品种很少，当时全国啤酒总产量仅有7000kL。

1949年后，随着经济的逐步发展和人民生活水平的提高，啤酒工业取得了一定的进展。1958年我国分别在天津、杭州、武汉、重庆、西安、兰州、昆明等大城市投资新建了一批规模在2000kL左右的啤酒厂，成为我国啤酒业发展的一批骨干企业。到1979年，全国啤酒厂总数达到90多家，啤酒产量达37.3×10⁴kL，比1949年前增长了50多倍。1979年后十年，我国的啤酒工业每年以30%以上的速度持续增长。到1988年我国大陆啤酒厂家发展到813个，总产量达656.4×10⁴kL，仅次于美国、德国，名列第三，到1993年超过德国跃居第二，2002年我国以2386万千升的年产量超过美国成为世界第一啤酒生产大国。2003年啤酒产量达2540.48×10⁴kL，啤酒工业总产值达到561.6亿元，比2002年增长了8%，实现利润26亿元，为国家纳税98.7亿元。2004年啤酒年产量上升到2910.05×10⁴kL。2005年产量为3061×10⁴kL，2006年我国啤酒产量实现3515.15×10⁴kL，比2005年初统计增加了453.59×10⁴kL，增长14.82%。其中19个省市的啤酒产量增长 15％以上，广东、山东、浙江、河南、黑龙江、辽宁 6 个省产量超过 200×10⁴kL。目前我国啤酒人均年消费量为 27.6L，首次超过世界人均年消费量（为 27L），但发达国家人均年消费量可达到 100L 以上，最高达 160L 左右。

2006 年我国共出口啤酒产品 17.7×10⁴kL，出口额 8473 万美元，达历史最高水平；进口啤酒 2.1×10⁴kL，进口额 2723 万美元，进口国以墨西哥和德国为主。2006 年我国共进口大麦 214.81 万吨，约占大麦总需求量的 55％。

目前，全国啤酒生产企业有 400 多家。啤酒市场的竞争日益激烈，啤酒生产的新技术、新设备的应用和推广速度加快，产品也逐步向多样化发展，国外生产中的各种成熟技术都已在国内应用。纯生啤酒生产技术、膜过滤技术、微生物检测和控制技术、糖浆辅料的使用、PET 包装的应用、错流过滤技术以及 ISO 管理模式在啤酒生产中普遍得到推广应用。企业向国际化、集团化、规模化、自动化、优质低耗和品种多样化等方向发展。

二、啤酒的分类及相关的国家标准

啤酒生产技术分为麦芽制造和啤酒酿造两大阶段。根据生产啤酒所用的酵母类型、生产方式、产品原麦汁浓度、色泽等的不同大体可分为以下几种类型。

1. 根据啤酒酵母的性质不同分类

两种酵母形成不同的发酵方式而酿制出以下两种不同类型的啤酒。

（1）上面发酵啤酒　以上面啤酒酵母进行发酵的啤酒。利用上面发酵的啤酒主要有英国、加拿大、比利时、澳大利亚等少数国家。其具代表性的啤酒主要有英国著名的淡色爱尔啤酒（Ale）。

（2）下面发酵啤酒　以下面啤酒酵母进行发酵的啤酒。世界上大多数国家采用下面发酵法酿造啤酒。其典型代表有著名的捷克比尔森（Pilsen）啤酒、德国的慕尼黑啤酒、丹麦嘉士伯啤酒等。我国啤酒多属此类型，如青岛啤酒及燕京啤酒等。

2. 按啤酒色泽分类

根据啤酒色泽不同，可将啤酒分为以下几种类型。

（1）淡色啤酒　色度 2～14EBC 单位的啤酒，是各类啤酒中产量最大的一种，约占 98％。根据色度的不同，淡色啤酒又可分为淡黄色啤酒（色度 7EBC 以下）、金黄色啤酒（色度 7～10EBC）和棕色啤酒（色度 10～14EBC）三种。

（2）浓色啤酒　色度 15～40EBC 单位的啤酒，呈红棕色或红褐色，酒体透明度较低。根据色泽的深浅，又可划分成三种：棕色（色度 15～25EBC）、红棕色（色度 25～35EBC）和红褐色（色度 35～40EBC）。浓色啤酒特点是麦芽香突出、口味醇厚、酒花苦味较轻。

（3）黑色啤酒　色度大于等于 41EBC 单位的啤酒，色泽呈深棕色或黑褐色，酒体透明度很低或不透明。一般原麦汁浓度高，酒精质量分数 5.5％左右，口味醇厚，泡沫多而细腻，苦味根据产品类型有轻重之别。

3. 按灭菌（除菌）处理方式分类

（1）熟啤酒　经过巴氏杀菌或瞬时高温灭菌法处理的啤酒，又称为"杀菌啤酒"。经过杀菌处理后的啤酒，稳定性好，而且便于运输。熟啤酒均以瓶装或罐装形式出售。

（2）鲜啤酒　指不经过巴氏灭菌或瞬时高温灭菌，成品中允许含有一定数量活的酵母菌，达到一定生物稳定性的啤酒。鲜啤酒是地销产品，口感新鲜，但保质期短，多为桶装啤酒。鲜啤酒具有爽口美味的优点。

（3）生啤酒　不经巴氏灭菌或瞬时高温灭菌，而是采用其他物理方式如无菌膜过滤技术滤除酵母菌、杂菌，达到一定生物稳定性的啤酒。生啤酒避免了热损伤，保持了原有的新鲜口味，最后一道工序进行严格的无菌灌装，避免了二次污染。啤酒稳定性好，非生物稳定性 4 个月以上。

4. 按原麦汁浓度不同分类

世界各国啤酒的原麦汁浓度相差很大，主要有以下三大类型。

(1) 低浓度啤酒 原麦汁浓度（质量分数，下同）为 2.5%～8%，酒精含量（体积分数，下同）为 0.8%～2.2%。

(2) 中浓度啤酒 原麦汁浓度为 9%～12%，酒精含量为 2.5%～3.5%。其中原麦汁浓度 10%～14%、酒精含量 3.2%～4.2%（体积分数）的啤酒称为贮藏啤酒（或淡色贮藏啤酒），其是一种清爽、金色的啤酒。它现在是国际上畅销的大众化啤酒，占全球啤酒消费总量的 98%。

(3) 高浓度啤酒 原麦汁浓度 14%～20%，最高 22%，酒精含量 4.2%～5.5%（体积分数），少数酒精含量达到 7.5%（体积分数）。黑色啤酒即属此类型，这种啤酒生产周期长，含固形物较多，稳定性强，适宜贮存或远销。其甜味较重，黏度较大，苦味小，口味浓醇爽口，色泽较深。

5. 按其他方式分类

特种啤酒：由于原辅材料、工艺的改变，使之具有特殊风味的啤酒。分别介绍如下。

(1) 干啤酒（dry beer） 是指酒的发酵度极高，酒中残糖极低，口味清淡爽口，后味干净，无杂味的一类啤酒。一般来说干啤酒的真正发酵度应达 72% 以上，以区别普通的淡爽型啤酒，而酒精含量则与普通啤酒差别不大。

(2) 无醇（低醇）啤酒 现在国际上命名的"无醇啤酒"（alcohol free beer），概念非常模糊。一般认为，酒精含量为 0.5%（体积百分比）以下者，可以称为无醇啤酒；酒精含量在 2.5%（质量分数）以下者，可以称为低醇啤酒。目前此类啤酒还达不到正常啤酒所具有的风味特点，存在风味和质量问题。

(3) 稀释啤酒 稀释啤酒是"高浓度麦汁酿造后稀释啤酒"的简称，即制备高浓度麦汁（15°P 以上），进行高浓度麦汁发酵，然后再稀释成传统的 8～12°P 的啤酒。

(4) 冰啤酒 除符合淡色啤酒的技术要求外，在过滤前需经冰晶化工艺处理，口味纯净，保质期浊度不大于 0.8EBC。

(5) 小麦啤酒 以小麦麦芽（占麦芽的 40% 以上）、水为主要原料酿制，具有小麦麦芽经酿造所产生的特殊香气的啤酒。

(6) 浑浊啤酒 成品中含有一定量的酵母菌或显示特殊风味的胶体物质，浊度大于等于 2.0EBC 的啤酒。

(7) 果蔬类啤酒 添加一定量的果蔬汁或食用香精，具有其特征风味并保持啤酒基本口味的啤酒。

【阅读材料】 啤酒工业概况

(1) 世界啤酒工业概况 全世界啤酒年产量高居各种酒类之首。到 2008 年中国啤酒销量已连续七年位列全球第一，达 4103.09×10⁴kL，已发展为全球最大的啤酒消费国，其次是美国、德国、巴西等。国外啤酒企业的集约化程度很高，在美国的七大啤酒公司产量占全美总产量的 95.5%，其中世界第一大啤酒企业 AB（百威）公司的年产量达 1150×10⁴kL，占美国国内市场的 48%，美国排名第二的米勒公司年产量近 700×10⁴kL，市场占有率为 22%。在日本，四大啤酒公司（朝日啤酒公司、麒麟啤酒公司、三得利公司、札幌啤酒公司）的产量占日本全国总产量的 99%。世界第二大啤酒企业比利时的时代啤酒，产量为 817×10⁴kL，荷兰的喜力啤酒以年产量 720×10⁴kL 位列第三。

(2) 中国啤酒工业概况 通过"兼并"、"整合"以来，我国啤酒工业的规模化、集团化有了很大发展，并取得显著成效。全国已经形成了很多大中型啤酒集团，如华润雪花啤酒、青岛啤酒、燕京啤酒三大集团。但是前四名企业的产量加起来也只占全国啤酒产量的 46% 左右；前五名企业的产量加起来也只占全国啤酒产量的51%左右。因此我国啤酒工业要有3～5家啤酒集团，拥有全国产量的70%～80%以上，才可以用集团化、规模化基本完成的国际标准来衡量，我国啤酒业的规模化、集团化程度还不够，还要继续向纵深发展。

预计未来几年，啤酒行业将出现以下几大发展趋势。

① 集团化、规模化　企业数量会继续下降，华润雪花啤酒、燕京啤酒、青岛啤酒的下属企业会继续增加，生产能力和年产量会持续增长。

② 一业为主、多元化发展　多数啤酒企业在做强的同时依靠自身优势进入其他行业向多元化发展。如茶饮料业、葡萄酒业、生物制药业等。

③ 科技化　科技是第一生产力，在采用纯生啤酒生产技术的同时，啤酒企业将在啤酒保鲜、缩短生产周期、降低成本以及环保等方面进行科技创新。

④ 品种多样化　传统的普通浅色啤酒依然是主流，但个性化产品也会不断出现。如保健啤酒、果汁（味）啤酒、无（低）醇啤酒等特色啤酒的消费量将越来越大。

⑤ 企业所有制结构多元化　国有企业基本退出，股份制企业、多种所有制混合式企业、民营企业将得到大的发展，新一轮的中外合资企业也会更多，合资的形式会有所改变。

⑥ 市场结构的变化　在城市市场，新一轮消费高潮掀起，中高档啤酒市场、特色啤酒市场、女士啤酒市场得到发展。在农村市场，随着农村经济的快速发展，啤酒消费将出现稳步增长趋势。企业-消费者的直销模式也会得到快速发展，尤其是电子商务的发展使网上营销在啤酒行业得到大的发展。

⑦ 竞争焦点的变化　随着我国经济的进一步开放，更多的世界级啤酒厂商会以种种方式进入中国这一巨大市场，而通过资本运营进入将是一种非常合适的途径。我国的啤酒企业一方面要面对国内的资本竞争，同时还要参与国际的资本竞争，这是未来中国啤酒产业竞争的焦点之一。

⑧ 品牌竞争　国内啤酒质量日益同质化，质量是企业竞争力的基础，日趋个性化的品牌成为企业竞争力的核心部分。突出自己品牌的独特个性和丰富内涵，塑造优秀品牌，扩大品牌的差异性，是提高企业整体竞争力的前提。

三、啤酒酿造的原辅料及处理

1. 酿造大麦（麦芽）

自古以来大麦就是酿造啤酒的主要原料。其主要原因是：①大麦易于发芽，并产生大量的水解酶类。②大麦种植面积广。③大麦的化学成分适合酿造啤酒。④大麦不是人类食用的主粮。

大麦按大麦籽粒在麦穗上断面分配形态，可分为二棱大麦和多棱大麦，其中多棱大麦包括四棱大麦和六棱大麦。如图4-1所示。

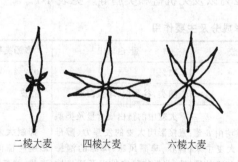

二棱大麦　　　四棱大麦　　　六棱大麦

图4-1　大麦穗断面图

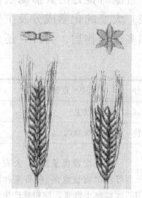

图4-2　大麦麦穗

二棱大麦是六棱大麦的变种，麦穗扁形，沿穗轴只有两行籽粒，粒子均匀饱满且整齐（图4-2）。二棱大麦的淀粉含量较高，蛋白质的含量相对较低，浸出物收得率高于六棱大麦，所以，一般都用二棱大麦。

大麦按种植时间分为春大麦和冬大麦两类。我国春大麦多在春季惊蛰后清明节前播种，生长期短，约90d左右成熟。春大麦成熟度欠整齐，一般休眠期较长。冬大麦是秋后播种，生长期为200d左右，成熟度整齐，休眠期较短，发芽力整齐。

大麦按籽粒色泽分为白皮大麦、黄皮大麦和紫皮大麦。白皮大麦成熟后籽粒谷皮呈浅黄色微白，具有光泽，籽粒大而饱满，发芽整齐。黄皮大麦籽粒麦皮呈黄色，有光泽，籽粒较小，但均匀一致，蛋白质含量较高，发芽力较强。紫皮大麦籽粒谷皮呈淡紫色，有光泽，籽粒小而均匀，谷皮较厚，蛋白质含量高，发芽力强而整齐，其色泽不影响啤酒的色度。

大麦按成熟时麦穗的曲直形态分为直穗大麦和曲穗大麦。

（1）大麦的形态构造　大麦粒可粗略分为胚、胚乳及谷皮三大部分（图4-3，见封三彩图）。

图 4-3　大麦籽粒的形态构造

① 胚　胚由原始胚芽、胚根、盾状体和上皮层组成，约占麦粒质量的2%～5%。它位于麦粒背部下端，是大麦器官的原始体，根茎叶即由此生长发育而成。胚部含有相当多量的蔗糖、棉籽糖和脂肪，它们是麦粒发芽的原始营养。发芽开始时，胚分泌出赤霉酸（GA），并输送至糊粉层，激发糊粉层产生多种水解酶。酶逐渐增长扩散至胚乳，对胚乳中的半纤维素、糖、蛋白质等进行分解。产生的小分子物质，通过上皮层和盾状体，由脉管输送体系送至胚根和胚芽作为发育营养。胚是麦粒中有生命的部位，一旦胚被破坏，大麦即失去发芽能力。

② 胚乳　胚乳由许多胚乳细胞组成，这些胚乳细胞含有淀粉颗粒。胚乳约占麦粒质量的80%～85%。在发芽过程中，胚乳成分不断地分解成小分子糖和氨基酸等，可提供营养，呼吸消耗并放出热量。胚乳部分适当分解的产物是酿造啤酒最主要的成分。

③ 谷皮　谷皮由腹部的内皮和背部外皮组成，约占谷粒总质量的7%～13%，谷皮内面是果皮，果皮外表面有一层蜡质，它对赤霉酸和氧是不透性的，这与大麦的休眠性质有关。谷皮是麦汁过滤时良好的天然滤层，但谷皮中的硅化物、单宁等苦味物质对啤酒有某些不利影响。

（2）大麦的化学成分及主要作用　大麦主要的化学成分是淀粉、蛋白质、半纤维素、麦胶物质和多酚类物质，另外，还含有水分11%～12%以及无机盐和类脂等。见表4-1。

表 4-1　大麦的化学成分及主要作用

化学成分	淀粉(直链,支链)	半纤维素,麦胶	蛋白质	多酚类物质
含量	60%以上	10%	11%	0.2%
存在部位	胚乳细胞内	胚乳细胞壁	酶类,谷蛋白,球蛋白等	谷皮
主要作用	大麦淀粉含量愈多,大麦的可浸出物也愈多,制备麦汁时收得率也愈高。淀粉是产生葡萄糖、麦芽糖、糊精等可发酵性糖的主要来源	纤维素和麦胶物质均由β-葡聚糖和戊聚糖组分,大麦中未分解的β-葡聚糖易增加麦汁醪液黏度,致使过滤困难	大麦中的蛋白质含量及类型直接影响大麦的发芽力、酵母营养、啤酒风味、啤酒的泡持性、非生物稳定性以及适口性等。其中β-球蛋白是引起啤酒浑浊的重要原因之一	抑制大麦发芽,影响啤酒的色泽、泡沫、风味和非生物稳定性等

酿造大麦的质量标准按照 GB/T 7416—2000 执行。

（3）大麦的贮藏　新收获的大麦含水量高，有休眠期，发芽率低，需经一段时间的后熟才能使用，一般为 6～8 周，才能达到应有的发芽率。在现代化生产的工厂中，为保证生产的连续性，贮藏大麦是必不可少的，但在贮藏前后发芽率有所变化，详见表 4-2。

表 4-2　贮藏前后发芽率的变化

发芽率	新收大麦	贮藏 60～70d
3d 发芽率/%	34	92
5d 发芽率/%	42	96

一般认为新收大麦种皮的透水性和透气性差，经过后熟，由于受外界温度、水分、氧气等因素的影响，改变了种皮性能，因而提高了大麦的发芽率。

为促进大麦后熟，提早发芽，可采用下面三种方法对大麦进行处理。

① 贮藏温度为 1～5℃，能促进大麦生理变化，缩短后熟期，提早发芽。

② 用高锰酸钾、甲醛、草酸或赤霉酸等浸麦可打破种子的休眠期。

③ 用 80～170℃ 热空气处理大麦 30～40s，能改善种皮透气性，促进发芽。

大麦的贮藏方法主要有散装堆藏、袋装堆藏和立仓贮藏三种。散装堆放占地面积大，损耗大，不易管理，不宜采用。袋装堆藏的堆放高度为 10～12 层，存放量可达 2000～2400kg/m²。立仓贮藏占地面积小，便于机械化操作和温度管理，以及防虫防霉。大型立仓高达 40m 以上，贮藏量达千吨。立仓材料可使用木料、钢筋混凝土以及钢板等。贮藏期间注意及时记录麦温，按时通风、倒仓，严格防潮、防虫、防鼠等。

2. 啤酒花和酒花制品

啤酒花简称酒花（hops），又称蛇麻花、忽布花。用于啤酒酿造者为成熟的雌花。如图 4-4（见封三彩图）和图 4-5 分别为生长的酒花以及酒花颗粒。

图 4-4　生长的酒花

图 4-5　酒花颗粒

【阅读材料】　关于酒花

1079 年，德国人首先在酿制啤酒时添加了酒花，从而使啤酒具有了清爽的苦味和芬芳的香味。从此以后，酒花被誉为"啤酒的灵魂"。酒花的学名是蛇麻（*Humulus lupulus* L.），又名忽布，为桑科葎草属多年生宿根、缠绕茎（蔓）植物。可连续生长二三十年，有的植株生长期可长达五十年。地上茎高 3～5m，每年更换一次。茎枝、叶柄密生细毛，并有倒刺，叶柄长，单叶对生，呈心状卵圆形，不裂或常有三、五个裂片，叶片边缘呈锯齿形。酒花系单被花，多雌雄异株，花期是每年的 7～8 月，雄花细小，雌花呈淡绿色，着生于总果轴上，其苞片呈复瓦状排列成近圆形的穗状花序，长 3～6cm，有 30～50 个花片（苞片）；9～10 月是啤酒花的果期，果穗呈球果状，长 3～4cm，有黄色腺体，气味芳香。啤酒花在成熟时摘下、晒干，可入药，它性平，味苦，有健胃、利尿等作用。酒花球果小花的萼片基部正反面披有很多黄色颗粒，俗称"花粉"，实际上是花腺体，呈金黄色、黏稠性胶状物，它是啤酒花的有效物质。人们由花腺体分布面积和密度以及粉粒大小作为感官评定酒花质量的重要指标。

啤酒花球果，叫"啤酒花"或"酒花"，是酿造啤酒时的重要添加物。德国是世界上最大的酒花种植国，酒花种植面积占世界种植总面积的四分之一、产量占世界总产量的三分之一，被誉为"酒花之国"。美国的酒花生产虽然起步较晚，却已成为世界第二大生产国。我国人工栽培酒花的历史已有半个世纪，初始于东北，目前在新疆、甘肃、内蒙古、黑龙江、辽宁等地都建立了较大的酒花原料基地。中国的酒花产量现已位居世界第三位、亚洲第一位；我国的新疆地区具有光照条件以及水、土壤等方面的优势，是天然的酒花生产基地，栽培面积已达 10 万亩❶，年产量约 1.4 万吨，至今全国酒花量的 75％出自新疆，国内市场覆盖率达 80％。

酒花的形态结构如图 4-6 所示。

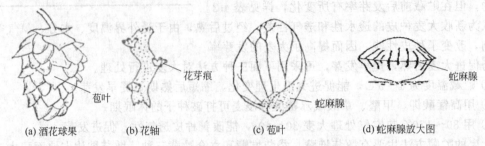

(a) 酒花球果　　(b) 花轴　　　(c) 苞叶　　　(d) 蛇麻腺放大图

图 4-6　酒花的形态结构

（1）酒花的作用　在啤酒酿造中，酒花具有不可替代的作用，体现在如下几个方面。

① 使啤酒具有清爽的芳香气、苦味和防腐力。酒花的芳香与麦芽的清香赋予啤酒含蓄的风味。

② 由于酒花具有天然的防腐力，故啤酒无需添加防腐剂，也能增加生物稳定性。

③ 能提高啤酒泡沫起泡性和泡持性。啤酒泡沫是酒花中的异葎草酮和来自麦芽的起泡蛋白的复合体。优良的酒花和麦芽，能酿造出洁白、细腻、丰富且挂杯持久的啤酒泡沫。

④ 有利于麦汁的澄清。在麦汁煮沸过程中，由于酒花的添加，可加速麦汁中高分子蛋白的絮凝，从而起到澄清麦汁的作用，酿造出清纯的啤酒。

（2）酒花的主要化学成分及其作用　酒花的化学组成中，对啤酒酿造有特殊意义的三大成分为酒花精油、苦味物质和多酚物质（表 4-3）。啤酒的酒花香气是由酒花精油和苦味物质的挥发组分降解后共同形成的。

表 4-3　酒花的主要化学成分及作用

主　要　成　分	作　　　用
苦味物质(酒花树脂) (α-酸,异 α-酸,β-酸等)	苦味,防腐力 (α-酸是衡量酒花质量的重要指标)
酒花精油 (组分 200 种以上)	香气(开瓶香)重要来源,易挥发、氧化
多酚物质 (单宁、非单宁等多种化合物)	煮沸时与蛋白质形成热凝固物↓ 麦汁冷却时形成冷凝固物↓ 贮酒时与蛋白质形成浑浊,涩味,产生色泽物质

① 苦味物质　苦味物质是提供啤酒愉快苦味的物质，在酒花中主要指 α-酸、β-酸及其一系列氧化、聚合产物。过去把它们通称"软树脂"。

a. α-酸　又称葎草酮（humulone），在新鲜酒花中的含量为 5％～11％，无香味，味甚苦，是啤酒中苦味和防腐力的主要来源。

α-酸在加热、稀碱或光照下易发生异构化形成异 α-酸。异 α-酸是啤酒苦味的主要物质，它比 α-酸溶解度大，虽然没有 α-酸苦，但苦味更柔和。在麦汁煮沸 1.0～1.5h，约有 40％～60％的 α-酸转化成异 α-酸，同时有 20％～30％转化成苦味不正常的衍生物，但它对啤酒泡沫具有

---

❶ 1 亩$=\dfrac{1}{15}$hm$^2=666.67$m^2。

促进作用。如在有氧下煮沸，α-酸易氧化聚合形成 γ'-和 γ-树脂，γ'-树脂是啤酒后苦味的来源之一。

b. β-酸　又称蛇麻酮（lupulone）。在新鲜酒花中的质量分数为 $5\%\sim11\%$，有较强的酒花香味。但苦味不及 α-酸大（约为 α-酸的 $1/9$），防腐力约为 α-酸的 $1/3$。它更易氧化形成 β-软树脂。β-软树脂能赋予啤酒宝贵的柔和苦味。α-酸、β-酸都是多种类似结构物的混合物。

② 酒花精油　酒花精油是酒花腺体的重要成分之一，它经蒸馏后成黄绿色油状物，与酒花树脂赋予啤酒以苦味相仿，酒花精油提供啤酒以香气和香味，是啤酒重要的香气来源，且容易挥发，是啤酒开瓶闻香的主要成分。它的主要成分是单萜烯和倍半萜烯（碳氢化合物）等萜烯类化合物及少量醇、酯、酮等化合物。酒花精油有 200 种以上组分，它们的特点是易挥发，在水中溶解度极小，仅为 1/20000，能溶于乙醚等有机溶剂，易氧化，氧化后形成极难闻的脂肪臭味。酒花精油在新鲜酒花中仅占 $0.4\%\sim2.0\%$。

③ 多酚物质　多酚物质是羟基直接连接在芳环上的酚类及聚合物的总称。酒花中多酚物质约占总量的 $4\%\sim8\%$，它们在啤酒酿造中的作用为：a. 在麦汁煮沸时和蛋白质形成热凝固物。b. 在麦汁冷却时形成冷凝固物。c. 在后醇和贮酒直至灌瓶以后，缓慢和蛋白质结合，形成汽雾浊及永久浑浊物。d. 在麦汁和啤酒中形成色泽物质和涩味。

在啤酒生产中，在麦汁煮沸或贮酒中外加适量的五倍子单宁，可除去多量的蛋白质，提高啤酒的稳定性。

（3）酒花的品种　酒花按世界市场供应可以分成以下四类。

① A 类：优质香型酒花。

优质香型酒花有捷克的萨兹（Saaz）、德国的泰特楠捷（Tettnanger）、斯巴尔茨精品（Spalter Select）等。

优质香型酒花的 α-酸含量为 $4.5\%\sim5.5\%$，α-酸/β-酸的比值为 1.1，酒花精油的含量为 $2.0\%\sim2.5\%$。

② B 类：香型酒花（兼型）。

香型酒花有德国的哈雷图尔（Hallertauer）、赫斯布鲁克（Hersbrucker）、东肯特格尔丁（EastKent Goldings）和英国的福格尔（Fuggles）。

普通香型酒花的 α-酸含量为 $5.0\%\sim7.0\%$，α-酸/β-酸之比值为 $1.2\sim2.3$，酒花精油含量为 $0.85\%\sim1.6\%$。

③ C 类：没有明显特征的酒花。

④ D 类：苦型酒花。

苦型酒花有 Northern Brewer、Brewers Gold、Cluster。

优质苦型酒花的 α-酸含量为 $6.5\%\sim10\%$。α-酸/β-酸之比值为 $2.2\sim2.6$。

世界酒花产量中苦味型（D 型）占 50% 以上，A 型占 10%，B 型占 15%，C 型占 25%，目前主要发展对象为 A 和 D 两种类型的酒花。

（4）酒花的贮藏　酒花是啤酒酿造中不可或缺的成分之一，其质量的好坏直接影响啤酒质量的好坏，除了酒花自身质量的差异，其贮藏的条件和方法也至关重要。

酒花的贮存保管方法如下：

① 保管酒花应遵循先进先出的原则。

② 颗粒花采用抽真空或充氮气、二氧化碳等保护气体包装，这时温度对真空包装质量的影响相对较小，可在常温下保存。但最好在低温下保存。

③ 整花包装严密，压榨要紧，应放在温度 $\leqslant4^{\circ}\text{C}$、相对湿度 $\leqslant60\%$、避光的冷库中保存，以免酒花脱色，且仓库内不能放置其他异味物品。

④ 使用整花时，要随用随粉碎。注意粉碎条件，尽量减少因粉碎而引起酒花有效成分的

损失。选择适宜的粉碎筛底孔径。

⑤ 定期检验酒花质量。整花每 3 个月检验一次，颗粒花每 6 个月检验一次。对于质量不达标的酒花不得使用。

（5）酒花制品 酒花采摘以后，为了贮藏、使用的方便而采取一定工艺进行加工，主要产品有以下几类。

① 压缩啤酒花 将采摘的新鲜酒花球果经烘烤、回潮，垫以包装材料，打包成型制得的产品。

② 颗粒啤酒花（按加工方法分为 45 型和 90 型） 90 型颗粒啤酒花是压缩啤酒花或颗粒啤酒花经二氧化碳萃取酒花中有效成分后制得的浸膏产品。45 型颗粒啤酒花是压缩啤酒花经粉碎、深冷、筛分、混合、压粒、包装后制得的直径为 2～8mm、长约 15mm 的短棒状颗粒产品。颗粒酒花是世界上使用最广泛的酒花形式。

③ 酒花浸膏 压缩啤酒花或颗粒啤酒花经有机溶剂或二氧化碳萃取酒花的有效物质，制成浓缩 5～10 倍有效物质的浸膏，在煮沸或发酵贮酒中使用。浸膏的类型和加工方法很多。主要有二段萃取酒花浸膏和二氧化碳萃取酒花浸膏两大类。

④ 酒花制品的技术要求 按照 GB/T 20369—2006 的规定，压缩啤酒花的感官要求见表4-4，颗粒啤酒花的感官要求见表 4-5。

表 4-4　压缩啤酒花感官要求

项目	优级	一级	二级
色泽	浅黄绿色,有光泽		浅黄色
香气	具有明显的、新鲜正常的酒花香气,无异杂气味		有正常的酒花香气,无异杂气味
花体状态	花体基本完整	有少量破碎花片	破碎花片较多

表 4-5　颗粒啤酒花感官要求

项目	90 型	45 型
色泽	黄绿色或绿色	
香气	具有明显的、新鲜正常的酒花香气,无异杂气味	

3. 酿造用水

啤酒生产用水主要包括加工用水、锅炉用水、洗涤及冷却用水。加工用水包括投料用水、洗糟用水、啤酒稀释用水等直接参与啤酒酿造，是啤酒的重要原料之一，关系到啤酒的风味、质量以及消费者的健康，在习惯上称为酿造用水。

酿造用水大都直接参与工艺反应，又是啤酒的主要成分。在麦汁制备和发酵过程中，许多物理变化、酶反应、生化反应都直接与水质有关。因此，酿造用水的水质是决定啤酒质量的重要因素之一。

酿造用水的要求和处理方法见表 2-2、表 2-3。

4. 辅料

在啤酒麦汁制造的原料中，除了主要原料大麦麦芽以外，还有特种麦芽、小麦麦芽及辅助原料。辅助原料的选择可根据各地的资源和价格，选用富含淀粉的谷类作物（如大麦、小麦、玉米、大米、高粱等）、糖类或糖浆等，辅助原料的使用和配比根据不同国家的习惯和所酿造啤酒的种类、级别等因素来确定。如德国、挪威、希腊三个国家在酿造啤酒时不允许使用辅助原料；对于酿造著名的、高质量的啤酒必须保证其原料的原辅料品种及其配比，以避免影响啤酒特性；一般啤酒的酿造过程中，辅助原料的量控制在 10%～50%。

（1）使用辅助原料的作用

① 降低啤酒生产成本　麦芽的价格远高于未发芽的大麦、小麦、玉米、大米等谷物的价格。在麦汁制造中采用适当比例的辅料，能提高麦汁的收得率，降低每吨啤酒的粮食单耗，降低总成本。

② 降低麦汁总氮，提高啤酒稳定性　大多数辅料（小麦、大米、玉米、糖和糖制品）含可溶性氮和多酚类化合物很少，因此，可降低麦汁中蛋白质和多酚的含量，从而降低啤酒色度，改善啤酒的风味和提高啤酒的非生物稳定性。

③ 调整麦汁组分，提高啤酒某些特性　使用部分辅助原料（小麦、大米等），可增加啤酒中糖蛋白的含量，可提高啤酒泡沫持久性。使用蔗糖和糖浆作辅料，可调节麦汁中可发酵性糖的比例，提高啤酒的发酵度，使酿制啤酒的色泽浅淡、口味爽快。

（2）辅料种类及特性　我国的啤酒生产使用的谷物辅料中，除个别厂用玉米外，多数厂用大米，使用量多数为原料的 20%～30%，有的厂使用量高达 40%～50%。在欧美有很多厂家用玉米作辅料，使用前经过去胚。有些国家早已采用小麦为某些特制啤酒的原料或辅助原料，如德国的小麦啤酒是以小麦麦芽作为主原料生产的，比利时的兰比克啤酒（Lambic beer）则是以小麦作为麦芽辅助原料。国际上采用大麦为辅助原料的，一般用量不超过 20%。麦汁中添加糖类，大多在产糖比较丰富的地区应用，添加的种类有蔗糖、葡萄糖、转化糖和糖浆，使用量一般为原料的 10%左右。在我国，也有厂家使用部分蔗糖为辅助原料。常用辅助原料的酿造特性如下所述。

① 大米　粳米含直链淀粉多，有 96.1%的淀粉能被酶水解成可发酵性糖。糯米中支链淀粉含量较多，糊化时黏度大，可发酵性糖生成量较少。大米淀粉含量高于麦芽，蛋白质和脂肪含量较低。用大米代替部分麦芽，具有可使麦汁提高收得率、降低成本、改善啤酒的色泽和风味以及提高啤酒的非生物稳定性等特点。大米的用量是 8%～45%，一般为 20%～30%。在大米的用量比例较高的情况下，糖化麦汁中的可溶性氮和矿物质含量较少，发酵不够强烈。如果采用较高温度进行发酵，就会产生较多的发酵副产物（如高级醇、酯类），对啤酒的香味和麦芽香不利。

② 小麦　利用小麦作辅料，麦汁总氮和氨基氮均比大米高，发酵快，但过滤和煮沸麦汁略浑浊，需作进一步处理，如加单宁酸沉淀等；它还含有较多的 α-淀粉酶和 β-淀粉酶，有利于快速糖化；而且糖蛋白含量高，酿造啤酒的泡沫持久性好。

③ 玉米　玉米作为啤酒辅料之一，其脂肪含量高，会影响啤酒的风味和泡沫。因此，作啤酒辅料的玉米，必须进行脱脂处理。国外根据玉米含脂肪多少，将玉米分为三个等级，即含脂肪 0.5%以下的玉米为优级、0.5%～1.0%的为良级、1.0%～1.5%的为合格，脂肪含量大于 5%的玉米加工品不得用于酿造啤酒。

④ 糖浆　淀粉糖浆按淀粉转化程度可分为中转化糖浆（又称"标准"糖浆）、高转化糖浆、高麦芽糖浆及低聚糖浆等。目前，在我国工业上生产淀粉糖浆以中转化糖浆的产量为最大。淀粉糖浆适宜作啤酒辅料，而且在麦汁煮沸锅加入的是高转化糖浆和葡萄糖值在 62 以上的高麦芽糖浆。高转化糖浆的成品浓度一般在 80%～83%，相对葡萄糖值一般在 60～70。若采用酸法、酶法转化，其麦芽糖比例高，更适合作啤酒辅料。

四、啤酒酵母及特性

1. 啤酒酵母的分类

啤酒酵母属于真菌门（Eumycota），子囊菌纲（Ascomycetes），原子囊菌亚纲（Protoascomycetes），内孢霉目（Endomycetales），内孢霉科（Endomycetaceae），酵母菌亚科（Saccharomyceotceae），酵母属（*Saccharomyces*），啤酒酵母种（*Saccharomyces cerevisiae*）。酵母采用双名法命名，前一个是属名（如 *Saccharomyces*），后一个是种名（如 *cerevisiae*），后面还跟有首次描述这个种的科学家名字。根据啤酒酵母的发酵（棉籽糖发酵）类型和凝聚性的不同可分为上面酵母与下面酵母、凝聚性酵母与粉状酵母等。

　　上面酵母（*Saccharomyces cerevisiae*）与下面酵母（*Saccharomyces carlsbergensis* 或 *subaru*）的区别主要是在各自具有不同的生化性能（表 4-6）。

表 4-6　上面酵母与下面酵母的区别

性　能	上　面　酵　母	下　面　酵　母
发酵温度	15～25℃	5～12℃
真正发酵度	较高（65%～72%）	较低（55%～65%）
对棉籽糖发酵	发酵三分之一	全部发酵
细胞形态	圆形，多数细胞集结在一起	卵圆形，细胞分散
呼吸与发酵代谢	呼吸代谢占优势	发酵代谢占优势
发酵风味	酯香味较浓	酯香味较淡

　　啤酒生产上对啤酒酵母的要求是：发酵力高，凝聚力强、沉降缓慢而彻底，繁殖能力适当，有较高的生命活力，性能稳定，酿制出的啤酒风味好。

2. 啤酒酵母的特性

　　(1) 细胞形态　在麦芽汁液体培养基中 28℃ 培养 3d 后，细胞呈卵圆形或长卵圆形，细胞大小一般为（3.5～8.0）μm×（5.0～16）μm。以出芽方式繁殖，多边出芽，但主要以一端出芽为主。细胞呈单个或成对排列，极少形成芽簇。优良健壮的酵母细胞，具有均匀的形状和大小，平滑而薄的细胞膜，细胞质透明均一；年幼少壮的酵母细胞内部充满细胞质；老熟的细胞出现空泡（液泡），内贮细胞液，呈灰色，旋光性强；衰老的细胞中空泡多，内容物多颗粒，旋光性较强。

　　(2) 菌落形态　在麦芽汁固体培养基上菌落呈乳白色至微黄褐色，表面光滑但无光泽，边缘呈整齐或波状。

　　(3) 主要生理特性

　　① 凝聚特性　凝聚性不同，酵母的沉降速度不同，发酵度也有差异。凝聚性的测定按本斯方法进行，本斯值在 1.0mL 以上者为强凝聚性，小于 0.5mL 为弱凝聚性。啤酒生产一般选择凝聚性比较强的酵母，便于酵母的回收。

　　② 发酵度　发酵度反映酵母对麦汁中各种糖的利用情况，正常的啤酒酵母能发酵葡萄糖、果糖、蔗糖、麦芽糖和麦芽三糖等。根据酵母对糖发酵程度的不同，可分为高、中、低发酵度三个类别，具体分类情况见表 4-7。制造不同类型的啤酒需要选用不同的酵母菌种。一般啤酒酵母的真正发酵度在 50%～68%。

表 4-7　啤酒酵母发酵度分类　　　　　　　　　　　　　　　单位：%

酵母种类	浅色啤酒		浓色啤酒	
	外观发酵度	真正发酵度	外观发酵度	真正发酵度
低发酵度酵母	60～70	48～56	50～58	41～47
中发酵度酵母	73～78	59～65	60～66	48～53
高发酵度酵母	80 以上	65 以上	70 以上	56 以上

　　③ 抗热性能（死灭温度）　酵母死灭温度是指一定时间内时酵母死灭的最低温度，作为鉴别菌株的内容之一。一般啤酒酵母的死灭温度在 52～53℃，若死灭温度提高说明酵母变异或污染了野生酵母。

　　④ 其他生理生化特性　一般啤酒酵母都能发酵葡萄糖、半乳糖、蔗糖和麦芽糖，不能发酵乳糖；不能同化硝酸盐；在不含维生素的培养基上，有的生长，有的不能生长。下面酵母和

上面酵母的主要区别在于前者能发酵蜜二糖，后者不能发酵。

⑤ 产孢能力　一般啤酒酵母生产菌种都不能产生孢子或产孢能力极弱，而某些野生酵母能很好产孢，据此可以判断菌种是否染菌。

⑥ 发酵性能　发酵性能主要表现在发酵速度上，不同菌种由于麦芽糖和麦芽三糖渗透酶活性不同，发酵速度就有快慢之分。双乙酰峰值和还原速度、高级醇的产生量以及啤酒风味情况等也是选择酵母菌种的重要参考项目。

⑦ 酿造啤酒的特性　在 100～1000L 小型酿造设备中酿造啤酒，测定发酵后的残糖类型、啤酒常规项目分析和风味物质测定等，判断啤酒酵母酿造特性。

单元生产 1：啤酒酵母的复壮及扩培

工作任务 1　啤酒酵母的分离及复壮

在啤酒生产中采用不同的酵母菌株和生产工艺，可酿造出不同类型的啤酒，啤酒酵母的性能对啤酒质量是很重要的。野生酵母菌的污染及生产菌株的自然变异和衰老是经常发生的，都影响着啤酒的口味和发酵速度。要保持产品的质量，需要定期进行生产菌的分离复壮工作。常用的方法有稀释分离法和划线分离法，这两种方法虽然简单，但并不能确保分离所得菌种为纯种。而单细胞分离法因可用显微镜直接检查，其纯度能得到充分保证。林德奈单细胞分离法，即小滴培养法（图 4-7），是将酵母菌液稀释至每一小滴差不多含一个酵母细胞，然后在显微镜下确证只含一个细胞的小滴，经适当培养后，扩大保存。

一、操作流程（小滴培养法）

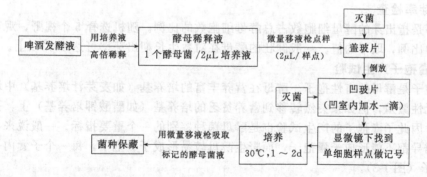

二、操作说明

（1）菌悬液的制备　用计数板计数酵母，用培养基对其进行高倍稀释，稀释至每 $2\mu L$ 培养基（与上述实验原理中的 1 小滴大小相同）中大约含一个酵母。

（2）分离纯化操作　用微量移液器吸取 $2\mu L$ 酵母稀释液至已灭菌的盖玻片上，每张玻片可滴 9 滴（图 4-7），倒放于已灭菌的凹载玻片上（凹载玻片的湿室中加一

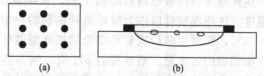

图 4-7　小滴培养法
(a) 盖玻片上小滴点样示意图；(b) 凹载片湿室小滴培养示意图

滴无菌水），显微镜下观察，找到只含一个酵母菌的小滴，做上记号。

（3）啤酒酵母菌株的选择及保藏 30℃培养一定时间后，用移液枪吸走标记的酵母菌液，进行扩大培养和菌种保藏。

工作任务2 啤酒酵母的质量检查

酵母的数量和质量直接关系到啤酒的好坏。酵母活力强，发酵就旺盛；若酵母被污染或发生变异，酿制的啤酒就会变味。因此，不论在酵母扩大培养过程中，还是在发酵过程中，必须对酵母质量进行跟踪调查，以防产生不正常的发酵现象，必要时对酵母进行纯种分离，对分离到的单菌落再进行发酵性能的检查。啤酒酵母质量检查项目一般包括显微形态观察、死亡率、出芽率、子囊孢子产生情况、热死温度、凝集性试验、发酵性能的测定等。

检查项目及操作说明如下。

1. 酵母计数

用血球计数板计数微生物细胞数目的方法进行计数。

2. 形态检查

载玻片上放一小滴蒸馏水，挑酵母培养物少许，盖上盖玻片，在高倍镜下观察。优良健壮的酵母，应形态整齐均匀，表面平滑，细胞质透明均一。年幼健壮的酵母细胞内部充满细胞质；老熟的细胞出现液泡，呈灰色，折光性较强；衰老的细胞中液泡多，颗粒性贮藏物多，折光性强。

3. 死亡率检查

方法同上，可用水浸片法，也可用血球计数板法。

酵母细胞用 0.025％美蓝水溶液染色后，由于活细胞具有脱氢酶活力，可将蓝色的美蓝还原成无色的美白，因此染不上颜色，而死细胞则被染上蓝色。

一般新培养酵母的死亡率都在 1％以下，生产上如果发现酵母的死亡率大于 3％，应弃去并重新培养酵母菌种。

4. 出芽率检查

出芽率是指出芽的酵母细胞数占总酵母细胞数的比例。随机选择 5 个视野，观察出芽酵母细胞所占的比例，取平均值。一般健壮的酵母在对数生长期出芽率可达 60％以上。

5. 子囊孢子产生试验

子囊孢子是酵母的有性孢子。酵母在营养丰富的培养基（如麦芽汁培养基）中培养时，一般只进行无性繁殖，但如果突然转移到营养贫乏的培养基（如醋酸钾培养基）上，孢子就会被诱导出来，因此子囊孢子的产生试验也是酵母菌种鉴别的一个重要指标。一般说来，啤酒酵母无论怎么诱导都不能形成子囊孢子，而野生酵母较易形成子囊孢子，每一个子囊内一般可产生 1～4 个孢子（图 1-3）。

将酵母菌体先在麦芽汁琼脂培养基上活化，然后移接到醋酸钾培养基上，25℃培养 48h后，挑取菌苔少许，制成水浸片，用显微镜检查子囊孢子的产生情况。

6. 热死温度测定

热死温度是指液态培养的微生物，在某温度下 10min 即被杀死，此温度称为微生物的热死温度。热死温度可以作为酵母菌种鉴别的一个重要指标，一般说来，啤酒酵母的热死温度在 52～54℃，而野生酵母或变异酵母的热死温度往往较高。酵母的热死温度受培养基的含水量、微生物细胞的含水量、培养基的 pH 值、培养基中氮的含量、细胞的菌龄以及是否形成孢子等的影响，为了防止这些影响，习惯上先将试验酵母移到液体培养基中，在 25℃培养 24h，或者从扩大培养的酵母中取材。酵母的热死温度与加热时间长短也有关，啤酒厂所选择的温度一般为 48～60℃。每个间隔温度为 2℃，习惯用 10min 作为测定的保温时间。

取盛有 5mL 的灭菌麦芽汁（12～14°Brix）试管一组，每管用无菌吸管接入用麦芽汁培养24h 后的酵母悬液 0.1mL，取已接种的试管 3 支浸入 40℃ 的热水中保温，其中 1 支管中插入温度计，另两支不插，当插温度计的试管温度达到 40℃ 时，开始记录时间，并保持 10min，立即拿出，放到冷水中冷却。然后用同样的方法测定其他温度，如 42℃、44℃、46℃、……以至 60℃ 再将各组试管置 25℃ 保温箱中，培养 5～7d 后观察。

在一周培养时间内，不能产生发酵现象的最低温度，就是该酵母的热死温度。但通常情况下，则以此测得的最低温度加 1～2℃ 为该酵母的热死温度。如酵母在 52℃ 保温 10min 培养后没有发酵现象，则该酵母的热死温度为 53～54℃。酵母热死温度的改变，说明菌种发生了变异，或受到了野生酵母的污染（野生酵母比培养酵母有更高的耐热性），检查所使用的酵母是否被污染，这也是啤酒巴氏灭菌确定温度的依据。国内各啤酒厂所使用的啤酒酵母热死温度多为 52℃。

7. 凝集性试验

啤酒酵母菌的凝集性在生产上具有特殊的重要性，也是区别菌株的一项重要内容。由于凝集性的不同，酵母菌的沉降速度就不一样，发酵度也有差异，对下面发酵来说，凝集性的好坏牵涉到发酵的成败。若凝集性太强，酵母沉降过快，发酵度就低；若凝集性太弱，发酵液中悬浮有过多的酵母细胞，给后期的过滤造成很大的困难，使啤酒带有酵母味。如果酵母菌菌种发生变异或是污染了野生酵母，则会改变其凝集性，给生产带来困难。

凝集性试验为：取酵母培养液装于离心管中，离心（3500r/min，15min）收集酵母细胞，然后用无菌水洗涤 2～3 次。取酵母泥，准确称量 1g，放于锥形刻度离心管中，然后加入 10mL 醋酸缓冲液（pH 值 4.5），摇匀，使其成悬浮状态。在 20℃ 水浴中静置 20min，再将此悬液连续摇动 5min，使酵母重新悬浮，再静置，在 20min 内每隔 1min 记录一次沉淀酵母菌的容积。连续记录 20min。实验后，检查 pH 是否保持稳定。

一般将 10min 时酵母菌沉淀的容积称为本次值。通过此值可估计酵母菌的凝集性，沉淀容积为 1.0mL 以上者为强凝集性，而为 0.5mL 以下者为弱凝集性。上述的试验前后要求悬浮液的 pH 值不变。

8. 发酵性能测定

酵母菌的发酵力反映酵母对各种糖类的利用情况，正常的啤酒酵母能发酵葡萄糖、果糖、蔗糖、麦芽糖和麦芽三糖等。但酵母的酶系不同，发酵糖的能力也不同，有些酵母不能利用麦芽三糖，发酵度就低；有些酵母甚至能利用麦芽四糖或异麦芽糖，发酵度就高。发酵性能测定方法一般包括二氧化碳失重的测定、发酵度的测定和酒精度测定。发酵过程中除产生乙醇外，还伴有二氧化碳形成，形成的二氧化碳从发酵液中挥发出，使整个体系的重量减轻，根据减轻的程度，可测定发酵速率的快慢；发酵度测定是基于酵母降糖的能力，即发酵前后发酵液中糖分减少的幅度；对酒类工业，酵母菌的产酒能力要求较高，一般的酒度测定常采用蒸馏法。

将 150mL 麦汁盛放于 250mL 三角烧瓶中，加棉塞灭菌，冷却后加入泥状酵母 1g 或培养24h 的酵母种子液 15mL，然后将棉塞换成发酵栓，置 25℃ 温箱中发酵 3～5d，每隔 8h 摇动一次。并进行以下方面的测定。

（1）二氧化碳失重的测定 接种完毕后，称量发酵瓶，在发酵过程中每 8h 称量一次，称前应先摇晃瓶子，以赶除二氧化碳，随着发酵时间的延续，瓶重逐渐减轻，直到减轻量不超过0.2g，即表示发酵完毕。然后以产生二氧化碳的量为纵坐标、发酵时间为横坐标，绘制发酵速率曲线。

（2）发酵度的测定

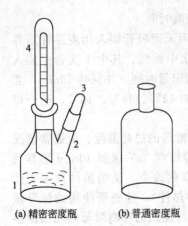

图 4-8 密度瓶

1—密度瓶；2—支管标线；

3—支管上小帽；4—附温度计的瓶盖

(a) 精密密度瓶　　(b) 普通密度瓶

① 原麦汁浓度的测定（用附温密度瓶法）　将附温密度瓶（图 4-8）用洗液浸泡，取出后彻底洗涤为中性，再用乙醇、乙醚顺序洗涤数次，吹干后准确称量（用分析天平），此数据为 W_1，即密度瓶的质量。然后用煮沸 30min、冷却至 15℃的蒸馏水注满密度瓶，装上温度计（瓶中应无气泡），立即浸入（20±0.1）℃恒温水浴中，到密度瓶上的温度计示数达到 20℃，并保持 20～30min 不变后取出，用滤纸吸去侧管的水，立即盖上罩放置，直到密度瓶升到室温后擦干，称其质量，此数值为 W_3，即密度瓶和水的质量。倾出密度瓶中的水，先用约 10mL 过滤麦芽汁（已灭菌）洗涤 2～3 次后，注满麦汁，按上法测定其质量，此数值为 W_2，即为样品和密度瓶的质量。那么样品（即过滤麦汁）的密度 d_{20}^{20} 可以由下式表示：

$$d_{20}^{20} = (W_2 - W_1)/(W_3 - W_1) \qquad (4-1)$$

即 20℃样品与同体积 20℃水的质量之比值。然后从《啤酒工业手册》中可查出 20℃样品密度对应的样品浓度，即原麦汁浓度（用 P 表示原麦汁浓度）。

② 外观浓度的测定（用 m 表示）　用密度瓶法测得发酵液或成品酒 20℃时的密度，从《啤酒工业手册》中查出浸出物含量，即为外观浓度（不排除乙醇）。

③ 真正浓度的测定（用 n 表示）　取一蒸馏烧瓶，向其中加入 100g 除去气体并经过过滤的发酵液，80℃左右蒸出其中的酒精，待蒸出三分之二时，自然冷却，称量。加蒸馏水补足100g，再置于 15℃水中摇匀，然后用附温密度瓶法测得此液体的密度，查《啤酒工业手册》得此液体中浸出物的含量，即为实际浓度（排除乙醇后）。

发酵度的计算可由下式求得：

$$外观发酵度 = \frac{原麦汁浓度 - 发酵液外观浓度}{原麦汁浓度} \times 100\% = \frac{P - m}{P} \times 100\% \qquad (4-2)$$

$$实际发酵度 = \frac{原麦汁浓度 - 发酵液蒸馏后的真浓度}{原麦汁浓度} \times 100\% = \frac{P - n}{P} \times 100\% \qquad (4-3)$$

一般外观发酵度应为 66%～80%，实际发酵度为 55%～70%。

（3）酒精度的测定　用 100mL 的容量瓶（烘至恒重）称取 100g 除去气体的发酵液或成品啤酒。转入 500mL 烧瓶中，用 50mL 蒸馏水分数次洗涤容量瓶，并转入烧瓶中，连接好冷凝器，加热缓慢蒸馏。再将一个已知质量的 100mL 容量瓶浸入冰水中，接收蒸出的蒸馏液。当流出液体积为 90mL 左右时，停止蒸馏，将蒸馏液质量调至 100g，混合均匀，用附温密度瓶法测定蒸馏液 20℃时的密度，然后从《啤酒工业手册》中查出酒精的质量百分比。

根据测得的酒精质量百分比还可计算发酵率。因为每 100g 的葡萄糖可产纯酒精的数量为 51.14g，则发酵率可由下式求得：

$$发酵率 = \frac{实际生成的酒精数}{理论生成的酒精数} \times 100\% \qquad (4-4)$$

工作任务3　啤酒酵母的扩大培养

啤酒酵母扩大培养是指从斜面种子到生产所用的种子的培养过程。酵母扩大培养的目的是及时向生产中提供足够量的优良、强壮的酵母菌种，以保证正常生产的进行和获得良好的啤酒质量。一般把酵母扩大培养过程分为两个阶段：实验室扩大培养阶段（由斜面试管逐步扩大到卡氏罐菌种）和生产现场扩大培养阶段（由卡氏罐逐步扩大到酵母繁殖罐中的 0 代酵母）。扩大培养过程中要求严格无菌操作，避免污染杂菌，接种量要适当。

啤酒厂获得接种酵母的方式有直接购买酵母泥、购买纯种酵母和自己保存并扩大培养纯种酵母三种途径，其优缺点见表 4-8。

表 4-8　生产用酵母的获得方式

酵母来源	购买酵母泥	购买纯种酵母	自己保存和培养酵母
优点	无需酵母管理工作,无酵母扩培设备	方法可行,可靠性高,能得到灭菌的酵母	取用灵活,酵母质量可靠,啤酒质量稳定
缺点	有污染危险,花费较高,啤酒质量不稳定	需要酵母扩培装置,花费较大	一次性投入大,无菌程度要求高

在我国，大型啤酒企业所用酵母一般采用第三种途径获得；较小的企业一般采用第一种途径获得；还有一部分小型企业为了保证啤酒质量的稳定性等而采用第二种途径，购买纯种酵母，然后再进行扩大培养。

1. 啤酒酵母扩大培养流程

（1）实验室扩大培养阶段

斜面原菌种——→斜面活化（25℃，3～4d）——→10mL 液体试管（25℃，24～36h）——→100mL 培养瓶（25℃，24h）——→1L 培养瓶（20℃，24～36h）——→5L 培养瓶（18～16℃，24～36h）——→25L 卡氏罐（16～14℃，36～48h）

（2）生产现场扩大培养阶段

25L 卡氏罐——→250L 汉生罐（14～12℃，2～3d）——→1500L 培养罐（10～12℃，3d）——→100hL 培养罐（9～11℃，3d）——→20m³ 繁殖罐（8～9℃，7～8d）——→0 代酵母

2. 工艺说明

（1）扩大培养麦汁要求　卡氏罐之前的麦汁为头号麦汁，加水调节浓度为 11～12°P，蒸汽灭菌 0.1MPa，20～30min；现场扩大培养用麦汁为沉淀槽中的热麦汁，浓度在 12°P 左右，α-氨基氮应在 180～220mg/L，也可添加适量的酵母营养液。麦汁灭菌方法同前。

（2）酵母扩大培养要求　酵母扩大培养是基础，只有培养出来高质量的酵母，才能生产出好的啤酒。扩大培养必须保证两点：a. 原菌种的性状要优良；b. 扩大培养出来的酵母要强壮无污染。扩大培养在实验室阶段，由于采用无菌操作，只要能遵守操作技术和工艺规定，很少出现杂菌污染现象。进入车间后，如卫生条件控制不好，往往会出现染菌现象，所以扩大培养人员的无菌意识要强，凡是接种、麦汁追加过程所要经过的管路、阀门必须用热水或蒸汽彻底灭菌，室内的空气、地面、墙壁也要定期消毒或杀菌，通风供氧用的压缩空气也必须经过 $0.2\mu m$ 的膜过滤之后才能使用。同时充氧量要适当，充氧不足酵母生长缓慢，充氧过度会造成酵母细胞呼吸酶活性太强，酵母繁殖量过大对后期的发酵不利。一般扩大培养酵母在进入培养罐前每天要通氧三次，每次 20min。发酵后的培养，要求麦汁中溶解氧为 9mg/L 左右。最后，每一批扩大培养的同时还应对酵母的发酵度、发酵力、双乙酰峰值、死灭温度等指标进行检测，以便及时、正确地掌握酵母在使用过程中的各种性状是否有新的变化。

（3）生产现场扩大培养操作要求

① 卡氏罐接种前对汉生罐、扩大培养罐、发酵罐及管道进行严格消毒杀菌，并取样报检合格。

② 汉生罐进 11°P 麦汁 6hL，110℃杀菌 30min 后立即冷却至 16℃待用。接种卡氏罐后通风培养 24h。

③ 扩大培养罐接麦汁 60hL，110℃杀菌 30min 后立即冷却至 14℃待用。汉生罐倒入扩大

培养罐，培养 24～48h，通氧方式同前。

④ 汉生罐、扩大培养罐倒罐前酵母细胞数必须达 $(50～80)\times10^6$ 个/mL，取样镜检酵母形态、死亡率、出芽情况，以及是否有污染。确定是否需要延长 12h 或 24h，是否需要再通氧，若受污染需立即放掉。

⑤ 扩大罐进发酵罐前可留 20% 种于汉生罐（150～200L），追加 400～500L 麦汁，培养 24h 或 36h 后立即冷却至 2～4℃，保种 1～2 周。

⑥ 100m³ 发酵罐第一次进麦汁 25kL 或 50kL，培养温度 12℃；第二次追加 75kL 或 50kL，培养温度 10℃。如进 300m³ 发酵罐，则两次分别进麦汁后，培养 24～48h，再连续追加麦汁至满，满罐温度≤10℃，主发酵温度 12℃，按正常发酵工艺控制。

大罐酵母扩大培养的技术要求见表 4-9。

表 4-9　大罐酵母扩大培养的技术要求

项目名称	温度/℃	培养时间/h	麦汁量/L	充氧及间隔时间	酵母数/（个/mL）
卡氏罐	18±0.5	24～48	25×2	定时摇瓶	$(50～80)\times10^6$
汉生罐	16±0.5	24～48	600	前 12h 每隔 2h 通风 10min，然后每隔 6h 通风 10min	$(50～80)\times10^6$
繁殖罐	14±0.5	24～48	6000	前 12h 每隔 2h 通风 10min，然后每隔 6h 通风 10min	$(50～80)\times10^6$
发酵罐	12±0.5	进第一批麦汁培养 24～48h 连续加满	50kL 或 60kL	麦汁冷却时连续通风 20～30min	$(50～80)\times10^6$

（4）酵母的回收与排放　酵母回收的时机非常关键，通常是在双乙酰还原结束后开始回收酵母，但酵母死亡率较高，大都在 7%～8%，对下批的发酵非常不利，通过反复实验、对照，并对酵母进行跟踪检测，发现封罐 4～5d 后大部分酵母已沉降到锥底，只有少量悬浮在酒液中参与双乙酰还原，此时回收酵母，基本不会对双乙酰还原产生什么影响，而且回收酵母的死亡率也下降至 2%～3%。回收前的准备工作也很重要，首先要把酵母暂存罐用 80℃ 热水彻底刷洗干净，然后降温至 7～8℃，并备有一定量的无菌空气，以防止酵母突然减压细胞壁破裂。从锥形罐回收的酵母，应尽量取中间较白的部分。回收完毕后缓慢降温到 4℃ 左右，以备下次使用，在酵母罐保存的时间不得超过 36h。当酒液降至 0℃以后，还要经常排放酵母，否则由于锥底温度较高，酵母自溶后，一方面有本身的酵母臭味，另一方面自溶后释放出来的分解产物进入啤酒中，会产生比较粗糙的苦味和涩味。另外，酵母自溶产生的蛋白质，在啤酒的酸性条件下，尤其在高温灭菌时极易析出形成沉淀，从而破坏了啤酒的胶体稳定性。所以，贮酒后期的酵母排放工作不容忽视，尤其夏季更为重要。

回收酵母泥作种酵母的条件为：

① 镜检　细胞大小正常，无异常细胞，液泡和颗粒物正常。

② 肝糖染色　酵母泥用 0.1%EDTA-Na 稀释后，再用 2% 卢哥碘液染色 5～6min，镜检 10 个视野有大颗粒肝糖细胞即红棕色颗粒，否则为黄色，无肝糖颗粒。要求有肝糖细胞应大于 70%～75%。

③ 死亡率测定　适当稀释酵母泥，用 0.1% 美蓝染色 3min，若被染上深蓝色则为死细胞或衰老细胞。美蓝染色率<5% 为健壮酵母，<10% 尚可使用，>15% 则不能继续使用。

④ 杂菌检查　用 0.1%EDTA-Na 适当稀释酵母泥，使每一个显微镜（中倍）镜检视野中酵母细胞数为 50 个左右，检查 20 个视野共有 1000 个左右酵母，细胞周围含杆菌≤1 个。

⑤ 其他　无异常酸味和酵母自溶臭味，凝集性正常（过强过弱均为变异）。

实训项目 4-1 啤酒酵母的复壮及扩大培养

学习工作页

年　　月　　日

项目名称	认识啤酒酿造原料辅料及处理方法	啤酒种类	
学习领域	4.啤酒酿造	实训地点	图书馆等
项目任务	根据查阅的资料,设计出啤酒酵母的复壮及扩大培养初步方案,包括详细的准备项目表和工艺路线	班级	
		姓名	

一、请将你查阅到的相关资料按照参考文献的格式列出。

　　序号　　作者　　　论文题目(书名)　　　期刊名(出版社)　　　刊期(出版时间)　　　页码

二、啤酒可分为哪些类型?分类依据是什么?

三、某啤酒生产厂的水源是来自靠近岩石较多的山间水库,试分析该水源水质可能具有什么样的特点?

四、某工厂由于处于啤酒生产旺季,大麦需求量大,于是将刚收获的大麦马上投入到生产中,这样的做法合理吗?否则,应怎样加快新收大麦投入到生产中?

五、为什么在啤酒酿造中添加辅助原料?

六、若你是一名保管员,在酒花保管过程中应该注意哪些问题?

七、酒花的主要成分及其功能是什么?

八、菌种扩大过程中为什么要逐步扩大培养、培养温度为什么要逐级下降?

项目任务书

年　　月　　日

项目名称	啤酒酵母的复壮及扩大培养初步方案	实训学时	
学习领域	4.啤酒酿造	实训地点	
项目任务	根据提供的材料和设备等,设计出啤酒酵母的复壮及扩大培养初步方案,包括详细的准备项目表和工艺路线	班级小组	
		小组成员签名	
实训目的	1.能够全面系统地掌握啤酒酵母的复壮及扩大培养的基本技能与方法 2.通过项目方案的讨论和实施,体会完整的工作过程,掌握啤酒酵母扩大培养基本方法,学会用比较完整的写作形式准确表达实验成果 3.培养学生团队工作能力		
工作流程	教师介绍背景知识(理论课等)　　教师引导查阅资料 每个同学阅读操作指南和教材相关内容,填写工作页;并以小组为单位讨论制定初步方案,再提交电子版1次 教师参与讨论,并就初步方案进行点评、提出改进意见 每个小组根据教师意见修改后定稿,并将任务书双面打印出来,实训时备用		

初步方案	工作流程路线	所需材料及物品预算表
修订意见		
定稿方案	工作流程路线	所需材料及物品预算表
方案审核人(签名)		

实训项目操作指南　啤酒酵母的复壮及扩培

现代发酵工业的生产规模越来越大,每只发酵罐(池)的容积有几十甚至几百立方米。因此要在短时间内完成发酵,必须要有数量巨大的微生物细胞才行。种子扩大培养就是将纯种酵母增殖达到一定数量,即获得数量足够的健壮的微生物以供生产需要。

另外,微生物的最适生长温度与发酵最适的温度往往不同,为了保证菌种的活力,尽量缩短菌种的适应时间(延迟期),在种子扩大培养过程中要逐渐从最适生长温度过渡到发酵最适温度。

在啤酒发酵中,接种量一般控制在麦汁量的 10% 左右(使发酵液中的酵母量达 1×10^7 个/mL)。酵母的最适生长温度为 30℃,而发酵最适温度在 10℃ 左右,因此扩大培养过程中温度应逐渐降低。

一、准备阶段

1. 菌种

啤酒酵母。

2. 培养基

取协定法制备的麦芽汁滤液(约 400mL),加水定容至约 600mL,用糖锤度计测定其糖度,并补加葡萄糖将糖度调整至 10°P,取 50mL 装入 250mL 三角瓶中,另 550mL 装至 1000mL 三角瓶中,包上瓶口布和牛皮纸后,0.05MPa 灭菌 30min。

3. 仪器

手提高压灭菌锅,恒温培养箱,生化培养箱,显微镜等。

二、实验室扩培阶段

1. 啤酒酵母的扩大培养流程

2. 操作步骤

按上面流程进行菌种的扩大培养(斜面活化菌种由实验室提供),注意无菌操作。接种后去掉牛皮纸,但仍应用瓶口布(8 层纱布)封口。

记录种子液镜检和计数结果,种子液最后浓度应达到 1×10^8 个酵母/mL。

三、注意事项

1. 灭菌后的培养基会有不少沉淀,这不影响酵母的繁殖。若要减少沉淀,可在灭菌前将培养基充分煮沸并过滤。

2. 由于酵母的扩大培养（繁殖）是一个需氧的过程，因此要经常摇动，特别是灭过菌的培养基内几乎没有溶解氧，接种之后应充分摇动。种子培养的后期，为了使酵母适应无氧的发酵过程，摇动次数可减少。

项目记录表

年　　月　　日

项目名称	啤酒酵母的复壮及扩大培养	实训学时	
学习领域	4. 啤酒酿造	实训地点	
项目任务	根据提供的材料和设备等，按照各小组自行设计的啤酒酵母的复壮及扩大培养初步方案进行生产	班级	
		姓名	
使用的仪器和设备			

项目实施过程记录

阶　段	操作步骤	原始数据(实验现象)	注意事项	记录者签名
准备阶段				
实验室操作阶段				
培养观察阶段				
菌种扩大培养结果				

项目报告书

年　　月　　日

项目名称	啤酒酵母的复壮及扩大培养	实训学时	
学习领域	4. 啤酒酿造	实训地点	
项目任务	根据提供的材料和设备等，按照各小组自行设计的啤酒酵母的复壮及扩大培养初步方案生产	班级小组	
		小组成员姓名	
实训目的			
原料、仪器、设备			

项目实施过程记录整理(附原始记录表)

阶　段	操作步骤	原始数据或资料	注意事项
准备阶段			
实验室操作阶段			
培养观察阶段			
菌种扩大培养结果			

结果报告及讨论

项目小结

成绩/评分人	

单元生产 2：啤酒酿造工艺及主要设备（一）

工作任务 1　麦芽制造

把酿造大麦在一定条件下加工成啤酒酿造用麦芽的过程称为麦芽制造，简称制麦。

麦芽制造工艺流程：原大麦→预处理→浸麦→发芽→干燥→后处理→成品麦芽。

制麦的目的是将精选大麦经浸麦吸水、吸氧后，在适当条件下发芽产生多种水解酶类，并在这些酶的作用下使胚乳成分得到一定的分解，经过干燥除去多余水分和鲜麦芽的生腥味，同时产生特有的麦芽色香味，经过除根等处理满足啤酒酿造的需要。

1. 大麦的预处理

收购的大麦称为原大麦，原大麦入厂后经过预处理，得到颗粒大小均匀一致的精选大麦。大麦的预处理主要包括大麦的粗（清）选、精选、分级和贮存。

（1）大麦的粗选　原大麦在收获时可能混有一定量的杂质，如石块、土粒、铁质杂质、杂谷、麦芒等，必须经过粗选除去这些杂质，再进行贮存。如果原大麦杂质较少，比较干净，也可以不进行粗选直接入仓贮存。在制麦芽前再进行精选分级，把大小不同的麦粒分开，分别投料。

（2）大麦的精选　一般情况下，经过粗选和度过休眠期的大麦，在制麦投料前才进行精选和分级。粗选后的大麦，仍然夹杂有杂质，如破损大麦粒、圆形杂谷等。这些杂质的存在会造成大麦在贮存、浸麦、发芽时出现霉变，圆形杂谷混入麦芽也会影响麦芽、麦芽汁和啤酒的质量。分离这些杂质是利用其与酿造大麦长度不同的特点进行，分离的过程称为大麦精选。用于精选的设备称为精选机，也称杂谷分离机。在粗选或精选时，还要利用永久磁铁器或电磁除铁器除去铁质，用除芒机除去麦芒，大麦进入精选机前还要进行一次风力粗选，精选后立即进行分级。

（3）分级　分级是将麦粒按腹径大小的不同分为三个等级。因为麦粒大小不同实质上反应了麦粒的成熟度之差异，其化学组成、蛋白质含量都有一定差异，从而影响到麦芽质量。

分级的目的是为了保证浸麦的均匀性，麦粒大小不同，吸水速度也不同；为保证发芽过程的一致性，需要大麦的颗粒均匀一致，可以得到质量均匀的麦芽；保证麦芽粉碎物粗细粉均匀，有利于糖化操作和麦芽汁质量；分级除去瘪麦，可以提高麦芽浸出率。

借助两层不同筛孔直径的振动筛将精选后的大麦分成三级，其标准见表 4-10。

表 4-10　大麦分级标准

分级标准	筛孔规格/mm	颗粒腹径/mm	用途
Ⅰ号大麦	25×2.5	＞2.5	制麦
Ⅱ号大麦	25×2.2	2.2～2.5	制麦
Ⅲ号大麦		＜2.2	饲料

（4）大麦的贮存　一般新收大麦的种皮透水性和透气性差，具有休眠性（自我保护作用），此时大麦的发芽率很低，经过后熟（度过休眠期），在外界温度、水分、氧气等的影响下，改变了种皮性能，才能正常发芽。休眠期的长短与大麦品种和生长、收获时的气候条件有关，在大麦成熟期间，气温越低，休眠期越长。大麦生长期间的授粉期，若常下雨，其休眠期也长。

此外，不同的品种休眠期也不相同。一般后熟期为6～8周，在此期间，大麦将度过发芽休眠阶段，并降低水敏感性，提高吸水能力，达到应有的发芽率。

2. 大麦浸渍

新收获的大麦需要经过6～8周储藏才能使用。大麦经清选分级后，即可入浸麦槽浸麦。在浸麦中大麦吸收了充足的水分，含水量（浸麦度）达43％～48％时，即可发芽。在浸麦过程中还可以充分洗去大麦表面的尘埃、泥土和微生物。在浸麦水中适当添加石灰乳、Na_2CO_3、NaOH、KOH和甲醛等中的任何一种化学药物，均可以加速酚类等有害物质的浸出，促进发芽，有利于提高麦芽质量。

（1）浸麦的设备与方法

① 浸麦设备 分柱体锥底浸麦槽和平底浸麦槽两种，后者如图4-9所示。

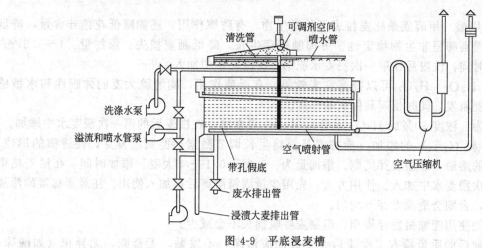

图4-9 平底浸麦槽

② 浸麦方法 有湿浸法、间歇浸麦法和喷雾浸麦法。

湿浸法几乎已被淘汰。间歇浸麦法又叫断水浸麦法，它先将大麦加水浸泡一段时间，然后把水放掉，进行空气休止，并通风排CO_2，一段时间后再放进新鲜水浸泡，如此反复，直至达到所要求的浸麦度。常用的为浸2断6（浸水2h，断水6h）、浸4断4或浸4断6等。在可能的条件下应尽可能延长断水时间。断水进行空气休止并通风供氧，能促进水敏感性大麦的发芽，提高发芽率，并缩短发芽时间。在浸水时也需要定时通入空气供氧，一般每小时1～2次，每次15～20min，通气间隔时间过长是不利的。整个浸麦时间约需40～72h，要求露点率（露出白色根芽的麦粒占总麦粒的百分数）达85％～95％。

喷雾浸麦法的特点是耗水量较少（只为一般浸麦方法的1/4），供氧充足，发芽速度快。国内操作方法的一例为：a. 投麦后，洗麦和浸麦6h左右，通风搅拌，捞浮麦，每小时通风20min。b. 断水喷淋18h左右。每隔1～2h通风10～20min。c. 浸麦2h，进水后通风搅拌20min。d. 断水喷淋10h左右，每隔1～2h通风10～20min。e. 浸麦2h，进水后通风搅拌20min。f. 断水喷淋8h，每隔1h通风20min。g. 停止喷淋，控水2h后出槽。

浸麦水温一般不超过20℃，但为了缩短浸麦时间，也有的采用温水浸麦法，即用30℃以内的温水浸麦。另外还有的采用重浸渍浸麦法（resteeping process）和多次浸麦法（multi-steeping process）浸麦。

（2）浸麦度 浸麦后湿大麦含水的百分率称为浸麦度。

$$浸麦度（\%）=\frac{浸麦后质量-（原大麦质量-原大麦含水量）}{浸麦后质量}\times100\% \quad (4-5)$$

对浸麦度的要求一般为：浅色麦芽41％～44％，深色麦芽45％～48％。

浸麦度的测定方法为：采用一个多孔圆锥筒进行测定。每次浸麦投料时，把选麦过程取得的麦样混合均匀，称取 5 个 100g 的麦样，放入容器内或用纱布包好用绳系牢，挂于浸麦槽中（此容器的下端插入浸麦层中）或均匀放置于浸麦槽各部位 500mm 深处，与生产大麦同时进行浸麦。测定时，用干毛巾吸去麦粒表面的水分再称重计算。

（3）浸麦时化学药品的使用　在浸麦过程中，同时进行洗麦。通过通风、颗粒之间摩擦，麦粒上的污物溶入浸麦水中，在换水时被分离。同时，谷皮中的单宁、色素、苦味物质等有害杂质也被除去一部分。为提高洗涤效果，改善麦芽质量，洗麦时常添加一些化学药品。

① 添加石灰乳　石灰乳呈碱性，具有杀菌作用，又利于麦皮中多酚类物质、苦味物质、谷皮蛋白的溶出，可提高大麦的发芽力，改善啤酒色泽、风味和非生物稳定性。

② 添加 NaOH 或 Na_2CO_3　添加 NaOH 或 Na_2CO_3 的作用与石灰乳相同，但不会形成沉淀。

③ 添加甲醛　甲醛能杀死麦粒表面的微生物，有防腐作用，还能降低花色苷含量，降低啤酒色度，提高啤酒非生物稳定性。可抑制根芽生长，降低制麦损失。添加量：$1\sim1.5kg/t$ 大麦。添加时间：洗麦后在第一次浸麦水或第二次浸麦水中加入。

④ 添加 H_2O_2　H_2O_2 可以提高洗麦效果，有灭菌作用，能消除大麦的休眠性和水敏感性，促进大麦萌发，同时也起到供氧的作用。

添加量为：浓度 30% 的 H_2O_2 用量为 $3L/m^3$ 浸麦水。在洗麦后的第一次浸麦水中添加。

⑤ 赤霉素（GA_3）的添加　赤霉素是植物生长调节激素，能刺激发芽，促进酶的形成，促进蛋白质的溶解，缩短发芽周期。添加量为：$0.05\sim0.15g/t$ 大麦。添加时间：在浸麦结束前或最后一次浸麦水中加入。使用方法：先用少量酒精溶解后再加入使用。注意赤霉素的添加一定要均匀，否则会造成发芽不均匀。

赤霉素的使用能缩短发芽周期，但制麦呼吸损失不会减少。

（4）浸麦后的质量检查　浸渍后大麦表面应洁净，不发黏，无霉味，无异味（如酸味、醇味、腐臭味），应有新鲜的黄瓜气味；用食指和拇指逐粒按动，应松软不硬；用手指捻碎，不能有硬粒、硬块；用手握紧湿大麦应有弹性感；浸麦结束后，湿大麦露点率应达 85% 以上。

3. 大麦发芽

发芽是一生理生化变化过程，通过发芽，可使大麦中的酶系得到活化，使酶的种类和活力都明显增加。随着酶系统的形成，麦粒的部分淀粉、蛋白质和半纤维素等大分子物质得到分解，使麦粒达到一定的溶解度，以满足糖化时的需要。所以，水解酶的形成是大麦转变成麦芽的关键所在。

（1）大麦发芽机理　发芽开始，胚部的叶芽和根芽开始发育，同时释放出许多赤霉酸（GA），并向糊粉层分泌，由此诱发糊粉层产生一系列诱导酶，这些诱导酶又分泌到胚乳等部，诱导该处形成各种水解酶，进而引起淀粉、蛋白质等营养物质的分解，由此为生长的胚提供必需的营养。表 4-11 所列为发芽前后大麦的主要酶类比较。

表 4-11　发芽前后大麦的主要酶类比较

大麦	α-淀粉酶	β-淀粉酶	蛋白酶	半纤维素酶类
原大麦	不含	活性低	量少、活性低	有
麦芽	酶量明显增加	活性明显增加	酶量、活性明显增加	活性增强

注：麦芽糖化力是以 β-淀粉酶为主的酶活性为代表。

（2）发芽方法与设备　发芽方法可分为地板式发芽和通风式发芽两大类。地板式发芽是传统方法，比较落后，已逐渐被通风式发芽所取代。通风式发芽是厚层发芽，通过不断向麦层送入一定温度的新鲜饱和的湿空气，使麦层降温，并保持麦粒应有的水分，同时将麦层中的CO_2和热量排出。当前，通风式发芽最普遍采用的是萨拉丁（Saladin）箱式发芽、麦堆移动式发芽和发芽干燥两用箱发芽，这三种发芽方法均有平面式和塔式之分。下面以萨拉丁箱（图4-10）式发芽法为例，介绍发芽的具体操作方法。

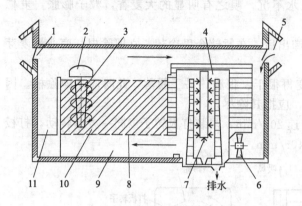

图 4-10　萨拉丁发芽箱示意图

1—排风；2—翻麦机；3—螺旋翼；4—喷雾室；

5—进风；6—风机；7—喷嘴；

8—筛板；9—风道；10—麦层；11—走道

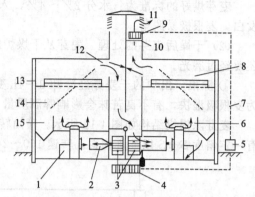

图 4-11　带热能回收的复式单层高效烘干炉

1—热风机；2—燃烧炉；3—冷风入口；

4—冷凝器/热交换器；5—压缩机；6—热风分配器；

7—冷冻剂管线；8—干燥中麦芽；9—蒸发器/热交换器；

10—凝结水；11—潮湿空气出口；

12—焙焦麦芽热风转入另一烘床；13—活动烘床；

14—热风室；15—烘干麦芽斗

将浸渍完毕的大麦带水送入发芽箱，铺平后开动翻麦机以排出麦层中的水。麦层的高度以$0.5\sim1.0m$为宜。发芽温度控制在$13\sim17℃$，一般前期应低一些，中期较高，后期又降低。翻麦有利于通气、调节麦层温湿度，使发芽均匀。一般在发芽的第一、二天可每隔$8\sim12h$时翻一次，第$3\sim5d$为发芽旺盛期应每隔$6\sim8h$翻一次，第$6\sim7d$为$12h$翻一次。通风对调节发芽的温度和湿度起主要作用，一般发芽室的湿度应在95%以上，由于水分蒸发，应不断通入湿空气进行补充。又由于大麦呼吸产热而使麦层温度升高，所以应不断通入冷空气降温，必要时进行强通风。通风方式有间歇式和连续式两种，可根据工艺要求选用。直射强光会影响麦芽质量，一般认为蓝色光线有利于酶的形成。发芽周期为$6\sim7d$。

发好芽的麦芽称为绿麦芽，要求新鲜、松软、无霉烂；溶解（指麦粒中胚乳结构的化学和物理性质的变化）良好，手指搓捻呈粉状，发芽率95%以上；当叶芽长度$=(2/3\sim3/4)\times$麦粒长度，根芽长$=(1.5\sim2)\times$麦粒长时发芽结束。

4. 绿麦芽的干燥及贮藏

未干燥的麦芽称新鲜麦芽（或鲜麦芽，习惯称为绿麦芽）。绿麦芽经过干燥可以除去麦芽多余水分，便于保存；同时使麦根变脆，易于除去，避免麦根成分对啤酒质量的影响；停止新鲜麦芽的生长，麦芽成分稳定；除去新鲜麦芽的生腥味，同时形成不同麦芽特有的色、香、味。

（1）干燥设备与方法　常见干燥设备如图4-11所示。

绿麦芽干燥过程可大体分为凋萎期、焙燥期、焙焦期三个阶段，这三个阶段控制的技术条件如下。

① 凋萎期　一般从$35\sim40℃$起温，每小时升温$2℃$，最高温度达$60\sim65℃$，需时$15\sim24h$（视设备和工艺条件而异）。此期间要求风量大，每$2\sim4h$翻麦一次。麦芽干燥程度为含水量10%以下。但必须注意的是麦芽水分还没降到10%以前，温度不得超过$65℃$。

② 焙燥期 麦芽凋萎后，继续每小时升温2～2.5℃，最高达75～80℃，约需5h，使麦芽水分降至5%左右。此期中每3～4h翻动一次。

③ 焙焦期 进一步提高温度至85℃，使麦芽含水量降至5%以下。深色麦芽可增高焙焦温度到100～105℃。整个干燥过程约需24～36h。

麦芽烘好的标准为：水分2%～4%，入水不沉，嗅之有明显的大麦香，粒子膨胀，麦仁发白，麦根极易脱落。

（2）干燥后麦芽的处理 麦芽从干燥炉卸出后，在暂储仓里冷却，立即除根；商业性麦芽还要经过磨光。

① 除根 出炉的干麦芽经冷却3～4h变得很干、很脆，易于脱落，此时应立即除根。因为麦根吸湿快，有不良苦味会影响啤酒质量，应把其除尽。

麦芽除根机结构如图4-12所示。筛筒转速20r/min，内装打板转子以同一方向转动，打板有一定斜度S—S以推进物料。转速160～240r/min。

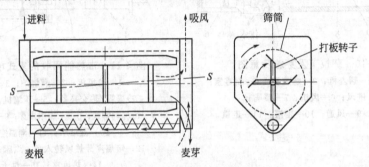

图 4-12 干麦芽除根机示意图

除根机上方设暂储箱，容量为每炉麦芽的2/3；物料进入除根机之前经过除铁器；除根机能力按每批干麦芽除根时间2～4h考虑。

麦芽除根机打板转子搅动麦粒，使麦粒与麦粒摩擦，麦粒和筛筒撞击摩擦，使干、脆的麦根脱落，穿过筛筒落于螺旋槽内排出。麦芽出口处吸风除去轻杂质，并使其冷却至室温，最好在20℃左右。

麦根呈淡褐色、松软，约占精选大麦质量的3.7%左右，麦根中碎麦粒和整粒麦芽含量不得超过0.5%。

麦芽出厂前可进行磨光处理，以除去麦芽表面的水锈或灰尘使外表美观，麦芽在磨光前经过筛理除去大杂、小杂和轻杂。麦芽磨光损失占干麦芽质量的0.5%～1.5%。

② 储存 除根后的麦芽必须储存回潮两周以上方可出库。一般干麦芽使用前必须储存一个月，最长为半年。

新焙燥除根的麦芽，麦皮容易被破碎，除根麦芽储存回潮后，粉碎时可使皮破而不碎；储存回潮后，胚乳失去原有的脆性，质地有显著改善；麦芽经储存后，因焙燥而钝化的酶活性复活，糖化力提高1%～2%，蛋白酶活性提高2%。

贮存的要求为：麦芽除根冷却至室温以下进仓储存，以防麦温过高而发霉变质；按质量等级分别贮存；尽量避免空气和潮气渗入；应按时检查麦温和水分的变化；干麦芽贮存回潮水分5%～7%，不宜超过9%；应具备防治虫害的措施；贮存期最长为半年。

5. 制麦损失

制麦损失是指精选后的大麦经过浸麦、发芽、干燥、除根等过程后所造成的物质损失，其中对颗粒小于2.2mm（或2.0mm）的大麦不作为损失计算。

造成制麦损失的原因有：水分损失（大麦原水分为13%以下，干麦芽水分1.5%～

3.5%）、浸麦损失（麦粒成分溶出）、发芽损失（呼吸损失）、除根损失（去除麦根），一般浅色麦芽总损失率为 17.5%～25.8%，深色麦芽总损失率为 22.5%～29.5%。

工作任务 2　麦汁制备

麦芽汁的制备流程为：

```
          辅料粉碎→糊化        热水    丢弃          丢弃
          原料粉碎→糖化→过滤→洗糟过滤→麦糟  酒花  酒花糟等热凝固物
          头道麦汁＋二、三道麦汁→麦汁煮沸→回旋沉淀→麦汁冷却→麦汁充氧
```

1. 原辅料粉碎

粉碎是一种纯物理加工过程，原料通过粉碎可以使淀粉颗粒很快吸水软化、膨胀以至溶解。使内含物与介质水和生物催化剂酶接触面积增大，加速物料内含物的溶解和分解，加快可溶性物质的浸出，促进难溶性物质的溶解。

（1）麦芽粉碎方法　一般分为干法粉碎、湿法粉碎、回潮粉碎和连续浸渍湿式粉碎四种，具体见表 4-12。

表 4-12　不同麦芽粉碎方法的比较

比较项目	干　　法	湿　　法	回　潮　法	连续浸渍湿法
操作	对辊式粉碎机，直接进料粉碎	湿式粉碎机带水粉碎	在很短时间内向麦芽通入蒸汽或一定温度的热水使麦壳增湿具有弹性，胚乳水分保持不变。粉碎时麦壳保持相对完整，而胚乳利于粉碎	麦芽在加料辊的作用下连续进入浸渍室，用温水浸渍 60s，麦皮变得富有弹性，随即进入粉碎机，边喷水边粉碎
要求麦芽水分	6%～8%	25%～30%	麦壳少量水分	23%～25%
优点	麦粒松脆，便于控制浸麦度	麦皮比较完整，过滤时间缩短，糖化效果好，麦芽汁清亮	麦皮破而不碎，可加快麦芽汁过滤速度，减少麦皮有害成分的浸出	改进了湿式粉碎的两个缺点，将湿法粉碎和回潮粉碎有机地结合起来
缺点	粉尘较大，麦皮易碎，容易影响麦芽汁过滤和啤酒的口味及色泽	动力消耗大，每吨麦芽粉碎的电耗比干法高 20%～30%；由于每次投料麦芽同时浸泡，而粉碎时间不一，使其溶解性产生差异，糖化也不均一		

（2）麦芽的粉碎原则要求　皮壳破而不碎，胚乳适当地细，并注意提高粗细粉粒的均匀性。麦芽的皮壳在麦汁过滤时作为自然滤层，不能粉碎过细，应尽量保持完整。若粉碎过细，滤层压得太紧，会增加过滤阻力，使过滤困难；另外皮壳中的有害物质如多酚、苦味物质等容易溶出，会加深啤酒色度使苦味粗糙。麦芽胚乳部分从理论上讲粉碎得越细越好，特别是对溶解不好的麦芽，采用机械破碎的方式可以使内含物在糖化过程中最大限度地溶出，提高糖化收得率。但过细也会增加耗电量，操作费用增加。

（3）粉碎设备　啤酒厂粉碎麦芽和大米大都用辊式粉碎机，常用的有对辊式、四辊式、五辊式和六辊式等。

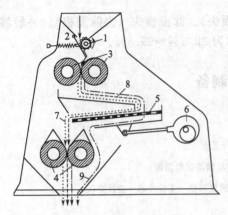

图 4-13 四辊式粉碎机

1—分配辊；2—进料调节；3—预磨辊；
4—麦皮辊；5—振动筛；6—偏心驱动装置；
7—带有粗粒的麦皮；8—预磨粉碎物；9—细粉

例如四辊式粉碎机，由两对辊筒和一组筛子所组成，如图 4-13 所示。原料经第一对辊筒粉碎后，由筛选装置分离出皮壳排出，粉粒再进入第二对辊筒粉碎。

（4）辅料粉碎　由于辅料一般是未发芽的谷物，胚乳比较坚硬，比麦芽磨碎所需的电能大，对设备的损耗较大。工艺上对粉碎的要求是有较大的粉碎度，粉碎得细一些，以利于糊化和糖化。辅料粉碎一般采用三辊或四辊的二级粉碎机，也可采用磨盘式粉碎机或锤式粉碎机。辅助原料的粉碎应尽可能细些，以增加浸出物的收得率。

2. 糊化、液化与糖化

如图 4-14 所示，糖化过程是啤酒生产中的重要环节。

糖化是指利用麦芽本身所含有的各种水解类酶（或外加酶制剂），以及水和热力作用，将麦芽和辅助原料中的不溶性高分子物质（淀粉、蛋白质、半纤维素、植酸盐等）分解成可溶性的低分子物质（如糖类、糊精、氨基酸、肽类等），从而获得含有一定量可发酵性糖、酵母营养物质和啤酒风味物质的麦汁。溶解于水的各种干物质称为"浸出物"，制得的澄清溶液称为麦芽汁或者麦汁。麦芽汁中的浸出物含量与原料中所有干物质的比称为"无水浸出率"。

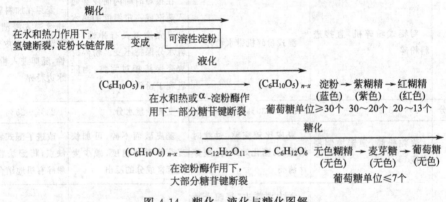

图 4-14　糊化、液化与糖化图解

【阅读材料】　糖化原理

1. 淀粉分解

① 辅料（非发芽谷物）的糊化和液化　大米、玉米等酿造辅料未经过发芽变化，其淀粉存在于胚乳中，以大小不等的颗粒存在于淀粉细胞中，颗粒被包裹在细胞壁中。在淀粉细胞之间还充满了蛋白质等物质。淀粉颗粒中的直链淀粉以螺旋状长链缠绕重叠，支链淀粉包裹在直链淀粉外部和直链淀粉之间，不溶于冷水也难被麦芽中的淀粉酶分解。当进行加热，温度升高至 70℃ 左右时，淀粉颗粒开始裂解，淀粉进入水中，折叠缠绕的淀粉长链开始舒展，继续升高温度，淀粉颗粒吸水膨胀，形成"凝胶状"。淀粉颗粒吸水膨胀，从细胞壁中释放并形成凝胶的过程称"糊化"。淀粉糊化后，继续加热或者受到淀粉酶的水解，淀粉长链断裂成短链状糊精，黏度迅速降低，此过程称为液化，为促进液化，常加入麦芽或者 α-淀粉酶。在麦芽中酶存在的情况下，麦芽淀粉的糊化温度降到 55℃。

② 淀粉的糖化　啤酒酿造中的糖化过程是指辅料的糊化醪和麦芽中的淀粉受到麦芽中的淀粉酶的分解，形成低聚糊精和以麦芽糖为主的可发酵性糖的全过程。糖化过程中醪液黏度迅速下降，碘液反应，由呈蓝色、红色逐步至无颜色过渡。

可发酵性糖是指麦芽汁中能被下面啤酒酵母发酵的糖类，如果糖、葡萄糖、蔗糖、麦芽糖、棉籽糖和麦芽三糖等。

非发酵性糖是指麦芽汁中不能被下面啤酒酵母发酵的糖类,如低聚糊精、异麦芽糖、戊糖等。非发酵性糖虽然不能被酵母发酵,但它们对啤酒的适口性、黏稠性、泡沫的持久性,以及营养等方面均起着良好作用。如果啤酒中缺少低级糊精,则口味淡薄,泡沫也不能持久;但含量过多,会造成啤酒发酵度偏低,黏稠不爽口和有甜味的缺点。所以在淀粉分解时,应注意到麦芽中这些可发酵性糖(如麦芽糖)和非糖的比例。一般浓色啤酒糖与非糖之比控制在 1:(0.5~0.7),浅色啤酒糖与非糖之比控制在 1:(0.23~0.35),干啤酒及其他高发酵度的啤酒可发酵性糖的比例会更高。

在成品麦芽汁中,决不允许有淀粉和高分子糊精存在,它们的存在对啤酒无益,容易引起啤酒的淀粉性浑浊(或糊精浑浊),同时淀粉与高级糊精的存在,也意味着浸出率的下降。因此糖化时要将醪液冷却到室温进行碘检,淀粉必须分解到碘液不起呈色反应,麦汁中没有淀粉和高级糊精的存在。

表 4-13 所列为淀粉分解中的酶。

表 4-13 淀粉分解中的酶

项 目	α-淀粉酶	β-淀粉酶	异淀粉酶	界限糊精酶
作用位点	α-1,4 糖苷键	从非还原性末端的第二个 α-1,4 糖苷键开始水解	α-1,6 糖苷键	α-1,6 葡萄糖苷键
类型	内切酶,液化型	外切酶	内切酶	内切酶
水解产物	6~7 个单位的寡糖	麦芽糖和少量的糊精	短链糊精、少量麦芽糖和麦芽三糖	葡萄糖、麦芽糖、麦芽三糖和直链寡糖

2. 蛋白质分解

与淀粉的分解不同,蛋白质的溶解主要是在制麦过程中进行,而糖化过程主要起修饰作用,制麦过程与糖化过程中蛋白质溶解之比为 1:(0.6~1.0),而淀粉分解之比为 1:(10~14)。但糖化时蛋白质的水解具有重要意义,蛋白质分解产物会影响啤酒泡沫的多少和持久性,影响啤酒的风味和色泽,对酵母的营养和啤酒的稳定性也会产生影响。糖化时蛋白质的分解称为蛋白质休止,分解的温度称为休止温度,分解的时间称为休止时间。

麦芽糖化时,蛋白质分解酶主要来源于麦芽,包括蛋白酶、羧肽酶、氨肽酶和二肽酶,分解产物主要是氨基酸、多肽和二肽。

3. β-葡聚糖的分解

麦芽中的 β-葡聚糖是胚乳细胞壁和胚乳细胞之间的支撑和骨架物质。大分子 β-葡聚糖呈不溶性,小分子呈可溶性。在 35~50℃ 时,麦芽中的大分子葡聚糖溶出,提高醪液的黏度。尤其是溶解不良的麦芽,β-葡聚糖的残存高,麦芽醪过滤困难,麦芽汁黏度大。因此,糖化时要创造条件,通过麦芽中内-β-1,4-葡聚糖酶和内-β-1,3-葡聚糖酶的作用,促进 β-葡聚糖的分解,使 β-葡聚糖降解为糊精和低分子葡聚糖。糖化过程控制醪液 pH 在 5.6 以下,温度在 37~45℃ 休止,有利于促进 β-葡聚糖的分解,降低麦芽汁黏度(1.6~1.9mPa·s)。同时注意麦芽要粉碎均匀。温度越高,β-葡聚糖酶受破坏的程度越大,β-葡聚糖的分解就越缓慢。

4. 滴定酸度及 pH 的变化

糖化醪的酸度主要来自于麦芽中所含的酸性磷酸盐、草酸等,在糖化过程中,酸度和 pH 的变化十分复杂。麦芽所含的磷酸盐酶在糖化时继续分解有机磷酸盐,游离出磷酸及酸性磷酸盐。麦芽中可溶性酸及其盐类溶出,构成糖化醪的原始酸度,改善醪液缓冲性,有益于各种酶的作用。以后由于微生物的作用,产生了乳酸,蛋白质分解产生氨基酸以及琥珀酸、草酸等,均会使滴定酸度增加,pH 下降,缓冲能力增强。

5. 多酚物质的变化

多酚类物质存在于大麦皮壳、胚乳、糊粉层和贮藏蛋白质层中,占大麦干物质的 0.3%~0.4%。麦芽溶解得越好,多酚物质游离就越多。在高温条件下,与高分子蛋白质络合,形成单宁-蛋白质的复合物,影响啤酒的非生物稳定性;多酚物质的酶促氧化聚合贯穿于整个糖化阶段,在糖化阶段(50~65℃)表现得最突出,会产生涩味、刺激味,使啤酒口味失去原有的协调性,变得单调、粗涩淡薄,影响啤酒的风味稳定性。氧化的单宁与蛋白质形成复合物,在冷却时呈不溶性,形成啤酒浑浊和沉淀。因此,采用适当的糖化操作和麦芽汁煮沸,使蛋白质和多酚物质沉淀下来。适当降低 pH,有利于多酚物质与蛋白质作用而沉淀析出,降低麦芽汁色泽。

在麦芽汁过滤中，要尽可能地缩短过滤时间，过滤后的麦芽汁应尽快升温至沸点，使多酚氧化酶失活，防止多酚氧化使麦芽汁颜色加深、啤酒口感粗糙。

6. 脂类分解

脂类在脂酶的作用下分解，生成甘油酯和脂肪酸，82%～85%的脂肪酸是由棕榈酸和亚油酸组成。糖化过程中脂类的变化分两个阶段：第一阶段是脂类的分解，即在脂酶两个最适温度段（30～35℃和65～70℃）通过脂酶的作用生成甘油酯和脂肪酸；第二阶段是脂肪酸在脂氧合酶的作用下发生氧化，表现在亚油酸和亚麻酸的含量减少。滤过的麦汁浑浊，可能有脂类进入到麦汁中，会对啤酒的泡沫产生不利影响。

7. 类黑色素的形成

类黑色素是由单糖和氨基酸在加热煮沸时形成的，它是一种黑色或褐色的胶体物质，具有愉快的芳香味，能增加啤酒的泡沫持久性、调节 pH，所以它是麦芽汁中有价值的物质，但其量必须适当，过量的类黑色素不仅使有价值的糖和氨基酸受到损失，还会加深啤酒的色素。

8. 无机盐的变化

麦芽中含有无机盐为2%～3%，其中主要为磷酸盐，其次有 Ca、Mg、K、S、Si 等盐类，这些盐大部分会溶解在麦芽汁中，它们对糖化发酵有很大的影响，例如：磷提供酵母发育必需的营养盐类，钙可以保护酶不受温度的破坏等。

（1）**糖化方法**　将麦芽和非发芽谷物原料的不溶性固形物降解转化成可溶性的、并有一定组成比例的浸出物，所采用的工艺方法和工艺条件称为糖化方法。

根据是否分出部分糖化醪可将糖化方法分为煮出糖化法和浸出糖化法，以前啤酒酿造均是只用麦芽为原料，均采用以上两种方法。当采用不发芽谷物（如玉米、大米、玉米淀粉等）进行糖化时需先对添加的辅料进行预处理——糊化、液化（即对辅料醪进行酶分解和煮出），此时采用复式糖化法（双醪糖化法）。我国啤酒生产大多数使用非发芽谷物为辅助原料，所以复式糖化法运用较多。

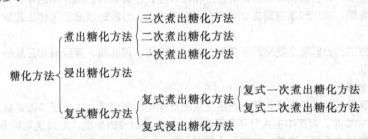

① **煮出糖化法**　煮出糖化法是兼用酶的生化作用和热力的物理作用进行的糖化方法，对溶解不良的麦芽非常有效，可提高浸出物收得率，缩短糖化时间。传统下面发酵啤酒无论浅色还是深色啤酒，均采用此法，近代一般采用两个完全一致的锅——糖化糊化锅来完成糖化。

糖化过程是将糖化醪液的一部分，分批地从糖化锅中取出，送至糊化锅，用蒸汽加热到沸点，然后再返回糖化锅与其余未煮沸的醪液混合，使全部醪液温度分阶段地升高到不同酶分解底物所要求的温度，最后达到糖化终了温度。根据部分醪液煮沸的次数，分为一次、二次和三次煮出糖化法（表4-14）。分醪煮沸的次数主要由麦芽的质量和所制啤酒的种类决定。

② **浸出糖化法**　浸出糖化法是纯粹利用麦芽中酶的生化作用，用不断加热或者冷却调节醪的温度，浸出麦芽中可溶性物质的糖化方法。由煮出糖化法去掉部分糖化醪的蒸煮步骤，麦芽醪未经煮沸，是最简单的糖化方法，适合于溶解良好、含酶丰富的麦芽。浸出法要求麦芽质量必须优良。如果使用的麦芽质量太差，虽延长糖化时间，也难达到理想的糖化效果。浸出糖化法可分为恒温、升温和降温三种方法，较常用的是升温浸出法。

糖化过程是把醪液从一定温度开始加热至几个温度休止阶段进行休止，最后达到糖化终止温度。投料温度大约为35～37℃，如果麦芽溶解良好，也可直接采用50℃投料。浸出糖化法糖化过程在带有加热装置的糖化锅中即能完成，无需糊化锅。见表4-15。

表 4-14 全麦芽煮出糖化法及糖化曲线

糖化方法	糖化曲线	糖化操作
一次煮出糖化法	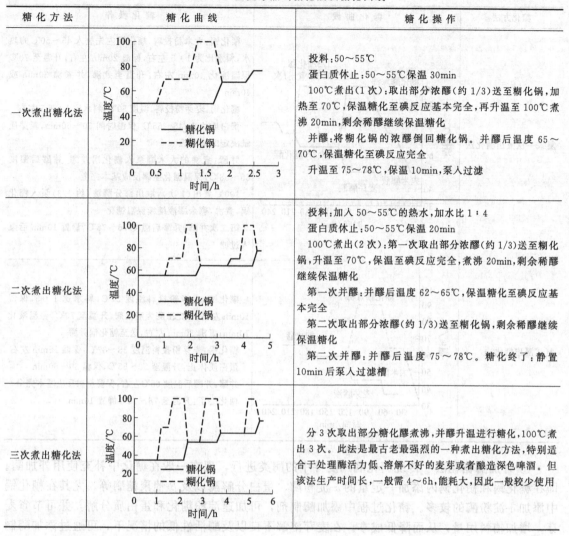	投料：50～55℃ 蛋白质休止：50～55℃保温 30min 100℃煮出(1 次)：取出部分浓醪(约 1/3)送至糊化锅，加热至 70℃，保温糖化至碘反应基本完全，再升温至 100℃煮沸 20min，剩余稀醪继续保温糖化 并醪：将糊化锅的浓醪倒回糖化锅。并醪后温度 65～70℃，保温糖化至碘反应完全 升温至 75～78℃，保温 10min，泵入过滤
二次煮出糖化法		投料：加入 50～55℃的热水，加水比 1：4 蛋白质休止：50～55℃保温 20min 100℃煮出(2 次)：第一次取出部分浓醪(约 1/3)送至糊化锅，升温至 70℃，保温至碘反应完全，煮沸 20min，剩余稀醪继续保温糖化 第一次并醪：并醪后温度 62～65℃，保温糖化至碘反应基本完全 第二次取出部分浓醪(约 1/3)送至糊化锅，剩余稀醪继续保温糖化 第二次并醪：并醪后温度 75～78℃。糖化终了：静置 10min 后泵入过滤槽
三次煮出糖化法		分 3 次取出部分糖化醪煮沸，并醪升温进行糖化，100℃煮出 3 次。此法是最古老最强烈的一种煮出糖化方法，特别适合于处理酶活力低、溶解不好的麦芽或者酿造深色啤酒。但该法生产时间长，一般需 4～6h，能耗大，因此一般较少使用

表 4-15 全麦芽浸出糖化法及糖化曲线

糖化方法	糖化曲线	糖化操作
浸出糖化法	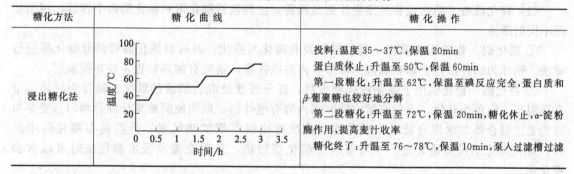	投料：温度 35～37℃，保温 20min 蛋白质休止：升温至 50℃，保温 60min 第一段糖化：升温至 62℃，保温至碘反应完全，蛋白质和 β-葡聚糖也较好地分解 第二段糖化：升温至 72℃，保温 20min，糖化休止，α-淀粉酶作用，提高麦汁收率 糖化终了：升温至 76～78℃，保温 10min，泵入过滤槽过滤

③ 复式糖化法　我国目前生产的啤酒大多添加了辅料，加辅料的啤酒一般采用复式糖化法（又称双醪糖化法）进行糖化，所谓双醪是指未发芽谷物粉碎后配成的醪液和麦芽粉碎物配成的醪液。我国一般采用大米作为辅助原料，配成的醪液为大米醪。大米醪在糊化锅里单独处理后与糖化锅中的麦芽醪混合，根据混合醪液是否煮出分为复式煮出糖化法和复式浸出糖化法，复式煮出糖化法又分复式一次煮出糖化法和复式二次煮出糖化法。见表 4-16。

表 4-16　复式糖化法及糖化曲线

糖化方法	糖化曲线	糖化操作
复式一次煮出糖化法	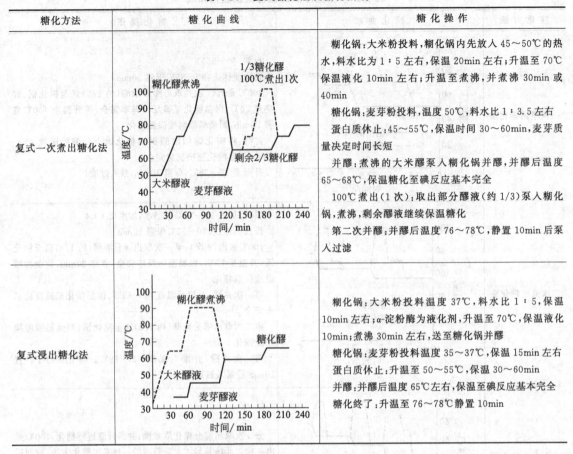	糊化锅：大米粉投料，糊化锅内先放入 45～50℃的热水，料水比为 1：5 左右，保温 20min 左右，升温至 70℃保温液化 10min 左右，升温至煮沸，并煮沸 30min 或 40min 糖化锅：麦芽粉投料，温度 50℃，料水比 1：3.5 左右 蛋白质休止：45～55℃，保温时间 30～60min，麦芽质量决定时间长短 并醪：煮沸的大米醪泵入糊化锅并醪，并醪后温度 65～68℃，保温糖化至碘反应基本完全 100℃煮出（1 次）：取出部分醪液（约 1/3）泵入糊化锅，煮沸，剩余醪液继续保温糖化 第二次并醪：并醪后温度 76～78℃，静置 10min 后泵入过滤
复式浸出糖化法		糊化锅：大米粉投料温度 37℃，料水比 1：5，保温 10min 左右；α-淀粉酶为液化剂，升温至 70℃，保温液化 10min；煮沸 30min 左右，送至糖化锅并醪 糖化锅：麦芽粉投料温度 35～37℃，保温 15min 左右 蛋白质休止：升温至 50～55℃，保温 30～60min 并醪：并醪后温度 65℃左右，保温至碘反应基本完全 糖化终了：升温至 76～78℃静置 10min

　　④ 外加酶糖化法　传统糖化利用麦芽中的酶类进行，现在一般在糖化中补充使用外加酶。即在糖化锅和糊化锅内添加一定量的 α-淀粉酶、蛋白分解酶以及 β-葡聚糖酶等，尤其在糊化锅中添加 α-淀粉酶的较多。糖化过程中添加酶制剂，可加速淀粉糖化和蛋白质分解，并可节省麦芽，增加辅料用量，从而降低成本。在麦芽溶解不良以及酶活性低的情况下，可通过添加酶制品来补充酶源。

　　（2）糖化设备　糖化设备是指麦汁制造设备，主要包括糊化锅和糖化锅两个容器，用来处理不同的醪液。

　　① 糊化锅　糊化锅主要用于辅料投料及其糊化与液化，并可对糊化醪和部分糖化醪进行煮沸。锅体为圆柱形，上部和底部为球形，内装搅拌器，锅底有加热装置，外加保温层。

　　② 糖化锅　糖化锅用于麦芽粉碎物投料、部分醪液及混合醪液的糖化。锅身为柱体，带有保温层。锅顶为球体，上部有排汽筒。锅内装有搅拌器，以便使醪液充分混合均匀。麦芽粉碎物通过混合器与水混合后进入糖化锅。传统糖化锅不带加热装置，升温是在糊化锅中进行；现代糖化锅带加热装置，本身可以将糖化醪加热，采用全麦芽浸出糖化法时可以省去糊化锅。

　　③ 糖化设备组合　世界上大多数啤酒厂，麦汁制造采用分批间歇式，制造麦汁设备以锅和槽为主，辅以泵、管道和加热器等，按照锅槽组合方式可分为以下几种类别（表 4-17）。

　　目前国内啤酒厂糖化系统成熟工艺采用三锅二槽，即糊化锅、糖化锅、过滤槽、煮沸锅、漩涡沉淀槽，改进工艺可增加一台糖化锅和一台麦汁中间暂存槽，既节省投资，又能迅速提高糖化生产能力。

表 4-17　糖化设备组合方式

组合方式	设备名称	设备数量/只	组合方式	设备名称	设备数量/只
两器组合	糊化-煮沸两用锅	1	六器组合	糊化锅	1
	糖化-过滤两用槽	1		糖化锅	1
				过滤槽	2
				煮沸锅	2
四器组合	糖化锅	1	六器＋中间槽组合	糊化锅	1
	糊化锅	1		糖化锅	1
	煮沸锅	1		过滤槽	2
	过滤槽	1		煮沸锅	2
五器组合	同四器组合			麦汁暂存槽	2
	加回旋槽	1			

3. 麦芽汁的过滤

糖化过程结束时，麦芽和辅料中高分子物质的分解、萃取已经基本完成，必须要在最短时间内把麦汁和麦糟分离，也就是把溶于水的浸出物和残留的皮壳、高分子蛋白质、纤维素、脂肪等分离，分离过程称为麦芽汁的过滤。

麦汁过滤方法大致可分为三种。一是过滤槽法，二是快速渗出槽法，三是压滤机法，压滤机法又有传统的压滤机、袋式压滤机、膜式压滤机和箱式压滤机之分。下面以常用的过滤槽法和箱式压滤机法进行介绍。

（1）过滤槽法　过滤槽法是最古老也是至今应用最普遍的一种麦汁过滤方法，目前国内大多数啤酒生产厂家仍是使用过滤槽作为麦汁过滤的设备，过滤槽的主体结构一直没有多大改变，主要变化是在装备水平、能力大小和自动控制等方面。

过滤槽的原理是通过重力过滤将糖化醪液中不溶组分沉降积聚在筛板上，形成自然过滤层（称为麦糟层），麦汁依靠重力通过麦糟层而得到麦芽汁。过滤槽的主要结构如图 4-15 所示。

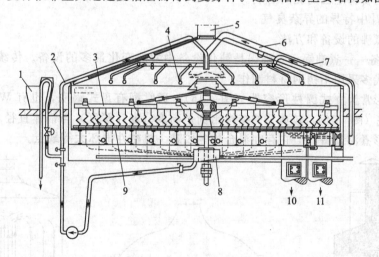

图 4-15　新型过滤槽

1—过滤操作控制台；2—浑浊麦汁回流；3—耕糟机；4—洗涤水喷嘴；5—二次蒸汽引出；
6—糖化醪入口；7—水；8—滤清麦汁收集；9—排糟刮板；10—废水出口；11—麦糟

采用过滤槽法过滤时，过滤速度的提高是提高过滤效率的关键，过滤速度主要受麦汁黏度、滤层厚度和过滤压力的影响。麦汁黏度越大，过滤越慢；滤层厚度越大，过滤速度越慢，但过薄的厚度会降低麦汁透明度；过滤压力与滤速成正比（过滤压力是指麦糟层上面的液位压力与筛板下的压力之差），压差增大，能加快过滤，但易把麦糟层压紧导致板结，反而降低滤速。

（2）箱式压滤机　20世纪90年代，国外很多公司开始使用以聚丙烯材料作为滤板、滤布的新型全自动箱式麦汁压滤机。90年代末，我国一些啤酒厂开始从国外引进这种先进设备，同时国内一些厂家引进技术开始生产这种麦汁压滤机。

箱式压滤机的特点是过滤效率高，过滤时间短，日产能力大；采用低压过滤，滤出的麦芽汁清亮；采用低温（70～72℃）、短时（50min）的洗糟技术，有效地减少了麦皮中的多酚等有害物质的浸出，麦芽汁组成更为合理，麦芽汁浊度低、色度浅；操作简单，自动化程度高，过滤、CIP清洗等全过程均为自动控制。

4. 麦汁的煮沸和酒花的添加

糖化醪经过滤得到的清亮的麦汁要进行煮沸，煮沸期间要添加酒花。麦汁煮沸是糖化中极其重要的一步，对下一步发酵过程的工艺控制，直至生产出优质的产品，都有着极其重要的影响。煮沸工序质量的好坏，直接影响着风味的改进、凝固物的形成、稳定性问题及麦汁浓度的控制等。

（1）麦汁煮沸的目的

① 蒸发多余水分、浓缩麦汁　使混合麦芽汁通过煮沸、蒸发、浓缩到规定的浓度。

② 破坏酶的活性　防止残余的酶继续作用，终止生物化学变化，稳定麦汁的组成成分。

③ 将麦汁灭菌　原辅料、酿造水、糖化过滤过程以及设备、管路等都有可能将杂菌带入麦汁，通过煮沸，消灭麦芽汁中存在的各种有害微生物，保证发酵的安全性。

④ 蛋白质变性凝固　使高分子蛋白质变性和凝固析出，提高啤酒的非生物稳定性。

⑤ 浸出酒花中的有效成分　使酒花中的软树脂、单宁物质、芳香成分等有效成分在高温下溶出，赋予麦汁独特的苦味和香味，提高麦汁的生物和非生物稳定性。

⑥ 降低麦芽汁的pH　麦汁煮沸时，水中钙镁离子的增酸作用、碱性磷酸盐的析出以及酒花中苦味酸溶出，使麦汁的pH降低，有利于蛋白质的变性凝固和成品啤酒的pH降低，对啤酒的生物和非生物稳定性的提高有利。

⑦ 排除麦汁中特异的异杂臭气。

（2）麦汁煮沸的设备和方法

① 煮沸设备——煮沸锅　煮沸锅是糖化设备中发展变化最多的设备。传统煮沸锅采用紫铜板制成，近代多采用不锈钢材料制作。

煮沸锅外形常为立式圆柱形容器（图4-16），通常配有盘式锅底，也有W底（凸底，图4-17）或者杯底（图4-18）。较典型的结构比例是高度（麦汁深度）与锅体直径之比约为1：1。过去曾用过矩形煮沸设备，但它存在混合均匀较难、机械性损坏大等缺点。

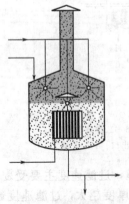
图 4-16　圆柱形煮沸锅

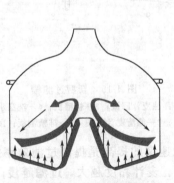
图 4-17　W 底形煮沸锅

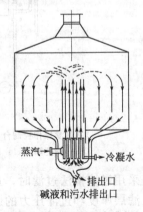
蒸汽　　冷凝水
排出口
碱液和污水排出口

图 4-18　杯底形煮沸锅

② 煮沸强度和沸腾强度 煮沸强度也称蒸发强度，是指麦汁煮沸每小时蒸发水分的百分率。

$$煮沸强度 = \frac{煮沸前混合麦汁体积(L) - 煮沸后混合麦汁体积(L)}{煮沸前混合麦汁体积(L) \times 煮沸时间(h)} \times 100\% \qquad (4\text{-}6)$$

煮沸强度是影响蛋白质变性絮凝的决定因素，对麦汁的澄清度和热凝固氮有显著影响。煮沸强度越大，越有利于蛋白质的变性絮凝，越能获得澄清透明、热凝固氮含量少的麦汁，一般煮沸强度应控制在 8%～12%。

沸腾强度是指麦汁在煮沸时的"流型"，即麦汁煮沸时翻腾的激烈程度，或对流运动的程度，对变性蛋白的絮凝有影响。混合麦汁中高分子蛋白质受热变性后，絮凝情况和蛋白质碰撞有关，翻腾越激烈，碰撞概率越大，絮凝就越多。

③ 煮沸时间和煮沸温度 煮沸时间是指将混合麦汁蒸发、浓缩到要求的定型麦汁浓度所需的时间。

煮沸时间短，不利于蛋白质的凝固以及啤酒的稳定性。合理的延长煮沸时间，对蛋白质凝固、还原物质的形成等都是有利的。但过长的煮沸时间，会使麦芽汁质量下降。如淡色啤酒的麦汁色泽加深、苦味加重、泡沫不佳。超过 2h，还会使已凝固的蛋白质及其复合物被击碎进入麦汁而难以除去。一般情况下，煮沸时间控制在 90min 内。

煮沸温度越高，煮沸强度就越大，越有利于蛋白质的变性凝固，同时可缩短煮沸时间，降低啤酒色泽，改善口味。

④ 煮沸方法

a. 间歇常压煮沸 是国内目前大多中小企业广泛使用的传统方法。刚滤出的麦汁温度在 75℃左右，麦汁容量盖过加热层后开始加热，使温度缓慢上升，待麦糟洗涤结束前，加大蒸汽量，使混合麦汁沸腾。同时测量麦汁的容量和浓度，计算煮沸后麦汁产量。

b. 内加热式煮沸法 在 0.11～0.12MPa 的压力下进行煮沸，煮沸温度为 102～110℃，最高可达 120℃。

c. 外加热煮沸法 此法的加热设备装在煮沸锅外，麦汁从煮沸锅中用泵抽出，通过热交换器加热至 102～110℃后，再泵回煮沸锅，可进行 7～12 次的循环。当麦汁泵回煮沸锅时，压力急剧降低，水分很快随之蒸发，达到麦芽汁浓缩的目的。优点是蛋白质凝固效果好，煮沸时间缩短，可节能，利于不良气味物质的蒸发，使麦汁 pH 降低、色泽浅、口味纯正。缺点是耗电量大，局部过热也会加深麦汁色泽。

（3）酒花的添加 酒花可赋予啤酒特有的香味和爽快的苦味，增加啤酒的防腐能力，提高非生物稳定性，并且可防止煮沸时窜沫。

① 酒花的添加量 酒花的添加量应根据酒花中的 α-酸含量、消费者的嗜好习惯、啤酒发酵的方式以及啤酒的品种等来决定。酒花的添加量有两种计算方法。

a. 国际通用方法 酒花中苦味物质的含量由于酒花的品种、制品类型、贮存时间、产地等不同而有不同。国际上习惯以酒花中 α-酸（g/hL 热麦汁）的含量来计算酒花的添加量。

b. 我国使用的方法 我国还是采用传统方法，以每立方米热麦汁添加酒花的质量（kg）表示，它与啤酒的类型有直接关系，一般淡色啤酒以酒花香味和苦味为主，添加量大些，浓色啤酒以麦芽香为主，添加量小些。目前国内热麦汁酒花添加量为 0.6～1.3kg/m³。

② 酒花的添加方法

酒花的添加我国还是采用传统的 3～4 次，以三次添加法举例（煮沸 90min）。

第一次：初沸 5～10min 后，加入总量的 20% 左右，压泡，使麦芽汁多酚和蛋白质充分作用。

第二次：煮沸 40min 左右，加入总量的 50%～60%，萃取 α-酸，并促进异构化。

第三次：煮沸 80～85min，加入剩余量，最好是香型花。萃取酒花油，提高酒花香。

酒花的添加方式有两种，一种是直接从入口加入；另一种是密闭煮沸时先将酒花加入酒花添加罐中，然后再用煮沸锅中的麦汁将其冲入煮沸锅。

5. 麦汁沉淀

麦汁沉淀是为了分离热凝固物。热凝固物是在较高的温度下凝固析出的物质。这种凝固物主要是在麦汁煮沸时，由于蛋白质变性和凝聚，以及与麦芽汁中的多酚物质不断氧化和聚合而形成。60℃以上，热凝固物不断析出，60℃以下就不再析出。热凝固物的颗粒大小在 $30 \sim 80\mu m$ 之间，析出量占麦汁量的 $0.3\% \sim 0.7\%$。

热凝固物对啤酒酿造没有任何价值，相反它的存在会损害啤酒质量，如不分离，会引起大量活性酵母吸附，影响发酵，若带入啤酒会影响啤酒的非生物稳定性和风味，另外如果分离效果不好会给啤酒的过滤增加困难。

热凝固物的分离方法有沉淀槽分离、回旋沉淀槽分离、离心机分离、硅藻土过滤机分离等。目前 $80\% \sim 90\%$ 的啤酒厂采用回旋沉淀槽法进行分离。

回旋沉淀槽是圆柱罐，槽底形状有平底、杯底、锥底等，应用最多的是平底，回旋沉淀槽结构如图 4-19 所示。

回旋沉淀槽的分离原理为：热麦汁沿槽壁以切线方向泵入槽内，在槽内形成回旋运动产生离心力，由于在槽内运动，在离心力的反作用力的合力作用下，热凝固物迅速下沉至槽底中心，形成较密实的锥形沉淀物。分离结束后，麦芽汁从槽边麦芽汁出口排出，热凝固物则从罐底出口排除。

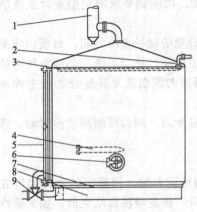

图 4-19　回旋沉淀槽
1—排汽筒；2—槽盖；3—冷凝水排出管；
4—CIP 清洗；5—照明；6—观察窗；
7—槽壁夹套；8—隔热层；9—槽底

6. 麦汁冷却

将回旋沉淀后的麦汁冷却到发酵温度，这一过程使用的设备是薄板冷却器。

薄板冷却器由许多不锈钢薄板组成。薄板被冲压成沟纹板，四角各开一个圆孔，两个孔与薄板一侧的通道相通，另两个孔与另一侧的通道相通。每两块板为一组，板的四周有橡胶密封垫圈，防止渗漏，板与板之间空隙（通道）用垫圈的厚度调节，如图 4-20 （a）所示。

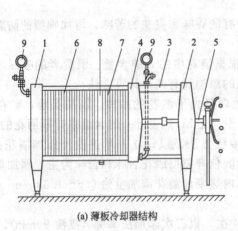
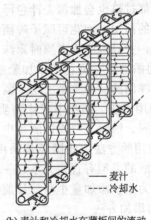

(a) 薄板冷却器结构　　　　　　(b) 麦汁和冷却水在薄板间的流动

图 4-20　薄板冷却器
1—后支架；2—前支架；3—横杠；4—压紧板；5—压紧螺杆；6—第一段冷却；
7—第二段冷却；8—分界板；9—温度表

麦汁和冷却水从薄板冷却器的两端进入，在同一块板的两侧逆向流动。薄板上的波纹使麦芽汁和冷却水在板上形成湍流，大大提高了传热效率。冷却板可并联、串联或组合使用，调节麦汁和冷却水的流量。在薄板冷却器内，麦芽汁和冷却水在各自通道内流动交换后，从相反的方向流出。麦汁和冷却水在薄板两侧交替流动，进行热交换［图 4-20（b）］。

实训项目 4-2　糖化工艺

学习工作页

年　　月　　日

项目名称	糖化工艺路线及设计原理	啤酒种类	
学习领域	4. 啤酒酿造	实训地点	图书馆等
项目任务	根据查阅的资料，设计出淡爽型啤酒的糖化初步方案，包括详细的准备项目表和糖化工艺曲线	班级	
		姓名	

一、酿造啤酒的大麦为何先要制成麦芽？制麦的工艺流程如何？
二、绿麦芽为何要干燥？干燥分哪几个阶段，各有何特点？
三、制麦过程与糖化过程的重要内容是什么？其关键因素是什么？
四、麦芽和辅料的粉碎度有何质量要求？
五、为什么在麦汁制备过程中要添加酒花？如何添加？
六、麦汁制备的工艺要求是什么？麦汁制备的工艺流程如何？
七、麦芽醪如何过滤？影响过滤的主要因素有哪些？
八、为何麦汁要进行煮沸？麦汁煮沸过程中主要有何物质变化？
九、从糖化法的典型曲线说明各点各线段的工作原理，你能否从某一麦芽的特性（告诉你麦芽的质量）和酿造啤酒的类型制订出合理的糖化操作曲线？
十、解释：麦芽溶解度、浸出物、糊化、液化、糖化、浸出糖化法、煮出糖化法、复式糖化法、蛋白质休止。

项目任务书

年　　月　　日

项目名称	实验室麦汁制备糖化曲线设计	实训学时	
学习领域	4. 啤酒酿造	实训地点	
项目任务	根据查阅的资料，设计出淡爽型啤酒的糖化初步方案，包括详细的准备项目表和糖化工艺曲线	班级小组	
		小组成员签名	
实训目的	1. 能够全面系统地掌握糖化工艺的基本技能与方法 2. 通过项目方案的讨论和实施，体会完整的工作过程，掌握麦汁制备的基本方法，学会用比较完整的写作形式准确表达实验成果 3. 培养学生团队工作能力		
工作流程	教师介绍背景知识(理论课等)　　教师引导查阅资料 每个同学阅读操作指南和教材相关内容，填写工作页；并以小组为单位讨论制定初步方案，再提交电子版 1 次 教师参与讨论，并就初步方案进行点评、提出改进意见 每个小组根据教师意见修改后定稿，并将任务书双面打印出来，实训时备用		

	工作流程路线	所需材料及物品预算表
初步方案		
修订意见		
定稿方案	工作流程路线	所需材料及物品预算表
方案审核人(签名)		

实训项目操作指南　实验室麦汁制备及啤酒发酵

　　啤酒是人们喜爱的营养保健饮料。传统啤酒酿造以 100％麦芽为原料，当前啤酒酿造普遍增加入辅助原料，我国主要加入大米或碎米为辅料，用量为 25％～30％（12 度啤酒，10 度鲜啤酒）。其优点是降低成本，减少蛋白质含量，改善麦芽浸出物组成，不易浑浊，使之柔软，色淡。啤酒花（hop）赋予啤酒香味和爽口的苦味，增加啤酒的泡沫持久时间，与麦汁共沸时，能促进蛋白质凝集，有利于发酵醪澄清。

　　啤酒的酿造工序大致如下：

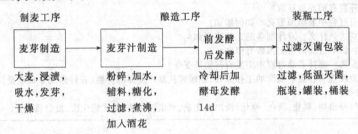

制麦工序	酿造工序	装瓶工序
麦芽制造	麦芽汁制造 → 前发酵 后发酵	过滤灭菌包装
大麦，浸渍，吸水，发芽，干燥	粉碎，加水，辅料，糖化，过滤，煮沸，加入酒花	冷却后加酵母发酵14d　过滤，低温灭菌，瓶装，罐装，桶装

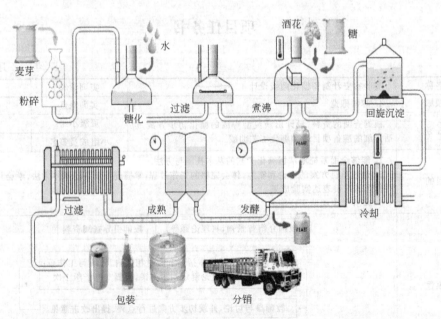

　　其中，麦芽汁的制备是一道重要的工序，现以全麦汁为例（不添加辅料），学习啤酒的实验室酿造工艺流程。

1. 麦芽汁制备

麦芽汁制备俗称糖化。所谓糖化是指将麦芽和辅料中高分子贮藏物质（如蛋白质、淀粉、半纤维素等及其分解中间产物）通过麦芽中各种水解酶类（或外加酶制剂）作用降解为低分子物质并溶于水的过程。溶解于水的各种干物质称为浸出物，糖化后未经过滤的料液称为糖化醪，过滤后的清液称为麦芽汁，麦芽汁中的浸出物含量和原料干物质之比（质量分数）称为无水浸出率。

麦芽的组成是酿造啤酒的物质基础之一，麦芽汁的组分和颜色将直接影响成品啤酒的类型和质量。

2. 麦芽汁制备的工艺要求

① 原料中有用成分得到最大限度萃取。指的是原料麦芽和辅料中的淀粉转变成可溶性无色糊精和可发酵性糖类的转化程度，它关系到麦芽汁收率或原料利用率。

② 原料中无用的或有害的成分溶解最少。主要指麦芽的麦壳物质、原料的脂肪、高分子蛋白质等，它们会影响啤酒风味和啤酒的稳定性。

③ 麦芽汁的有机或无机成分的数量和配比应符合啤酒品种、类型的要求。啤酒的风格、类型的形成，除了酵母品种和发酵技术外，麦芽汁组成是其主要的物质基础。

3. 工艺流程

```
                  加投料水
                    ↓
原辅料粉碎→原料的糊化和糖化→糖化醪的过滤→混合麦芽汁加酒花煮沸→麦芽汁澄清─┐
     发酵用冷麦芽汁←麦芽汁充氧←麦芽汁冷却←────────────────────────┘
```

（1）准备阶段

① 材料　大麦麦芽，酒花颗粒。

② 仪器（器皿）与试剂　粉碎机，台秤、分析天平，恒温水浴锅（共用物品）。

测糖仪（或糖度计），1000mL 三角瓶，500mL、250mL、100mL 三角瓶，电炉，玻璃棒，1000～2000mL 大烧杯，不锈钢浅盆（ϕ15～20cm），蒸架、100 目筛，温度计，0.025mol/L 碘液，比色板，滴管等（各 1 份/小组）。

（2）实验室操作阶段

① 工艺选择　根据麦芽质量指标分析数据、成品啤酒的类型和质量要求以及辅料种类等，结合糖化原理选择设计合适的糖化方法，并给出糖化工艺曲线。本实验选用优质麦芽，采用适于淡爽型啤酒的复式浸出糖化法。

② 操作步骤

a. 麦芽粉碎　查看粉碎机料斗内有无杂质，磨盘、电线及其他附件是否正常，如无异常准备粉碎；粉碎前 5～10min，加适量自来水湿润大麦芽表面，以达到麦芽粉"破而不碎"的要求；特别提示：大麦芽应当即粉即用，不宜长时间保存，更不可过夜。

b. 投料　在 1000mL 三角瓶中加入饮用水 500mL，在水浴锅内将其加热至 68～70℃，投入麦芽粉 200g，搅拌均匀，维持 60～62℃ 的温度，保温 60min 以上（注意：投料必须完全浸没在投料水中，并要适时加以搅拌）。

c. 兑醪　把三角瓶内的醪液搅起，搅拌的同时将 80～90℃ 的热水 400mL 兑入醪液，温度至 68～70℃，保温 60min 左右，如醪液过满，可分装于 2 个三角瓶内。用碘液呈色反应检测糖化程度，待碘液呈色反应消失时，用测糖计测其糖度并记录（此时约为 12°Bx）。

d. 过滤　将醪液全部倒入 100 目筛内静置数分钟，待麦糟滤层形成后，用蒸架将筛托起，使其过滤，滤液用不锈钢浅盆收集。特别提示：过滤时不要搅拌筛网上的麦糟，让麦糟自然形成一道过滤层。如果醪液不清，返回再过滤，直至麦汁澄清。搜集一道麦汁，测其糖度，记录。

e. 洗糟　原麦汁过滤完后，用 78~80℃热水 400~500mL 分 2~3 次进行洗糟。具体操作是：先将筛网连同麦糟一起托起，放入不锈钢浅盘内，倒入适量的 78~80℃洗糟水（130~200mL），以麦糟全部浸入热水中为度，用玻璃棒轻轻搅拌均匀后，静置 5~10min，待麦糟形成过滤层后，即可过滤二道麦汁。

测二道麦汁糖度，记录，再将二道麦汁与一道麦汁混合，测其糖度，记录。

重复以上操作，滤出三道麦汁，测其糖度，记录。再与以上的混合麦汁混匀，测其糖度，记录。由此制得"满锅麦汁"约 1100~1200mL。特别提示：不要用力抓挤或过度搅拌麦糟，否则滤液难以清亮。

取满锅麦汁 10mL 放入 100mL 三角瓶内，用葡萄糖将其糖度调整到 10°Bx，加塞包扎，0.05MPa 灭菌 30min，用作酵母扩培的一级种子培养液。

f. 煮沸　将满锅麦汁进行煮沸 40~60min，中途分 2~3 次添加酒花，总添加量约 1.0g 左右（以冷却定型麦汁为 1L 计算）。煮沸过程中注意补水，调至糖度为 10~11°Bx，此时即得到"煮沸麦汁"，记录糖度和体积数。

酒花添加量的计算如下。

设：工艺要求酒花添加标准为 5.0g α-酸/100L 定型麦汁；

已知酒花颗粒中 α-酸含量=5%

先求得热定型麦汁的体积 $V_热$

$$V_热 = \frac{实际满锅麦汁量(L) \times 实际满锅麦汁浓度}{定型麦汁浓度} \quad (4\text{-}7)$$

$$冷却定型麦汁的体积 V_冷(L) = 0.96 \times V_热 \quad (4\text{-}8)$$

$$酒花添加总量(g) = \frac{V_冷 \times 酒花添加标准 5.0g(α\text{-}酸/100L 定型麦汁)}{酒花颗粒中 α\text{-}酸的含量 5\%} \quad (4\text{-}9)$$

酒花添加参考方案		
添加次数	方案 1	方案 2
第一次添加	60%苦型酒花；煮沸 10min 后添加	50%苦型酒花；煮沸 10min 后添加
第二次添加	40%苦型酒花；煮沸结束前 10min 添加	30%苦型酒花；煮沸结束前 10min 添加
第三次添加	—	20%香型酒花；回旋沉淀时添加

g. 过滤　趁热将煮沸麦汁用滤纸过滤即得到澄清的麦汁，此称为"定型麦汁"。为了确保发酵正常进行，可将用滤纸过滤的定型麦汁再煮沸一次。

取定型麦汁 100mL 放入 500mL 三角瓶内，加塞包扎，0.05MPa 灭菌 30min，用作酵母扩培的二级种子培养液。

h. 冷却充氧　将定型麦汁用冷水浴进行快速冷却，再摇晃数分钟进行充氧。

i. 接种发酵　将事先扩培好的啤酒酵母按 10%的接种量（菌液浓度为 1×10^8 个酵母/mL 菌种液）接种到麦汁中（注意无菌操作），摇匀后放入 8~10℃的恒温培养箱中进行保温发酵。

酵母菌种扩培流程如下：

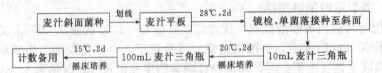

菌种的分离纯化应由实验室提前准备，菌种扩大培养由学生以小组为单位进行。

接种的酵母也可用活性干酵母临时活化后直接使用。以法国 DCL 干酵母为例，具体方法如下。

ⓐ 容器准备　取干净带塞的 250mL 三角瓶一只，洗净后，用 75％酒精进行消毒，再用纯净水或蒸馏水冲洗干净。

ⓑ 酵母活化　在无菌室内严格按照无菌操作规程，用杀菌后的剪刀将干酵母袋剪开一小口，取 1g 干酵母粉倒入洗净的三角瓶，慢慢加入 20～26℃无菌水或纯净水 10mL（酵母与水的比例为 1∶10），塞上瓶塞，慢慢摇晃 3min，使酵母混合均匀。放入 25℃水浴锅内静置 20min 后即可获得活化酵母泥。

ⓒ 接种量　干酵母接种量为麦汁量的 0.01％，即每 1000mL 麦汁中接入以上酵母泥 1mL，接种温度（麦汁温度）10℃。

（3）发酵观察阶段　啤酒的前发酵包括以下几个阶段：

① 起泡期　发酵 12～24h，酵母繁殖达到最高峰，即有白色细泡沫产生。

② 高泡期　3～4d 出现液面棕黄色泡沫，为发酵旺盛期，即为主发酵，维持 2～3d，每日降糖 1.5°Bx。

③ 落泡期　发酵 5d 以后，发酵力逐渐减弱，CO_2 气泡减少，泡沫由棕黄色变为棕褐色，为期 2d。

④ 泡盖形成期　发酵 7～8d 后，泡沫回缩，形成一层褐色苦味的泡盖，需除去泡盖。

⑤ 后发酵　前（主）发酵结束后，发酵醪过滤装瓶，压盖，放入冰箱贮存。

麦汁经主发酵后的发酵醪叫嫩啤酒，CO_2 含量不足，口味不成熟，不适于饮用，大量的悬浮酵母和凝固物析出但尚未沉淀下来，故一般还得经数星期或数月的贮藏期，此时期称之为啤酒的后发酵期，贮藏温度以保持在 0～2℃、压力在 0.38～0.4 大气压❶、CO_2 含量约 0.45％～0.48％为最佳。

发酵完毕后，存入 4℃冰箱，可进行后续的品尝或检测实验。

（4）思考题

① 为什么要除去发酵液面上形成的"泡盖"？

② 如何应用酵母菌的生理特性指导啤酒酿造？

项目记录表

年　　月　　日

项目名称	实验室麦汁制备糖化曲线设计		实训学时	
学习领域	4. 啤酒酿造		实训地点	
项目任务	根据提供的材料和设备等，按照各小组自行设计的淡爽型啤酒的糖化初步方案进行生产		班级	
			姓名	
使用的仪器和设备				
项目实施过程记录				
阶　段	操作步骤	原始数据（实验现象）	注意事项	记录者签名
准备阶段				
粉碎工艺				
糖化工艺				
麦汁过滤				
麦汁煮沸				
麦汁处理				

---

❶ 1 大气压＝101325Pa。

项目报告书

年　月　日

项目名称	实验室麦汁制备糖化曲线设计		实训学时	
学习领域	4. 啤酒酿造		实训地点	
项目任务	根据提供的材料和设备等，按照各小组自行设计的淡爽型啤酒的糖化初步方案进行生产		班级小组	
			小组成员姓名	
实训目的				
原料、仪器、设备				

项目实施过程记录整理（附原始记录表）

阶　段	操作步骤	原始数据或资料	注意事项
准备阶段			
粉碎工艺			
糖化工艺			
麦汁过滤			
麦汁煮沸			
麦汁处理			

结果报告及讨论	
项目小结	
成绩/评分人	

单元生产 2：啤酒酿造工艺及主要设备（二）

工作任务 3　啤酒发酵

【阅读材料】　啤酒发酵机理

啤酒是依赖于纯种啤酒酵母对麦汁某些组分进行一系列的代谢过程，产生酒精和各种风味物质，构成有独特风味的饮料酒。

啤酒发酵过程中主要的物质变化有：

(1) **糖类发酵**　在啤酒发酵过程中，可发酵糖约有96%发酵为乙醇和CO_2，是代谢的主产物；2.0%～2.5%转化为其他发酵副产物；1.5%～2.0%作为碳骨架合成新酵母细胞。发酵副产物主要有甘油、高级醇、羰基化合物、有机酸、酯类、硫化合物等。

啤酒酵母的可发酵糖及发酵顺序是：葡萄糖＞果糖＞蔗糖＞麦芽糖＞麦芽三糖。

(2) **含氮物质的变化**　在正常发酵过程中，麦汁中含氮物约下降1/3，主要是约50%的氨基酸和低分子肽为酵母所同化。酵母分泌出的含氮物的量较少，约为酵母同化氮的1/3。

啤酒中残存含氮物质对啤酒的风味有重要影响。含氮物质高（＞450mg/L）的啤酒显得浓醇，含氮量为

300～400mg/L 的啤酒显得爽口，含氮物质量＜300mg/L 的啤酒则显得寡淡。

（3）其他发酵产物

① 高级醇类 俗称杂醇油，是啤酒发酵代谢产物的主要成分，对啤酒风味有重大影响，超过一定含量时有明显的杂醇味。对于一般的啤酒，多量的高级醇是不受欢迎的。啤酒中的绝大多数高级醇是在主发酵期间酵母繁殖过程中形成的。

② 酯类 啤酒中的酯含量很少，但对啤酒风味影响很大，啤酒含有适量的酯，香味丰满协调，但酯含量过高，会使啤酒有不愉快的香味或异香味。酯类大都在主发酵期间形成。

③ 连二酮 连二酮是双乙酰和 2,3-戊二酮的总称，其中对啤酒风味起主要作用的是双乙酰。

双乙酰被认为是衡量啤酒成熟与否的决定性指标，双乙酰的味阈值为 0.1～0.15mg/L，在啤酒中超过阈值会出现馊饭味。淡爽型成熟啤酒，双乙酰含量以控制在 0.1mg/L 以下为宜；高档成熟啤酒最好控制在 0.05mg/L 以下。

双乙酰是酵母合成含氮物质的副产物，其代谢途径如图 4-21 所示。

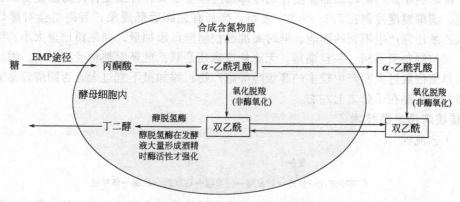

图 4-21 酵母双乙酰代谢图

根据酵母双乙酰代谢途径，消除双乙酰的方法有：

• 减少 α-乙酰乳酸的生成 选育不形成双乙酰的菌株（如人工诱变、基因工程育种等）、控制和降低酵母增殖浓度，因为 α-乙酰乳酸是酵母繁殖细胞的伴随产物，因此可通过提高酵母接种量、降低酵母在发酵液中的繁殖温度减少双乙酰的生成。

• 加速 α-乙酰乳酸的非酶氧化分解 通过提高麦汁溶解氧水平来实现，即发酵前期适当进行通风搅拌，促使其在发酵前期迅速氧化分解；否则其将残留在啤酒中，罐装后由于瓶中氧的存在使非酶反应继续发生，导致双乙酰产生。

• 加速双乙酰的还原 通过加大罐压（促进双乙酰渗透进入细胞而被还原）、主发酵结束不分离酵母（可加速双乙酰还原）、提高双乙酰还原阶段的温度（醇脱氢酶的活性加强）等方法来消除双乙酰。

④ 硫化物 挥发性硫化物对啤酒风味有重大影响，这些成分主要有硫化氢、二甲基硫、甲基和乙基硫醇、二氧化硫等。其中硫化氢、二甲基硫对啤酒风味的影响最大。啤酒中的挥发性硫化氢大都是在发酵过程中形成的。啤酒中的硫化氢应控制在 0～10μg/L 的范围内；啤酒中二甲基硫浓度超过 100μg/L 时，啤酒就会出现硫黄臭味。

⑤ 乙醛 乙醛是啤酒发酵过程中产生的主要醛类，乙醛是酵母代谢的中间产物。当啤酒中乙醛浓度在 10mg/L 以上时，则有不成熟的口感、腐败性气味；当乙醛浓度超过 25mg/L 时，则有强烈的刺激性辛辣感。成熟啤酒的乙醛正常含量一般小于 10mg/L。

1. 麦汁充氧与酵母添加

（1）麦汁充氧 酵母是兼性微生物，有氧条件下进行生长繁殖，无氧条件下进行酒精发酵。酵母需要繁殖到一定数量才能进入发酵阶段，因此需将麦汁通风充氧，含氧量控制在 7～10mg/L，过高会使酵母繁殖过量，发酵副产物增加，过低酵母繁殖数量不足，降低发酵速度，通入的空气应先进行无菌处理，否则会污染发酵罐。

麦汁通风供氧有几种方法，大多数采用文丘里管进行充氧。

文丘里管中有一管径紧缩段，用来提高流速，空气通过喷嘴喷入，在管径增宽段形成涡流，使空气与麦芽汁充分混合，并以微小气泡形式均匀散布于高速流动的麦汁中。如图 4-22 所示为文丘里管的工作原理。

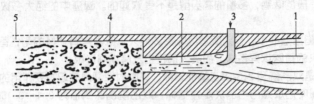

图 4-22　文丘里管的工作原理

1—分层流动；2—管径紧缩段，提高流速；3—无菌空气喷嘴；4—涡流流体；5—视镜

（2）酵母的添加　酵母添加前麦汁的冷却温度非常重要。各批麦汁冷却温度要求必须呈阶梯式升高，满罐温度控制在 7.5～7.8℃ 之间，严禁有先高后低现象，否则将会对酵母活力和以后的双乙酰还原产生不利的影响。同时要准确控制酵母添加量，如果添加量太小，则酵母增长缓慢，对抑制杂菌不利，一旦染菌，无论从口味还是双乙酰还原都将受到影响。添加量太小会因酵母增值倍数过大而产生较多的高级醇等副产物；添加量不宜过大，否则酵母易衰老、自溶等，添加量控制在千分之七左右。

2. 传统啤酒发酵技术

（1）工艺流程

菌种
↓
充氧冷麦汁→发酵→前发酵→主发酵→后发酵→贮酒→鲜啤酒

（2）工艺说明　传统的下面发酵，分主发酵和后发酵两个阶段。主发酵一般在密闭或敞口的主发酵池（槽）中进行，后发酵在密闭的卧式发酵罐内进行。

① 主发酵阶段　根据发酵液表面现象的不同，可以将整个主发酵过程分为五个阶段。

a. 酵母繁殖期　麦汁添加酵母 8～16h 后，液面出现 CO_2 气泡，逐渐形成白色、乳脂状泡沫。酵母繁殖 20h 左右，即转入主发酵池。若麦汁添加酵母 16h 后还未起泡，可能是接种温度或室温太低、酵母衰老、酵母添加量不足、麦汁溶解氧含量不足或麦汁中含氮物质不足等造成的。应根据具体原因进行补救。

b. 起泡期　换池 4～5h 后，在麦汁表面逐渐出现更多的泡沫，由四周渐渐涌向中间，外观洁白细腻，厚而紧密，形如菜花状。此时发酵液温度每天上升 0.5～0.8℃，耗糖 0.3～0.5°P，维持时间 1～2d。

c. 高泡期　发酵 3d 后，泡沫增高，形成卷曲状隆起，高达 25～30cm，并因酒花树脂和蛋白质-单宁复合物沉淀的析出而逐渐转变为黄棕色，此时为发酵旺盛期，热量大量释放，需要及时降温。降温应缓慢进行，否则会引起酵母早期沉淀，影响正常发酵。维持时间一般为 2～3d，每天降糖 1.5°P 左右。

d. 落泡期　发酵 5d 以后，发酵力逐渐减弱，CO_2 气泡减少，泡沫回缩，析出物增多，泡沫由黄棕色变为棕褐色。发酵液每天温度下降 0.5℃，每日耗糖 0.5～0.8°P，一般维持 2d 左右。

e. 泡盖形成期　发酵 7～8d，酵母大部分沉淀，泡沫回缩，形成一层褐色苦味的泡盖，集中在液面。耗糖 0.2～0.5°P/d，控制降温 ±0.5℃/d，下酒品温应在 4～5.5℃。

• 主发酵温度控制　啤酒发酵是采用变温发酵，发酵温度是指主发酵阶段的最高温度。由于传统原因，啤酒发酵温度远远低于啤酒酵母最适生长温度（25～28℃）。上面啤酒发酵温度为 18～22℃，下面啤酒发酵温度为 7～15℃。采用低温发酵工艺的主发酵起始温度为 5～7℃，一般 6.5～7℃。发酵最高温度因菌种不同和麦汁成分不同而不同，一般在 8～10℃。温度偏低，有利于降低发酵副产物的生成量，α-乙酰乳酸的形成量减少，双乙酰、高级醇、乙醛、H_2S 和二甲硫（DMS）的生成量也减少，啤酒口味清爽，泡沫性能好，适合生产淡色啤酒。温度偏高，啤酒发酵周期缩短，设备利用率高，比较经济。若使用高比例辅料大米，温度高就会产生较多的高级醇、酯类，对啤酒质量有明显影响。温度高酵母容易衰老，同时容易污染杂菌。

在发酵过程中，温度的控制十分关键。根据菌种特性，采用低温发酵，高温还原。既有利于保持酵母的优良性状，又减少了有害副产物的生成，确保了酒体口味比较纯净、爽口。如果发酵温度过高，虽然可缩短发酵周期，加速双乙酰还原，但过高的发酵温度会使啤酒口味比较淡薄，醇醛类副产物增多，同时也会加速菌种的突变和退化。

- 糖度控制 每批麦汁都要取样测定最终发酵度和最终糖度。发酵期间要取第三天的发酵液（高泡酒），放在避光处，室温下发酵 3d，每天摇动 1 次，3d 后测其糖度。主发酵结束时应剩余可发酵糖 1.5%，以供酵母在后发酵时使用，对 12°P 啤酒发酵最终糖度为 2.4°P，因此下酒糖度为 2.4+1.5=3.9%，下酒外观发酵度为 (12−3.9)/12×100%=67.5%。

- 发酵时间控制 发酵时间的长短以及发酵温度的高低，与麦汁成分、酵母发酵力和还原双乙酰能力有关。在酵母菌种、麦汁成分和一定的发酵度要求下，发酵时间主要取决于发酵温度。发酵温度低，则发酵时间长，反之则时间短。低温长时间的主发酵可使发酵液均衡发酵，pH 下降缓慢，酒花树脂与蛋白质微量析出而使啤酒醇和，香味好，泡沫细腻持久。10～12°P 啤酒一般主发酵时间为 6～8d。

若采用密闭发酵设备，由于 CO_2 抑制酵母繁殖的作用使酵母繁殖量减少，代谢副产物量也会减少。

② 后发酵阶段 主发酵结束后，下酒至密闭式的后发酵罐，前期进行后发酵，后期进行低温贮藏。后发酵的目的是：残糖的继续发酵、促进啤酒风味成熟、增加 CO_2 的溶解量、促进啤酒的澄清。主发酵时麦汁中的糖类大部分被发酵，但仍然存在一些麦芽糖和难发酵的麦芽三糖，后发酵就是使这一部分糖被发酵。同时啤酒中还含有一些造成啤酒不成熟味道的物质（如双乙酰、乙醛、含硫化合物等），经过后发酵使这些物质被挥发、转化而消除，使啤酒成熟。CO_2 是啤酒的重要成分，赋予啤酒良好的起泡性和杀口力，也能增加啤酒的防腐性和抗氧化能力。CO_2 在啤酒中溢出促使啤酒芳香味散发，连续不断的气泡也增加了啤酒的动感，这些都会使饮用者从中得到更大的精神享受。发酵全部结束后，酒中还悬浮有酵母、大分子蛋白质、酒花树脂、多酚物质等悬浮固体颗粒，经过后发酵使酒中的悬浮物沉淀而使酒澄清。

3. 大型啤酒罐发酵技术

20 世纪 50 年代以后，啤酒生产规模大幅度提高，传统的发酵设备已满足不了生产的需要，大容量发酵设备受到重视。大容量发酵罐有圆柱锥形发酵罐、朝日罐、通用罐和球形罐。德国酿造师发明的立式圆柱锥形发酵罐是目前世界通用的发酵罐，该罐主体呈圆柱形，罐顶为圆弧状，底部为圆锥形，具有相当的高度（高度大于直径），罐体设有冷却和保温装置，为全封闭发酵罐。圆柱锥形发酵罐既适用于下面发酵，也适用于上面发酵，加工十分方便；圆柱锥形发酵罐由于其诸多方面的优点，经过不断改进和发展，逐步在全世界得到推广和使用。我国自 20 世纪 70 年代中期，开始采用室外圆柱体锥形底发酵罐发酵法（简称锥形罐发酵法），目前国内啤酒生产几乎全部采用此发酵法。

（1）锥形发酵罐基本结构 圆柱露天锥形发酵罐基本结构如图 4-23 所示。

（2）锥形发酵罐工作原理 锥形罐发酵法发酵周期短、发酵速度快的原因是由于锥形罐内发酵液的流体力学特性和采用现代啤酒发酵技术相结合的结果。

接种酵母后，由于酵母的凝聚作用，使得罐底部酵母的细胞密度增大，导致发酵速度加

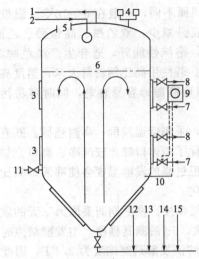

图 4-23 圆柱锥底发酵罐示意图
1—二氧化碳排出；2—洗涤器；3—冷却夹套；
4—加压或真空装置；5—人孔；
6—发酵液面；7—冷冻剂进口；8—冷冻剂出口；
9—温度控制记录器；10—温度计；
11—取样口；12—麦汁管路；13—嫩啤酒管路；
14—酵母排出；15—洗涤剂管路

快，发酵过程中产生的二氧化碳量增多，同时由于发酵液的液柱高度产生的静压作用，也使二氧化碳含量随液层变化呈梯度变化，因此罐内发酵液的密度也呈现梯度变化，此外，由于锥形罐体外设有冷却装置，可以人为控制发酵各阶段温度。在静压差、发酵液密度差、二氧化碳的释放作用以及罐上部降温产生的温差（1～2℃）这些推动力的作用下，罐内发酵液产生了强烈的自然对流，增强了酵母与发酵液的接触，促进了酵母的代谢，使啤酒发酵速度大大加快，啤酒发酵周期显著缩短。另外，由于提高了接种温度、啤酒主发酵温度、双乙酰还原温度和酵母接种量也利于加快酵母的发酵速度，从而使发酵能够快速进行。

（3）锥形罐发酵工艺　锥形罐发酵工艺分为两种：单酿罐发酵和双罐法发酵。

① 单酿罐发酵　前发酵、主发酵、后发酵以及贮酒全部在一个罐中完成；接种量大，发酵周期短（14～20d），贮酒期短（2～7d），适宜酿造淡爽型啤酒，口感新鲜。有以下两种技术。

单罐低温发酵：起酵温度9℃，主酵温度12℃，周期14d；单罐高温发酵：起酵温度11℃，主酵温度14℃，周期20d。

② 双罐法发酵　前发酵、主发酵（有的包括后发酵）在发酵罐中完成；贮酒（有的包括后发酵）在另一贮酒罐中完成。贮酒期（陈贮后熟期）长（50～90d），啤酒有陈酿香味，口味柔和、醇厚、泡沫细腻、稳定，属中高级啤酒。也有两种技术：典型两罐法和模拟传统两罐法。

（4）酵母的回收　锥形罐发酵法酵母的回收方法不同于传统发酵，主要区别有：回收时间不定，可以在啤酒降温到6～7℃以后随时排放酵母，而传统发酵只能在发酵结束后才能进行；回收的温度不固定，可以在6～7℃下进行，也可以在3～4℃或0～1℃下进行；回收的次数不固定，锥形罐回收酵母可分几次进行，主要是根据实际需要多次进行回收；回收的方式不同，一般采用酵母回收泵和计量装置、加压与充氧装置，同时配备酵母罐且它的体积较大，可容纳几个罐回收的酵母（相同或相近代数）；贮存方式不同，锥形罐一般不进行酵母洗涤，贮存温度可以调节，贮存条件较好。

（5）CO_2 的回收　CO_2 是啤酒生产的重要副产物，根据理论计算，每1kg麦芽糖发酵后可以产生0.514kg的CO_2，每1kg葡萄糖可以产生0.489kg的CO_2，实际发酵时前1～2d的CO_2不纯，不能回收，CO_2的实际回收率仅为理论值的45%～70%。经验数据为，啤酒生产过程中每百升麦汁实际可以回收CO_2为2～2.2kg。

CO_2 回收和使用工艺流程为：

CO_2 收集→洗涤→压缩→干燥→净化→液化和贮存→气化→使用

工作任务4　成品啤酒

【阅读材料】　成品啤酒的稳定性

啤酒工业呈现大型化和集团化，啤酒销售距离的扩大，生产者对啤酒保质期（或称货架期）的延长愈来愈重视。人们对啤酒的澄清、透明以及啤酒风味的追求愈来愈高。这一切都要求啤酒有高的质量，也即啤酒的稳定性。

啤酒丧失原有的澄清透明，产生失光、浑浊及有沉淀，称之为"外观稳定性的破坏"；如失去原有风味，风味恶化（老化），称为"风味稳定性的破坏"。

$$啤酒的稳定性 \begin{cases} 外观稳定性 \begin{cases} 生物稳定性 \\ 非生物稳定性 \end{cases} \\ 风味稳定性 \end{cases}$$

一、啤酒的生物稳定性

经过一般过滤的成品啤酒中或多或少存在培养酵母和其他细菌、野生酵母等，由于存在数量少（$10^2 \sim 10^3$ 个/mL），对啤酒的澄清、透明度影响不大。若在啤酒保存期中，这些微生物繁殖到 $10^4 \sim 10^5$ 个/mL 以上，啤酒就会发生口味的恶化，变成浑浊和有沉淀物，这种现象称为啤酒的"生物稳定性破坏"或"生物浑浊"。

包装啤酒如不经过除菌处理称为"鲜啤酒"，其生物稳定性仅能保持 7～30d。经过除菌处理的啤酒，能保持长期的生物稳定性。

目前允许使用的啤酒除菌的方法有两种，即低热消毒法（杀菌法）和过滤除菌法。

啤酒呈酸性（pH3.8～4.5）、CO_2 浓度高、氧含量低，还存在具有抑菌作用的酒花成分。在啤酒中能存在的主要是兼性厌氧、厌氧和微好氧微生物，可以采用温热巴氏消毒灭菌。

二、啤酒的非生物稳定性

啤酒是一种稳定性不强的胶体溶液，含有多种有机和无机成分，如糊精、β-葡聚糖、蛋白质和它的分解产物多肽、多酚、酒花树脂等。当外界条件发生变化时，一些胶体颗粒便聚合成较大粒子而析出，形成浑浊沉淀，影响产品的外观质量。但这些大分子胶体物质又是口味物质，非生物稳定性好的啤酒并不一定口味最好。

影响啤酒非生物稳定性的因素主要有以下两种。

1. 高分子蛋白质

高分子蛋白质是啤酒非生物浑浊的主要因素之一。

（1）蛋白质浑浊的分类　蛋白质浑浊是啤酒非生物浑浊中最常见的浑浊，它可以分成以下四类。

① 消毒浑浊（或称杀菌浑浊，热凝固浑浊）　过滤后澄清的啤酒，经过巴氏低热消毒后，啤酒中立即出现絮状大块或小颗粒（肉眼可见的）悬浮性物质，称为"消毒浑浊"。

② 冷雾浊（又称可逆浑浊）　麦汁和啤酒中存在较多的 β-球蛋白、δ-醇溶蛋白。此类蛋白质在 20℃ 以上可以和水形成氢键，成水溶性，但在低于 20℃ 下，它们又可以和多酚以氢键结合，和水结合氢键断裂，就会以 $0.1 \sim 1\mu m$ 颗粒（肉眼不可见）析出，造成啤酒失光，浊度上升。如将此啤酒加热到 50℃ 以上，它们和多酚结合的氢键会断裂，又恢复和水结合的氢键，变成水溶性，失光消除，浊度恢复正常，所以称"可逆浑浊"。

③ 氧化浑浊（或称永久浑浊）　啤酒中若存在较多的大分子蛋白质，在包装以后，保存数周至数月，啤酒中首先出现颗粒浑浊，然后颗粒变大，慢慢沉于器底，在器底出现薄薄一层较松散的沉淀物质，而啤酒液又恢复澄清、透明，这种浑浊和沉淀物质本质是大分子蛋白质中发生了巯基蛋白质氧化聚合反应，形成更大的分子。

④ 铁蛋白浑浊　若啤酒中铁含量大于 0.5mg/L，就容易引起铁蛋白浑浊。这是因为 Fe^{2+} 被氧化为 Fe^{3+}，并和高分子蛋白质结合形成铁-蛋白质络合物。当啤酒中含铁大于 1.2mg/L 时，过滤后啤酒浊度在 0.7EBC 单位以上，消毒以后很快超过 1.5EBC 单位。

（2）减少啤酒蛋白质浑浊的处理方法

① 单宁沉淀法　啤酒中使用的是天然单宁中的一种称为"没食子单宁"的，它能和啤酒中可溶性高分子蛋白质形成络合物沉淀。一般在后发酵贮酒过滤前的啤酒中加入 6～16g/hL 的没食子单宁作为啤酒蛋白质去除剂，可延长啤酒非生物稳定性 4～12 周。

② 蛋白酶水解法　过去常从麦芽、动物胰脏中提取的蛋白酶作为啤酒稳定剂，现在从木瓜、菠萝中提取木瓜蛋白酶作为啤酒稳定剂。添加时常用脱氧无菌水溶解，配合维生素 C 等抗氧化剂，添加在过滤后的啤酒中，它们可以在 30～50℃ 温度下缓慢水解高分子蛋白质。

③ 吸附法　为了减少啤酒中的蛋白质，可使用蛋白质吸附剂，如用皂土、硅藻土、硅胶等。由于硅胶不影响啤酒泡沫，因此现在多采用硅胶作为蛋白质吸附剂。

2. 多酚物质

多酚物质是啤酒非生物浑浊的主要因素之二。

多酚主要来自于麦芽和酒花以及大麦、小麦等辅料。麦芽中含有多酚物质 0.1%～0.3%，酒花中含有 4%～14%。麦汁在煮沸时总多酚特别是单宁类化合物能和高分子蛋白质结合形成热凝固物，在麦汁冷却后，也能和 β-球蛋白等形成冷凝固物，在分离热、冷凝固物时可减少或除去。但总多酚不能从发酵液乃至成品啤酒中完全消除。

多酚是啤酒出现浑浊的潜在物质之一，影响成品啤酒的非生物稳定性，但也是风味物质。虽然啤酒中总多酚（包括花色苷）的减少能增加啤酒的非生物稳定性，但过多减少反而会影响啤酒的风味。因此，在确保延长保质期而又不影响啤酒风味的前提下，国外成品啤酒中一般控制总多酚在 100mg/L 以内，花色苷在 30～50mg/L 以内。

三、啤酒风味稳定性

啤酒产品应符合国标 GB 4927—2001 中感官指标香气和口味的规定要求。作为评价啤酒产品质量的方法，感官品评法具有与理化检验同等重要的地位。判断啤酒的风味，首先要根据啤酒的类型：浓色啤酒以慕尼黑型为代表，具有明显的麦芽香气；淡色啤酒以比尔森型为代表，具有明显的酒花香气，无老化气味和生酒花气味及其他怪、异气味。啤酒口味纯正是指由麦芽、酒花、水和酵母在酿造过程中产生的所有成分，具有啤酒特有的味道。口味爽口是指啤酒饮后感到协调、柔和、清爽、愉快，没有后苦味、涩味、焦糖味以及甜味。口味醇厚是指酒体圆满而口味不单调，口感不淡薄。杀口是指有二氧化碳的刺激感，以及新鲜、舒适感。

啤酒常见的风味病害有如下几种。

(1) 啤酒的涩味　涩味是使舌头感到不滑润、不舒服的一种滋味，即使人舌头有发木、发滞、粗糙的感觉。

造成啤酒苦涩的原因是：糖化水的 pH 值偏高，高硫酸盐、高镁和铁，麦汁煮沸时 pH 高，使用陈旧酒花和冷凝物进入发酵液，过分使用单宁酸作沉淀剂，非正常高酒精含量等。

(2) 酵母味　酵母死亡后除产生酵母自溶外，还产生一种苦涩的异味，俗称酵母味。导致酵母自溶的因素主要有酵母贮存温度高、发酵温度高，酵母衰老、退化，酵母添加量过大，麦汁供氧不足等。此外，啤酒中硫化氢超过 5μg/L 时也会出现酵母味。

(3) 氧化味或老化味　啤酒生产过程中形成大量的风味老化物质的前体，如杂醇、脂肪酸（尤其是不饱和脂肪酸）、α-氨基酸、还原糖等，以及一些本身无风味活性，但其可以通过氧化还原作用和催化活性来影响风味老化的物质，如类黑色素、多酚等。

(4) 日光臭味　啤酒中存在的异葎草酮、硫化氢、核黄素、含硫氨基酸和维生素 C 等，在波长为 350～500nm 的光线照射下，均会不同程度地加速日光臭的特性物质 3-甲基-2-丁烯-1-硫醇的形成。这种波长的光透过无色瓶最多，绿色瓶次之，棕色瓶和铝罐最少，所以应避免日光照射或采用透光少的材料包装。

(5) 微生物的污染产生的异味　高温发酵染上杆菌和球菌，会产生令人厌恶的芹菜味和酸味；染上野生酵母，会产生异香、酸、霉、辣、苦涩、甜味等。染上乳酸杆菌后，会使啤酒变酸，很快产生浑浊；污染八叠球菌会带来酸味和双乙酰味。

1. 啤酒过滤

啤酒发酵结束后，将贮酒罐内的成熟啤酒通过机械过滤或离心，除去啤酒中不能自然沉降的、对啤酒品质有不利影响的少量酵母、蛋白质等大分子物质以及细菌等，使啤酒澄清，有光泽，口味纯正，改善啤酒的生物和非生物稳定性。

(1) 啤酒过滤方法

① 滤棉过滤法　滤棉过滤是一种古老的过滤法，它是用脱脂的棉纤维或木纤维，再掺加 1%～5%石棉制成棉饼，并以此作为过滤介质的过滤方法。滤棉过滤法能滤出清亮透明的啤酒，保持传统产品的独特风味，并有较好的稳定性。但其存在生产效率低、过滤成本高、易跑出短纤维、影响过滤效果，以及石棉对人体有害、存在安全隐患等诸多缺点，所以已逐步淘汰。

② 硅藻土过滤法　硅藻土的主要化学成分是二氧化硅，表面积很大，具有极大的吸附和渗透能力，是一种惰性的助滤剂或清洁剂。

与滤饼过滤法相比，硅藻土过滤法具有明显的优点：a. 实现自动化，人员减少约一半，在室温下操作方便。b. 不断更新滤床，过滤速度加快，生产效率提高。c. 滤酒损耗降低 1.4%左右。d. 硅藻土表面积大，吸附力强，无毒，能滤除 0.1～1.0μm 以下的微粒，提高啤酒的清亮度，对啤酒风味无影响，能延长成品啤酒的保质期。缺点是：a. 设备一次性投资大。b. 消耗硅藻土量大。

硅藻土过滤机型号很多，一般分为三种类型：板框过滤机、叶片式过滤机和柱式过滤机。其设计的特点是体积小，过滤能力强，操作自动化。

③ 微孔膜过滤法　微孔薄膜是用生物和化学稳定性很强的合成纤维和塑料制成的多孔膜。该方法多用于精滤生产无菌鲜啤酒，先经过离心机或硅藻土过滤机粗滤，再经过膜滤除菌。如图4-24所示为膜过滤机的工作原理示意图。

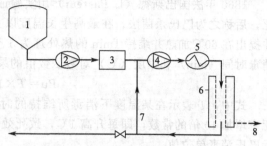

图 4-24　膜过滤机的工作原理示意图
1—暂存罐；2—添加泵；3—预过滤机；4—循环泵；
5—热交换器；6—膜过滤机；7—循环管道；8—滤液出口

优点如下：

a. 可以直接滤出无菌鲜酒。

b. 有利于啤酒泡沫稳定性。

c. 成品酒无过滤介质污染，产品损失率降低。

缺点为：膜材料机械强度不好，稳定性差，不耐高温、酸碱等；清洗条件苛刻。

④ 离心分离法　利用不同物质的密度差异，在离心力场下离心力不同，将不同的物质分离的方法，称为离心分离法。离心分离的效率主要取决于贮酒罐酒的透明度，上层清酒分离快，下层接近罐底的浑浊物分离较慢。

啤酒厂常用的离心机有三种类型：

a. 倾斜式离心机　用以回收麦汁和麦糟压榨液。

b. 密封除渣式离心机　分离啤酒和冷却麦汁。

c. 盘式除渣式离心机　多用于麦汁分离。

优点为：酒损失率降至最低，风味物质无损失。无过滤介质的排污，运转费用低。

缺点为：高速转动与空气摩擦生热，使分离的啤酒有明显的冷浑浊敏感性。设备易受泥浆阻塞，须停机清洗。

（2）影响啤酒过滤的因素

① 成熟啤酒的质量状况　成熟啤酒中的悬浮颗粒的组成、数量、大小等都会直接影响过滤质量和速度。一般要求酵母细胞数在 $2 \times 10^6/mL$ 以下；若啤酒中高分子 β 葡聚糖多，黏度高，会造成啤酒过滤困难。

② 过滤设备及其技术条件　过滤工艺要求低温、稳压、合理回流，以使过滤的啤酒符合清亮透明、富有光泽、口味纯正等的要求，而且啤酒损耗较少，达到降低成本的目的。

2. 啤酒的包装和灭菌

啤酒包装和灭菌是啤酒生产过程中的最后一个环节，将过滤好的啤酒从清酒罐中分别灌装入洁净的瓶、罐或桶中，立即封盖，进行生物稳定处理，贴标、装箱为成品啤酒，投放市场的啤酒多以瓶装为主。

包装工艺及操作是否合理，对啤酒质量的稳定性和保质期有直接影响。如果控制不当，就会在极短的包装时间内使酿造好的啤酒变成次酒乃至不合格啤酒。严格认真的包装，能保证产品质量，降低酒损和瓶耗。

（1）啤酒包装过程的要求

① 严格做到无菌操作，必须防止啤酒被杂菌污染，使成品啤酒符合食品卫生要求。

② 包装过程中应尽量避免啤酒与空气接触，防止啤酒因氧化而造成老化味和氧化浑浊。

③ 包装过程中，须防止啤酒中二氧化碳的逃逸，以保证啤酒的杀口力和泡沫持久性能。

(2) 包装方式

① 瓶装啤酒的包装　选瓶→洗瓶→空瓶检验→装瓶压盖→杀菌。

瓶装熟啤酒应进行巴氏杀菌，小厂用吊笼式杀菌槽，大厂用隧道式喷淋杀菌机。

1860 年法国巴斯德（L. Pasteur）用实验证明了在食品工业中应用低温杀菌可使微生物致死，后称之为巴氏杀菌法。在最高生长温度以上，温度每升高 7.1℃，热致死率就增加 10 倍，并提出在 60℃加热并维持 1min 的热处理为 1 个巴斯德单位（即 1Pu）。巴氏热消毒单位，是消毒时间（min）和温度（℃）对数函数值的乘积：

$$Pu = T \times 1.393^{(t-60)} \tag{4-10}$$

式中，T 表示在某温度下消毒所维持的时间，min；1.393 表示温度每增加 7.1℃，热致死率增加 10 倍的常数，即每升高 1℃，致死效率提高 1.393 倍；t 表示热消毒温度，℃；Pu 表示巴氏消毒单位值。

各啤酒生产企业所生产的瓶装啤酒温热消毒的 Pu 值不尽相同，如国外啤酒先进生产国，均采用较低 Pu 值如 15～20。我国条件好的大型工厂采用的 Pu 值为 20～25，小型工厂特别是在夏天采用的 Pu 值为 30～45。应注意综合考虑影响 Pu 值的两个因素——杀菌温度和时间，温度较高，啤酒风味改变较大，而延长杀菌时间会降低产量。严格说，不同啤酒应有不同的适宜的 Pu 值，现已广泛采用"随行温度记录器"实测和记录瓶内酒温在杀菌过程中温度的变化，依此换算出 Pu 值。

② 桶装啤酒的包装　桶装啤酒是指未经彻底灭菌的鲜啤酒，包装简便、成本低、口味新鲜、清爽杀口，近年来受到企业的重视。桶装啤酒的包装容器一般采用不锈钢桶或不锈钢内胆、带保温层的保鲜桶，桶的规格有 8L、25L、30L、50L 等。包装前，啤酒要经瞬间杀菌处理或经无菌过滤处理。前者是由板式热交换器将啤酒升温到 72℃，保持 30s，然后再用 0～2℃冰水冷却后，进入缓冲罐，最后送至桶装线包装，瞬时杀菌的巴氏灭菌值可达到 25～30Pu，可延长保质期。后者是采用微孔超滤法，滤膜微孔规格（ϕ，μm）有 0.25、0.45、0.8、1.2、1.5 等，以滤除细菌、酵母细胞，保持生啤的生物稳定性。

工艺流程为：空桶→浸泡→刷洗→巴氏灭菌（无菌过滤）→灌装→垛装。

③ 灌装啤酒的包装　一般用铝镁合金两片易拉罐包装，容量 355mL，其体轻，便于运输和携带。

工艺流程为：空罐卸箱托盘机→链式输送器→洗涤机→罐装机→封罐机→巴氏杀菌机→液位检测→喷印日期→装箱或收缩包装→成品。

实训项目综合评价 4-3　大糖化及啤酒发酵生产

学习工作页

年　　月　　日

项目名称	大糖化工艺路线设计	啤酒种类	
学习领域	4. 啤酒酿造	实训地点	图书馆等
项目任务	查阅资料，了解本校现有的啤酒小型生产线设备情况，设计出全麦芽大糖化工艺路线及啤酒发酵的初步方案，包括详细的准备项目表和大糖化工艺曲线	班级	
		姓名	

一、麦汁制备的目的和生产流程是什么？

二、粉碎的方法和设备有哪些？粉碎度有何要求？为什么？

三、糖化工艺的种类有哪些？本次大糖化操作是采用哪种糖化工艺？

四、糖化终点如何判定？其原理是什么？

五、什么是头道麦汁、满锅麦汁、定型麦汁？三者的浓度有何差别？

六、简述麦汁煮沸后处理的一般流程及要求。

七、如何评价酒花质量？酒花的贮藏条件是什么？添加酒花的依据是什么？

八、参观或调查本地啤酒生产企业，写出本地某一品牌啤酒的生产工艺流程及操作方法等参观报告。

项目任务书

年　　月　　日

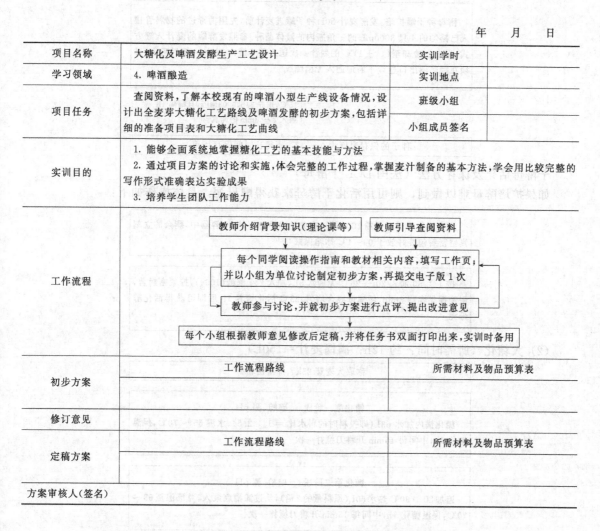

项目名称	大糖化及啤酒发酵生产工艺设计	实训学时	
学习领域	4. 啤酒酿造	实训地点	
项目任务	查阅资料，了解本校现有的啤酒小型生产线设备情况，设计出全麦芽大糖化工艺路线及啤酒发酵的初步方案，包括详细的准备项目表和大糖化工艺曲线	班级小组	
		小组成员签名	
实训目的	1. 能够全面系统地掌握糖化工艺的基本技能与方法 2. 通过项目方案的讨论和实施，体会完整的工作过程，掌握麦汁制备的基本方法，学会用比较完整的写作形式准确表达实验成果 3. 培养学生团队工作能力		
工作流程	教师介绍背景知识(理论课等)　　教师引导查阅资料 每个同学阅读操作指南和教材相关内容，填写工作页；并以小组为单位讨论制定初步方案，再提交电子版1次 教师参与讨论，并就初步方案进行点评、提出改进意见 每个小组根据教师意见修改后定稿，并将任务书双面打印出来，实训时备用		
初步方案	工作流程路线	所需材料及物品预算表	
修订意见			
定稿方案	工作流程路线	所需材料及物品预算表	

方案审核人(签名)

实训项目操作指南　大糖化及啤酒发酵生产实践（综合实训）

一、大糖化生产及啤酒发酵总体流程

（1）酵母扩培（所需时间：4.5d）

麦汁试管菌种培养:不含酒花的麦汁(11～12°Bx)40mL(4支,10mL/支试管,接种量1环/支)

⬇ 25℃,培养24～36h

500mL小三角瓶麦汁制备:麦汁(11～12°Bx)1200mL(500mL三角瓶4个,300mL/个,接种量10mL/个)

⬇ 23℃,培养24h

3000mL大三角瓶麦汁制备:麦汁(11～12°Bx)6000mL(3000mL三角瓶4个,1500mL/个,接种量310mL/个)

⬇ 20℃,培养24h

酵母种子罐扩培,发酵麦汁50L种子罐进麦汁前,先用消毒过的物料管接入已摇匀的4只3000mL的三角瓶内的液体菌种。参照发酵罐的麦汁入罐方式,将50L冷却至(14±1)℃的麦汁一次送入种子罐内。麦汁入罐过程中,必须在换热器出口连续不断地通入无菌纯氧

⬇ 15℃,培养24h,0.03MPa,且每隔4h通入2～3min的纯氧。

种子的保存温度为0～4℃,不得长时间保存待用

干酵母活化及保存方法（法国 DCL 干酵母）

如果扩培酵母难以做到,则可用活化干酵母来获得酵母泥。具体操作如下:

无菌操作取干酵母粉100g放入事先洗净消毒好的5L容器中,剩余的立刻真空密封包装好放于0～4℃冰箱保藏

⬇

按1:50加入20～26℃无菌水5L,加入2%蔗糖(100g),拧紧密封盖,慢慢摇晃容器3min,使酵母混合均匀。25℃活化培养1h后即可获得活化酵母泥

(2) 大糖化（所需时间：约12h；满锅麦汁＝150L）

称取大麦芽25kg,加湿法粉碎

⬇

糖化第一阶段　碘检、测pH

糖化锅内加水63L(即投料时的料水比＝1:2.5),水温65～70℃,保温糖化1h,中间每15min开耕刀搅拌一次

⬇

糖化第二阶段　碘检、测pH

追加80～90℃热水50L(原料量的2倍),从过滤槽底泵入,兑醪温至68～70℃,保温糖化1h,中间每15min开耕刀搅拌一次

⬇

过滤头道麦汁　测糖

静置时间10～15min后再过滤,先让麦汁回流,麦汁清亮后关掉排污阀收集麦汁于漩沉槽内,过滤20min后,取样测原麦汁

⬇

糖化第三阶段　　洗糟
加入 85 ～ 90℃ 热水 50L(原料量的 2 倍),搅拌 2 ～ 3min,静置时间 10 ～ 15min,此时可用煮沸锅内剩余热水对换热器、进麦汁管路、氧气管循环杀菌;煮沸锅腾空后,将漩沉槽内头号麦汁泵入到煮沸锅内;麦糟静置时间 10 ～ 15min 后开始回流,开启有关阀门,将麦汁在过滤、回流、观察麦汁清亮后,关掉排污阀收集麦汁。滤完后将二号麦汁泵入煮沸锅,搅匀后取样测糖,用白糖定糖。满锅麦汁浓度为 8.5 ～ 9.5°Bx

麦汁煮沸 60 ～ 70min
麦汁盖过加热夹套或加热管后,开始加热升温。麦汁煮沸时开始计时,煮沸时间 70min,麦汁始终处于沸腾状态。麦汁煮沸开锅 5min 和 30min、沸终前 10min,分 3 次添加酒花颗粒,加入量分别为 20g、40g 和 60g,定型麦汁浓度为 9.5 ～ 10.5°Bx

回漩沉淀　　定型麦汁要碘检、测 pH、测糖
将麦汁在漩沉槽内打回漩 3 ～ 5min,静置沉淀 20 ～ 30min。麦汁冷却前排出热凝固物。注意身体离开管口,以防烫伤

麦汁冷却、充氧、添加酵母、打入发酵罐内进行发酵

(3) 啤酒发酵

前发酵
(11.0±0.2)℃、压力为 0.3MPa 至封罐,时间为 3 ～ 4d,投料后第二天取样测糖(至封罐前,每天必测),糖度降到(4.2±0.2)°Bx 时,自然升温至 12℃,并保持同时封罐、升压至 0.14MPa,保持时间 4d。记录数据

后发酵(贮酒)
封罐 4d 后,取样品尝,若无明显双乙酰味,可降温,若有明显双乙酰味,可推迟 1 ～ 3d 降温,还原结束后,应当在 24h 内按规定降温至 0℃(表温 2℃),并同时保持罐内压力为 0.14 ～ 0.18MPa,时间为 3 ～ 5d。特别注意:降温规定,5℃ 以前,以 0.5 ～ 0.7℃/h 的速率降温。5℃ 以后,以 0.1 ～ 0.3℃/h 的速率降温至 0℃(表温 2℃)。储酒时间超过 1 周时,每天排掉酵母一次。若酵母不使用,降至 0℃ 时应排掉。记录数据

二、撰写综合实训报告书

以小组为单位,小组成员相互协作,写出综合实训报告书并用 A4 纸打印上交。格式要求如下。

1. 题目、摘要和关键词

题目用黑体小二号字,居中;摘要和关键词,位于题目下方左对齐。"摘要"二字用黑体,小五号字;摘要正文在 300 字以内,用楷体小五号字。"关键词"三字用黑体,小五号字,内容用楷体小五号,包含 3～8 个关键词,每个关键词之间用空格分隔。

2. 正文用宋体五号

正文包括前言、材料与工艺、结果与分析、讨论、结论等几个部分,结果应附上原始记录表。

3. 正文中引用的参考文献务必用上标标出

在文末注明参考文献出处,用宋体小五号字。具体如下:

序号用 [1]、[2]、[3] ……表示,序号后依次是主要作者、文献题名、书/刊号、版次、出版者、出版年月(或期数)及起始页码。多个作者之间以","分隔,作者超过 3 人时,只著录前 3 个作者,其后加"等"字(可参考各种教科书后面的参考文献注明方式)。

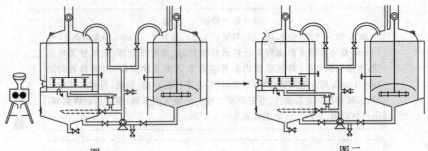

图一

① 湿润、粉碎麦芽。

② 煮沸锅内加热酿造用水

图二

① 向糖化锅内泵入一定量温度适宜的热水。

② 启动耕刀，均匀投料；搅拌均匀后停止耕刀。计时糖化。

③ 注意控制水温和水量，保持糖化温度，每15min搅拌一次

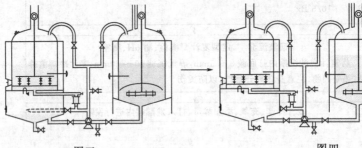

图三

① 糖化结束，回流浑浊麦汁，视镜观察麦汁清澈后开始过滤。

② 过滤至露糟时需要洗糟，水温78℃。

③ 洗糟后继续过滤，至混合糖度达到要求后结束洗糟和过滤

图四

① 将所有麦汁泵入煮沸锅加热煮沸，60～90min。

② 初沸10min，分批次加入苦酒花。

③ 煮沸结束前10min加入香酒花

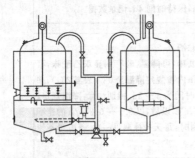

图五

① 煮沸结束，立即将麦汁泵入沉淀槽。

② 进行沉淀操作，静置30min

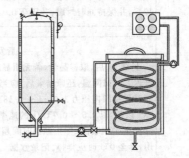

图七

① 控制发酵温度及压力，至糖度降至原糖度的40%封罐保压，还原双乙酰。

② 待双乙酰还原结束，可以缓慢均匀降温。此过程酵母沉降。

③ 酒温降至1～2℃即可后储，罐底酵母泥可回收再用

图六

① 开启冷却水同时开启麦汁泵，于板式换热器内冷却麦汁至入罐温度。

② 冷却后的麦汁充氧至8mg/L，入罐。

③ 加入啤酒专用酵母，发酵

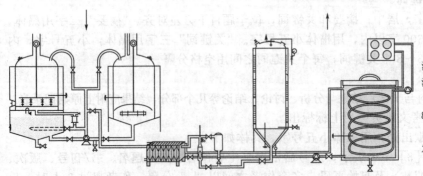

附：啤酒小型生产线工艺流程图

项目记录表

年　　月　　日

项目名称	大糖化及啤酒发酵生产实践		实训学时	
学习领域	4. 啤酒酿造		实训地点	
项目任务	根据提供的材料和设备等,按照各小组自行设计的大糖化及啤酒发酵工艺方案进行啤酒生产		班级	
			小组成员	
使用的仪器和设备				

项目实施过程记录

阶段		时　间		原始数据	实验现象	记录者签名
		开始	结束			
酵母准备						
麦芽粉碎						
糖化	水			水温　水量		
	投料			投料量		
	碘检					
	糖度					
过滤洗糟	头道麦汁			麦汁量　糖度		
	第一次洗糟			水量　糖度		
	第二次洗糟			水量　糖度		
	满锅麦汁			麦汁量　糖度		
麦汁煮沸	第一次酒花			酒花添加量		
	第二次酒花			酒花添加量		
	定型麦汁			麦汁量　糖度		
麦汁处理	回漩沉淀			麦汁量		
	冷却充氧			温度		
	酵母添加			酵母添加量		

啤酒发酵工艺参数记录

日期	时间	温度	压力	糖　度	操作者	备注

项目报告书

年　　月　　日

项目名称	大糖化及啤酒发酵生产实践		实训学时	
学习领域	4. 啤酒酿造		实训地点	
项目任务	根据提供的材料和设备等,按照各小组自行设计的大糖化及啤酒发酵工艺方案进行啤酒生产		班级小组	
			小组成员姓名	
实训目的				
原料、仪器、设备				

项目实施过程记录整理(附原始记录表)

阶 段	操作步骤	原始数据或资料	注意事项
酵母准备			
麦芽粉碎			
糖化			
过滤洗糟			
麦汁煮沸			
麦汁处理			
啤酒发酵			
结果报告及讨论			
项目小结			
成绩/评分人			

单元生产 2:啤酒酿造工艺及主要设备(三)

工作任务 5 啤酒生产质量控制及品质鉴定

1. 啤酒生产中的不安全因素

(1)外源微生物的污染 杂菌主要来源于被污染的水、原料、空气、管道及设备等客观方面,也有操作人员的卫生不合格,操作不慎,卫生管理不严等主观方面。

麦汁和啤酒中污染了微生物,则杂菌可能在其中生长繁殖,致使啤酒变味和浑浊。

杂菌防治措施:建立健全生产卫生管理机制;重点抓好设备及管道的清洗和灭菌工作;注重定期进行微生物检测,有效地进行安全生产监测。

(2)主要发酵副产物的控制问题 双乙酰还原不够彻底,在啤酒中残存过多而影响啤酒的口味和质量,消除双乙酰的方法见工作任务 3 啤酒发酵。

醛类物质也属生青物质,对啤酒影响最大的是乙醛,它主要来源于麦汁煮沸时的美拉德反应和主发酵时酵母代谢产生,随着发酵进行,乙醛会不断地被分解而降低。如果酵母接种量过高、麦汁通风量过小、麦汁 pH 值偏高、染菌等都会促进乙醛的形成。

此外,高级醇、酯类、酸类和硫化物等副产物都需通过工艺控制来减少它们的量。

(3)啤酒瓶的安全性 玻璃瓶压盖式包装是啤酒行业传统的盛运方式,但啤酒瓶爆炸伤人事故也有发生,这主要是因为瓶体质量问题、使用时间过长过多、啤酒气体压力过高、不小心谨慎装运、任意堆放、开启方式不当等原因引起的。除了在生产、销售、消费时增加安全防范意识和措施外,最主要的是严格限制回收瓶的使用次数,区分 B 瓶与盛装不含气体的玻璃瓶。所谓 B 瓶,就是在啤酒瓶底以上 20mm 范围内打有专用标记 B,并有生产企业标记、生产的年和季度等标识。B 瓶的安全性高于非 B 瓶,关键是耐内压力标准在 1.2 大气压以上,而非 B 瓶对此没有限定。

（4）甲醛的非法使用　甲醛曾作为提高啤酒非生物稳定性的添加物应用于国内啤酒酿造业，这种工艺是在糖化阶段加入适量甲醛，能有效去除酒体多酚，防治非生物浑浊，使啤酒澄清透亮。但甲醛是一种无色、易溶于水、有毒的致癌物质，会给消费者带来身体和心理上的伤害，应禁止使用。

（5）甲醇含量的控制　在发酵过程中原料中的果胶水解产生甲醇，甲醇毒性大，危害人的神经系统，尤其是视神经系统，因此，在酿酒过程中要严格控制甲醇含量。

2. 啤酒生产质量保证体系的实施

对啤酒生产工艺流程的各个工序环节进行危害分析，确定原料、水源、空气、酵母、巴氏灭菌（除菌）、管道设备的 CIP 清洗、洗瓶、验瓶、成品检验工序等为关键控制环节，并采取相应控制措施。

3. 啤酒生产卫生标准及检测

啤酒质量特性是富有洁白、细腻又持久的泡沫，悦目明快的色泽，酒液清亮，饮后爽口和有醇厚感。我国啤酒质量标准为 GB 4927—2001，试验方法 GB 4928—2001，啤酒的卫生标准要符合 GB 2758—2005 的规定，它又分理化和微生物学标准。卫生指标的检验按 GB 4789—2008 有关方法执行。

啤酒还必须有一定的保质期，瓶装、听装熟啤酒保质期，优级和一级≥120d、二级≥60d，灌装、桶装鲜啤酒保质期≥3d。

实训项目 4-4　啤酒的质量标准与感官鉴定

学习工作页

<table>
<tr><td colspan="4" align="right">年　　月　　日</td></tr>
<tr><td>项目名称</td><td>查阅啤酒相关国家标准</td><td>啤酒种类</td><td></td></tr>
<tr><td>学习领域</td><td>4. 啤酒酿造</td><td>实训地点</td><td></td></tr>
<tr><td rowspan="2">项目任务</td><td rowspan="2">参照 GB 4928—2001、GB 4928—2005 的相关规定，并根据提供的市售啤酒和自酿啤酒等，设计出啤酒感官鉴定方案，包括详细的准备项目表和感官评定过程</td><td>班级小组</td><td></td></tr>
<tr><td>姓名</td><td></td></tr>
</table>

一、发酵副产物主要有哪些？对啤酒品质有何影响？

二、根据啤酒中双乙酰的形成与消失过程，说明生产中如何降低啤酒中的双乙酰含量，加速啤酒成熟？

三、啤酒低温和高温发酵对啤酒品质有何影响？为什么啤酒发酵温度远低于啤酒酵母的最适温度？

四、形成啤酒浑浊的主要原因是什么？如何提高啤酒的稳定性？

五、啤酒生产中的不安全因素有哪些？其生产质量关键控制环节在哪里？有哪些有关啤酒生产及检测的国家标准？

六、解释：泡持性、酵母自溶、单罐罐发酵、两罐式发酵、巴氏灭菌单位（Pu）。

七、下面是啤酒生产的工艺流程图，请在方块处将相应的工序填上，并注明该工序所用的设备名称。

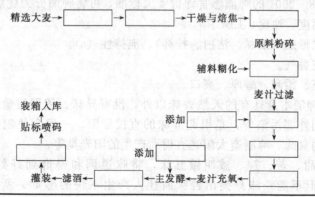

项目任务书

年　　月　　日

项目名称	啤酒的质量标准与感官鉴定方案设计	实训学时	
学习领域	4. 啤酒酿造	实训地点	
项目任务	参照 GB 4928—2001、GB 4928—2005 的规定，并根据提供的市售啤酒和自酿啤酒等，设计出啤酒感官鉴定方案，包括详细的准备项目表和感官评定过程	班级小组	
		小组成员签名	
实训目的	1. 能够全面系统地掌握啤酒酿造的基本技能与方法 2. 通过项目方案的讨论和实施，体会完整的工作过程，掌握啤酒感官评价的基本方法，学会用比较完整的写作形式准确表达实验成果 3. 培养学生团队工作能力		
工作流程	教师介绍背景知识（理论课等）　　　教师引导查阅资料 每个同学阅读操作指南和教材相关内容，填写工作页；并以小组为单位讨论制定初步方案，再提交电子版 1 次 教师参与讨论，并就初步方案进行点评、提出改进意见 每个小组根据教师意见修改后定稿，并将任务书双面打印出来，实训时备用		
初步方案	工作流程路线	所需材料及物品预算表	
修订意见			
定稿方案	工作流程路线	所需材料及物品预算表	

方案审核人（签名）

实训项目操作指南　啤酒的质量标准与感官鉴定

根据 GB/T 4928—2001 的啤酒感官评价 4 大标准，可将啤酒分为优级、一级、二级。

（1）外观　透明度、浊度、EBC。

（2）泡沫　泡沫形态（细腻、洁白、挂杯）、泡持性（s）。

（3）香气　酒花香气。

（4）口味　纯正、柔和、醇厚、爽口。

① 纯正　除了啤酒本身具有的天然香味以外，没有异味。使用质量不好的原料、酿造工序中的失误以及受到外部污染等，是引起异味的直接原因。一般会使制品含有麦芽谷皮的臭味、接触空气氧化的臭味、啤酒遭太阳光直射而产生的阳光臭等。

② 柔和　酸、甜、苦、辣、咸叫做五味，将味道调和得恰到好处谓之柔和。啤酒是苦味较重的饮品，但不能一味只突出苦味而让人产生不快的感觉。所以苦味的质很重要。

上好的啤酒花会给啤酒添加优雅的苦味。如果不注意麦芽皮的处理、或者是啤酒花使用的不适当，就会产生苦涩的味道或口中留有很苦的余味，也就是说啤酒的口味没有调节好。

③ 醇厚　醇并不是浓重，味道要美且圆润，要有丰富和满足的感觉，也就是一般所说的醇。啤酒以清爽为本，但也不能淡的像水一样、让人感到不够味。没有重厚的余味、通过喉咙时清爽圆润是非常重要的。

④ 爽口　指新鲜和令人舒畅的香气，喝过之后口中没有发涩、或久久不去的余味，而是非常清爽，也就是"杀口"的感觉。啤酒中含的碳酸气让人感到爽快。酒类中指的"杀口"不是两种酒类的比较，而是针对同一类酒而言的。从味觉上讲，甜味少、没有黏性，饮用之后口中不留下厚重的余味。从成分上讲，糖分越少、酒精含量越多、酸度越高的啤酒，越倾向于"杀口"啤酒。

影响啤酒质量的因素如下所述。

（1）失光　啤酒是一种透明的胶体溶液，易受微生物和理化作用的影响，使胶体被破坏而失去透明的特性，称之为"失光"。失光后进一步遭受严重破坏的胶体溶液——啤酒会造成浑浊和出现沉淀。

（2）酵母浑浊　造成啤酒的酵母浑浊是由野生酵母引起的，或者是酵母再发酵引起。酵母浑浊的主要现象是酒液浑浊、失光、有沉淀，启盖后气泡足，常会伴有窜沫现象（啤酒喷涌），倒酒入杯时酒瓶口处有"前烟"现象。

（3）受寒浑浊　当啤酒在0℃左右贮存或运输一定的时间后，因为温度低，酒液中常会出现一些较小的悬浮颗粒，使啤酒失光。如果在低温下贮运的时间再延长，酒液中就会出现较大凝聚物而造成沉淀。如在啤酒处于失光阶段时将贮运温度回升到10℃以上，酒液又会恢复到透明状态。这种因受寒冷而造成的浑浊，实际上是蛋白质的凝聚现象（冷凝固物）。

（4）淀粉浑浊　由于糖化不完全，啤酒中还残留有一定量的淀粉而造成浑浊，并逐渐出现白色沉淀。

（5）氧化浑浊　啤酒在装瓶或装桶时，不可避免地要与空气中的氧接触而引起浑浊，空气越多，浑浊越快。因此啤酒在贮存中应尽量减少摇晃、曝光，要求在适宜的温度下存放。

一、准备阶段

1. 瓶装啤酒

珠江纯生（11°P）、珠江啤酒（11°P，淡爽型）、金威啤酒（12°P）等。

2. 使用工器具

计时器（秒表等）、直尺、玻璃啤酒杯、开瓶器等。

二、实验操作阶段：一看、二闻、三尝

1. 倒酒

啤酒遇空气会发生氧化，啤酒泡沫能够起到隔断空气与液面接触的作用。所以，斟酒时为了不让空气进入，依靠碰到杯底的冲力让啤酒自然泛起白沫，是最恰当的斟酒方式。具体的斟法是：将酒瓶开启，距酒杯口上部3cm处将酒倒入杯中，开始要慢，中间要快，待啤酒打起白沫后再放慢斟酒速度，泡沫占酒的2～3成最为适中。泡沫不仅美观，更重要的是它能帮助啤酒避免和空气接触而发生酸化、或者防止碳酸气体跑出，起到瓶盖的作用。不让泡沫泛起的斟酒方法是不正确的方法。当泡沫盖满酒杯口时，停止倒酒，开始计时，同时测定泡沫高度（cm）。计时方法：啤酒倒好即开始计时，注视啤酒液面，随着露出液面的第一个泡沫消失，计时结束。此时间即为泡沫持久时间。

2. 评外观（一看）

举杯，置有光处观察酒的色泽、透明度和泡沫。

（1）色泽 普通浅色啤酒应该是淡黄色或金黄色，黑啤酒为红棕色或淡褐色。不论颜色深浅均应具有醒目的光泽，暗而无光（失光）的不是好啤酒。啤酒的颜色主要来自麦芽。即烘干绿麦芽时，麦芽中的氨基酸和糖分发生美拉德反应，产生麦芽香味和颜色基体的类黑素。浓色啤酒用的麦芽，主要通过调节烘干温度和时间，一方面加快类黑素的生成，同时还使大麦内部糖分转化成糖稀（焦糖反应），从而做出色深的麦芽。所以，无论是普通啤酒还是黑啤酒，其颜色都是纯天然色。

（2）透明度 清亮透明，无明显悬浮物或沉淀物。

（3）泡沫 啤酒注入无油腻的玻璃杯中时，泡沫应迅速升起，泡沫高度应占杯子的三分之一，当啤酒温度在 8～15℃时，5min 内泡沫不应消失；同时泡沫还应细腻、洁白，散落杯壁后仍然留有泡沫的痕迹（"挂杯"）。

3. 评气味（二闻）

将酒杯置于鼻下 2 寸❶处，头略低，轻嗅气味，然后接第 2、第 3 杯，记下香气情况；最后将酒杯接近鼻孔，闻嗅，转动酒杯短促呼吸，辨别气味。良质啤酒应有明显的酒花香气，新鲜、无老化气味及生酒花气味；黑啤酒还应有焦麦芽的香气。

4. 评口味（三尝）

从香淡开始，逐步将酒呷入口中，使酒液先接触舌尖，次两侧，再至舌根，然后舌头打卷，使酒液铺展整个舌面，进行味觉判断，最后将酒咽下，以辨别后味。按评口味方法排序（纯正、柔和、醇厚、爽口），并按顺序反复几次，记录评语、分数。良质啤酒入口纯正，没有酵母味或其他怪味、杂味；口感清爽、协调、柔和，苦味愉快而消失迅速，无明显的涩味，有二氧化碳的刺激，使人感到杀口。劣质啤酒口味不正，有明显的异杂味、怪味，如酸味或甜味过于浓重，有铁腥味、苦涩味或淡而无味等。

三、注意事项

① 评酒实验前不宜空腹，但也不要过饱；不能食用大蒜、大葱等气味较重、刺激性强的食物，以免破坏味蕾的敏感性。

② 实验人员不能涂用化妆品、香水等护肤品；实验室的环境应保持清洁，无异味，以免影响嗅觉器官的辨别。

③ 品酒前和每品完一次酒后，均要用凉白开漱口，才能进行下一次的品评。否则相互干扰而影响评定结果。

④ 倒酒、计时、测泡沫高度是同时进行的，所以小组内成员要注意互相合作，密切配合。

项目记录表

年　　月　　日

项目名称	啤酒的质量标准与感官鉴定	实训学时	
学习领域	4. 啤酒酿造	实训地点	
项目任务	参照 GB 4928—2001、GB 4928—2005 的规定，并根据提供的市售啤酒和自酿啤酒等，记录啤酒感官评定过程和数据	班级小组	
		小组成员姓名	

❶ 1 寸＝0.0254 米（m）。

使用的仪器和设备				

项目实施过程记录

阶　段	操作步骤	原始数据(实验现象)	注意事项	记录者签名
准备阶段				
实验室操作阶段				
结果评价				

项目报告书

年　　月　　日

项目名称	啤酒的质量标准与感官鉴定	实训学时	
学习领域	4.啤酒酿造	实训地点	
项目任务	根据提供的啤酒样品,按照各小组自行设计的啤酒感官鉴定方案,对啤酒样品进行感官评价	班级小组	
		小组成员姓名	
实训目的			
原料、仪器、设备			

项目实施过程记录整理(附原始记录表)

阶段	操作步骤	原始数据或资料	注意事项
准备阶段			
操作阶段			
结果评价			

结果报告及讨论

项目小结

成绩/评分人	

【附】GB 对淡色啤酒的规定

项　　目			优级	一级	二级
外观	透明度		清亮透明,允许有肉眼可见的微细悬浮物和沉淀物(非外来异物)		
	浊度/EBC≤		0.9	1.2	1.5
泡沫	形态		泡沫持久细腻,持久挂杯	泡沫较持久细腻,较持久挂杯	泡沫尚洁白,尚细腻
	泡持性/s≥	瓶装	200	170	120
		听装	170	150	
	香气和口味		有明显的酒花香气,口味纯正、爽口,酒体谐调、柔和,无异香、异味	有较明显的酒花香气,口味纯正,较爽口、协调,无异香、异味	有酒花香气,口味较纯正,无异味

(1)对非瓶装的"鲜啤酒"无要求
(2)对桶装(鲜、生、熟)啤酒无要求

【附表】啤酒评分表

班级　　　　　　　　姓名　　　　　　　　日期

评分项目 编号和品名	外观10		泡沫20	香气20	口味50				得分	评语	备注
	色泽5	透明度5			纯正15	爽口18	杀口7	醇厚10			
1											
2											
3											

淡色啤酒评分标准表（GB）

项目	评 分 标 准	最高分	细目	扣分
外观	1. 色泽：淡黄、带绿、黄而不呈暗色	10	5	
	色泽暗、褐			1～5
	2. 透明度：清亮透明、无悬浮物或沉淀物		5	
	轻微失光或有沉淀悬浮物			1～5
泡沫	泡沫高、持久(8～15℃,5min 不消失)、细腻、洁白、挂杯	20		
	泡沫高度低、粗大而不持久。其中：泡沫持久			
	4min(优级)			1
	3min(一级)			3
	2min(二级)			5
	1min			7
	1min 以下			9
	泡沫高度低			3
	泡沫完全不挂杯			5
	泡沫色暗			3
香气	有明显酒花香气/新鲜/无老化味及生酒花气味	20		
	有酒花香气/但不明显			1～5
	有老化气味			1～5
	有生酒花气味			1～5
	有异香或怪气味(如水腥味)			1～6
	嗅香和口尝均感觉不出酒花香气/而有异香			20
口味	口味纯正/爽口/醇厚而杀口	50		
	纯正：没有酵母或酸味等不正常的怪味或杂味		15	
	有明显的双乙酰或高级醇等发酵副产物的味道及其他怪味(如氧化味)			1～11
	有麦皮味及酵母味			1～4
	爽口：饮后愉快/协调/柔和/苦味愉快而消失迅速/无明显的涩味/有再饮欲望		18	
	口味不协调/不柔和/感觉上刺口/涩粗杂			1～7
	有后苦			1～6
	有焦糖味及可发酵糖的甜味			1～5
	杀口：有二氧化碳的刺激/使人感到清爽		7	
	杀口力不强			1～7
	醇厚：饮后感到酒味醇厚/圆满/口味不单调		10	
	口味淡而无味/水似的			1～10

参 考 文 献

[1] 顾国贤. 酿造酒工艺学. 第2版. 北京：中国轻工业出版社, 1996.

[2] 周广田, 聂聪. 啤酒酿造技术. 济南：山东大学出版社, 2004.

[3] 何国庆等. 食品发酵与酿造工艺学. 北京：中国农业出版社, 2001.

[4] 桂祖发. 酒类制造. 北京：化学工业出版社, 2001.

[5] 逯家富, 赵金海. 啤酒生产技术. 北京：科学出版社, 2004.

［6］Wolfgang Kunze 著．啤酒工艺实用技术．湖北啤酒学校翻译组．北京：中国轻工业出版社，1998.

［7］徐斌．啤酒生产问答．北京：中国轻工业出版社，2000.

［8］程殿林．啤酒生产技术．北京：化学工业出版社，2005.

［9］康明官．特种啤酒酿造技术．北京：中国轻工业出版社，1999.

［10］管敦仪．啤酒工业手册（修订版）．北京：中国轻工业出版社，1998.

［11］李平兰，王成涛主编．发酵食品安全生产与品质控制．北京：化学工业出版社，2005.

［12］吴福根主编．发酵工程实验指导．北京：高等教育出版社，2006.

［13］GB/T 4927—2001 啤酒．

［14］GB/T 4928—2001 啤酒分析方法．

［15］GB/T 2758—2005 发酵酒卫生标准．

学习领域 5　葡萄酒酿造

- -

○ 基础知识：葡萄酒概述

○ 单元生产 1：葡萄酒酿造工艺及主要设备

○ 实训项目 5-1　葡萄酒酿造工艺

○ 单元生产 2：葡萄酒生产质量控制

○ 实训项目 5-2　葡萄酒的感官品评及真假葡萄酒的鉴别

基础知识：葡萄酒概述

一、葡萄酒的定义及分类

1. 葡萄酒的定义

根据国际葡萄与葡萄酒组织规定（OIV，1996），葡萄酒只能是破碎或未破碎的新鲜葡萄果实或葡萄汁经完全或部分酒精发酵后获得的饮料，其酒度不能低于 8.5％（体积分数）。但是，根据气候、土壤条件、葡萄品种和一些葡萄产区特殊的质量因素或传统，在一些特定的地区，葡萄酒的最低总酒度可降低到 7.0％（体积分数）。

根据我国最新的国家标准（GB 15037—2006），葡萄酒是以新鲜葡萄或葡萄汁为原料，经全部或部分发酵酿制而成的、含有一定酒精度的发酵酒。

2. 葡萄酒的分类

葡萄酒的品种繁多，根据 GB/T 17204—2008 饮料酒分类和 GB/T 15037—2006 葡萄酒，常见的葡萄酒产品有如下分类方法。

（1）按酒的颜色分类

① 白葡萄酒　用白葡萄或皮红肉白的葡萄分离发酵制成。酒的颜色微黄带绿，近似无色或浅黄、禾秆黄、金黄。凡深黄、土黄、棕黄或褐黄等色，均不符合白葡萄酒的色泽要求。

② 红葡萄酒　采用皮红肉白或皮肉皆红的葡萄经葡萄皮和汁混合发酵而成。酒色呈自然深宝石红、宝石红、紫红或石榴红，凡黄褐、棕褐或土褐色，均不符合红葡萄酒的色泽要求。

③ 桃红葡萄酒　用带色的红葡萄带皮发酵或分离发酵制成。酒色为淡红、桃红、橘红或玫瑰色。凡色泽过深或过浅均不符合桃红葡萄酒的要求。这一类葡萄酒在风味上具有新鲜感和明显的果香，含单宁不宜太高。玫瑰香葡萄、黑比诺、佳利酿、法国蓝等品种都适合酿制桃红葡萄酒。

（2）按酒中二氧化碳含量（以压力表示）分类

① 平静葡萄酒　不含有自身发酵或人工添加 CO_2，并且在 20℃时，二氧化碳压力小于 0.05MPa 的葡萄酒。

② 起泡葡萄酒　所含 CO_2 是用葡萄酒加糖二次发酵产生的，并且在 20℃时 CO_2 的压力≥0.35MPa（以 250mL/瓶计）的葡萄酒。在法国香槟地区生产的起泡酒叫香槟酒，在世界上享有盛名。其他地区生产的同类型产品按国际惯例不得叫香槟酒，一般叫起泡葡萄酒。包括高泡葡萄酒和低泡葡萄酒。

③ 加气起泡葡萄酒　指酒内的 CO_2 气体全部或部分由人工充入，且在 20℃时 CO_2 的压力≥0.35MPa（以 250mL/瓶计）的葡萄酒，酒精含量不低于 4.0％（体积分数）。

（3）按含糖量分类

① 干葡萄酒　也称干酒，含糖量≤4.0g/L。

品酒特点：葡萄酒中的糖分几乎已经发酵完，饮用时感觉不出甜味，具有洁净、幽雅、香气和谐的果香和酒香。

根据颜色又分为：干红葡萄酒、干白葡萄酒、干桃红葡萄酒。

② 半干葡萄酒　含糖量在 4.1～12.0g/L。

品酒特点：微具甜感，酒的口味洁净、幽雅、味觉圆润，具有和谐愉悦的果香和酒香。

根据颜色又分为：半干红葡萄酒、半干白葡萄酒、半干桃红葡萄酒。

③ 半甜葡萄酒　含糖量在 12.1～45.0g/L。

品酒特点：饮用时稍有甜味。

④ 甜葡萄酒　含糖量＞45.0g/L。

品酒特点：因酒精含量在 15.0%左右，含量高的可达 16.0%～20.0%；具有甘甜、醇厚、舒适、爽顺的口味，具有和谐的果香和酒香。

（4）按酿造方法分类

① 天然葡萄酒　完全采用葡萄原料进行发酵，发酵过程中不添加糖分和酒精及香料的葡萄酒。选用提高原料含糖量的方法来提高成品酒精含量及控制残余糖量。

② 特种葡萄酒　用鲜葡萄或葡萄汁在采摘或酿造工艺中使用特定方法酿制而成的葡萄酒。如：

a. 加强葡萄酒　发酵成原酒后用添加白兰地或脱臭酒精来提高酒精含量的葡萄酒，叫加强干葡萄酒。既加白兰地或酒精，又加糖以提高酒精含量和糖度的叫加强甜葡萄酒，我国叫浓甜葡萄酒。

b. 加香葡萄酒　采用葡萄原酒浸泡芳香植物，再经调配制成的葡萄酒称为开胃型葡萄酒，如味美思、丁香葡萄酒、桂花陈酒；采用葡萄原酒浸泡药材，精心调配而成的葡萄酒称为滋补型葡萄酒，如人参葡萄酒。

此外，还有冰葡萄酒、利口葡萄酒、低醇葡萄酒、山葡萄酒、葡萄汽酒等。

③ 葡萄蒸馏酒　采用优良品种葡萄原酒蒸馏，或发酵后经压榨的葡萄皮渣蒸馏，或由葡萄浆经葡萄汁分离机分离得的皮渣加糖水发酵后蒸馏而得。一般再经细心调配的叫白兰地，不经调配的叫葡萄烧酒。

二、葡萄酒酿造原料及特点

葡萄属葡萄科（Vitaceae）葡萄属（*Vitis*）。葡萄中经济价值最高的是葡萄属，有 70 多个种，我国约有 35 个种。制作佐餐红、白葡萄酒、香槟酒和白兰地的葡萄含糖量约为 15%～22%，含酸量 6.0～12g/L，出汁率高，有清香味。对制红葡萄酒的品种则要求色泽浓艳，酒精含量高或含糖量高的葡萄品种，含糖量高达 22%～36%，含酸量 4.0～7.0g/L，香味浓。

葡萄酒的酿造重点在于选择优质的原料，素有"三分工艺，七分原料"之说。

1. 酿造白葡萄酒的优良品种及特点

（1）龙眼　别名秋子、紫葡萄等，是我国古老的栽培品种。该品种适应性强，耐贮运，是酿造高级白葡萄酒的主要原料之一。酿制酒为淡黄色，酒香纯正，酒体细致，柔和爽口。

（2）雷司令　原产德国，1892 年从欧洲引入我国，山东烟台和胶东地区栽培较多。该品种适应性强，较易栽培，但抗病性较差。酿制酒为浅禾黄色，香气浓郁，酒质纯净。主要用于酿造干白、甜白葡萄酒及香槟酒。

（3）白羽　别名尔卡齐杰利、白翼，原产格鲁吉亚。酿制酒为浅黄色，果香协调，酒体完整。该品种栽培性状好，适应性强，是我国目前酿造白葡萄酒的主要品种之一，同时还可酿造白兰地和香槟酒。

（4）贵人香　别名意斯林、意大利里斯林，属欧亚种，原产法国南部。酿制酒为浅黄色，果香浓郁，味醇爽口，回味绵长。该品种适应性强，易管理，是酿造优质白葡萄酒的主要品种之一，是世界古老的酿酒品种。

（5）李将军　别名灰品乐、灰比诺，属欧亚种，原产法国。酿制酒为浅黄色，清香爽口，回味绵延，具典型性。该品种为黑品乐的变种，适宜酿造干白葡萄酒与香槟酒。

适宜于酿制白葡萄酒的品种还有：季米亚特、米勒、巴娜蒂、长相思、红玫瑰、琼瑶浆、白诗南、赛美容、霞多丽、白福儿等。

2. 酿造红葡萄酒的优良品种及特点

（1）法国兰　别名玛瑙红，属欧亚种，原产奥地利。酿制酒具宝石红色，味醇香浓。该品种适应性强，栽培性能好，丰产易管，是我国酿制红葡萄酒的良种之一。

（2）佳丽酿　别名法国红、佳里酿、康百耐、佳酿。属欧亚种，原产西班牙。酿制酒为深宝石红色，味纯正，酒体丰满。该品种适应性强，耐盐碱，丰产，是酿制红葡萄酒的良种之一，亦可酿制白葡萄酒。

（3）汉堡麝香　别名玫瑰香、麝香，属欧亚种，原产英国。酿制酒呈红棕色，柔和爽口，浓麝香气。该品种适应性强，各地均有栽培，除作甜红葡萄酒原料外，亦可酿制干白葡萄酒。

（4）赤霞珠　别名解百纳、解百难、解百纳索维浓、解百难苏味浓。属欧亚种，原产法国。酿制酒呈宝石红色，醇和协调，酒体丰满，具典型性。该品种耐旱抗寒，是酿制干红葡萄酒的传统名贵品种之一。

（5）蛇龙珠　蛇龙珠属欧亚种，原产法国。酿制酒为宝石红色，酒质细腻爽口。该品种适应性强，结果期较晚，产量高。与赤霞珠、品丽珠共称酿造红葡萄酒的品种。

（6）品丽珠　别名卡门耐特、原种解百纳。属欧亚种，原产法国，是优良红葡萄酒品种。

（7）黑品乐　别名黑彼诺、黑美酿，属欧亚种，原产法国。酿制酒呈宝石红色，果香浓郁，柔和爽口。该品种栽培性状好，适应性强，是法国古老品种，除酿造高级红葡萄酒外，还可酿制白葡萄酒与香槟酒。

3. 山葡萄

山葡萄是我国特产，盛产于黑龙江、辽宁、吉林等省。常见品种为公酿一号，别名 28 号葡萄，是汉堡麝香与山葡萄杂交育成。酿制酒呈深宝石红，色艳、酸甜适口，具山葡萄酒的典型性。

4. 调色品种

调色品种呈紫红至紫黑色。这种葡萄皮和果汁均为红色或紫红色。按红葡萄酒酿造方法酿酒，其酒色呈深黑色，专作葡萄酒的调色用。

（1）紫北塞　紫北塞属欧亚种，原产法国，目前我国烟台有少量栽培。

（2）烟 74　烟 74 属欧亚种，原产中国，烟台张裕公司用紫北塞与汉堡麝香杂交而成。酿制酒呈紫黑色，色素极浓，该品种为优良调色品种，颜色深而鲜艳，长期陈酿不易沉淀。

其他调色品种有：晚红蜜、巴柯、黑塞必尔等。

三、酿酒葡萄特性与葡萄酒质量的关系

1. 果实硬度

果实硬度是判断葡萄是否成熟的一个基本指标，但又不是决定酿酒葡萄品质的固定指标。要根据不同的地域、不同的品种、不同的酿酒类型以及不同的酿酒工艺而定。

2. 糖酸比例

有机酸（主要为酒石酸和苹果酸）在葡萄内的含量约占 0.3%～1.5%，对葡萄酒的最终感官质量和稳定性影响很大，在葡萄酒酿造中扮演着重要角色，是葡萄酸度的重要指标。

3. 内含组分

包括果梗、果皮、果肉、葡萄籽等四部分。每一部分的成分对于酒的品质影响很大，而且成分常常变化，不但因品种而不同，还受到土壤、气候、施肥方法以及栽培方法等的影响而改变其成分（参见表 5-1）。红葡萄酒连同果皮、果核等一起发酵，白葡萄酒是将葡萄汁榨出发酵。

表 5-1　葡萄果实的成分及应用

果实	质量分数/%	主要成分	酿酒应用
（果梗）	不属于果实部分	富含单宁、苦味物质等	常使酒产生过重的涩味，需在葡萄破碎时除去，不能带入发酵中
果皮	6～12	水分、纤维素、单宁、色素、芳香物质	用于酿制红葡萄酒
果核（种子）	2～5	水分、纤维素、单宁、脂肪、树脂、挥发酸	有害葡萄酒风味，避免压破，发酵完毕沉于酒糟中去除，可榨油
葡萄浆（果肉＋果汁）	83～93	水分、还原糖、苹果酸、酒石酸、果胶质、含氮物等	酿造葡萄酒的最主要成分

（1）果梗　果梗中含有单宁物质，具有粗糙的涩味，这种单宁是不应在葡萄酒中出现的。果梗中的树脂具有苦味，使酒产生过重的涩味。果梗含糖分很少，含水量高于果肉的含水量，如果发酵时果梗不除去，则果梗中的一部分水进入具有高渗透压的果汁中，而果汁发酵所形成的酒精渗入果梗。因此，对于同一浆果，不去梗发酵比去梗发酵所得的酒的酒精含量要低。此外，发酵时果梗的存在，会由于部分花色苷固定在果梗上，而对红葡萄酒的色泽不利。因此，在葡萄浆果破碎的同时要进行除梗。

（2）果皮　葡萄的果皮由表皮和皮层构成，在表皮的表面有一层蜡液，可使表皮不被湿润。在果粒发育成长时，果皮的重量增加很少。果粒长大后，果皮成为有弹性的薄膜，能使空气渗入，而阻止微生物的进入，保护果实。

果皮含有单宁、多种色素及芳香物质，这些成分对酿制红葡萄酒很重要。大多数葡萄色素只存在于果皮中，往往因品种不同，而形成各种色调。白葡萄有青、黄、金黄、淡黄、或接近无色；红葡萄有淡红、鲜红、深红、宝石红等；紫葡萄有淡紫、紫红、紫黑等色泽。果皮中含芳香成分，它赋予葡萄酒特有的果香味。不同品种香味不一样。

（3）葡萄籽　一般葡萄含有 4 个葡萄籽，葡萄籽中含有有害葡萄酒风味的物质，如脂肪、树脂、挥发酸等。这些物质如带入发酵液，会严重影响品质，所以，在葡萄破碎时，须尽量避免将核压破。

（4）药物残留　最好采摘时没有药物残留。但由于区域或管理原因，葡萄往往产生病虫害，因此需要喷洒药物控制。所以，一方面应制订与本区域特点相适应的葡萄种植管理方法，另一方面应在适当的时期适量使用规定的药物试剂，以控制药物残留。这对葡萄酒的发酵和葡萄酒的稳定性有着特殊的意义。

四、葡萄的生长管理、采摘与运输

1. 葡萄的生长管理

（1）温度　温度是影响葡萄生长的主要因素之一。葡萄生长的各个时期对温度的要求是不同的。例如，在浆果成熟期，需要较高的温度，在超过 20℃ 的情况下，成熟过程进行迅速。成熟期的最适温度在 30℃ 左右。

不同品种对温度高低的要求差别很大。根据成熟期的早晚，可分为早熟品种、中熟品种、晚熟品种。

（2）光照　葡萄是喜光植物，对光照非常敏感。光照不足，葡萄生长纤弱，组织不充实。光照对果实的色泽和化学成分也有影响，光照不足时，有色品种的着色不良，香味减少，品质降低。葡萄开花期、浆果着色期及成熟期的光照充足与否，对葡萄的产量和质量影响很大。

（3）湿度与降水量　欧洲种葡萄，成熟期间需要干燥，凡湿度太大、雨水过多，均影响质量。

（4）土壤　葡萄对土壤的适应性较强，一般砂土、石砾土、轻黏土均可栽培。具耐盐、耐碱性能。它要求土壤透气性好，积贮热量多，昼夜温差大。

世界各国酿制优良葡萄酒的葡萄，大都在砾质土壤上栽培。

2. 葡萄的采摘与运输

（1）采摘时间　决定葡萄最适当采摘时间对酿酒有重要的意义，一般视酿造产品的要求而定，及"工艺成熟度"。

葡萄成熟的检验：

① 外观检查　成熟葡萄果粒发软，有弹性，果粉明显，果皮变薄，皮肉易分开，籽也很容易与肉分开，梗变棕色，有色品种完全着色，表现出品种特有的香味。

② 理化检查　主要检查葡萄的含糖量与含酸量。可用糖度表、比重表、折光仪来测定糖分。测糖时必须采集足够的葡萄样品，挤出葡萄汁，经纱布过滤后测定。

（2）葡萄的运输　葡萄不宜长途运输，最远一般不超过 25km。有条件处可设立原酒发酵站，再运回酒厂进行陈化与澄清。采摘的葡萄应在 24h 内加工完毕。

五、葡萄酒酵母及其培养

葡萄酒酵母在植物学分类上为子囊菌纲的酵母属，啤酒酵母种，繁殖主要是无性繁殖，以顶端出芽繁殖。葡萄酒酵母常为椭圆形、卵圆形，细胞丰满。

葡萄酒酵母可发酵葡萄糖、果糖、蔗糖、麦芽糖、半乳糖，不发酵乳糖、蜜二糖。

1. 葡萄酒酵母的来源

葡萄酒酵母的来源有以下三种。

（1）利用天然葡萄酒酵母　葡萄成熟时，在果实上生存有大量酵母，随果实破碎酵母进入果汁中繁殖、发酵，可利用天然酵母生产葡萄酒。此酵母为天然酵母或野生酵母。

（2）选育优良的葡萄酒酵母　为保证发酵的顺利进行，获得优质的葡萄酒，利用微生物方法从天然酵母中选育优良的纯种酵母。

（3）酵母菌株的改良　利用现代科学技术（人工诱变、同宗配合、原生质体融合、基因转化）制备优良的酵母菌株。

2. 葡萄酒酵母的扩大培养

（1）天然酵母的扩大培养　在利用自然发酵方式酿制葡萄酒时，每年酿酒季节的第一罐醪一般需要较长的时间才开始发酵，它们起着葡萄皮上天然酵母菌的扩大培养作用。第二罐后，由于附着在设备上的酵母较多，醪液的发酵速度就快得多。

另外，正常的第一罐发酵醪也可作为种母使用。

（2）纯种酵母的培养　从斜面试管菌种到生产使用的酒母，需经过数次扩大培养，每次扩大倍数 10～20 倍。其工艺流程各厂不完全一样。与前面啤酒酵母等酵母的扩培流程大致相同，即：斜面试管菌种→液体试管培养→三角瓶培养（用灭菌的新鲜澄清葡萄汁作培养基，发酵旺盛时接入玻璃瓶）→10L 细口玻璃瓶培养（培养基同前，发酵旺盛时接入酒母培养罐）→酒母罐

培养（200～300L 带盖的木桶）

（3）酒母使用　培养好的酒母一般应在葡萄醪加二氧化硫后经 4～8h 再加入，以减少游离二氧化硫对酵母的影响。

3. 葡萄酒活性干酵母的应用

此种酵母具有潜在的活性，故被称为活性干酵母。活性干酵母解决了葡萄酒厂扩大培养酵母的麻烦和鲜酵母容易变质和较难保存等问题，为葡萄酒厂提供了很大方便。

酵母生产企业根据酵母的不同种类及品种，进行规模化生产（生产、培养工业用酵母等），然后在保护剂共存下，低温真空脱水干燥，在惰性气体保护下包装成商品出售。这种酵母具有潜在的活性，故称为活性干酵母。活性干酵母使用简便、易储存。

目前，国内使用的优良葡萄酒酵母菌种有：中国食品发酵科研所选育的 1450 号及 1203 号酵母；Am-1 号活性干酵母；张裕酿酒公司的 39 号酵母；长城葡萄酒公司使用的法国 SAF-OENOS 活性干酵母；青岛葡萄酒厂使用的加拿大 LALLE－MAND 公司的活性干酵母。

活性干酵母不能直接投入葡萄汁中发酵，需重点注意复水活化、适应使用环境、防止污染这三个关键。正确的用法有复水活化后直接使用和活化后扩大培养制成酒母使用。

【阅读材料】　葡萄酒生产中的有害微生物及其防治

微生物对葡萄酒组分的代谢作用破坏了酒的胶体平衡，引起酒形成雾浊、浑浊或沉淀。葡萄酒的生物稳定性是指葡萄酒是否有抵抗微生物的影响而保持其良好状态的能力。葡萄酒是一种营养丰富的饮料，对微生物来说也有其生长需要的各种成分。但葡萄酒中又有抑制微生物生长的因素，如葡萄酒具有较高的酒精含量及较低的 pH 值，因之只有少数几种微生物能残存并繁殖，一般是酵母菌、醋酸菌及乳酸菌。致病菌在葡萄酒中不能存活。

1. 酒花菌病害

醭酵母是许多产膜酵母种的一大类群，毕赤酵母属和汉逊酵母属均为其中种属，醭酵母中有些种能生成酒精，大部分不产生。它们有着特强的氧化力，能够氧化天然存在的有机酸——乳酸、酒石酸和苹果酸等，并且能将乙醇氧化为乙醛和醋酸，最后分解为二氧化碳和水。醭酵母常常在腌渍的盐水上或贮存的苹果醋上发现。在低酒精分发酵液面形成的白色薄膜上，其中就含有醭酵母菌，俗称酒花菌。

游离二氧化硫可以抑制大部分的产膜酵母，但要消灭它，必须将二氧化硫提高到 300mg/L 以上。酒花菌生产需要大量氧气，隔绝空气会很快衰老。葡萄酒初期受此害，风味没有什么改变，但时间一长，即可闻到一种不愉快的怪味（己醛味）和酸败味，滋味也不好，酒精分降低，酒体衰弱。所以，一旦发现酒面上出现酒花菌，应尽快进行处理。首先通过漏斗在液面下加酒，让液面的酒带着酒花菌溢出桶外。若已有菌分散到酒中，应将酒进行除菌过滤或进行巴斯德灭菌。然后每 1000L 葡萄酒加入 2.5L 新鲜牛奶，可把酒花菌造成的坏味去掉，处理过的葡萄酒换桶贮存。

2. 醋酸菌病害

醋酸菌是酿酒工业危害性最大的病害菌。醋酸菌可分几种，葡萄酒中常见的是醋酸杆菌。其大小比酒花菌小，一般为 $(0.5 \times 1)\mu m$。醋酸菌是利用空气中的氧来氧化酒精成醋酸的，对于酒中其他物质不破坏。

$$C_2H_5OH + O_2 \rightarrow CH_3COOH + H_2O$$

醋酸菌在氧化酒精生成醋酸的同时，也生成其他较少量的物质，如乙醛、醋酸乙酯、葡糖酸、酮葡糖酸等。当所有酒精变成醋酸和水后，醋酸菌就开始分解醋酸为二氧化碳和水。

醋酸菌在葡萄酒发酵过程和贮存期间繁殖，需要如下几个条件：

① 酒精分低，一般在 12% 以下，到了 18% 以上基本不能繁殖。

② 适当的高温。以 33℃ 最适合，在 20～25℃ 也可以繁殖。

③ 固形物及酒石酸含量低。

④ 充分的空气。

醋酸菌一般是在葡萄园里黏附在葡萄皮上而带入葡萄汁（浆）中，但是由于发酵过程缺乏氧气和二氧化硫的作用而受到抑制。在发酵红葡萄酒时，如果皮渣上浮，暴露于空气中，醋酸菌就会得到大量繁殖。尤其发酵温度高时（36℃ 以上），酵母菌活动缓慢以至停止，而醋酸菌却很活跃，能使酒的挥发酸含量大幅度提高。对于不添加二氧化硫发酵的葡萄酒，在酵母还没有把葡萄汁中的氧气耗完以前，醋酸菌的繁殖是十分令人担心的。醋酸菌的第二个来源是由于醋蝇的传播。发现醋蝇后应立即用硫黄烟熏，将其完全消灭。

在用木桶贮存的葡萄酒中，透过桶壁的氧气可使醋酸菌免于全部死亡。贮存期间即使小量的醋酸菌（10个/mL），也会给酒的质量带来不利影响，并且贮存期间要进行换桶操作，这时溶解进酒的氧气，能够刺激这些微生物的迅速增殖，这在高温和高 pH 值时更应注意。

3. 乳酸菌病害

乳酸菌可以在葡萄酒液内部生长，它们所导致的污染在某种意义上来说比表面污染更为严重，但此易于避免。实际上，它们会污染那些似乎是照管良好的葡萄酒，因此往往会使酿酒师们迷惑不解。葡萄酒经过添桶、换桶、澄清和过滤之后度夏，但在间隔 2～3 周的两次评尝中，会发现酒质陡然变坏：酒味突然呈现干燥、单薄，带有一股挥发酸味；有时它只失去其新鲜感，呈陈腐味或呈现产气、平淡、色变和气味不良等病害症状。

乳酸菌在葡萄酒酿造过程中有两种作用，一种作用是把苹果酸转化为乳酸，从而使葡萄酒变得柔和、协调、香气加浓，并且增强了生物稳定性。所以苹果酸-乳酸发酵是酿造优质红葡萄酒的一个重要的工艺过程。另一种作用是乳酸菌在有糖存在时，也可把糖分解为乳酸、醋酸等，而使酒的风味变坏，这是乳酸菌的不良作用。乳酸菌为大类群，在显微镜下观察，葡萄酒中的乳酸菌有杆菌和球菌。杆菌的宽度在 $0.5\mu m$ 左右，长度可达 $2～5\mu m$。球菌的直径一般在 $0.4～1.0\mu m$。它们主要属于明串珠菌属、足球菌属和乳杆菌属。这些细菌因对葡萄酒影响不同而分为两类。

① 有用乳酸菌 这类乳酸菌主要分解苹果酸，其次分解糖，有的也分解柠檬酸，但不能分解酒石酸和甘油，抗酸能力较强，而且在酸度足够高的基质中优先分解苹果酸，基本不分解糖，所以生成的挥发酸很少。这类细菌比较普遍，是引起正常苹果酸-乳酸发酵的菌类。这类细菌只有在没有进行二氧化硫处理和 pH 值较高的甜葡萄酒中才具有危害性。

② 有害乳酸菌 这类乳酸菌分解糖的能力比酒中其他成分的能力更强，并且能够分解酒石酸和甘油，从而引起葡萄酒挥发酸和双乙酰含量的显著升高，使葡萄酒变得黏稠、发苦，出现酸奶味，由乳酸菌引起的败坏常使葡萄酒带有乳酸气味。

这主要是由于酒中双乙酰含量较高造成的；当双乙酰含量达 0.9mg/L 时即可出现这种气味，败坏严重的酒中可达 4.3mg/L，正常的葡萄酒中为 0.2～0.4mg/L，短期重发酵（1% 糖）可除去双乙酰，其还原物是 3-羟基丁酮，然后是 2,3-丁二醇。这类细菌主要属于乳杆菌属，并且主要是在酸度较低的条件下活动，所以不太普遍，但危害性很大。

4. 苦味菌病害

葡萄酒遭受到苦味菌的侵害会使酒变苦。现在由于酿酒条件的改善，这种病害已极端稀少。这种病害主要发生在红葡萄酒中，白葡萄酒中发现不多，实际上，在装瓶的老酒中发生得最多，在贮存一年的新酒中未发现这种病害。苦味菌分两种：一种专侵害陈年葡萄酒，一种是侵害两三年的葡萄酒。

酒得了苦味病后也会发生下面的两种现象：第一个现象是葡萄酒先得病后发苦，病菌周围是无色的；第二个现象是色素渐渐落于病菌上，将病菌包起来，防止了它的活动。从表面上看，这种病害已自然地治愈，而酒又恢复了正常现象，实际上，这种现象是偶然的，一部分未被色素包围起来的苦味菌还在继续繁殖，过一个时期它又会重新败坏葡萄酒。

葡萄酒侵染苦味菌病害后，最初有一种很难分离的怪味，并且失光。进一步发展是有了刺激味、挥发酸味和发酵味，并分离出二氧化碳。酒的滋味发苦，并有不调和酸的感觉，这时，红葡萄酒呈褐色和深蓝色，并产生色素沉淀。葡萄酒分解破坏，酒则不适合饮用。

被苦味菌严重侵染的酒，还原糖、酒石酸盐类和甘油都减少，总酸、挥发酸增加，丁酸和丙烯醛（$CH_2\!=\!CHCHO$）相伴产生。丙烯醛具有一种不愉快的窒息臭味，一些人认为这种苦味是来自甘油的转变（在硫酸氢钾存在下，甘油失去 2 分子水而产生丙烯醛），或是单宁的衍生物，如鞣酸乙酯呈强烈的苦味。

5. 野生酵母

葡萄皮上除葡萄酒酵母外，还有其他酵母，如尖端酵母、巴氏酵母、圆酵母等野生酵母。在过去和目前都曾从瓶装的浑浊佐餐酒中检出酵母。在酒度较高的浓甜葡萄酒中，则较少发生因酵母而造成的浑浊。

野生酵母的存在对发酵是不利的，它要比葡萄酒酵母消耗更多的糖才能获得同样的酒精（需 2.0～2.2g 糖才能生成 1% 酒精）。野生酵母发酵力弱，生成酒精量少，通常可通过添加适量的二氧化硫来控制。因葡萄酒酵母对乙醇与二氧化硫的抵抗力大于其他酵母。

6. 生物病害的预防和处理

要消除生物病害，增强葡萄酒的生物稳定性，就要在降低葡萄酒中微生物含量和增强葡萄酒中微生物生存的不利因素上着手做工作。

（1）葡萄酒中微生物生存的不利因素

① 酒精含量　葡萄酒中的酒精含量不足以杀死微生物，但却能抑制大多数微生物的生长。在葡萄酒内经常见到的微生物中，酒花菌只能抵抗几度酒精；酵母菌一般只能生长于酒精含量为 16% 以下的环境中，乳酸菌大部分在 14% 的酒精含量以下才能繁殖，少量的可抵抗 16%～18% 的酒精。虽然也曾有人发现在 18%～20% 酒精含量的葡萄酒中仍有一些腐败微生物活体存在，但实践证明，只要是通过正常操作酿造的葡萄酒，当其酒精含量超过 16% 时，一般就成为生物稳定性很好的葡萄酒。在低于这一酒精含量时，就要看其他的抑菌因素及其产生的相乘效果。

② 二氧化硫含量　保持一定量的游离二氧化硫，是增强低酒度葡萄酒生物稳定性的有效手段，二氧化硫与葡萄酒中有机酸的抑菌作用也有相乘效果。

③ 有机酸　酸性环境不利于细菌的生长，即使是耐酸的乳酸菌，当葡萄酒中酸度达到 0.6%～0.8% 时，其繁殖就被抑制，不同的有机酸的抑制效果有差异。

④ 氧气　缺氧的环境不利于霉菌和大部分细菌的生长，葡萄酒中常见的病害菌如醋酸菌、醭酵母都需要一定的氧气才能大量繁殖。即使是兼性厌氧的微生物，如酵母等，一般在其繁殖阶段也需要少量氧气。所以设法减少装瓶葡萄酒的溶解氧量，也是增强其生物稳定性的一个很重要的措施。

⑤ 营养状况　葡萄酒中如果缺乏微生物生长所需营养成分的一种或几种，微生物就难以生长。例如干酒中缺糖，如果再去掉苹果酸，也没有柠檬酸，则大部分在葡萄酒中常见的微生物类群会因为缺乏它们所需要的碳源而失去生长的机会。

⑥ 微生物类群　不同微生物类群的生长限制因素是不同的。搞好葡萄酒厂的环境卫生，避免过多种类和数量的杂菌生长，对提高葡萄酒生物稳定性具有重要的作用。

（2）为获得葡萄酒的生物稳定性，可采取以下措施

① 葡萄采摘后要及时处理，除去病果、腐烂果。

② 发酵、贮存容器及工具、用具使用前要彻底杀菌。

③ 在破碎葡萄后加入接种酵母前，往葡萄浆中加 100～125mg/L 的 SO_2。

④ 在接入酵母前，将葡萄汁进行巴氏灭菌。此法目前逐渐不受重视，因为有可能损害风味，并且成本也较高。

⑤ 发酵中添加强化的酵母菌。

⑥ 控制好发酵温度，及时倒池或换桶。贮酒中注意添酒。

⑦ 对白葡萄酒在贮存时进行冷冻处理。

⑧ 酒在装瓶前经过精滤，随即进行巴氏灭菌或灭菌过滤。

【阅读材料】　葡萄酒的起源与发展历史

我国酿酒历史悠久，一些文献也记载着，葡萄酒、梨酒、桃酒、柑橘酒等在我国古时候就有了。

2000 年前葡萄酒传到希腊、罗马，后传到法国、西班牙和德国等地区。9 世纪，英国由罗马输入葡萄酒。10 世纪后，再传到丹麦等北欧国家。16 世纪后，葡萄栽培及葡萄酒酿造技术在世界各地广为传播。近 20 年来，全世界的葡萄酒产量在 2500～3600 万吨之间。其中法国、意大利两国的产量占全世界总产量的 40% 以上。

我国葡萄酒生产发展始于近代，1892 年，印尼华侨张弼士先生引进欧美葡萄品种 170 余种，在山东烟台建立了大面积的葡萄种植园，并成立张裕葡萄酿酒公司。

1949 年后，尤其是进入改革开放的 80 年代，我国的葡萄酒行业得到了迅猛发展，各地区积极引进和培育优良葡萄品种，成立中外合资、合作企业，改进葡萄酒的酿造技术，更新葡萄酒的酿造设备。

一批名优企业生产出享誉中外的名优葡萄酒，如天津中法合营葡萄酿酒有限公司生产的王朝白葡萄酒，中国长城葡萄酒有限公司生产的长城牌白葡萄酒，北京夜光杯葡萄酒厂生产的中国红葡萄酒，张裕葡萄酒公司生产的烟台红葡萄酒、张裕味美思和张裕金奖白兰地酒，通化葡萄酒公司生产的中国通化葡萄酒，中外合资华东葡萄酿酒有限公司生产的青岛意斯林和佳美布祖利等。

单元生产1：葡萄酒酿造工艺及主要设备

工作任务1　红葡萄酒酿造

红葡萄酒酿造，是将红葡萄原料破碎后，使皮渣和葡萄汁混合发酵。在红葡萄酒的发酵过程中，将葡萄糖转化为酒精的发酵过程和固体物质的浸取过程同时进行。通过发酵过程，将红葡萄果浆变成红葡萄酒，并将葡萄果粒中的有机酸、维生素、微量元素及单宁、色素等多酚类化合物，转移到葡萄原酒中。红葡萄原酒经过贮藏、澄清处理和稳定处理，即成为精美的红葡萄酒。

1. 工艺流程

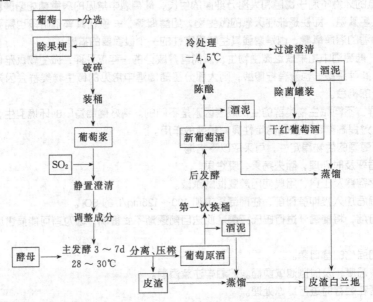

2. 工艺说明

（1）葡萄的破碎与除梗　不论酿制红或白葡萄酒，都需先将葡萄除梗。红酒的颜色和口味结构主要来自葡萄皮中的红色素和单宁等，所以必须先破皮让葡萄汁液能和皮接触，以释出这些多酚类的物质。葡萄梗中的单宁较强劲，通常会除去。新式葡萄破碎机都附有除梗装置，有先破碎后除梗，或先除梗后破碎两种形式。

① 葡萄破碎要求
- 每粒葡萄都要破碎。
- 籽粒不能压破，梗不能压碎，皮不能压扁。
- 破碎过程中，葡萄及汁不得与铁铜等金属接触。

② 除梗破碎设备　有卧式除梗破碎机，如图5-1所示。

卧式除梗破碎机是将葡萄破碎和除梗过程同时完成。整穗的葡萄经过破碎机上对向滚动的一对辊轴，把葡萄挤碎，落入破碎机的卧式筛笼内。筛笼内有一个能快速转动的轴杆，轴杆上安有许多齿钉，把葡萄梗分离出去。葡萄浆从筛笼的孔落入接受槽里，由活塞泵或转子泵，把葡萄浆输送到发酵罐中。葡萄破碎机的工作能力从5～50t/h不等。此外，还有立式除梗破碎

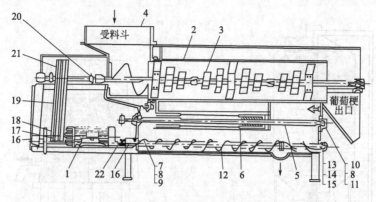

图 5-1 卧式除梗破碎机结构示意图

1—电动机；2—筛筒；3—除梗机；4—螺旋输送器；5—破碎辊轴；6—破碎辊；

7～11,13～15—轴承；12—旋片；16—减速器；17～19,21—皮带传动；20—输送轴；22—联轴器

机、破碎-去梗-送浆联合机、离心式破碎去梗机等。

(2) 二氧化硫的添加　在进行葡萄破碎时或破碎后，要按葡萄质量加入 $50\sim60mg/L$ 的 SO_2，可以以 $6\%\sim8\%$ 亚硫酸水溶液的形式加入，也可直接通入 SO_2 气体，或者添加固体焦亚硫酸钾 $(K_2S_2O_5)$。加入的 SO_2 一定要均匀。二氧化硫具有杀菌、澄清、抗氧化、增酸、溶解果皮中色素和无机盐等成分以及除醛（亚硫酸与醛结合除去了影响酒液口味的物质，酒液中芳香物质的香味得到显示）等作用，它对防止杂菌和野生酵母的繁殖，保证葡萄酒酵母菌的纯种发酵极其重要。

(3) 葡萄汁的成分调整

① 糖分调整　添加白砂糖或添加浓缩葡萄汁，用于弥补我国葡萄糖度大多数低于 20% 的缺陷。大致上每生成 1% 酒精需在葡萄汁中加入 $20g$ 蔗糖。

$$乙醇生成量（体积分数）＝葡萄汁糖度（°Bx）\times0.55 \qquad (5-1)$$

补糖量的计算如下：

$$补糖量（kg）＝(c_2-c_1)m_1/D \qquad (5-2)$$

式中，c_2 表示补糖后葡萄汁的转化糖（蔗糖）含量，°Bx；m_1 表示补糖前葡萄汁量，kg；c_1 表示补糖前葡萄汁的转化糖含量，°Bx；D 表示蔗糖的转化分值 105%，蔗糖相对分子质量为 342，经水解后均分解为相对分子质量为 180 的果糖和葡萄糖，所以蔗糖的转化分值为 $(180\times2)\div342＝105\%$。

② 酸度调整　包括降酸或补酸，调整到 $6.0g/L$，$pH3.3\sim3.5$，一般通过添加酒石酸和柠檬酸，添加亚硫酸以及添加未成熟的葡萄压榨汁来提高酸度。

③ 颜色调整　一般采用热浸渍法以加快色素的浸出，也可采用添加果胶酶或将深色葡萄与浅色葡萄按比例混合破碎等方法。

(4) 主发酵　调整好的葡萄浆由活塞泵或转子泵输送到发酵容器中。装到发酵罐容积的 80%，并精确计量。装罐结束后，进行一次开放式倒罐（100%），并利用倒罐的机会，加入果胶分解酶、活性干酵母、优质单宁。也可用橡木素（即橡木粉）代替优质单宁。

主发酵阶段主要是酵母菌进行酒精发酵、浸提色素及芳香物质的过程。

① 发酵设备——发酵池或发酵罐　红葡萄酒的发酵容器多种多样。现在国内外普遍采用不锈钢发酵罐，也有用碳钢罐，必须进行防腐涂料处理（图 5-2）。或者用水泥池子（图 5-3），也须经过防腐涂料处理。传统的生产方法是在橡木桶内进行发酵的。红葡萄酒的发酵容器可大可小，根据企业的生产规模来决定。小的发酵容器是几吨或十几吨，大型的发酵容器每个几十

吨或一百多吨。

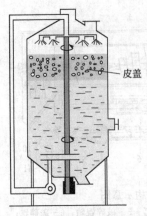
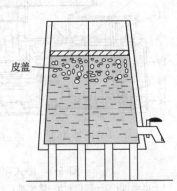

图 5-2　新型红葡萄酒发酵罐　　　图 5-3　带压板装置开放式发酵池

②　发酵温度　按工艺要求，红葡萄酒的发酵温度应控制在20～30℃范围，发酵温度不应超过30℃。主发酵时发酵醪液翻滚剧烈，并产生大量热量，特别是大型的发酵容器，必须有降温条件，才能把发酵温度控制在工艺要求的范围内。

（5）后发酵　红葡萄酒的主发酵过程一般是6～7d。当发酵汁含残糖达到5g/L以下时，即主发酵结束，进行皮渣分离。皮渣分离时的各种物质比例见表5-2。分离出来的自流汁，其中的酵母菌还将继续进行酒精发酵，使其残糖进一步降低，应该单独存放和管理。自流汁控干后，立即对皮渣进行压榨，压榨汁也应该单独存放和管理。皮渣可直接蒸馏白兰地或葡萄酒精。

表 5-2　皮渣分离时各种物质比例

自流原酒	压榨原酒	皮　　渣	酒　　脚
52.9%～64.1%	10.3%～25.8%	11.5%～15.5%	8.9%～14.5%

①　压榨设备　有连续压榨机（图5-4），此外还有转筐式压榨机、气囊压榨机等。

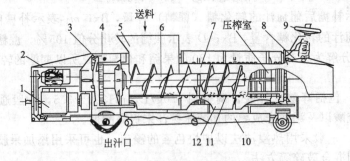

图 5-4　JLY450型连续压榨机
1—变速器；2—电动机；3—拨动机构；4—棘轮；5—进料口；6—螺旋输送器；7—静态瓣；
8—出渣压板；9—出料调节装置；10—集汁槽；11—筛网；12—挡汁板

②　后发酵阶段的主要作用
- 残糖继续发酵。
- 澄清作用：产生酒泥（即酵母自溶↓＋果肉↓＋果渣↓）。
- 陈酿作用：进行醇酸酯化反应。
- 降酸作用：进行苹果酸-乳酸发酵。

苹果酸是双羧基酸，口味比较尖酸。红葡萄酒的后发酵过程，也叫苹果酸-乳酸发酵过程。这个过程是在乳酸细菌的作用下，将苹果酸分解成乳酸和 CO_2 的过程。经过苹果酸-乳酸发酵的红葡萄酒，尖酸降低，果香醇香加浓，口感柔协肥硕，可以称得上是名副其实的红葡萄酒。用传统的工艺生产红葡萄酒，苹果酸-乳酸发酵是自然进行的。成熟的葡萄果粒上，不仅附着着酵母菌，也附着有乳酸细菌。随着葡萄的加工过程，葡萄皮上的乳酸细菌转移到葡萄醪中，又转移到主发酵以后的葡萄原酒中。

自然苹果酸-乳酸发酵，需要控制下列工艺条件：葡萄破碎时加入 60mg/L 的 SO_2；主发酵完成后并桶，保持容器的"添满"状态，严格禁止添加 SO_2 处理；保持贮藏温度在 $20 \sim 25℃$。在上述条件下，经过 30d 左右，就自然完成了苹果酸-乳酸发酵。

现代红葡萄酒苹果酸-乳酸发酵，大多采用人工添加乳酸细菌的方法，人为地控制苹果酸-乳酸发酵。首先人们选择那些能适应葡萄酒生产条件的乳酸菌系，将它们工业化生产成活性干乳酸菌。活性干乳酸菌可以经过活化以后，接种到葡萄酒中。也有的用活性干乳酸菌，不经过活化处理，就可直接接种到葡萄酒中。其发酵要求的工艺条件与苹果酸-乳酸自然发酵控制的条件一样。

经过 30d 左右的后发酵，当检测红葡萄原酒中不存在苹果酸了，说明该发酵过程已经结束，应立即往红葡萄原酒中添加 $50 \sim 80mg/L$ 的 SO_2，控制乳酸细菌的活动，并通过过滤倒桶，把红葡萄原酒中的乳酸细菌和酵母菌分离出去。否则乳酸细菌将继续活动，分解酒石酸、甘油、糖等，引起酒石酸发酵病、苦味病、乳酸病、油脂病、甘露糖醇病等，这时的乳酸细菌由有益菌变成有害菌。

葡萄酒苹果酸-乳酸发酵研究，奠定了现代葡萄酒工艺学的基础。要生产优质红葡萄酒，首先是酵母菌完成对糖的主发酵，然后是乳酸菌完成将苹果酸转化成乳酸的后发酵。当葡萄酒中不再含有糖和苹果酸时，葡萄酒才具有生物稳定性，必须立即除去葡萄酒中所有的微生物。

后发酵管理需注意补加 SO_2、温度控制在 $18 \sim 25℃$ 以及隔氧和卫生条件。

工作任务 2 白葡萄酒酿造

白葡萄酒与红葡萄酒前加工工艺不同。白葡萄经破碎（压榨）或果汁分离，果汁单独进行发酵。也就是说白葡萄酒压榨在发酵前，而红葡萄酒压榨在发酵后。

1. 工艺流程

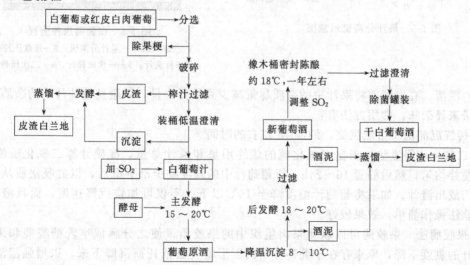

2. 工艺说明

（1）采收　为保证酿造干白葡萄酒的质量，葡萄汁的含酸量要比一般葡萄汁高些，同时还要避免氧化酶的产生。因此，从采摘时间上讲，要比生产干红葡萄酒的葡萄采摘早些。葡萄的含糖量在20%～21%较为理想。白葡萄比较容易氧化，采收时必须尽量小心保持颗粒完整，以免影响品质。

（2）破皮　葡萄入厂后，先进行分选，破碎后立即压榨，迅速使果汁与皮渣分离，尽量减少皮渣中色素等物质的溶出。白葡萄通常会先进行破皮程序，红葡萄则是直接榨汁。当酿造高档优质干白葡萄酒时，多选用自流葡萄汁作为酿酒原料。采用红皮白肉的葡萄如佳利酿、黑品乐等也能够生产出优质的干白葡萄酒。使用这类葡萄时应在葡萄破碎后，立刻将葡萄汁与葡萄渣分离开。用红皮白肉的葡萄酿成的干白葡萄酒的酒体要比白葡萄酿成的酒厚实。

（3）发酵前低温浸皮制造法　葡萄皮中富含香味分子，传统的白葡萄酒酿制法直接榨汁，尽量避免释出皮中的物质，大部分存于皮中的香味分子都无法溶入酒中。近年来发现发酵前进行短暂的浸皮过程可增进葡萄品种原有的新鲜果香，同时还可使白葡萄酒的口感更浓郁圆润，但为了避免释出太多单宁等多酚类物质，浸皮的过程必须在发酵前低温下短暂进行，同时破皮的程度也要适中。

（4）榨汁　为了避免将葡萄皮、梗和籽中的单宁和油脂榨出，压榨时的压力必须温和平均，而且要适当翻动葡萄。果汁分离后需立即进行二氧化硫处理，以防果汁氧化。果汁分离是白葡萄酒的重要工艺。一般是将葡萄破碎除梗，果浆直接输入果汁分离机（图5-5）进行果汁分离。这里特别提到的是采用连续螺旋式果汁分离机，要低速而轻微地施压于果浆。如图5-6所示为白葡萄压榨流程。

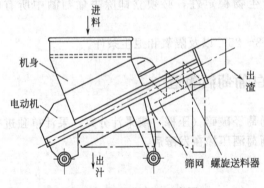

图 5-5　果汁分离机示意图

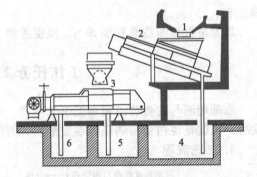

图 5-6　白葡萄压榨流程
1—破碎机；2—果汁分离机；3—连续压榨机；
4—自流汁；5——次压榨汁；6—二次压榨汁

（5）澄清　在发酵前将果汁中的杂质尽量减少到最低含量，以避免葡萄汁中的杂质因发酵而给酒带来异杂味。常用方法有：

① 传统沉淀法　自然沉淀，约需1d左右的时间。

② 二氧化硫静置法　根据二氧化硫的最终用量和果汁总量，准确计算二氧化硫使用量。加入后搅拌均匀，然后静置16～24h，待葡萄汁中的悬浮物全部下沉后，以虹吸法或从澄清罐高位阀门放出清汁。如果将葡萄汁温度降至15℃以下，不仅可加快沉降速度，而且澄清效果更佳。该法操作简单，效果较好。

③ 果胶酶法　果胶酶可以软化果肉组织中的果胶质，使之分解成半乳糖醛酸和果胶酸，使葡萄汁的黏度下降，原来存在于葡萄汁中的固形物失去依托而沉降下来，以增强澄清效果，

同时也可加快过滤速度，提高出汁率。

果胶酶的活力受温度、pH 值、防腐剂的影响。澄清葡萄汁时，果胶酶只能在常温、常压下进行酶解作用。一般情况下 24h 左右可使果汁澄清。若温度低，酶解时间需延长。

使用果胶酶澄清葡萄汁，可保持原葡萄果汁的芳香和滋味，降低果汁中总酚和总氮的含量，有利于干酒的质量，并且可以提高果汁的出汁率 3% 左右，提高过滤速度。

④ 皂土澄清法　皂土也叫膨润土，是一种由天然黏土精制的胶体铝硅酸盐，以二氧化硅、三氧化二铝为主要成分的白色粉末，溶解于水中的胶体带负电荷，而葡萄汁中蛋白质等微粒带正电荷，正负电荷结合使蛋白质等微粒下沉。

⑤ 机械澄清法　利用离心机高速旋转产生巨大的离心力，使葡萄汁与杂质因密度不同而得到分离。离心前葡萄汁中加入果胶酶、皂土或硅藻土、活性炭等助滤剂，配合使用效果更佳。离心法可在短时间内使果汁澄清，减少香气的损失；能除去大部分野生酵母，保证酒的正常发酵；自动化程度高，既可提高质量，又能降低劳动强度。但所需动力较强。

（6）发酵　传统白葡萄酒的发酵是在橡木桶中进行，多采用人工培育的优良酵母（或固体活性干酵母）进行低温发酵，这是为了使发酵过程缓慢进行以保留葡萄原味和香气。主发酵温度一般在 16～22℃ 为宜，主发酵期为 15d 左右。主发酵后残糖降至 5g/L 以下，即可转入后发酵。

后发酵温度一般控制在 15℃ 以下。在缓慢的后发酵中，葡萄酒香和味形成更为完善，残糖继续下降至 2g/L 以下。后发酵约持续一个月左右。

温度高有以下危害：

• 易于氧化，减少原葡萄品种的果香。
• 低沸点芳香物质易于挥发，降低酒的香气。
• 酵母活力减弱，易感染醋酸菌、乳酸菌等杂菌，造成细菌性病害。

由于主发酵结束后，二氧化碳排出缓慢，发酵罐内酒液减少，为防止氧化，尽量减少原酒与空气的接触面积，做到每周添罐一次，添罐时要以优质的同品种（或同质量）的原酒添补，或补充少量的二氧化硫。

主发酵结束后，发酵醪液外观和理化指标见表 5-3。

表 5-3　主发酵结束后白葡萄酒（醪）外观和理化指标

指标	要　　求
外观	发酵液面只有少量 CO_2 气泡，液面较平静，发酵温度接近室温。酒体呈浅黄色、浅黄带绿或乳白色。有悬浮的酵母浑浊，有明显的果实香、酒香、CO_2 气味和酵母味。品尝有刺舌感，酒质纯正
理化	酒精：9%～11%（体积分数）（或达到指定的酒精度） 残糖：5g/L 以下 相对密度：1.01～1.02 挥发酸：0.4g/L 以下（以醋酸计） 总酸：自然含量

3. 工艺要点

白葡萄酒的防氧化：白葡萄酒中含有多种酚类化合物，在与空气接触时，很容易被氧化，生成棕色聚合物，使白葡萄酒的颜色变深，酒的新鲜感减少，甚至造成酒的氧化味，从而引起白葡萄酒外观和风味上的不良变化。白葡萄酒氧化现象存在于生产过程的每一个工序，如何掌握和控制氧化是十分重要的。防氧化措施见表 5-4。

表 5-4 防氧化措施

防氧措施	内　　容
选择最佳采收期	选择最佳葡萄成熟期进行采收,防止过熟霉变
原料低温处理	葡萄原料先进行低温处理(10℃以下),然后再压榨分离果汁
快速分离	快速压榨分离果汁,减少果汁与空气接触时间
低温澄清处理	将果汁进行低温处理(5～10℃),加入二氧化硫,进行低温澄清或采用离心澄清
控温发酵	果汁转入发酵罐内,将品温控制在 16～20℃,进行低温发酵
皂土澄清	应用皂土澄清果汁(或原酒),减少氧化物质和氧化酶的活性
避免与金属接触	凡与酒(汁)接触的铁、铜等金属器具均需有防腐蚀涂料
添加二氧化硫	在酿造白葡萄酒的全部过程中,适量添加二氧化硫
充加惰性气体	在发酵前后,应充加氮气或二氧化碳气体密封容器
添加抗氧剂	白葡萄酒装瓶前,添加适量的抗氧剂如二氧化硫、维生素 C 等

　　总之,酿造优质干白葡萄酒只要做到:完全成熟的健康原料;整个过程防止氧化;SO_2 和抗坏血酸的协调使用;和缓压榨以减少对葡萄的机械强度处理;低温澄清处理,获得高澄清度的葡萄汁;低温发酵;防止乳酸发酵(乳酸发酵会导致酸度的降低,影响清新爽口的风味);适当的陈酿管理;就能酿造出纯正、爽口、协调的优质干白葡萄酒。

　　如图 5-7 所示为红、白葡萄酒的工艺比较。

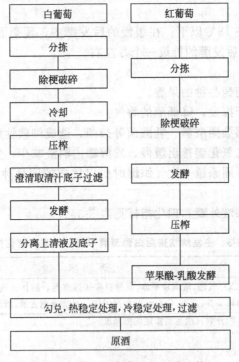

图 5-7　红、白葡萄酒的工艺比较

工作任务 3　葡萄酒的贮存管理

1. 葡萄原酒的贮藏和陈酿

　　红葡萄原酒后发酵完成后,要立即添加足够量的 SO_2。一方面能杀死乳酸细菌,抑制酵母菌的活动,有利于红原酒的沉淀和澄清。另一方面,SO_2 能防止红原酒的氧化,使红原酒进入安全的贮藏陈酿期。

每一种葡萄酒，发酵刚结束时，口味比较酸涩、生硬，为新酒。新酒经过贮藏陈酿，逐渐成熟，口味变得柔协、舒顺，达到最佳饮用质量。再延长贮藏陈酿时间，饮用质量反而越来越差，进入葡萄酒的衰老过程。

（1）储酒容器　一般为橡木桶（oak barrels）、水泥池或金属罐。

橡木桶容器贮藏葡萄酒，橡木的芳香成分和单宁物质浸溶到葡萄酒中，构成葡萄酒陈酿的橡木香和醇厚丰满的口味。要酿造高质量的红葡萄酒，特别是用赤霞珠、蛇龙珠、品丽珠、西拉等品种，酿造高档次的陈酿红葡萄酒，必须经过橡木桶或长或短时间的贮藏，才能获得最好的质量。橡木桶不仅是红葡萄原酒的贮藏陈酿容器，更主要的是它能赋予高档红葡萄酒所必需的橡木的芳香和口味，是酿造高档红葡萄酒必不可少的容器。

由于橡木桶中可浸取的物质有限，一个新的橡木桶，使用 4～5 年，可浸取的物质就已经贫乏，失去使用价值，需要更换新桶。而橡木桶的造价又很高，这样就极大地提高了红葡萄酒的成本。

最近几年，国内外兴起用橡木片浸泡葡萄酒，以代替橡木桶的作用，取得了很好的效果。经过特殊工艺处理的橡木片，就相当于把橡木桶内与葡萄酒接触的内表层刮成的片。凡是橡木桶能赋予葡萄酒的芳香物质和口味物质，橡木片也能赋予。橡木片可按 2/1000～4/1000 的用量，加入到大型贮藏葡萄酒的容器里，不仅使用方便，生产成本很低，而且能极大地改善和提高产品质量，获得极佳的效果。

（2）储酒条件　储酒室应达到以下四个条件：温度，一般以 8～18℃ 为佳，干酒 10～15℃，白葡萄酒 8～11℃，红葡萄酒 12～15℃，甜葡萄酒 16～18℃，山葡萄酒 8～15℃。湿度，以饱和状态为宜（85%～90%）。通风，室内有通风设施，保持室内空气新鲜。卫生，室内保持清洁。

（3）储存期　葡萄酒的储存期要合理，一般白葡萄原酒 1～3 年，干白葡萄酒 6～10 个月，红葡萄酒 2～4 年，有些特色酒更宜长时间储存，一般为 5～10 年。瓶储期因酒的品种不同、酒质要求不同而异，最少 4～6 个月。某些高档名贵葡萄酒瓶储时间可达 1～2 年。

（4）储存期间的管理　葡萄酒在储存期间常常要换桶、满桶。所谓换桶就是将酒从一个容器换入另一个容器的操作，亦称倒酒。目的其一是分离酒脚，去除桶底的酵母、酒石等沉淀物质，并使桶中的酒质混合均一；其二是使酒接触空气，溶解适量的氧，促进酵母最终发酵的结束；此外由于酒被二氧化碳饱和，换桶可使过量的挥发性物质挥发逸出及添加亚硫酸溶液调节酒中二氧化硫的含量（100～150mg/L）。换桶的次数取决于葡萄酒的品种、葡萄酒的内在质量和成分。干白葡萄酒换桶必须与空气隔绝，以防止氧化，保持酒的原果香，一般采用二氧化碳或氮气填充的保护措施。

满桶是为了避免菌膜及醋酸菌的生长，必须随时使储酒桶内的葡萄酒装满，不让它的表面与空气接触，亦称添桶。储酒桶表面产生空隙的原因为：温度降低，葡萄酒容积收缩；溶解在酒中的二氧化碳逸出以及温度的升高产生蒸发使酒逸出等。添酒的葡萄酒应选择同品种、同酒龄、同质量的健康酒。或用老酒添往新酒。添酒后调整二氧化硫含量。

添酒的次数：第一次倒酒后一般冬季每周一次，高温时每周 2 次。第二次倒酒后，每月添酒 1～2 次。

葡萄酒在储存期要保持卫生，定期杀菌。储存期要不定期对葡萄酒进行常规检验，发现不正常现象，及时处理。

从贮藏管理操作上讲，一般应该在后发酵结束后，即当年的 11～12 月份，进行一次分离倒桶。把沉淀的酵母和乳酸细菌（酒脚、酒泥）分离掉，清酒倒到另一个干净容器里满桶贮藏。第二次倒桶待来年的 3～4 月份。经过一个冬天的自然冷冻，红原酒中要分离出不少的酒石酸盐沉淀，把结晶沉淀的酒石酸盐分离掉，有利于提高酒的稳定性。第三次倒桶待第二年的11月份。在以后的贮藏管理中，每年的11月份倒一次桶即可。

2. 原酒的澄清

葡萄酒从原料葡萄中带来了蛋白质、树胶及部分单宁色素等物质，使葡萄酒具有胶体溶液的性质，这些物质是葡萄酒中的不稳定因素，需加以清除。工艺上一般采用下胶净化（澄清剂为明胶、鱼胶、蛋清、干酪素及皂土等）。此外还可采用机械方法（离心设备）来大规模处理葡萄汁、葡萄酒，进行离心澄清。

新酿成的葡萄酒里悬浮着许多细小的微粒，如死亡的酵母菌体和乳酸细菌体、葡萄皮、果肉的纤细微粒等。在贮藏陈酿的过程中，这些悬浮的微粒，靠重心的吸引力会不断沉降，最后沉淀在罐底形成酒脚（酒泥）。罐里的葡萄酒变得越来越清。通过一次次转罐倒桶，把酒脚（酒泥）分离掉，这就是葡萄酒的自然澄清过程。

葡萄酒单纯靠自然澄清过程，是达不到商品葡萄酒装瓶要求的。必须采用人为的澄清手段，才能保证商品葡萄酒对澄清的要求。人工的澄清方法有以下几种。

（1）下胶 下胶就是往葡萄酒中加入亲水胶体，使之与葡萄酒中的胶体物质和以分子团聚的单宁、色素、蛋白质、金属复合物等，发生絮凝反应，并将这些不稳定的因素除去，使葡萄酒澄清稳定。通常采用的蛋白质类下胶剂有酪蛋白（来源于牛乳）、清蛋白（来源于蛋清）、明胶（来源于动物组织）、鱼胶（来源于鱼鳔）。蛋白胶在葡萄酒内能形成带正电荷胶体分子团。

红葡萄酒加胶的效果，一方面取决于红葡萄酒的温度，温度最好在20℃左右。如果温度超过25℃，下胶的效果就很差。另一方面取决于红葡萄酒中单宁的含量。一般采用先往红葡萄酒中补加单宁，而后再加胶，这样效果更好。

往红葡萄酒中下胶的方法是，把需要的下胶量称好，提前一天用温水浸泡，充分搅拌均匀。加胶的数量应通过小型试验来确定，一般20～100mg/L。

下胶是人为方法加速红葡萄酒的自然澄清过程。

（2）过滤 过滤是使葡萄酒快速澄清的最有效手段，是葡萄酒生产中重要的工艺环节。

随着科学技术的进步，过滤的设备，特别是过滤的介质材料，不断地改进，因而过滤的精度也不断地提高。过去在葡萄酒工业上普遍使用的棉饼过滤，现在已被淘汰。现在葡萄酒工业广泛采用的过滤设备有：

• 硅藻土过滤机 多用于刚发酵完的红原酒粗过滤。在硅藻土过滤机内，有孔径很细的不锈钢丝网。过滤时选择合适粒度的硅藻土，在不锈钢滤网上预涂过滤层。过滤过程中，硅藻土随着被过滤的原酒连续添加，使过滤持续进行而不阻塞。

硅藻土过滤机有立式的、卧式的。过滤面积有大有小，过滤速度可快可慢。这种过滤设备在啤酒工业和葡萄酒工业上广泛使用。

• 板框过滤机 多用于装瓶前的成品过滤。

• 膜式过滤机 用于装瓶前的除菌过滤。柱状的滤芯是由滤膜叠成。为达到除菌过滤的目的，滤膜上的孔径的大小是至关重要的。除去酵母细胞孔径要小于0.65μm，除去细菌的过滤孔径要小于0.40μm。

（3）离心 离心处理可以除去葡萄酒中悬浮微粒的沉淀，从而达到葡萄酒澄清的目的。在红葡萄酒生产中应用不多。

3. 葡萄酒的稳定性处理

葡萄酒中的色泽主要来自葡萄及橡木桶中的呈色物质，葡萄酒的色泽变化受多种因素影响，如pH作用、亚硫酸作用、金属离子作用、氧化还原作用等。为了使装瓶的葡萄酒在尽量长的时间里不发生浑浊和沉淀，保持澄清和色素稳定，需要通过合理的工艺处理。

葡萄酒的浑浊是指澄清的葡萄酒重新变浑或出现沉淀。按葡萄酒浑浊的原因，可归结为三种类型的浑浊，即微生物性浑浊、氧化性浑浊和化学性浑浊。防止微生物性浑浊的措施是将葡萄酒加热杀菌，或通过无菌过滤的方法，将葡萄酒中的细菌或酵母菌统统除去。防止氧化性浑浊的方法是，在葡萄酒贮藏时，及时添加 SO_2，保持一定游离 SO_2 含量，可有效地防止氧化。在红葡萄酒装瓶时，添加一定量的维生素 C。维生素 C 和游离 SO_2 容易和葡萄酒中的游离氧结合，保护葡萄酒不被氧化。葡萄酒的化学性浑浊，是由于葡萄中含有过量的金属离子或非金属离子。通过合理的工艺，把这些不稳定的因素除去，就可以提高葡萄酒的化学稳定性。

为了提高红葡萄酒的稳定性，通常采取以下工艺措施。

（1）葡萄酒的热处理　红葡萄酒的热处理有两种作用，一方面热处理能加速红葡萄酒的成熟，促进氧化反应、酯化反应和水解反应。另一方面，热处理能提高葡萄酒的稳定性。热处理有以下几种提高稳定性的作用：热处理能引起蛋白质的凝絮沉淀；热处理可使过多的铜离子变成胶体而除去；热处理可使葡萄酒中保护性胶体粒子变大，加强其保护作用；热处理可以破坏结晶核，不容易发生酒石沉淀；加热有杀菌作用，可防止微生物引起的浑浊沉淀；加热还能破坏葡萄酒中的多酚氧化酶，防止葡萄酒的氧化浑浊。

红葡萄酒热处理的方法有三种。第一种是把装瓶的红葡萄酒在水浴中加热，品温达到 70℃，保温 15min；第二种方法是热装瓶，就是将 45～48℃ 的葡萄酒趁热装瓶，自然冷却；第三种方法是对大量要处理的散装葡萄酒，通过薄板热交换器，在温度较高的情况下，瞬间加热，也能达到热稳定的目的。

（2）葡萄酒的冷处理　葡萄酒的低温处理，一方面能改善和提高葡萄酒的质量，越是酒龄短的新酒，冷却改善感官质量的效果就越明显。另一方面，冷却对提高葡萄酒的稳定性效果特别显著，是提高瓶装葡萄酒稳定性最重要的工艺手段。

冷却提高葡萄酒稳定性的作用，主要表现在以下几方面：冷却可以加速葡萄酒中酒石的结晶，通过过滤或离心，可把沉淀的酒石分离掉；冷却可使红葡萄酒中不稳定的胶体色素沉淀，趁冷过滤可分离掉；冷却能促进正价铁的磷酸盐、单宁酸盐、蛋白质胶体及其他胶体的沉淀。经过低温冷却的葡萄酒，在低温下过滤清后，其稳定性显著提高。

目前人工冷却葡萄酒通常有两种方法。一种是把葡萄酒放在冷却桶里，冷却降温，使温度达到该种葡萄酒冰点以上 1℃ 的温度，在该温度下保温 7d，趁冷过滤，即达到冷却目的。另一种方法是用速冷机冷冻葡萄酒，使葡萄酒瞬间达到冰点，即可趁冷过滤，也有冷冻效果。

（3）提高葡萄酒稳定性的其他方法　阿拉伯树胶能在葡萄酒中形成稳定性胶体，能防止澄清葡萄酒的胶体浑浊和沉淀。用阿拉伯树胶稳定红葡萄酒，用量为 200～250mg/L。在装瓶过滤前加入。

偏酒石酸溶于葡萄酒里，由于它本身的吸附作用，能分布在酒石结晶的表面，阻止酒石结晶沉淀，能在一定的时间内延长葡萄酒的稳定期。

工作任务 4　葡萄酒的再加工和特种葡萄酒

1. 蒸馏葡萄酒——白兰地

根据 GB/T 17204—2008，白兰地是指以葡萄为原料，经发酵、蒸馏、在橡木桶中陈酿、调配而成的蒸馏酒。按国际惯例，白兰地就是指葡萄白兰地，包括葡萄原汁白兰地和葡萄皮渣白兰地。而以其他水果为原料酿成的白兰地，在白兰地之前应冠以原料名称。

(1) 工艺流程

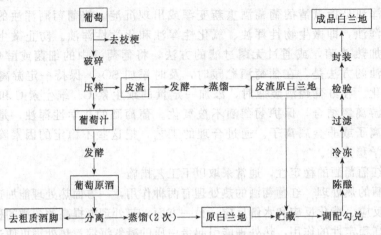

白兰地作为一种高贵典雅的蒸馏酒，生产工艺可谓独道而精湛。法国是世界上首屈一指的白兰地生产国。法国人引以为自豪的白兰地叫干邑（Cognac），是世界上同类产品中最受欢迎的一种，有白兰地之王之称。干邑原是法国南部一个古老城市的名称。法国人认为，只有在这一地区酿造并选用当地优质葡萄为原料的酒才可以称作干邑。法国另一个很有名的白兰地产区是岩马纳。

在不同的国家，白兰地具有不同的含义。在美国，白兰地可以表示不同的烈性酒饮料；英联邦国家将其视为"葡萄酒的生命之水"的同义词，至少需陈酿三年以上，有些国家，如希腊、西班牙等将其作为混合调配的一种烈性酒。

(2) 工艺说明　白兰地是以葡萄为原料的，它的工艺中发酵前几步工序基本上和发酵白葡萄酒相同，在破碎时应防止果核的破裂，一般大粒葡萄破碎率为90%、小粒葡萄破碎率为85%以上，及时去掉枝梗，立即进行压榨工序。取分离汁入罐（池）发酵，将皮渣统一堆积发酵或有低档白兰地生产时并入低档葡萄原料酒中一并发酵。

① 原料　主要葡萄品种有白玉霓（Ugni Blanc）、白福尔（Folle Blanche）、鸽龙白（Colombard)等。白兰地生产在我国有近百年的历史，严格地说真正优质的白兰地是从近二十年才发展起来的，尤其改革开放后，法国白兰地的登陆，极大地刺激了国内白兰地市场，优质葡萄品种的种植亦引起了国内厂家的重视。国内白兰地生产之父——张裕葡萄酿酒公司首先采取措施，已在莱阳等地发展白玉霓近3000亩，在此之前，我国白兰地生产一般是采用酿制白兰地和葡萄酒双兼顾的葡萄品种——白羽、白雅、佳丽酿、龙眼。

② 取汁　取汁应尽快进行（3~5h），以防止氧化和加重浸渍作用。原料破碎后，一般不采用连续压榨，因为它会使葡萄汁中多酚物质含量升高。此外，要避免对葡萄汁进行 SO_2 处理。

③ 发酵与贮存　一般情况下，在葡萄原酒的酒精发酵过程中不加任何辅助物料，酒精发酵的管理与白葡萄酒酿造相同。采用自然发酵法，温度不超过34℃，时间为4~6d，即可发酵完毕，发酵后理化指标为酒度6%~9%（体积分数），残糖＜3g/L。

在酒精发酵结束以后，将发酵罐添满，并在密闭条件下与酒脚一起贮藏至蒸馏。有的厂家，在酒精发酵结束后进行一次转罐，以除去大颗粒酒脚，然后添满密闭贮藏。

④ 蒸馏　蒸馏是将酒精发酵液中存在的不同沸点的各种醇类、酯类、醛类、酸类等通过不同的温度用物理的方法将它们从酒精发酵液中分离出来。白兰地的质量一方面决定于自然条件和葡萄原酒的质量，另一方面决定于所选用的蒸馏设备和方法。

• 壶式蒸馏法　夏朗德壶式蒸馏器主要包括蒸馏锅、蒸馏器罩、酒预热器、冷凝器等（图5-8）。夏朗德蒸馏锅一大特点是设计了独特的鹅颈帽，鹅颈帽也叫柱头部，实则为蒸馏锅罩，其一个目的是防止蒸馏时"潜锅"现象发生，其另一目的，是使馏出物的蒸汽在此有部分回流，从而形成了轻微的精馏作用，它的容积一般为蒸馏锅容器的10%，不同大小、不同形状的鹅颈帽，其精馏作用不同，因而所蒸得的产品质量亦不同。一般来讲鹅颈帽越大，精馏作用越大，所得产品口味趋向于中性，芳香性降低。夏朗德壶式蒸馏锅一般采用"洋葱头"形鹅颈帽，也有"橄榄形"的，但后者所得产品芳香性较小。

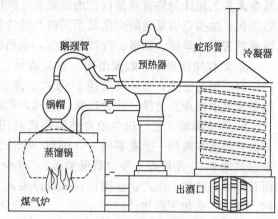

图 5-8 夏朗德壶式蒸馏器
（引自：张宝善．果品加工技术．北京：中国轻工业出版社，2000）

夏朗德蒸馏法包括两次蒸馏。首先蒸馏葡萄原酒，以获得低度酒；然后再用低度酒蒸馏，以获得白兰地。其原理是：通过直接加热使蒸馏锅内的原酒逐渐沸腾、蒸发。酒精和其他物质的蒸气通过蒸馏器罩和鹅颈管进入冷凝器并凝结成馏出液。馏出液则通过铜质管道被送到相应的容器中。在这一过程中，除了物理作用外，还会产生一系列化学反应（水解、酯类等）。

第一次蒸馏是对葡萄原酒或94%的原酒与6%的头、尾的混合物进行蒸馏。这次蒸馏可以得到酒头、酒身和酒尾三个部分。蒸馏时间一般持续12h。

第二次蒸馏是用第一次蒸馏的酒身或它与次头尾的混合物进行蒸馏，以获得白兰地。这次蒸馏可将馏出物分为酒头、次头、酒身、次尾和酒尾五个部分。这次蒸馏一般也持续12h，但比第一次蒸馏要求更高。

• 塔式蒸馏 塔式蒸馏器主要包括蒸馏锅、蒸馏塔、预热器和冷凝器几个主要部分。

由于葡萄酒精蒸馏不是单纯的酒精提纯，而是要保持一定的葡萄品种及发酵所产酯香，因而一般采用单塔蒸馏，塔内分成两段，下段为粗馏塔，上段为精馏塔，选用塔板时考虑处理能力大、效率高、压降低、费用小、满足工艺要求、抗腐蚀、不容易堵塔等特性。蒸馏塔塔板一般为泡盖、浮阀式。

进行蒸馏时，打开汽门进行温塔，在塔底温度达到105℃时，打开排糟阀，塔内温度95℃时，可开始进料，同时开启冷却水。至塔顶温度达85℃时，可打开出酒阀门调整酒度，整个蒸馏过程是连续的，控制蒸馏出酒精温度在25℃以下，随时注意气压变化，不能超过规定压力，临时停塔前应先关进料门，再关放水门、汽门、出酒门，最后关掉冷却水，防止干塔。放水中不得有酒度，酒头酒尾也应放入醪液中重蒸，操作间照明灯必须是防爆灯，输送葡萄酒精所用设备必须是防爆式的。

• 两种蒸馏方法的比较 对白兰地规模生产厂来讲，白兰地产品结构必须是高中低档并举，保质保量，企业才能有活力。生产企业往往是采用不同的蒸馏方式，即壶式蒸馏和塔式蒸馏同时采用，二者区别见表5-5。

表 5-5 壶式蒸馏与塔式蒸馏的区别

比较项目	壶 式 蒸 馏	塔 式 蒸 馏
所用设备	夏朗德壶式蒸馏器	单塔蒸馏
生产方式	间断式蒸馏	连续式蒸馏
所用热源	直接火加热	蒸汽加热
蒸馏效果	产品芳香物质较为丰富	产品呈中性，乙醇纯度高

⑤ 白兰地陈酿　橡木桶贮存工艺是完善白兰地品质的重要环节，一种优雅浓郁的白兰地，其令人久久回味的悠香就是白兰地经贮存而来的。在白兰地贮存过程中发生了一系列的物理化学变化，这些错综复杂的变化赋予了白兰地特有的典型性，在这漫长的过程中，改变了白兰地原有的苦涩、辛辣、刺喉、收敛等特性，取而代之的是甜润、绵柔、醇厚及微苦。

a. 贮存操作要点　贮藏用桶一定要清洁、卫生，无缺陷；贮藏白兰地时，应在桶内留有1％～1.5％的空隙，每年要添桶2～3次；原白兰地贮藏时，酒度的处理；贮藏期间应有专人负责定期取样观察色泽，品尝口味、香气，贮藏中应随时检查桶的渗漏情况。

b. 新式陈酿工艺　白兰地自然陈酿所耗用的空间、时间及贮存容器是十分巨大的，这也是白兰地成本高的一个重要因素，例如一个法国白兰地木桶600美元/300L，若一年生产X.O级白兰地20t，需贮存6年（最低酒龄），至少需400个如此大小的木桶，则需24万美元，因而对低档白兰地，生产企业则往往采取许多人工陈酿的方法，以加速其陈化速度，缩短生产周期。常用方法如下所述。

• 热处理：温度提至65～75℃瞬间加热，或将酒加热至45～55℃保温数天。

• 冷处理：在－18～－16℃保温4d。热处理与冷处理结合使用，效果更好。

• 碎橡木的应用：在制作木桶时原木的利用率相当低，仅占其20％～30％，最多占到50％，然而碎木材及许多不成材的橡木同样具有木质中的有效成分，这些木材可充分利用制成木片或木块在酒的人工陈酿中加以利用。

• 木片陈酿：将板材同做木桶一样处理后，将其加工成木片，大小在2cm×3cm左右，然后用烤炉烤至焦黄色，将其用适当的容器盛装，浸入酒中，同时配合适当的温度，则达到了提香的效果。

• 添加橡木粉及其液态物：在国外许多生产厂商已将橡木用酸或碱将木质素降解，然后提取，或是液态，或是粉状。可按经验比例将其直接加入酒中，但这种加入只能提高一定的芳香性，不会在酒质圆润性上有所提高。

⑥ 勾兑工艺及稳定工艺　勾兑是完善白兰地风味的最后一道重要工序，勾兑与其说是技术不如说是艺术，一个优秀的勾兑师应具备对白兰地的喜爱之心，熟悉并掌握白兰地的生产工艺，感觉器官灵敏，熟知白兰地的色、香、味及风格的典型性。当一个喜爱专业的勾兑师在勾兑白兰地时，仿佛像一位音乐指挥家指挥演奏一首优美的交响乐，敏锐地将不和谐排除，追求的是整体的完美与相互间的协调。勾兑师需靠专业知识加直觉经验来完成他的工作，有时这种多年日积月累的经验更能指导他成功地完成工作。

进行勾兑时首先要判定白兰地的酒质，即要了解白兰地的分级，每个等级的白兰地的质量要求差异很大（见表5-6）。

表5-6　不同等级白兰地的质量要求

级别	原酒在橡木桶贮藏时间	色泽	香气	滋味
X.O	10年以上	赤金黄色	具有优雅的葡萄品种香，陈酿的橡木香，浓郁而醇和的酒香	醇和、甘洌、沁润细腻、悠柔、丰满延绵
V.S.O.P	5年以上	赤金黄色至金黄色	葡萄品种香协调，陈酿的橡木香优雅而持久，醇和的酒香	醇和、甘洌、丰满绵柔、清雅
V.O	5年以上	金黄色	有葡萄品种香，纯正的橡木香及醇和的酒香，各种香味之间协调完整	醇和、甘洌、酒体完整
V.S	2年以上	金黄色至浅金黄色	有葡萄香、酒香、橡木香、较协调、无明显刺激感	酒体较完整、无邪杂味、略有辛辣感

注：V.O是Very Old的缩写，表示"很老"；V.O.P是Very Old Pale的缩写，表示"极老"；V.S.O.P是Very Superior Old的缩写，表示"最老"；X.O（或者E.O.）是Extra Old的缩写，表示"超老"。

• 勾兑步骤

a. 按既定工艺选择可掺入勾兑的不同年份、不同罐区的白兰地半成品,进行品评筛选,从理化指标到口感均进行检验和平衡。

b. 可根据现存需勾兑级别白兰地的各贮存年份的数量及大、小、新、旧木桶贮存量,在保证平均酒龄达到 GB 11856—1997 标准以上的条件下,进行口感品评上的优化组合,新老酒搭配在 2∶1 为佳。

c. 色泽一致性调整,各桶内白兰地贮存中色泽变化不同,因而需人工调整,以保持批与批之间产品色泽的一致性,普遍采用的是加糖色,加入的糖色可采用市售的焦糖色素(食用),也可企业自制。

d. 为了增加白兰地的醇厚感和圆润感,还可加入一定量糖浆,加量视各自产品而定,但一般糖度不超过 15g/L。

• 稳定工艺 白兰地进入勾兑工序后还有一个重要环节——稳定工艺。因白兰地是包容了许多芳香成分的蒸馏酒,而不是单纯的提纯酒精,因而它的稳定性在封装前也需经加强处理。白兰地产生不稳定的主要因素一是存在高级不饱和脂肪酸,可用冷冻方法除去,将白兰地在 −15~−10℃ 范围冷冻若干小时。二是因酿造过程及勾兑用水不慎会有微量钙离子,酒中则含有酸类物质,可产生不溶性钙盐,因而要严格控制酿造用水,如半成品白兰地已发现钙离子过高,可进行离子交换处理,离子交换柱同生产用软化水离子交换柱可采用同一型号,树脂为 732 强酸型。

目前世界上最有名的白兰地有:柯罗维锡(Courvdisies),海轩尼诗(hennessy),T. F. 马天儿(T. F. Martell),人头马(Remy Martin),开麦士(Camus)等。

2. 起泡葡萄酒

根据 GB/T 17204—2008,在 20℃ 时,CO_2 的压力 $\geqslant 0.05MPa$ 的葡萄酒即为起泡葡萄酒;若 CO_2 的压力 $\geqslant 0.35MPa$ 的葡萄酒即为高泡葡萄酒。当 CO_2 全部来源于葡萄经密闭(于瓶或发酵罐中)自然发酵产生时,称为起泡葡萄酒。当 CO_2 是人工加入时,称为加气起泡葡萄酒。

起泡葡萄酒的著名代表是香槟酒(Champagne),源于法国,因产于法国香槟地区而得名。香槟区位于法国巴黎的东北部,是法国最北面的一个葡萄酒产区。香槟区所处的地理位置决定了它同时受大西洋温和气候和大陆性气候的影响,加上分布广泛的独特的白垩土质,使得香槟区的葡萄的湿度平稳,香味细腻,单宁含量较低而果酸和成熟度恰到好处。这种葡萄最适合酿制风格优雅口感细腻的香槟酒。香槟酒是由葡萄酒经过密闭二次酒精发酵产生 CO_2 并保留其发酵过程中产生的 CO_2 气体而获得的产品,在 20℃ 时 CO_2 的压力 $\geqslant 0.35MPa$。

法国政府的酒法规定:只有香槟地区出产的、按独特工艺酿造的、含二氧化碳的白葡萄酒才可以叫香槟酒,只使用三种葡萄酿造:莫尼埃比诺(Pinot Meunier)红葡萄;黑比诺(Pinot Noir)红葡萄和霞多丽(Chardonnay)白葡萄,其他地区用同样方法、同样葡萄或其他葡萄生产的酒只能叫"气泡葡萄酒"(Vin pétillant),不能称为香槟酒。

(1) 工艺流程

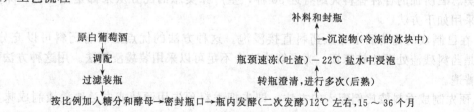

（2）工艺特点　香槟区的葡萄采摘必须完全使用手工，采摘后不能随意扔进葡萄筐里，而是必须用手把一串串葡萄分装进小篮子里，这样可避免葡萄破损而使红色素溢出来。采摘后的葡萄要马上榨汁，按香槟区的规定，每 4000 千克的葡萄，只能榨出 2500L 用来酿酒的葡萄汁。

调配对于香槟来说是极为重要的环节，可以说是香槟酿造技术的精髓所在。为了保持香槟酒每年质量和口味的稳定，绝大多数的香槟都是将多个不同的年份、不同的品种、来自不同产地的基酒混合在一起而构成的。每年，各大香槟酒厂都要品尝大量的基酒，并将它们精准地调配在一起，这些基酒有时多达 300 甚至 400 种。

葡萄酒的二次发酵是另外一个关键环节，二次发酵的原酒有两种：

a. 原酒为干酒，含糖量低，必须加入足够量的糖浆，如法国香槟酒。

b. 葡萄原酒含糖量足够高，实际上是发酵不完全的葡萄汁，无须加入糖浆，利用原酒本身的含糖量就能顺利进行。如意大利阿斯蒂酒。

二次发酵的方式也有两种：

a. 瓶内发酵法，如法国香槟酒。

b. 密封罐法，如意大利阿斯蒂酒。

如法国香槟酒，调配好的原酒装瓶后，在瓶中加入糖浆和 5％酵母培养液进行瓶内二次发酵，温度在 10～15℃之间，时间至少一年以上。添加入瓶中的糖汁在酵母的作用下产生酒精和二氧化碳。酒瓶是密封的，这些少量的二氧化碳就会慢慢溶解在酒中，此时，酒瓶中的压力大概可以达到 5～6 个大气压。发酵后死去的酵母慢慢地积累在瓶子的壁上，很难排除到瓶子外面。1818 年，凯歌香槟（Veuve Clicquot）的酒窖主管发明了一种方法，在二次发酵之后陈酿过程中，将酒瓶倒立在一个带孔的"A"形支架上，每天工人要将每个酒瓶转动 1/8 圈并改变酒瓶的倾斜角度，到结束时，酒瓶已经瓶口朝下，竖直立在"A"形支架上的孔中。然后，将酒瓶口部分冰冻，将瓶口打开，瓶子里面的压力就会把冻得像果冻塞子一样的沉淀物顶出来，当然这个过程免不了损失一点点葡萄酒，还要向瓶中补回去一部分甜酒，补回去的甜酒的糖度就直接决定了香槟的糖度。

香槟酒灌封时，不掺杂任何添加物，为"干"；如加入糖浆和部分白兰地灌封，使其继续发酵一段时间，为"甜"；如掺入部分糖浆和白兰地的香槟酒为"半甜"。干的质量最高，酒精含量最低，价钱也最高；甜的则相反。如图 5-9 所示为起泡葡萄酒工艺流程图。

3. 加香葡萄酒

这类酒是以葡萄酒为酒基，浸泡芳香植物（或添加其浸提物）而制成的、酒精度为 11～24 度的葡萄酒。添加材料有香草、果实、蜂蜜等，有的则添加烈酒。比较有代表性的加香葡萄酒是味美思酒。

（1）工艺流程

基酒＋浸提液＋糖→调配→过滤→陈酿→后处理→罐装

（2）工艺特点　制造味美思的酒基就是白葡萄酒，其制造可参考干、甜葡萄酒制备，再加计算量的白兰地或精制酒精加强后，加入转化糖或葡萄糖浓缩液达到一定糖分。由于白葡萄酒比较清雅纯正，有利于芳香植物的香气充分表现，故是最理想的酒基。

味美思酒所加的各种香料大约有近 30 种，生产味美思的配方从来都是保密的。味美思的加香可采用如下方法。

① 在已制成的葡萄酒中加入药料直接浸泡。这种方法的优点是所有药料可以充分浸出。其不足是药料残渣处理比较麻烦。为了解决这个不足可以采用装袋浸渍法。用这种方法酿造味美思最普遍。

② 预先制成香料按比例配入的方法。即先把香料预先用酒精或白兰地浸渍制成味美思香

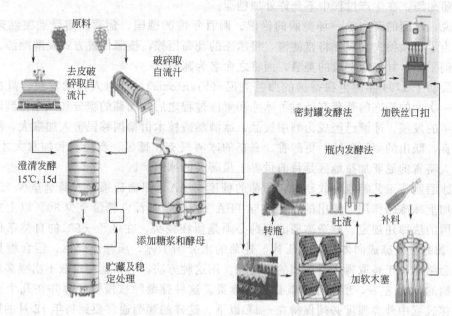

图 5-9　起泡葡萄酒工艺流程

料，再加入酒基中。

③ 葡萄酒发酵时加入药料而制成味美思的方法。

④ 制成的味美思还可加入 CO_2，制成起泡味美思。新制成的味美思经 6 个月贮存，使芳香成分与葡萄酒充分平衡与协调，即可为成品。

味美思酒分四类，即干味美思、白味美思、红味美思和都灵味美思。味美思酒在西餐中是作为餐前开胃酒来饮用的。味美思的著名产地是意大利和法国。著名的味美思酒有：意大利马蒂尼味美思（Martini ver-mouth），意大利仙山露味美思（Cinzano），意大利干霞味美思（Goncia），法国诺丽·普拉味美思（Noilly part）。

【阅读材料】　各种味美思配方简介

1. 意大利式味美思

配方：甜白葡萄酒　380L，85% 精制酒精　20L，苦艾　450g，勿忘草 450g，龙胆根 40g，肉桂 300g，白芷 200g，豆蔻 50g，紫菀 450g，苦橘皮 1kg，橙皮 50g，葛根 450g，矢车菊 450g。

该酒酒精含量 15%～18%，糖分 180～200g/L，总酸 50～55g/L。

2. 法国式味美思

配方：干葡萄酒 400L，胡萝子 1500g，苦橘皮 900g，矢车菊 450g，石蚕 450g，鸢尾根 900g，肉桂 300g，那纳皮 600g，丁香 200g，苦艾 450g。

该酒糖分低，一般在 40g/L 左右，酒精含量在 10% 以上。

3. 中国式味美思

配方：10%～11% 白葡萄酒 90L，85% 脱臭酒精 9L，大茴香 350g，白菖 150g，苦橘皮 350g，威灵仙 125g，大黄 25g，矢车菊 150g，苦黄木 15g，迷迭香香料 50g，白术 125g，香草（预先溶解于酒精中）0.25g。

该酒糖分在 150g/L 左右，酒精含量 18%。

4. 特种葡萄酒——冰酒

冰酒（英语 icewine，德语 Eiswein）顾名思义就是冰葡萄酒的意思。冰酒是指用采摘时已经冻硬的葡萄酿造的甜葡萄酒。但在正宗冰酒产地加拿大和德国，冰酒的定义强调的是自然冰冻。《中国葡萄酿酒技术规范》中对冰葡萄酒的定义是：将葡萄推迟采收，当气温低于 −7℃ 以下，使葡萄在树枝上保持一定时间，结冰，然后采收，在结冰状态下压榨，用此葡萄汁发酵酿制而成的葡萄酒，在生产过程中不允许外加糖源。

有人说，冰酒的诞生是一场美丽的错误。两百年前的德国，葡萄园遭受到突然来袭的霜害。酒农为了挽救损失，只好将错就错，将冰冻的葡萄压榨，按照传统方式发酵酿酒。结果发现酸甜比例平衡、甘如蜂蜜般的美酒，而将之命名为冰酒。

冰酒最初于 1794 年诞生在德国的弗兰克尼 (Franconia)。当时人们就发现，留在葡萄树上直至第一次大的霜冻的葡萄在经过了冰冻和解冻过程之后，葡萄的糖分和风味得到浓缩。经过二百多年的发展，冰酒已经成为酒中极品，冰酒酿造技术由德国移民带入加拿大，经当地人进一步改良，酿出的酒更独特、更醇香。真正的冰酒只有在德国、奥地利和加拿大才有生产。加拿大安大略省的尼亚加拉地区是目前世界上最著名的冰酒产区。

(1) 冰酒制作工艺特点　收获时，葡萄的糖度与 BA（即葡萄果汁含糖量至少 25％以上）级相当，加上冰冻的作用，酿出的酒几乎与 TBA（指葡萄果汁含糖量至少 30％以上）级的一样甜。德国的法律还规定，酿造冰酒的葡萄必须是留在枝头，在低于−8℃的自然条件下冰冻 6h 以上。葡萄在被冻成固体状时才压榨，葡萄的水分结了冰，压榨成碎冰，但含糖量高的葡萄汁则不会结冰，于是取得少量浓缩的葡萄汁。用这种方法，一串葡萄也取不出很多的汁，仅为普通葡萄的 10％左右，所以冰酒就显得很珍贵。这种葡萄汁被慢慢发酵并在几个月之后装瓶。在压榨过程中外界温度必须保持在−8℃以下。这样的葡萄通常要到每年 12 月的第二个星期或第三个星期才能收获。一般葡萄的采摘要从凌晨 3 点钟开始，赶在太阳出来之前采摘完毕，并送到酿酒房，开始压榨，压榨的温度条件也必须是低于−8℃，然后发酵陈酿。可以说，用这种传统的方式生产冰酒无异于一场赌博，因为突如其来的寒冷天气并不是年年都有，而葡萄在成熟后必须始终留在枝头，并要保持着不破损，此时，随时降临的一场秋雨就可以让酿制冰酒的美好愿望化为泡影。即便是适宜生产冰酒的年份，其产量也很少，每公顷土地只能生产不到 1000 瓶（一般优质葡萄酒每公顷可生产 6000 瓶酒左右），足见其稀有珍贵。即使在冰酒产地，饮用冰酒也是一种难得的享受。

(2) 冰酒产品特点　在德国，冰酒属于葡萄酒质量分级中的 Qualitatswein mit Pradikait 的最高级，并受相关法律法规的约束。在加拿大，冰酒的生产和酿造受 VQA（Vintners Quality Alliance，酒商质量联盟）的管制。真正的加拿大冰酒都必须符合 VQA 的规定，以保证产品的质量。其中最重要的一条规定是：冰酒必须采用天然方法生产，绝不允许人工冷冻。这就使得冰酒的酿造变得极其困难——葡萄必须得到妥善保护以防剧烈的温度变化；而且，由于酿造冰酒的葡萄是留在葡萄树上的最后一批葡萄，人们还要想法防止鸟兽来偷食葡萄。

冰酒系 100％葡萄汁发酵而成，色泽金黄或酒红，口感醇厚清爽，品质上乘，酒香里处处洋溢着欧美风情。这是其他酒类所不能比拟的。

(3) 冰酒种类　其品种主要有冰白葡萄酒和冰红葡萄酒。

白冰酒一般用维达尔（Vidal）和雷司令（Riesling）葡萄酿造。其颜色呈深琥珀色或金黄色，素有"液体黄金"之美称。酒质清凉，口感清爽，并散发出蜂蜜和水果等香味，冰酒闻起来还往往有干果的味道。白冰酒通常都作为甜酒先冷冻几小时后再饮用，具体的温度要视酒质而定，大约在 4～11℃比较合适，温度太低会影响酒香的挥发。

红冰酒呈酒红色，酒质醇厚，口感隽永，适宜在室温下饮用，一般在 12～18℃之间。红冰酒中的多酚类化合物能扩张血管，使血管壁保持弹性，提高毛细血管的扩张力，杀死细菌或病菌。喝冰酒不仅有消毒、清淤、利尿的作用，而且能降低血压，对心血管系统有保护作用，降低心肌梗死的风险。红冰酒应在饮用前开瓶，让酒"呼吸"，即让酒与空气接触，可以使酒质变得醇厚柔和。

实训项目 5-1   葡萄酒酿造工艺

学习工作页   葡萄酒酿造工艺探究

年　　月　　日

项目名称	葡萄酒的实验室酿制	葡萄酒种类	
学习领域	5. 葡萄酒酿造	实训地点	
项目任务	根据提供的材料和设备等,设计出葡萄酒酿造方案,包括详细的准备项目表和工艺路线	班级小组	
		姓名	

一、请将你查阅到的相关资料和国标按照参考文献的格式列出。

序号　　作者　　论文题目(书名)　　期刊名(出版社)　　刊期(出版时间)　　页码

二、葡萄酒可分为哪些类型?分类依据是什么?

三、生产葡萄酒的优良葡萄品种主要有哪些?

四、简述红葡萄酒的酿造工艺流程。

五、红葡萄酒的生产工艺流程及发酵机理与白葡萄酒的比较,二者有何不同?

六、酿制葡萄酒的过程中,为什么要添加 SO_2?如何添加?添加量有何限制?

七、何谓陈酿?陈酿的目的是什么?如何进行陈酿?

八、名词解释:白兰地、香槟酒、冰酒、苹果酸-乳酸发酵。

项目任务书   红葡萄酒的实验室酿造工艺设计

年　　月　　日

项目名称	红葡萄酒的实验室酿造工艺设计	实训学时	
学习领域	5. 葡萄酒酿造	实训地点	
项目任务	根据提供的材料和设备等,设计出葡萄酒酿造方案,包括详细的准备项目表和工艺路线	班级小组	
		小组成员签名	
实训目的	1. 能够全面系统地掌握葡萄酒酿造的基本技能与方法 2. 通过项目方案的讨论和实施,体会完整的工作过程,掌握葡萄酒酿造和检测的基本方法,学会用比较完整的写作形式准确表达实验成果 3. 培养学生团队工作能力		
工作流程	教师介绍背景知识(理论课等)　　教师引导查阅资料 每个同学阅读操作指南和教材相关内容,填写工作页;并以小组为单位讨论制定初步方案,再提交电子版1次 教师参与讨论,并就初步方案进行点评、提出改进意见 每个小组根据教师意见修改后定稿,并将任务书双面打印出来,实训时备用		
初步方案	工作流程路线	所需材料及物品预算表	

· 209 ·

修订意见		
定稿方案	工作流程路线	所需材料及物品预算表
方案审核人(签名)		

实训项目操作指南　红葡萄酒的实验室酿造

葡萄酒是葡萄汁发酵而成的低度酒精饮料,它的主要成分有单宁、酒精、糖分、有机酸等。葡萄酒的品种繁多,按酒色分为白葡萄酒、桃红葡萄酒、红葡萄酒;按酒中糖分含量分为干葡萄酒、半干葡萄酒、半甜葡萄酒、甜葡萄酒;按饮用方式分为餐前、佐餐和餐后葡萄酒;按酿造方法分为天然葡萄酒、加强葡萄酒、添香葡萄酒;按酒中 CO_2 含量分为静酒和起泡酒。葡萄酒的生产工艺成熟,原料来源丰富。既可大型工厂大规模生产,又可小批量酿造。

葡萄酒的酿造原理是利用葡萄皮自带的酵母或人工接种的酵母菌,将葡萄汁中的葡萄糖、果糖发酵,生成酒精、二氧化碳,同时生成副产物高级醇、脂肪酸、挥发酸和酯类等,并将葡萄原料中的色素、单宁、有机酸、果香物质、无机盐等所有与葡萄酒质量有关的成分,都带到发酵的原料酒中,再经陈酿澄清,使酒质达到清澈透明、色泽美观、滋味醇和、芳香宜人。

一、准备阶段

1. 材料

新鲜葡萄(酿制干白葡萄酒采用玫瑰香、贵人香、龙眼、霞多丽、白羽、白玉霓等品种的白肉葡萄或红皮绿肉葡萄;酿制干红葡萄酒采用蛇龙珠、赤霞珠、品丽珠、梅鹿辄等品种的红葡萄),活性干酵母菌,活性乳酸菌,果胶酶, SO_2 或 $SO_2 \geqslant 6\%$ 的亚硫酸(或偏重亚硫酸钾),白砂糖,酒石酸(柠檬酸),滤纸,过滤棉,酒精,硅藻土,皂土,白布袋,白色细绒布袋,锥型漏斗。

2. 仪器(器皿)与药品

发酵瓶,水循环式真空抽滤装置,碱式滴定管,1000～2000mL 大烧杯,1mL 和 2mL 吸管,手持式测糖仪,酒精蒸馏装置,酒精密度计,250mL 和 500mL 三角瓶,0.1mol/L NaOH 标准溶液,费林试剂,4g/L 浓度的碘液(精确浓度为 3.97g/L),2% 可溶性淀粉溶液,1.0g/L 标准葡萄糖溶液(盐酸酸化),1mol/L NaOH 溶液,1/3 浓度的硫酸。

二、实验室操作阶段

1. 干白葡萄酒的酿造

(1)工艺流程

成熟的绿色葡萄(红皮绿肉或白肉葡萄)→分选→除梗破碎→榨汁→加二氧化硫→静置澄清→分离清汁→调整成分→发酵→分离酒泥→原酒→贮存→换容器→密闭贮存→下胶→过滤→干白葡萄酒

(2)操作步骤

① 器具准备　破碎葡萄之前,先将用具洗刷干净,发酵及贮酒容器用 2% 的亚硫酸溶液冲洗,或用硫黄烟熏进行消毒。所用器具应选择水缸、上釉陶缸、玻璃瓶、橡木桶、瓷盆等,不得用铁、铜制作的工具,因葡萄汁(酒)与铁、铜接触,会使铁、铜离子溶进葡萄汁,而使酒

变质败坏。

② 原料与分选　酿酒用的葡萄要成熟。成熟的葡萄种子为褐色或深褐色，绿色的葡萄果皮由绿色变为黄色或浅黄色，果实透明发亮。红色葡萄呈紫色或紫黑色，味酸甜。将采收的葡萄剔除霉烂的果子和青果以及其他杂质，取样化验酸度、糖度。

③ 破碎与压榨　将分选好的葡萄放在瓷盆内，除去果梗，榨取果汁，汁与皮渣分别放在不同的玻璃瓶内进行发酵。葡萄汁发酵后为一级酒，皮渣发酵后为普通酒。

④ 果汁澄清　葡萄经破碎榨汁后，在每升果汁中加入 150mg 二氧化硫，静置 24h 待汁液澄清后，分离沉淀物，取得澄清葡萄汁。

⑤ 果汁成分调整　我国大多数地区葡萄的含糖量在 12％～20％，发酵后生成 7％～11.7％的酒精，因酒精含量较低，所以需要在葡萄汁发酵期补加白砂糖，使发酵后生成所需浓度的酒精。实际生产上，每生成 1％酒需要 1.7 度糖（1.7％）。

⑥ 酸度调整　配制葡萄酒，要求果汁含酸量在 0.8～1.2g/100mL 为宜，果汁的酸度如果低于 0.5g/100mL，可补加柠檬酸或利用酸度高的葡萄品种混合发酵，使其酸度达到要求。

⑦ 发酵　将调整成分的果汁放在玻璃试剂瓶中，果汁量约为容器的 80％，不宜过量，以防发酵时产生泡沫溢出而造成损失。瓶口盖上安有发酵栓的橡胶塞，以使发酵产生的 CO_2 排出，又不致使发酵瓶外的杂菌进入发酵瓶。也可添加 2％～10％人工培养的纯酵母进行发酵（称为人工酵母发酵）。纯酵母的培养采用 11°Bx 葡萄汁逐级扩培，培养温度为 30℃，培养 1～2d，使酵母细胞数达 $1.0×10^8$ 细胞/mL 以上。

发酵过程中，一般温度为 14～18℃，不允许超过 20℃。可把发酵瓶放在盛水的浴盆内，通过调节浴盆内水温（比如加冰块或换水）控制发酵温度，也可把发酵瓶放在控温培养箱内进行发酵。

低温发酵的时间较长，8～13d 为一个周期，当发酵液面只有少量气泡，液面较平静，温度下降，相对密度到 0.993～0.994、残糖小于 5g/L 时，表明主发酵基本完成。

在发酵过程中，每天测两次温度和残糖。测量前，将温度计用 70％酒精擦洗，使取样管经干热灭菌，以防发酵液染菌。取样及测温均应在发酵液位中部。

⑧ 分离酒泥　发酵结束 15～20d 后即行分离酒脚，把相同的酒合并入一个容器内，即用同品种、同类型的酒添至容器容积的 90％～95％，同时调整游离 SO_2 达到 60～70mg/kg，以防杂菌污染引起挥发酸升高。添完后，再用发酵栓封闭，进行后发酵，约 1 月左右，当残糖降到 2g/L 时，表示后发酵结束。在后发酵过程中，每天测两次温度和残糖，后发酵结束时，测酒精含量。

⑨ 葡萄酒的贮存　在贮存期应定期检查，经常保持贮酒室的卫生，切忌苍蝇侵入酒内。室内定期消毒，冬季一般一月一次，夏季 7～10d 一次。

a. 换容器（大规模生产称为换桶）　后发酵结束后，进行第 2 次换容器，大约 5 个月后进行第 3 次换容器。每次换容器后都应密封贮存。贮存约 1 年。

b. 添满（大规模生产称为添桶）　每次换容器尽量使容器满载酒液。

⑩ 下胶　蛋清下胶方法：一般每 100L 白葡萄酒用 40～50g（2～3 个鸡蛋清），红葡萄酒用 4～5 个鸡蛋清。将新鲜鸡蛋的蛋清放在瓷盆内（切忌混入蛋黄），加入少许葡萄酒稀释搅拌均匀，然后徐徐倒入酒中，边加边搅，达到充分混合后，静置 15d 左右，酒液彻底澄清后，虹吸分离沉淀物并过滤。

⑪ 过滤　原酒一般酒精含量为 13％，含酸量 0.5～0.7g/100mL，挥发酸含量在 0.05g/100mL 以下，含酸量在 0.4g/100mL 以下。

2. 干红葡萄酒的酿造

（1）工艺流程

成熟的红葡萄→分选→去梗破碎→加二氧化硫→发酵→压榨→调整酒精含量→后发酵→换容器→贮存→换容器→贮存陈酿→下胶→过滤→干红葡萄酒→成品酒调配→过滤→装瓶杀菌

（2）操作步骤　干红葡萄酒的酿造工艺与干白葡萄酒的酿造工艺相似。不同的是，葡萄破碎后不压榨，将皮肉汁混合发酵，以浸提果皮上的色素，不同的操作如下所述。

① 发酵　发酵温度可达33℃，但最好控制在30℃以下，发酵期一般为3～5d。红葡萄酒发酵分以下3个阶段：

a. 发酵初期　主要为酵母繁殖阶段，初期果浆平静，随后在酵母的作用下，开始发酵，温度渐升，葡萄皮被产生的CO_2顶浮于液面，进入发酵盛期。

b. 发酵盛期　称为主发酵期，每天需用干净的木棒搅拌2～3次，量大的也可用酒泵搅拌，将酒"帽"搅散压入汁中。

c. 发酵末期　当发酵液残糖约5g/L，主发酵结束，应及时分离皮渣，进行压榨。

② 压榨　先用竹筛粗滤，然后将葡萄皮渣装入白布袋中，用手或木棒挤压榨汁，量大者可用螺旋式压榨机进行压榨。质量好的压榨酒可与粗滤原酒混合，装入经洗净消毒的贮酒容器中，但不得超过容量的95％。压榨后的皮渣可进行蒸馏制取白兰地。

③ 调整酒精含量　发酵初期未经补加白砂糖发酵的原酒，酒精含量低于12％时，需及时调整酒精含量。酒精最好用脱臭酒精或葡萄白兰地，否则影响酒的风味和质量。

④ 后发酵　在后发酵期，控制品温不超过20℃，后发酵进行15d左右，应及时添加SO_2，并保证满容器，在原酒液上添加亚硫酸或高度酒精，防止染菌或氧化。

⑤ 成品的调配　将酿成的经半年以上贮存陈酿的干酒，按生产产品质量指标进行调配。调入纯净砂糖和脱臭酒精或白兰地，以达到所需要的酒精含量和糖度。调配时可用原酒溶解砂糖，也可用开水将糖溶解后加入。砂糖用量计算方法如下。

例：原酒100kg，要求产品糖含量达到14％，砂糖用量为100×14％＝14kg。

⑥ 过滤　酒配制好之后进行过滤（方法同前），使酒液达到澄清透明。

⑦ 装瓶杀菌　将过滤的澄清酒液装瓶压盖，若产品酒精含量在15％以下，把瓶放入温水中加热到68～72℃，恒温保持20min，取出冷却后即可保存。

三、葡萄酒质量检测阶段

1. 糖度测定

斐林试剂滴定法，或用手持式折光仪测葡萄汁的糖度（°Bx），再通过查表得糖含量。

2. 酸度测定

0.1mol/L NaOH标准溶液滴定。

3. 酒精含量测定

发酵液经蒸馏后，用酒精比重计测得。

4. 游离硫、总硫测定

① 总二氧化硫的测定　取葡萄酒25mL，加入250mL碘量瓶中，加入10mL水稀释，再加入1mol/L氢氧化钠10mL，加塞，摇匀，反应10min，添加1/3浓度的硫酸3～5mL，2～3滴2％淀粉指示剂，立即用4g/L（此浓度的碘液1mL相当于二氧化硫1mg）的碘液测定。

② 游离二氧化硫的测定　在反应瓶中加入25mL酒样，加入20mL水稀释，添加1/3的硫

酸 3mL、2～3 滴 2%淀粉指示剂，立即用 4g/L 的碘液测定。

项目记录表　红葡萄酒的实验室酿造

年　　月　　日

项目名称	红葡萄酒的实验室酿造		实训学时	
学习领域	5. 葡萄酒酿造		实训地点	食品加工实训室
项目任务	根据提供的材料和设备等，按照各小组自行设计的葡萄酒酿造方案，进行葡萄酒的酿造生产		班级小组	
			小组成员姓名	
使用的仪器和设备				

项目实施过程记录

阶　　段	操作步骤	原始数据(实验现象)	注意事项	记录者签名
准备阶段				
实验室操作阶段				
发酵培养观察阶段				
后处理阶段				

项目报告书　红葡萄酒的实验室酿造

年　　月　　日

项目名称	红葡萄酒的实验室酿造		实训学时	
学习领域	5. 葡萄酒酿造		实训地点	
项目任务	根据提供的材料和设备等，按照各小组自行设计的葡萄酒酿造方案，进行葡萄酒的酿造生产		班级小组	
			小组成员姓名	
实训目的				
原料、仪器、设备				

项目实施过程记录整理(附原始记录表)

阶　　段	操作步骤	原始数据或资料	注意事项
准备阶段			
实验室操作阶段			
发酵培养观察阶段			
后处理阶段			

结果报告及讨论

项目小结

成绩/评分人	

单元生产 2：葡萄酒生产质量控制

工作任务 1　葡萄酒生产质量控制及品质鉴定

1. 葡萄酒的质量标准

葡萄酒的主要成分列于表 5-7。

表 5-7　葡萄酒的主要成分

醇类	乙醇,甲醇,甘油等
酸类	酒石酸,苹果酸,柠檬酸,乳酸等
糖类	果糖,葡萄糖,蜜二糖,半乳糖等
酯类	乙酸乙酯、乳酸乙酯、酒石酸乙酯、酸性酒石酸乙酯等,是葡萄酒香气的重要成分
含氮化合物	蛋白质,氨基酸等
醛类化合物	乙醛,乙缩醛等
酚类化合物	色素物质和单宁等
其他	果胶物质,含钾、钠、钙、镁、铜、铁等矿物质,还有维生素 B 族和维生素 C

（1）客观标准（理化标准）　是指那些可用仪器分析方法确定的标准。

（2）主观标准（感观标准）　是指那些通过品尝员的品尝确定的标准。

（3）葡萄酒的风格　是指一种葡萄酒区别于同类其他葡萄酒的令人舒适的独有特征和个性。风格是构成葡萄酒感官质量的一个部分。所以它必须是区别于同类其他葡萄酒的使人感觉舒适、愉快的个性和特征。否则就不是风格，而是缺陷。

葡萄酒的质量差异是第一位的，而风格是第二位。但是真正的优质名酒必须同时具备很高的质量和独特而优雅的风格。它不仅外观、香气、口感均浓郁、精美、和谐，而且应富有个性和独有特性。给人以真正的艺术享受，让人过"口"不忘，回味无穷。

（4）影响葡萄酒质量的因素　如图 5-10 所示。

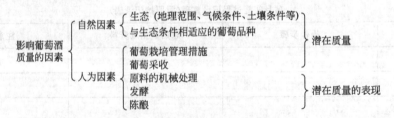

图 5-10　影响葡萄酒质量的因素

葡萄酒是人和自然关系的产物，是人在一定的气候、土壤等生态条件下，采用相应的栽培技术，种植一定的葡萄品种，收获其果实，通过相应的工艺进行酿造的结果。因此，原产地的生态条件、葡萄品种以及人所采用的栽培、采收、酿造方式等，决定了葡萄酒的质量和风格。因此，影响葡萄酒质量和风格的因素可分为自然因素和人为因素两大类。

（5）葡萄酒生产质量控制

• 葡萄原料的质量控制　七分原料、三分工艺。

• 酿造设备、厂房的质量要求　卫生洁净，防止污染。

• 生产过程的工艺控制　分离、压榨、澄清过程中防止氧化；及时添加活性干酵母；控制发酵过程温度；防止葡萄酒的破败病。

（6）中国葡萄酒的质量标准　见 GB/T 15037—2006《葡萄酒》，包括感官要求、理化要求和标志要求等。

① 感官要求　见表 5-8。

表 5-8　葡萄酒感官要求

<table>
<tr><th colspan="3">项　目</th><th>要　求</th></tr>
<tr><td rowspan="5">外观</td><td rowspan="3">色泽</td><td>白葡萄酒</td><td>近似无色、微黄带绿、浅黄、禾秆黄、金黄色</td></tr>
<tr><td>红葡萄酒</td><td>紫红、深红、宝石红、红微带棕色、棕红色</td></tr>
<tr><td>桃红葡萄酒</td><td>桃红、淡玫瑰红、浅红色</td></tr>
<tr><td colspan="2">澄清程度</td><td>澄清，有光泽，无明显悬浮物（使用软木塞封口的酒允许有少量软木渣，封装超过18个月的红葡萄酒允许有少量沉淀）</td></tr>
<tr><td colspan="2">起泡程度</td><td>起泡葡萄酒注入杯中时，应有细微的串珠状气泡升起，并有一定的持续性</td></tr>
<tr><td rowspan="5">香气与滋味</td><td colspan="2">香气</td><td>具有纯正、优雅、怡悦、和谐的果香与酒香，陈酿型的葡萄酒还应具有陈酿香</td></tr>
<tr><td rowspan="3">滋味</td><td>干、半干葡萄酒</td><td>具有纯正、优雅、爽怡的口味和悦人的果香味，酒体完整</td></tr>
<tr><td>半甜、甜葡萄酒</td><td>具有甘甜醇厚的口味和陈酿的酒香味，酸甜协调，酒体丰满</td></tr>
<tr><td>起泡葡萄酒</td><td>具有优美醇正、和谐悦人的口味和发酵起泡酒的特有香味，有杀口力</td></tr>
<tr><td colspan="2">典型性</td><td>具有标示的葡萄品种及产品类型应有的特征和风格</td></tr>
</table>

② 葡萄酒的理化要求　参见 GB/T 15037—2006，各种理化成分检测方法参见 GB/T 15038—2006《葡萄酒、果酒通用分析方法》。

③ 标志要求　包括标签标志和包装标志。

a. 标签标志　葡萄酒的标签应注明：酒名、类别（或糖度）、酒精度、原汁含量、净容量、厂名、厂址、批号、商标、封装年月、标准代号及编号，符合本标准的产品可不标保质期（按 GB 执行）。

标签上若标注葡萄酒的年份、品种、产地，必须符合葡萄酒年份、品种葡萄酒、产地葡萄酒的定义。即：葡萄酒年份指葡萄采摘酿造该酒的年份，其中所标注年份的葡萄酒含量不能低于瓶内酒含量的 80%（体积分数）。

品种葡萄酒指用所标注的葡萄品种酿制的酒所占比例不能低于 75%（体积分数）。

产地葡萄酒指用所标注的葡萄酿制的酒的比例不能低于 80%（体积分数），但必须由厂家申请，经有关部门认可才能标注。

b. 包装标志　外包装纸箱应注有酒名、制造者（或经销商）名称和地址、规格、批号、瓶数、日期，并标有"小心轻放"、"请勿倒置"字样及标志（按 BG 的规定执行）。包装储运图示标志应符合 GB/T 191 要求。

2. 葡萄酒的质量分级

（1）中国葡萄酒的分级规定　在国外，葡萄酒的等级划分有着十分严格的规定，但国内葡萄酒在评级方面还没有一个行业认可的通用的分级体系。我国 GB 15027—2006 将葡萄酒分为优、优良、合格、不合格和劣质品等 5 个级别，分级的要求在资料性附录中（见表 5-9），不属于强制性条款。

表 5-9　葡萄酒感官分类描述

等级	描述
优级品	90 分以上，具有该产品应有的色泽，自然、悦目、澄清（透明）、有光泽；具有纯正、浓郁、优雅和谐的果香（酒香），诸香协调，口感细腻、舒顺、酒体丰满、完整、回味绵长、具该产品应有的怡人的风格
优良品	80～89 分，具有该产品的色泽；澄清透明，无明显悬浮物，具有纯正和谐的果香（酒香），无异香，浓郁度稍差，口感纯正，较舒顺，完整，欠优雅，回味较长，具良好的风格
合格品	70～79 分，与该产品应有的色泽略有不同，缺少自然感，允许有少量沉淀，具有该产品应有的气味，无异味，口感尚平衡，欠协调、完整，无明显缺陷
不合格品	65～69 分，与该产品应有的色泽明显不符，严重失光或浑浊，有明显异香、异味，酒体寡淡、不协调，或有其他明显的缺陷（除色泽外，只要有其中一条，则判为不合格品）
劣质品	55～64 分，不具备应有的特征

（2）法国葡萄酒的分级规定　按其质量层次从高到低分为四级。

① 法定产区葡萄酒（简称 AOC）　法定产区葡萄酒（AOC）的有关监管法例条文最为严格，这些条例涵盖下列 8 个因素：

a. 法定葡萄园范围（原产地区）（area under production）；

b. 酿酒葡萄品种（grape varieties）；

c. 最低的酒精度（minimum alcoholic content）；

d. 每公顷最高产量（maximum yield per hectare）；

e. 葡萄栽培方式（株行距、架式）（methods of cultivation）；

f. 酿造工艺（vinification methods）；

g. 修剪方法和管理措施（pruning）；

h. 陈酿工艺、陈酿贮藏条件（conditions for ageing）。

法定产区葡萄酒必须符合由法国国家原产地名号研究会（英文缩写 INAO，AOC 的管理机构）订定且经法国农业部认可的上述生产条件，所有法定产区餐酒都必须经过分析及正式的品尝。经过正式品尝通过的酒可获 INAO 授给的证书，才可以用所申请的法定产区名称推广。上述严格的规定确保了法国 AOC 酒始终如一的高品质。

法国葡萄酒 AOC 级别的 7 大产区分别是：波尔多产区、勃艮第产区、阿尔萨斯产区、隆河谷产区、卢瓦尔河谷产区、普罗旺斯产区、香槟城产区。

② 优良地区葡萄酒（简称 VDQS 或 AO VDQS）　优良地区葡萄酒（VDQS）等级的条件包括原产地区、葡萄品种、最低酒精含量、每公顷最高产量、培植方式、酿酒工艺。优良地区葡萄酒生产也是由 INAO 严格地规定和查核的，必须符合上述条件，并通过由专家所组成的正式委员会对酒的分析和品尝，才能获得适当的葡萄酒生产者协会授给的等级标志。

③ 地区特色葡萄酒（Vins de Pays）。

④ 日常佐餐葡萄酒：又称为混合葡萄酒。

前两类属于区限优质葡萄酒，后两类属于日常佐餐酒。

（3）意大利葡萄酒的分级规定　意大利根据欧共体的规定，将本国葡萄酒按其质量层次由高到低分为三个等级。

• 保证及控制来源命名的高级葡萄酒（DOCG）；

• 控制来源命名的葡萄酒（DOC）；

• 意大利佐餐葡萄酒（Vino Da Tavola 或 DOS）。

意大利的甜酒，有很多是使用特殊的方法制成。这种方法是在葡萄完全成熟以后采摘下，放到草席上或用线绳吊挂起来，在阳光下晒干或在屋内阴干（意大利语 Passite）。经过晒干或阴干的葡萄失去水分，使得葡萄汁液更加浓缩，糖分更高，就如同用葡萄干酿酒。这样可以酿造更为浓郁的葡萄酒如 Amarone 或者天然甜酒 Passito。

（4）德国葡萄酒的分级规定　德国白葡萄酒产区主要集结在莱茵河（Rhine）与莫舍河

（Moselle）两岸。

按照德国酿酒法例，其白葡萄酒的质量等级由低到高分为：

● 桌酒（Deutscher Tafelwein）。

● QbA 级葡萄酒（Qualitatswein bestimmter Anbaugebiete）。

● QmP 级葡萄酒（Qualitatswein mit Pradikat） 为高级白葡萄酒。这类酒酿造过程不允许加糖，而且必须通过专家品评，取得官方鉴定品质的编号，方能标上该质量等级。根据其酿造方式及质量特点又分为 5 个级别。

1991 年德国订立了严格的酒法，只有经政府批准的葡萄园及葡萄品种，才允许酿制葡萄酒出售，且酒精的含量要受到约束。

在产品出厂前必须经专家组的抽样评核，只有达到指定标准的葡萄酒，才可在标签上印上该酒的质量等级并取得官方鉴定品质的编号（A. P. Nr）。

所有葡萄酒必须符合当地特色，至少 85％的葡萄必须产自该瓶标签上列明的产区。其标签上，还会见到"Forst"或"Bernkastel"这两个字。"Forst"指的是莱茵酒区内最佳的产区。而"Bernkastel"则指莫舍酒区内最佳的酒区。

3. 葡萄酒的感官品评

一些质量指标是完全可以量化的，即是客观质量。这些指标包括物理、化学、微生物学指标，如含糖量、酒度等，它们可以用理化分析方法进行测定。

一些质量指标则是完全凭感觉的，如口感、颜色、气味等，这就是主观质量，也就是感官质量，它们只能用感官评价来进行测定。而葡萄酒的感官质量才是消费者追求的主要目标。

（1）葡萄酒的感官品评方法

① 一看　看外观：酒瓶造型、封盖、酒瓶标签（正标、背标、国际条形码）、酒木塞和酒标是否一致；看酒体：葡萄酒液（颜色、光泽等）。

② 二闻　真葡萄酒肺腑的芳香，气味正。

③ 三品尝　品尝的 12 秒理论。

（2）如何读懂酒标？以下面某一款葡萄酒的酒标举例说明。

正标　　　　　　　　　　　　背标

正标的含义从上到下依次是：

① 本葡萄酒的名字：CSARATO VENUSIO。

② 葡萄品种和产地：AGLIANICO 是一种葡萄品种的名称；VULTURE 是维尔图火山下的产区。

③ 法定等级：Denominazione di Origine Controllata。

④ 酒的年份：2003 年。

⑤ 底部是在原酒厂灌装标示。

背标的认知：根据中华人民共和国相关法律，进口葡萄酒在中国的销售必须贴中文标签。标签内容如酒标所示。

值得一提的是：

- 得奖的内容必须写在酒标以内，贴在酒标以外其他任何部位是非法的。
- 二氧化硫必须标注。
- 一般大的酒庄会将自己的网站公布，以便消费者核对和寻求更多咨询。

（3）解读葡萄酒国际条形码

① 商品条码编码基本原则　唯一性、稳定性、无含义性。

② 条形码中 13 位数字所代表的意义　前 3 位为前缀码，显示该商品的出产地区（国家）。接着的 4 位数字表示所属厂家的商号，这是由所在国家（或地区）的编码机构统一编配。再接下来 5 位数是个别货品号码，由厂家先行将产品分门别类，再逐一编码。最后一位是校验码，以方便扫描器核对整个编码。即：

$$×××\qquad××××\qquad×××××\qquad×$$
$$\text{出产地区（国家）}\quad\text{厂家商号}\quad\text{个别货品号码}\quad\text{校验码}$$

前缀码为 690～695 的均为中华人民共和国境内生产或预包装的产品。

实训项目 5-2　葡萄酒的感官品评及真假葡萄酒的鉴别

学习工作页　葡萄酒的感官品评及鉴别

年　　月　　日

项目名称	葡萄酒的感官品评及鉴别	葡萄酒种类	
学习领域	5.葡萄酒酿造	实训地点	
项目任务	根据提供的材料和用具等，按照各小组自行设计的葡萄酒感官品评方案，进行感官品评并记录	班级小组	
		姓名	

一、在葡萄酒瓶上通常可以看到几种酒标签？酒标签常见的内容有哪几项？

二、根据中国法律，所有进口葡萄酒都要加什么标识？为什么？

三、下例酒标中体现了哪几项内容？

四、各个国家的葡萄酒国际条形码的前缀码是不同的，如中国大陆 690～694，请查找出美国、加拿大、法国、德国、意大利等国家的葡萄酒国际条形码前缀码是多少？

五、葡萄酒的外观特性包括哪些指标？

六、葡萄酒品评的基本方法是什么？

七、何谓品尝的 12 秒理论？

八、法国 AOC 酒是限定了哪些因素生产出来的？

项目任务书　葡萄酒的感官品评及鉴别方案设计

年　　月　　日

项目名称	葡萄酒的感官品评	实训学时	
学习领域	5. 葡萄酒酿造	实训地点	
项目任务	根据提供的材料和用具等，设计出葡萄酒感官品评方案，包括详细的准备项目预算表和操作程序	班级小组	
		小组成员签名	
实训目的	1. 能够全面系统地掌握葡萄酒酿造的基本技能与方法 2. 通过项目方案的讨论和实施，体会完整的工作过程，掌握葡萄酒酿造和检测的基本方法，学会用比较完整的写作形式准确表达实验成果 3. 培养学生团队工作能力		
工作流程	教师介绍背景知识（理论课等）　教师引导查阅资料 每个同学阅读操作指南和教材相关内容，填写工作页；并以小组为单位讨论制定初步方案，再提交电子版1次 教师参与讨论，并就初步方案进行点评、提出改进意见 每个小组根据教师意见修改后定稿，并将任务书双面打印出来，实训时备用		
初步方案	工作流程路线	所需材料及物品预算表	
修订意见			
定稿方案	工作流程路线	所需材料及物品预算表	

方案审核人（签名）

实训项目操作指南　葡萄酒的感官品评及质量鉴别

好的葡萄酒，宛如一种艺术品，能陶冶人的情操，丰富人的物质生活和精神生活。葡萄酒的感官品尝，是鉴别葡萄酒质优劣的重要手段。葡萄酒仿佛就像一个生命一样，有自己的生命周期，每一分钟都有自己的变化，不同的环境有不同的细胞活动。

一、关于酒杯

① 葡萄酒杯杯身应该薄，无色透明，以使酒的本色能够显现出来。

② 葡萄酒杯口小腹大（避免使用敞口杯），状如郁金香形，使酒的香气聚集在杯口，并不易散逸，以便充分鉴赏酒香、果香。

③ 葡萄酒杯容量足够大，且盛入杯中的酒量不能超过酒杯本身容量的2/3，一般八杯酒的量为一瓶酒。

④ 葡萄酒杯要有4～5cm长的杯柄，以免手持杯身，影响酒温和观察酒色。

二、品酒环境

无论是阳光还是灯光均不可太强，无嘈杂喧闹，空气清新，墙壁应能形成轻松气氛的浅色；室内无杂味、异味。

三、品酒酒温

干白葡萄酒 8～10℃，半干白葡萄酒 8～12℃，半甜、甜白葡萄酒 10～12℃；

干红葡萄酒 16～22℃，半干红葡萄酒 16～18℃，半甜、甜型红葡萄酒 14～16℃；

白兰地 15℃以下；起泡葡萄酒 7～8℃。

饮用葡萄酒的酒温的标准可以依葡萄酒的种类特性而有所差异，适当的调整葡萄酒的酒温不仅可以使葡萄酒发挥它的优良特性，而且可以修正葡萄酒在酿造及其陈酿时的不足和缺陷，酒必须在最能让它的身价得以体现的温度中被待用。过低的温度会压抑香味的散发，过高的温度则会使酒失去新鲜感。

一般来说，年轻的酒的待酒温度要比陈年的酒低。

四、正确的侍酒

有关葡萄酒在餐桌上的繁文缛节多如牛毛，若不是特别要学西式餐桌礼仪，那么，一只开瓶器，调好适当的酒温，选择合适的杯子也就足够了。但是为了避免遇到特殊情况错失好酒，还是要多认识一点细节。

1. 醒酒

为了让饮用时葡萄酒的香味更香醇，可以预先开瓶让酒透透气，呼吸一会儿。其功能在于让酒稍微氧化，以去除不好闻的还原气味，同时让酒的味道变柔顺一些，特别是未到成熟期的红葡萄酒，先开瓶透气可避免喝时单宁收敛性太强。至于提早多久开瓶才适当，则依酒的种类和个人的口味偏好而定。

2. 启瓶

这是一种优雅的有一定技巧的动作。用不合适的开瓶器或笨拙的开瓶方法会弄坏瓶塞，使塞屑掉入酒中，因此可能损坏整瓶酒。瓶口塑料封套为了防止虫子咬软木塞；有时封套上留有小孔，这是为了葡萄酒能与外界呼吸交换，主要是浅龄酒用。瓶底有凹凸是为了葡萄酒瓶直立时能让酒渣沉淀。未开封的酒，如果瓶塞凸起或瓶口有黏液，说明该酒品质出问题了。

开瓶技巧：用小刀从口外凸处将封口割开，除去上端部分，欧洲产品一般会有开口封条，直接撕掉即可。接着对准中心将螺旋锥慢慢拧入软木塞，然后扣住瓶口，进而平稳地将把手缓缓揭起，将软木塞拉出；当木塞快脱离瓶口时，应用手将塞轻轻拉出，这样就不会发出大的响声，整个开瓶过程中都应尽量保持安静。再用餐巾擦拭瓶口，接着闻一闻，如果发现任何异味，应谨慎地品尝确定后更换之。

3. 换瓶

有时老酒的瓶身一边或瓶颈一端有沉淀物，这些沉淀含有因酒的陈化而变得不稳定的单宁和色素，这时必须换瓶。轻轻开瓶后，细心将酒缓缓地倒入另一瓶中，把沉淀物留在原瓶瓶底。换瓶也是让封闭的葡萄酒透气，或使"硬朗"的单宁柔化，改变单宁的结构，使其变得较圆润、少苦涩。

4. 斟酒技巧

为保有酒香，酒瓶口与酒杯的距离不能太大，所有的红葡萄酒倒酒时瓶口几乎是挨着杯子的。斟酒最多以杯容量的 2/3 为度，过满则难以举杯，更无法观色闻香，而且也是为了给聚集在杯口的酒香留一定的空间。一般白葡萄酒是 2/3，红葡萄酒是 1/3。

5. 饮用顺序

葡萄酒，一般是在餐桌上饮用的，故常称为佐餐酒（table wines）。在上葡萄酒时，如有多种葡萄酒，哪种酒先上，哪种酒后上，有几条国际通用规则：先上白葡萄酒，后上红葡萄酒；先上新酒，后上陈酒；先上淡酒，后上醇酒；先上干酒，后上甜酒。品酒的顺序也是日常在餐桌上喝酒的顺序。

由于酒存在类型和风格上的差异，各种酒对我们的感官所产生的作用力的强弱是不一样的，加之我们的感觉器官具有一定的"自动记忆"功能。因此，正常的品酒顺序是：先白酒后红酒，先干酒后甜酒，先清淡型酒后浓郁型酒，先新酒后陈酒，先低酒精度酒后高酒精度酒，先低档酒后高档酒。另外，按酒温高低，先酒温低的酒，后酒温高的酒（唯一例外是甜白酒要靠后），用橡木桶培养的酒应后饮用。

五、品评

品酒可区分成五个基本步骤：观色、摇晃、闻酒、品尝、回味。

1. 观色：观察颜色和透明度

在观察一杯酒时，光线很重要。在自然光或白炽灯下可以看到葡萄酒的本色，在酒器背后衬白纸或白色餐巾有助于观察葡萄酒的色泽。倾斜酒杯45°查看葡萄酒，关键要看清晰度和色泽。一瓶正常的酒是明亮的，一瓶好酒其亮度更是明显而具有宝石般灿烂的光泽。颜色会告诉您许多有关酒的事，例如白酒的颜色从年轻时的水白或浅黄带绿边到成熟后的禾秆黄、深金黄色，即白酒变老会加深颜色。红酒会因酒的陈年而颜色淡退，从紫红变为深红、宝石红、桃红、橙红，其颜色转变速度视其品种而定。除了酒龄会影响酒色外，品种、气候、年份和酿造法等也都会透过酒色表现其特性，只要观察同一瓶酒于不同年龄时的差别，不难发现颜色的变化相当大。

2. 摇晃

摇晃会使酯、醚和乙醛释放出来，并和氧气融合使酒产生香气。酒杯逆时针方向摇晃，让葡萄酒在杯中旋动起来，你会发现酒液像瀑布一样从杯壁上滑动下来，静止后就可观察到在酒杯内壁上形成的无色酒柱，这被称作"挂杯现"，是酒体完满或酒精度高的标志。

3. 闻香

先不摇动杯子，嗅其香气；再摇晃杯中酒，使氧气与葡萄酒充分融合，最大程度地释放出葡萄酒的独特香气。接着把鼻子探入杯中，短促地轻闻几下，葡萄酒是唯一具有层次丰富的酒香、香气和味道的天然饮料。酒香中包括常提到的果香、芳香和醇香。精确地闻出酒的香气是为了能辨认出酒的某些特性。嗅完后做好记录。

4. 尝味

（1）关于味觉　人舌上的味蕾只能感觉到甜、酸、咸、苦四种基本味觉。所有其他的味道，都是由这四种基本味觉构成的。人舌上不同区域的味蕾对甜、酸、咸、苦等四种基本呈味物质的敏感性是不同的：舌尖对甜最敏感；接近舌尖的两侧对咸最敏感；舌的两侧对酸敏感；舌根对苦最敏感。舌中部为非敏感区，在该区放上有味物质，不会引起味感。

同一种物质可以只有一种基本味觉，也可以同时或顺序表现出数种基本味觉；在各种具有不同基本味觉物质的混合物中，存在着各种可能的组合以及浓度变化。当品尝一种含有甜、酸、咸、苦四种基本呈味物质的混合溶液时，甜、酸、苦、咸等味不是同时被感知的。即人对口腔内各种呈味物质的刺激反应时间是不一致的，咸味、酸味、苦味依次逐渐上升：

入口→发展（变化）→后味

	入口	发展（变化）	后味
持续时间	2～3s	5～12s	5s及更长
味觉变化	甜味为主	甜味逐渐下降	酸，特别是苦为主

甜味物质入口后一接触舌头人就立即产生反应，但人所获得的甜味这一感觉的消失也快。在接触的第 2 秒，甜味感觉最强；然后逐渐降低，最后在第 10 秒左右消失。人对咸味和酸味物质的刺激反应也会迅速出现，但对它们的感觉持续时间更长。人对苦味物质刺激的反应较迟，苦味在口腔内发展的速度很慢，在吐掉溶液后，其强度仍然上升。而且，人对苦味的感觉保持得时间最长。

人对不同呈味物质的刺激产生的味觉反应不同（强度上和时间上），所以，在品尝包含有基本呈味物质的混合溶液的过程中就能够感觉到连续出现的味道的变化。最后的印象与最开始的印象有很大的差异：最开始的味道柔润舒适，然后逐渐地被酸或过强的苦味所取代。由于人对不同呈味物质的刺激在感觉时间上和感觉强度上有差异，根据实验结果，这种感觉差异变化的时间范围约 12s 左右（因条件和人而异）。所以，为了全面评价葡萄酒的口感特性，品尝中进行口感分析时必须将葡萄酒含在口腔中搅动 12s 左右。这才能了解其味感在时间上的连续变化。称之为 12 秒理论。

甜味和酸味是葡萄酒中常出现的主要味道，苦味则只是偶尔出现而已，主要来自酒中的酚类物质，咸味则不易察觉，主要来自酒中的矿物质。除了味觉之外，口中葡萄酒的香味会透过口鼻之间的腔道被嗅觉感应到。入口之后的葡萄酒温度升高，会开始散发出新的香味。

（2）葡萄酒中呈味物质及其口感　葡萄酒中具有甜味的物质主要是糖、酒精和甘油。它们是构成葡萄酒柔和、肥硕和圆润等口感特征的要素。

葡萄酒中能使人感到酸味的物质是一系呈游离状态存在的有机酸（这些以游离状态存在的有机酸，构成了葡萄酒的总酸）。这些有机酸主要有 6 种，如酒石酸、苹果酸、柠檬酸、乳酸等，在浓度相同的情况下，它们按酸味强弱的排列为：苹果酸＞酒石酸＞柠檬酸＞乳酸，所以，从味感上讲，苹果酸是葡萄酒中最酸的酸。葡萄酒中适量的酸味物质是构成葡萄酒爽利、清新（干白、新鲜红）等口感特征的要素。酸度过高会使人感到葡萄酒粗糙、刺口、生硬、酸涩；酸度过低则使人感到葡萄酒柔弱、乏味、平淡。酸与其他成分不平衡时，葡萄酒显得消瘦、枯燥、味短。

葡萄酒中的咸味物质主要来源于葡萄原料、土壤、工艺处理的无机盐和少量有机酸盐，它们在葡萄酒中的含量为 2～4g/L，因品种、土壤、酒种的不同而有差异。葡萄酒中的咸味物质（盐）参与葡萄酒的味感构成，它们能在不同程度上加强所有其他味感。有些可加强葡萄酒的清爽感，例如酒石酸氢钾除咸味外，同时具有酸味；有的只会降低葡萄酒的适口性，如加氯化盐或硫酸盐；还有的可加强不良味感，如钾盐可加强苦味。

葡萄酒中的苦味及涩味物质主要是一些酚类化合物，如单宁、酚酸、黄酮类。由于其具有的营养、防病、治病等作用，可提高红葡萄酒的饮用价值。多酚类化合物口感很复杂，它们的苦味常常与涩味（收敛性）相结合，葡萄酒的复杂的味感多是与它们的存在相联系的。红葡萄酒和白葡萄酒的口感的差异，就是由这些酚类物质引起的。红葡萄酒、桃红或白葡萄酒，都可在后味上表现出让人吃惊的苦味。另外，葡萄酒口味的持续性也常常以苦为基础。某些红葡萄酒会表现出成为缺陷的苦味，即苦表现过于突出，在后味上占了主导地位。

（3）品尝操作要领　大大地吸上一口葡萄酒，含在口中不要急着吞下去，用舌头在口腔里快速搅动，让酒液布满口腔四周；舌头两侧、舌背、舌尖，并延伸到喉头底部。入口 10s 后会有一些感觉，及时捕捉感觉并做好记录。10s 后吐出一部分，将小部分咽下，多品尝几次，有利于香气的再现和品尝准确。然后再尝一小口，将口张开让酒与空气接触，味感会更好，记录风味特点。

葡萄酒业有种古老的说法："买酒用苹果，卖酒用乳酪"。苹果会把葡萄酒中缺陷呈现出来，乳酪则有使葡萄酒气味变柔顺的倾向，留下使人更觉愉快的品尝滋味。

葡萄酒中具有多种呈味物质，分别具有甜、咸、酸、苦等味道；使人产生甜、咸、酸、苦等四种基本味觉。由于舌区对上述物质的敏感性不同，反应速度不同，所以，葡萄酒入口后在口腔中的变化，及给人的刺激也不同。品尝过程中分析葡萄酒入口后在口腔中的各种味道的交替变化，对于了解其滋味构成及口感质量是非常重要的。

5. 回味

当品尝过葡萄酒后，仔细回味所品的酒并回想方才的体验，再看下面的问题以加深印象。酒是否：

⊙ 清淡，中度浓郁，或浓郁？

⊙ 白酒：酸度如何？极少，正好，或太酸？

⊙ 红酒：单宁太强或太涩？令人感到愉快吗？或没有单宁了？

⊙ 余味持续多久？

⊙ 最重要是您喜不喜欢这瓶酒？

⊙ 价钱值得吗？

在结束第一个酒样后，应停留一段时间，以鉴别它的余味。只有当这个酒样引起的所有感觉消失后，才能品尝下一个酒样。

项目记录表　葡萄酒的感官品评及鉴别

年　　月　　日

项目名称	葡萄酒的感官品评及鉴别		实训学时	
学习领域	5. 葡萄酒酿造		实训地点	食品加工实训室
项目任务	根据提供的材料和用具等,按照各小组自行设计的葡萄酒感官品评方案,进行感官品评并记录		班级小组	
			小组成员签名	
仪器设备				

项目实施过程记录——葡萄酒品评记录表

酒样号	名称	原汁含量	酒精度	类型	评语	平均得分

【附】　葡萄酒品评表

酒样号：　　　名称：　　　得分：　　　品酒员：

评分等级		完美	很好	好	一般	不好
外观分析	澄清度	5	4	3	2	1
	色泽	10	8	6	4	2
香气分析	纯正度	6	5	4	3	2
	浓度	8	7	6	4	2
	质量	16	14	12	10	8
口感分析	纯正度	6	5	4	3	2
	浓度	8	7	6	4	2
	持久性	8	7	6	5	4
	质量	22	19	16	13	10
平衡/整体评价		11	10	9	8	7

项目报告书　葡萄酒的感官品评及鉴别

年　　月　　日

项目名称	葡萄酒的感官品评及鉴别		实训学时	
学习领域	5.葡萄酒酿造		实训地点	
项目任务	根据提供的材料和用具等,按照各小组自行设计的葡萄酒感官品评方案,进行感官品评工作并记录		班级小组	
			小组成员签名	
实训目的				
仪器设备				

项目实施过程(附原始记录表)

阶段	操作步骤	原始数据或现象	注意事项

结果报告及讨论

项目小结

成绩/评分人	

【阅读材料】　葡萄酒品评术语

　　品尝者只有一个训练有素的感觉器官还是不够的,他还必须具有相当数量严谨的品尝词汇来准确地表达他的感觉。普通人都能说这个酒是好或是不好,而品尝者更应该解释为什么这个酒质量好,为什么不好。通常具有精通品尝词汇的品尝者,在用词和感觉之间建立了一种大家共知的关系,这非常重要,相同的感觉必须用相同的词语表达,否则沟通不了。这些品尝词汇还必须足够地丰富,以便能表达各种复杂的感觉。

　　供品尝者使用的词汇约有一百多个,建立一个品尝词汇法典,大家都熟知它是必需的。这里将最常用的一些词汇介绍一下。

　　酸度 (acid),葡萄中的酸性成分,天然的防腐剂,可使葡萄酒有清爽,尖锐的感觉。

　　余味 (aftertaste),饮用葡萄酒后,残留在口腔中的香味。参见收结 (finish)。

　　芳香的 (aromatic),来自葡萄中丰富的果香,或年轻葡萄酒中的果香。参见 bouquet。

　　涩口 (astringent),由于葡萄酒中单宁引起的口腔涩口感。

　　平衡感 (balance),葡萄酒中味道、酸度、甜度适当,完美融合的感觉。

　　酒体 (body),葡萄酒入口后的感觉,丰满或单薄。一般称之为浓郁型、中度,或清淡型。

　　酒香 (bouquet),在发酵和陈酿过程中形成的多层次感的香气。

　　纯净的 (clean),葡萄酒中没有异物或异味。

　　复杂的 (complex),肯定葡萄酒的词汇,说明葡萄酒的口感和味道层次丰富。酿酒人致力于让高档葡萄酒具有复杂的口感。着力于有强烈的香味。

　　软木塞味 (corked),由于软木塞变质,腐烂产生的气味。

　　清新的 (crisp),说明葡萄酒清新的感觉,酸性适度(尤指白葡萄酒)。

　　特酿 (cuvée),特别酿造的精选葡萄酒。

雅致的（delicate），清淡或中度葡萄酒细致的口感，典雅的感觉。

发酵（fermentation），葡萄中的糖分转化成酒精和二氧化碳的过程，葡萄汁转化成酒。

余味（finish），指酒饮后口腔中回味的时间长度和感觉。口感丰满或单薄，回味时间长或短，酒中甜、酸、单宁味道和果香味道如何。

结构紧凑（firm），单宁或酸性较强，口感明确。

新鲜的（fresh），酒液清澈，有活力，果香浓郁，年轻葡萄酒的重要特征。

果香（fruity），葡萄酒中强烈的果实香味和芬芳。

酒体饱满（full bodied），葡萄酒入口感觉饱满。

青果香（green），葡萄未成熟的香气，在薏丝琳（Riesling）和格乌兹莱妮（Gewurztraminer）中有上佳表现。

强劲（hard），干硬的，主要是含有过多的酸或单宁。

长度（length），酒吞咽后口腔中余味停留的时间长短，时间长者较佳。

清淡的（light），清淡型葡萄酒，指葡萄酒入口单薄的感觉。

成熟的（mature），已经可以饮用的葡萄酒。

柔顺（mellow），口感如丝绒一样，经常用来赞美红酒的词汇。

口感（mouth-feel），酒的香气，也称为芳香或酒香，给鼻部带来的感觉。

不标年（non-vintage），没标年份的葡萄酒，通常为混合酒。

香气（nose），葡萄酒的香气，也称为芳香或酒香。

橡木味（oak/oakey），葡萄酒在橡木桶中产生的橡木味。

丰富的（rich），口味馥郁，浓厚，令人愉悦的感觉。

圆润的（round），酒体和风味协调平衡，单宁适度，没有尖锐的感觉，适合饮用。

酒渣（sediment），葡萄酒瓶内陈酿过程中沉积的物质。

柔和（soft），口感柔顺，单宁含量少。

参 考 文 献

[1] 顾国贤. 酿造酒工艺学. 第 2 版. 北京：中国轻工业出版社，1996.

[2] 高年发主编. 葡萄酒生产技术. 北京：化学工业出版社，2005.

[3] 何国庆等. 食品发酵与酿造工艺学. 北京：中国农业出版社，2001.

[4] 桂祖发. 酒类制造. 北京：化学工业出版社，2001.

[5] 丁立孝，赵金海主编. 酿造酒技术. 北京：化学工业出版社，2008.

[6] 岳春主编. 食品发酵技术. 北京：化学工业出版社，2008.

[7] 李平兰，王成涛主编. 发酵食品安全生产与品质控制. 北京：化学工业出版社，2005.

[8] GB 15037—2006 葡萄酒.

[9] GB/T 15038—2006 葡萄酒、果酒通用分析方法.

[10] GB/T 23543—2009 葡萄酒企业良好生产规范.

拓展学习领域　其他饮料酒酿造

- - - - - - - - - - - - - - - - - - - -

○ 一、威士忌酒

○ 二、伏特加酒

一、威士忌酒

1. 威士忌酒概述

威士忌是世界四大蒸馏酒之一，属于洋酒的第二大类，其酒精成分大约在40%～60%之间。威士忌酒是以大麦芽和其他谷物为原料，加酵母菌发酵，经过蒸馏获得烈性酒，再经橡木桶长期贮存、陈化而成。呈琥珀色，味微辣而醇香。

威士忌的由来据说是中世纪的炼金术士们在炼金时，偶然发现制造蒸馏酒的技术，并把这种可以焕发激情的酒以拉丁语命名为 Aqua-Vitae（生命之水）。随着蒸馏技术传遍欧洲各地，生命之水一路辗转漂洋过海流传至古爱尔兰，将当地的麦酒蒸馏之后，生产出强烈的酒性饮料，被古苏格兰人称为 visage baugh。经过年代的变迁，逐渐演变成今天的 whisky。不同的国家对威士忌的写法也有差异，在爱尔兰和美国写 whiskey，而在苏格兰和加拿则写成 Whisky，发音区别在于尾音的长短。而"威士忌"一词意为"生命之水"，这是公认的威士忌源，也是威士忌名称的由来。

刚开始时，"威士忌"并不像今天这种飘溢着泥煤香气的褐色酒，只不过是一种经过蒸馏而且口感欠佳的无色液体。威士忌的历史虽然没有明确的记载，但一般公认威士忌的生产最早是在公元四、五世纪时由教士自爱尔兰地区传入苏格兰。最早的文献记载的苏格兰威士忌是1494年，当时一位天主教修士约翰·柯尔（Friar John Corr）在英王詹姆士四世要求下，采购了八箱麦芽作为原料，在苏格兰的离岛艾拉岛制造出第一批"生命之水"。

苏格兰威士忌的逐渐流行让该地政府逐渐意识到这种新产业的存在，并在1644年首次开征威士忌制造税，1786年甚至针对该地区的威士忌生产课征更高的赋税，为了逃避征税，许多制酒者远离家乡，躲进深山老林里私自酿酒。他们被迫取用深山里最常见的泥煤来烘干大麦的麦芽，将酒藏在弃置不用的"雪利酒"桶中，等待时机贩售。令人意想不到的是，上述两种迫不得已的做法竟然使威士忌的品质大为提升：泥煤特殊的烟味，让威士忌酒更加爽口；由于长时期保存在"雪利酒"桶里，致使威士忌酒呈现琥珀色，带来一种醇厚感。

1823年，英国政府修改税法开放蒸馏厂营业许可的重新申请，两年间申请合法化的酒厂暴增一倍，今日市面上常听到的苏格兰麦芽威士忌蒸馏厂几乎都是那年之后陆续创立的。

19世纪末，法国葡萄种植园遭受了一场灾害。苏格兰人乘虚而入，将威士忌打入法国。结果是，法国人一个月消耗的威士忌，比他们一年消耗的白兰地还多。

20世纪20年代，美国发起了长达12年的禁酒活动，这期间苏格兰威士忌却源源不断地进入美国。1933年，当美国取消这一禁酒令时，威士忌已占据了美国生产者的地盘。

2. 酿造工艺

一般威士忌的酿制工艺过程可分为下列七个步骤。

（1）出芽（malting） 水、谷物和酵母是制造优质威士忌不可或缺的三大原料。挑选出的优质谷物用来制造麦芽酒，传统用来制造麦芽酒的谷物主要是大麦。大麦或其他谷物都要先经过发芽，才能用来发酵和酿酒。这是因为发芽时，谷物内部结构发生变化生成酶；而在接下来的磨碎谷物过程中，谷物中的淀粉在酶的作用下转化为可溶解的糖。

发芽的过程必须经过严格的控制。首先必须将谷物放入水中进行浸泡，总共要浸泡3次，每次为期2～3d，浸泡中间还要让谷物经常露出水面，充分吸收空气中的氧气。当谷物吸足了氧气之后，会长出一些细小的根须，等到谷物的细胞壁发生分裂之后，产生的多种水解酶把谷物的淀粉转化成糖，比如大麦经过糖化的过程后，颜色变深，硬度加强。当谷物即将把生成的糖分用于继续生长之前，将其干燥。为了缩短干燥时间，人们常常采用燃烧放出的热量来熏干谷物，比如泥煤（潮湿的森林里产生的一种生物淤泥，深到1～7m。泥煤通常被定义为"缓慢的再生的生物燃料"），它能赋予威士忌一种独特的烟熏风味。在干燥后应立即除根，再在20℃以下储放大约一个月的时间，发芽的过程才算完成。

（2）磨碎（mashing）及糖化　将已经发芽的谷物进行筛选，然后磨碎。将其放入热水中磨成糊状的混合物，以提取可溶解的糖。磨碎的方法有干磨碎、增湿干磨碎和湿磨碎，利用浸湿磨碎不至于因为磨碎温度过高而使酶部分失活。通常在磨碎的过程中，温度及时间的控制可说是相当重要的环节，过高的温度或过长的时间都将会影响到麦芽汁（或谷类的汁）的品质。

将磨碎成粉的谷物芽倒入特制的木桶，加入沸水搅拌，以加速糖分释出。这道工序必须要在特制的磨碎桶内进行，加入沸水搅拌得到的甜汁被称为"麦芽汁"。发芽谷物中，淀粉在酶的刺激下转化成为麦芽糖。这些酶同样也可以作用于谷物未发芽部分，因此也可能磨碎的是发芽和未发芽谷物的混合物，用这些混合物酿制出来的威士忌就是"谷物威士忌"。

（3）发酵（fermentation）　将热麦芽汁装入一个装有冷却器的特制大木桶或不锈钢桶里，进行冷却并加入酵母。在接下来的两三天中，这些酵母菌会迅速繁殖，将麦芽汁中的糖分转化成酒精和二氧化碳。

由于酵母能将麦芽汁中的糖转化成酒精，因此在完成发酵过程后会产生酒精浓度约8%左右的酒汁，此时的液体被称之为"Wash"或"Beer"，由于酵母的种类很多，对于发酵过程的影响又不尽相同，因此各个不同的威士忌品牌都将其使用的酵母的种类及数量视为其商业机密。一般来讲在发酵过程中，威士忌厂会使用至少两种以上不同品种的酵母来进行发酵，但最多也有用十几种不同品种的酵母混合在一起来进行发酵的。

（4）蒸馏（distillation）　把低度的酒汁导入蒸馏器后，可以让酒质更浓郁、净化。通常，长颈蒸馏器蒸馏出比较清淡、口感多层次的酒液，短颈蒸馏器蒸馏出的酒液较单纯、厚重。经过两次蒸馏出的原酒已经具备威士忌的雏形，酒精度可以提升到 60～70 度之间，被称之为"新酒"。

传统上麦芽威士忌需用罐式蒸馏器蒸馏 2 次，极少数会蒸馏 3 次。经过初次蒸馏得到的液体被称为"原酒"，酒精浓度约为 21%，将其通过"原酒或酒尾回收器"，再与之前得到的蒸馏液混合，然后进行第二次蒸馏。通常进行第二次蒸馏所使用的蒸馏器会比第一次的略小一些，在容器里，液体将被再次煮沸，酒精纯度得以提高，但人们会在这次蒸馏中去掉酒头和酒尾，只留下中间的酒心。酒头的酒精浓度很高，气味过于强烈且杂质太多；而酒尾的酒精浓度又太低，气味和口感都差强人意。所以，酒头和酒尾都被储存在另外的回收器中，等待与下一批"原酒"一同进行再次蒸馏。不过，某些杂质仍然会被保留在酒心中，以保留威士忌的独特风味。

麦类与谷类原料所使用的蒸馏方式有所不同，由麦类制成的麦芽威士忌是采取单一蒸馏法，即在单一蒸馏容器里进行两次蒸馏过程，并在第二次蒸馏后，取中间的"酒心"（heart）部分成为威士忌新酒。而由谷类制成的威士忌酒则是采取连续式的蒸馏方法，使用两个蒸馏容器以串联方式一次连续进行两个阶段的蒸馏过程，酒头和酒尾转到下一轮复蒸。不同的酒厂有自己不同的要求和标准来筛选酒心。

（5）陈年（maturing）　蒸馏出来的新酒是无色的，需放入橡木桶中陈酿，以吸收植物的天然香气，使酒产生出漂亮的琥珀色，同时亦可逐渐降低其高浓度酒精的强烈刺激感和辛辣味，使威士忌酒变得柔和、醇厚。

蒸馏过后得到的"新酒"还不能被称为苏格兰威士忌，只有在橡木桶内窖藏 3 年以上的酒才称得上真正的苏格兰威士忌。橡木桶在窖藏过程中将对酒的品质产生神奇的作用。除此之外，橡木桶的储存地点和仓库的地理位置也给威士忌酒带来特殊的风味。

（6）混配（blending）　由于麦类及谷类原料的品种众多，因此所制造而成的威士忌酒也存在着各不相同的风味。为了满足消费者的不同口味，调酒师通过将不同地区、不同酒龄、不同橡木桶盛装的麦芽威士忌和谷物威士忌按照不同的比例进行调配，赋予了威士忌新的口味和特性，令威士忌格外精彩、迷人。

（7）装瓶（Bottling）　最后一步就是将混配好的威士忌酒装瓶，由于混配的威士忌酒酒精含量大约在 60 度左右，故通常加入一定数量蒸馏水加以稀释成 40 度左右，再进行过滤除杂即可装瓶出售。普通的成品酒需贮存 7～8 年，醇美的威士忌需贮存 10 年以上，通常贮存 15～20 年的威士忌是最优质的，这时的酒色、香味均是上乘的。贮存超过 20 年的威士忌，酒质会逐渐变坏，但装瓶以后，则可长时间地保持酒质不变。

3. 威士忌的分类

威士忌酒的分类方法有很多，依照威士忌酒所使用的原料不同，威士忌酒可分为纯麦威士忌酒、谷物威士忌酒和混合威士忌。

（1）纯麦威士忌　纯麦威士忌又可以分为单一麦芽威士忌和麦芽威士忌。两者原料都全部选用优质的大麦芽的单一麦芽酒，不同之处就是单一麦芽威士忌只能由同一家酒厂酿制，且必须全程使用最传统的蒸馏器（图 6-1），不得添加任何其他酒厂的产品，一般要经过两次蒸馏后注入特制的木桶里陈酿，是威士忌酒的最高品级，被称为威士忌中的"王者"，单一麦芽威士忌一直是有品味和懂得鉴赏威士忌的人士的偏爱。而麦芽威士忌是由数家酒厂的"单一麦芽威士忌"调制而成，香气较重，价格也较贵。

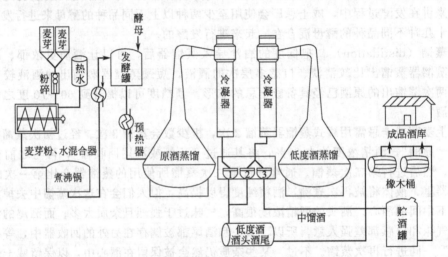

图 6-1　传统苏格兰威士忌蒸馏系统

（2）谷物威士忌　谷物威士忌采用多种谷物作为酿酒的原料，如燕麦、黑麦、大麦、小麦、玉米等。谷物威士忌只需一次蒸馏，主要以不发芽的大麦为原料，以麦芽为糖化剂生产的，它与其他威士忌酒的区别是大部分大麦不发芽发酵。因为大部分大麦不发芽所以也就不必使用大量的泥煤来烘烤，故成酒后谷物威士忌的泥炭香味也就相应少一些，口味上也就显得柔和细致了许多。谷物威士忌酒主要用于勾兑其他威士忌酒和金酒，市场上很少零售。

黑麦威士忌是用黑麦作原料酿制而成，黑麦在原料中须占 51% 以上，其余部分是玉米与小麦。产于美国，颜色为琥珀色，味道与波本威士忌不同，略感清冽。

玉米威士忌是用 80% 以上的玉米和其他谷物制成，用旧的烘焦的橡木桶贮陈。

严格意义上来讲，黑麦威士忌和玉米威士忌也是属于谷物威士忌，只是两者中有一种原料所占比重较大，故单独划分出来。

（3）混合威士忌　混合威士忌又称为兑和威士忌，是指用纯麦芽威士忌和混合威士忌掺兑勾和而成。若勾兑时加入食用酒精者，一般在商标上都有注明。

兑和是一门技术性很强的工作，不仅要考虑到纯麦芽威士忌和谷物威士忌酒液的比例，还要考虑到各种勾兑酒液陈酿年龄、产地、口味等其他特性。兑和后的威士忌烟熏味被冲淡，嗅觉上更加诱人，融合了强烈的麦芽及细致的谷物香味，因此畅销世界各地。

根据纯麦芽威士忌和谷物威士忌比例兑和成的威士忌根据其酒液中纯麦芽威士忌酒的含量比例分为普通和高级两种类型。一般来说，纯麦芽威士忌酒用量在50%～80%者，为高级兑和威士忌酒；如果谷类威士忌所占比重大，即为普通威士忌酒。在目前整个世界范围内销售的威士忌酒绝大多数都是混合威士忌酒。

4. 著名的威士忌酒

威士忌按照威士忌酒在橡木桶的贮存时间，它可分为数年到数十年等不同年限的品种；根据酒精，威士忌酒可分为40～60度等不同酒精度的威士忌酒；但是最著名也最具代表性的威士忌分类方法是依照生产地和国家的不同将威士忌酒分为苏格兰威士忌酒、爱尔兰威士忌酒、美国威士忌酒和加拿大威士忌酒四大类。其中尤以苏格兰威士忌酒最为著名。

（1）苏格兰威士忌 根据1904年《苏格兰威士忌法案》（经欧洲议会立法认同）的定义，所谓"苏格兰威士忌"是指：在苏格兰地区的蒸馏厂酿制及熟成；以大麦、麦芽或玉米为原料，将酒精强度保持在94.3度进行蒸馏，经过蒸馏后，然后储存在每桶容量不超过700L的橡木桶中至少熟成三年，且贮存未满八年，不得标示年份；装瓶时至少保有40%的酒精浓度。在熟成过程中，须保存来自原料与橡木桶的颜色与香气；除了水、酵母与焦糖之外，不能添加其他任何物质。也就是说不在苏格兰本地生产和贮存的威士忌，即使品质非常相似，也不能称为苏格兰威士忌。

① 工艺特点

大麦浸水发芽→烘干、搅拌麦芽→入槽加水糖化→入桶加酵母发酵→两次蒸馏→陈酿、混合

苏格兰威士忌用经过泥煤熏焙产生独特香味的大麦芽为原料酿造制成，色泽棕黄带红，清澈透亮，气味焦香，带有浓烈的烟熏味。窖藏15～20年为最优质的成品酒。麦汁中加入酵母进行大约48h发酵后经过两次蒸馏过程。蒸馏器大多数选用铜质鹅形长颈的壶形蒸馏器（图6-2）。

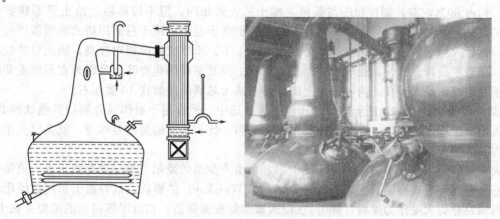

图 6-2 威士忌鹅颈瓶式蒸馏器

两次蒸馏所得的酒心混合后的酒精度约为60%～70%，此时称为威士忌的原酒，加水稀释成60%左右装入橡木桶中贮存陈酿至少3年，然后调制勾兑成酒。

② 产品特点 苏格兰威士忌必须陈酿5年以上方可饮用，普通的成品酒需要贮存7～8年，醇美的威士忌需要贮存10年以上，通常贮存15～20年的威士忌是最优质的，这时的酒色、香味均属上乘。贮存超过20年的威士忌，酒质会逐渐变坏，但装瓶以后，则可保持酒质永久不变。

普通威士忌名品有：特纯百龄坛、金铃威、红方威、白马威、龙津威、先生威、珍宝、顺风威、维特。

高级威士忌名品有：金玺百龄坛、白龄坛30年、高级海格、格兰、高级白马、黑方威、特级威士忌、高级詹姆斯·巴切南、白龄坛17年、老牌、芝华士、皇室敬礼等。

③ 主要产区　现在苏格兰约有100多家麦芽威士忌酒厂，有四大主要的生产区域。

● 低地（Lowlands）　位于苏格兰南方地带，酒厂较少，近年更是越来越少。这里的威士忌很少受海风影响，制造过程中也较少使用泥煤。因为当地有高品质大麦和清澈的水源，所以生产的威士忌格外芳香柔和，有的还带有青草和麦芽味。

● 高地（Highland）　面积最大，各家风格因其地貌和水源而有所不同。西部高地的酒厂不多，酒体厚实，不甜，略带泥煤与咸味；最北部高地的酒带有辛辣口感；东部高地和中部高地的威士忌果香特别浓厚。

● 斯佩赛河岸（Speyside）　是酒厂分布最密集的区域，丰沛新鲜的水源、容易种植的大麦、遍布各处的泥煤，为此处创造了得天独厚的条件。此区的威士忌以优雅著称，甜味最重，香味浓厚而复杂，通常会有水果、花朵、绿叶、蜂蜜类的香味，有时还会有浓厚的泥煤味。

● 艾拉岛（Islay）　位于苏格兰西南方，此区的威士忌酒体最厚重，气味最浓，泥煤味道也最强，很容易辨识。艾莱岛所产的威士忌最有名，该岛素以"威士忌酒的故乡"闻名。该岛东西长约30km，南北约40km。景色奇异多趣，也是著名避暑胜地。岛上有8家威士忌酒厂，每年生产的威士忌达上亿加仑❶。岛上每年还举行传统的威士忌酒狂欢会，人们一边畅饮威士忌，一边尽情跳舞歌唱，往往持续到第二天清晨。艾拉岛的威士忌有两大特色，一是采用当地产的泥煤熏干麦芽，因此泥煤味特重；另一种是由大海赋予的海藻味和咸味。

（2）爱尔兰威士忌

爱尔兰制造威士忌据说至少已有700多年的历史了，有些权威人士认为威士忌酒的酿造起源于爱尔兰，以后才传到苏格兰。因过去受经济衰退与重税政策的影响，爱尔兰制造威士忌行业发展受限，现在反而以苏格兰威士忌酒最为著名。

① 工艺特点　爱尔兰威士忌酒的生产原料主要有：大麦、燕麦、小麦和黑麦等，以大麦为主，约占80%左右，制作程序与苏格兰威士忌大致相同，但不像苏格兰威士忌那样要进行复杂的勾兑。爱尔兰威士忌与苏格兰威士忌的区别在于爱尔兰威士忌酒用塔式蒸馏器经过三次蒸馏，然后入桶老熟陈酿，一般陈酿时间在8～15年，所以成熟度相对较高，因此口味较绵柔长润，并略带甜味。另外，爱尔兰威士忌在口味上没有烟熏的焦香味，是因为在熏烤麦芽时所用的不是泥煤而是无烟煤。国际市场上的爱尔兰威士忌酒的度数在40度左右。

② 产品特点　爱尔兰威士忌口味比较醇和、适中，适合用于制作混合酒与其他饮料共饮，所以人们很少用于净饮，一般用来作鸡尾酒的基酒。比较著名的爱尔兰咖啡，就是以爱尔兰威士忌为基酒的一款热饮。

大多数的爱尔兰威士忌属于兑和威士忌，也生产少量的爱尔兰单一麦芽威士忌。值得一提的是有一种叫纯壶式蒸馏威士忌（Pure Pot Still Whiskey）的酒款。这种威士忌同时使用已发芽的与未发芽的大麦作为原料，100%在壶式蒸馏器里面制造，相对于苏格兰的纯麦芽威士忌，使用未发芽的大麦作原料带给爱尔兰威士忌较为青涩、辛辣的口感。

著名的爱尔兰威士忌品牌有：

● John Jameson 约翰·詹姆森　创立于1780年爱尔兰都柏林，是爱尔兰威士忌酒的代表。其标准品John Jameson具有口感平润并带有清爽的风味，是世界各地的酒吧常备酒品之一；"Jameson 1780 12年"威士忌酒具有口感十足、甘醇芬芳，是极受人们欢迎的爱尔兰威士

---

❶ 1美加仑（USgal）＝3.78541dm³；1英加仑（UKgal）＝4.54609dm³。

忌名酒。

• Bushmills 布什米尔 布什米尔以酒厂名字命名，创立于 1784 年，该酒以精选大麦制成，生产工艺较复杂，有独特的香味，酒精度为 43 度。分为 Bushmills、Black Bush、Bushmills Malt（10 年）三个级别。

• Tullamore Dew 特拉莫尔露 该酒起名于酒厂名，该酒厂创立于 1829 年。酒精度为 43 度。其标签上描绘的狗代表着牧羊犬，是爱尔兰的象征。

（3）美国威士忌 美国是生产威士忌酒的著名国家之一，同时也是世界上最大的威士忌酒消费国，据统计美国成年人每人每年平均饮用 16 瓶威士忌酒，这是世界任何国家所不能比拟的。虽然美国生产威士忌酒的酿造仅有 200 多年的历史，但美国威士忌酒以优质的水、温和的酒质和带有焦黑橡木桶的香味而著名，很受人们的欢迎，尤其是美国的 Bourbon Whiskey 波旁威士忌（又称波本威士忌酒）更是享誉世界。

① 工艺特点 美国威士忌原产于美国南部，用加入了麦类的玉米作酿造原料。没有苏格兰威士忌那样的浓烈烟味，辛辣纯净，带橡木桶香气。经发酵、蒸馏后放入焦橡木酒桶中酿制 4～8 年。装瓶时通常加入一定数量的蒸馏水加以稀释。

美国威士忌酒的酿制方法没有特殊之处，在制法上和苏格兰威士忌大致相似，但所用的谷物不同，蒸馏出的酒精纯度也较苏格兰威士忌低。

② 产品特点 美国威士忌可分为三大类。

• 单纯威士忌（Straight Whiskey） 所用原料为玉米、黑麦、大麦或小麦，酿制过程中不混合其他威士忌酒或者谷类中性酒精，制成后需放入炭熏过的橡木桶中至少陈酿两年。另外，所谓单纯威士忌，并不像苏格兰纯麦芽威士忌那样，只用一种大麦芽制成，而是以某一种谷物为主（一般不得少于 51％）再加入其他原料。单纯威士忌又可以分为波本威士忌（或占边威士忌）、玉米威士忌（Bourbon Whiskey）、黑麦威士忌（Rey Whiskey）、保税威士忌（Bottled in Bond）4 种。

• 混合威士忌（Blended whiskey） 混合威士忌是用两种或两种以上的单一威士忌，以及 20％的中性谷类酒精混合而成的酒，装瓶时，酒度为 40 度，常用来作混合饮料的基酒，又分为肯塔基威士忌、纯混合威士忌、美国混合淡质威士忌 3 种。

• 淡质威士忌（Light Whiskey） 淡质威士忌是美国政府认可的一种新威士忌，蒸馏时酒精纯度高达 80.5～94.5 度，口味清淡，用旧桶陈酿。淡质威士忌所加的 50 度的纯威士忌用量不得超过 20％。

在美国还有一种酒称为 Sour-Mash Whiskey，这种酒是用老酵母加入要发酵的原料里蒸馏而成的，其新旧比率为 1∶2。此种发酵的情况比较稳定，而且多用在波本威士忌酒中，是由比利加·克莱在 1789 年所发明使用的。

③ 主要产区 美国西部的宾夕法尼亚州、肯塔基和田纳西地区是制造威士忌的中心。

（4）加拿大威士忌 加拿大生产威士忌酒已有 200 多年的历史，开始于 1763 年左右，那时英国移民逐渐在这里安家落户。1775 年，美国独立战争爆发之后，随着移民人数剧增，经济逐渐繁荣，很多人从事威士忌的生产。那时只生产稞麦威士忌，酒性强烈。19 世纪以后，加拿大从英国引进连续式蒸馏器，开始生产由大量玉米制成的威士忌，口味较清淡。20 世纪后，美国实施禁酒令，美国国内对于烈酒的需求却不降反增，仅隔一条国界的加拿大占尽地利之便，于是加拿大威士忌蓬勃发展。

① 工艺特点 几乎所有的加拿大威士忌都属兑和式威士忌，以连续式蒸馏制出来的谷物威士忌作为主体，再以壶式蒸馏器（也就是鹅颈蒸馏器）制造出来的裸麦威士忌（Rye Whiskey）增添风味与颜色。由于连续蒸馏的威士忌酒通常比较清淡，甚至很接近伏特加之类的白色烈酒，因此加拿大威士忌号称"全世界最清淡的威士忌"。

加拿大威士忌在国外比国内更有名气，根据国家法律规定，加拿大威士忌的主要酿制原料为玉米、黑麦，再掺入其他一些谷物原料，但没有一种谷物超过 50%，并且各个酒厂都有自己的配方，比例也都保密。加拿大威士忌在酿制过程中需两次蒸馏，然后在全新的美国白橡木桶或二手的波本橡木桶中陈酿 2 年以上（一般达到 4~6 年），再与各种烈酒混合后装瓶，装瓶时酒度为 45 度，特别适宜作为混合酒的基酒使用。加拿大威士忌酒在原料、酿造方法及酒体风格等方面与美国威士忌酒比较相似。一般上市的酒都要陈酿 6 年以上，如果少于 4 年，在瓶盖上必须注明。

② 产品特点　加拿大威士忌酒色棕黄，酒香芬芳，口感轻快爽适，酒体丰满，以淡雅的风格著称。据专家分析，加拿大威士忌味道独特的原因主要是由于加拿大的气候清冷影响谷物的质地，加拿大的水质较好，发酵技术比较特别等。

今天，加拿大威士忌之所以还能持续受到欢迎，却绝非是只依赖这过往的历史因素。使用连续式蒸馏相比之下比较稳定的产品纯度，清淡温和的口感，是加拿大威士忌比较常被推崇的特色。除此之外，加拿大威士忌由于口味清淡是最适宜被用来调酒的威士忌，拥有非常丰富的调酒酒谱。

加拿大威士忌著名的品牌有：Alberta（艾伯塔）、Crown Royal（皇冠）、Seagram's V.O（施格兰特酿）、Canadian Club（加拿大俱乐部）、Canadian O.F.C（加拿大 O.F.C）、Velvet（韦勒维特）、Carrington（卡林顿）、Wiser's（怀瑟斯）等产品。

③ 主要产区　加拿大威士忌的主要产地是翁塔里奥（Ontario），其他还有魁北克（Quebec）、英属哥伦比亚（British Columbia）和阿尔伯塔（Alberta）。

除此之外，日本也有 80 多年生产威士忌的历史。日本威士忌属于苏格兰风格的威士忌，生产方法采用苏格兰传统工艺和设备，从苏格兰进口泥炭用于烟熏麦芽，从美国进口白橡木桶用于贮酒，生产全麦芽威士忌和混合威士忌，甚至从英国进口一定数量的苏格兰麦芽威士忌原酒，专供勾兑自产的威士忌酒。日本威士忌酒按酒度分级，特级酒含酒精 43%（体积分数），一级酒含酒精 40%（体积分数）以上。

我国在 20 世纪 70 年代中期由轻工业部食品发酵工业科学研究所与工厂协作，从原料加工到生产工艺进行研究，选用中国产泥炭及良种酵母，试制出苏格兰类型的麦芽威士忌、谷物威士忌和勾兑威士忌，酒精含量 40%（体积分数），风味与国际产品近似。口感饱满，浓厚，滑腻，强烈，柔和。

二、伏特加酒

1. 伏特加酒概述

伏特加语源于俄文的"生命之水"一词当中"水"的发音"вада"（一说源于港口"вятка"），约 14 世纪开始成为俄罗斯传统饮用的蒸馏酒。但在波兰，也有更早便饮用伏特加的记录。伏特加是俄国和波兰的国酒，是北欧寒冷国家十分流行的烈性饮料，"伏特加"是前苏联人对"水"的昵称。

伏特加酒以谷物或马铃薯为原料，经过蒸馏制成高达 95 度的酒精，再用蒸馏水淡化至40~60 度，并经过活性炭过滤，使酒质更加晶莹澄澈，无色且清淡爽口，使人感到不甜、不苦、不涩，只有烈焰般的刺激，形成伏特加酒独具一格的特色。因此，在各种调制鸡尾酒的基酒之中，伏特加酒是最具有灵活性、适应性和变通性的一种酒。

俄罗斯是生产伏特加酒的主要国家，但在德国、芬兰、波兰、美国、日本等国也都能酿制优质的伏特加酒。特别是在第二次世界大战开始时，由于俄罗斯制造伏特加酒的技术传到了美国，使美国也一跃成为生产伏特加酒的大国之一。

伏特加酒分两大类,一类是无色、无杂味的上等伏特加,另一类是加入各种香料的伏特加。伏特加是俄国具有代表性的烈性酒,原料是马铃薯和玉米。将蒸馏而成的伏特加原酒,经过 8h 以上的缓慢过滤,使原酒酒液与活性炭分子充分接触而净化为纯净的伏特加酒。伏特加酒无色、无异味,是酒类中最无杂味的酒品。

伏特加酒较有名的牌子有:皇冠(Smirnoff),斯多里施娜亚(Stolichnaya)红牌,莫斯科伏斯卡亚(Moskovskaya)绿牌。

2. 伏特加酒生产工艺特点

伏特加的传统酿造法是首先以马铃薯或玉米、大麦、黑麦为原料,用精馏法蒸馏出酒度高达 96% 的酒精液,再使酒精液流经盛有大量木炭的容器,以吸附酒液中的杂质(每 10L 蒸馏液用 1.5kg 木炭连续过滤不得少于 8h,40h 后至少要换掉 10% 的木炭),最后用蒸馏水稀释至酒度 40%~50% 而成的(图 6-3)。此酒不用陈酿即可出售、饮用,也有少量的如香型伏特加在稀释后还要经串香程序,使其具有芳香味道。伏特加与金酒一样都是以谷物为原料的高酒精度的烈性饮料,并且不需贮陈。但与金酒相比,伏特加干冽、无刺激味,而金酒有浓烈的杜松子味道。

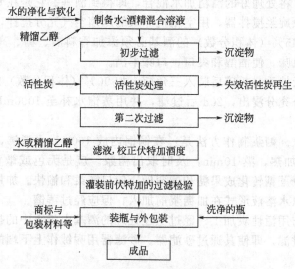

图 6-3 伏特加工艺流程图

(1)水的净化与软化 酿造伏特加酒时对水质的要求很高,伏特加酒中水占 60%,所以也可以说水是伏特加的血液。自然水、自来水都不符合生产伏特加酒的用水要求,必须对其进行处理。伏特加酒用水标准见表 6-1。

表 6-1 伏特加酒用水标准

外观	气味	硬度(以 CaCO₃ 计)/(mmol/L)	碱度(以 CaCO₃ 计)/(mmol/L)	pH
无悬浮物,无色透明	无气味	≤0.36	≤0.776	6.0~7.8

水中的矿物质含量不仅影响伏特加酒的稳定性,也影响其风味。前苏联许多资料表明,制备酒基时,水中 Ca^{2+},$Mg^{2+}<1$,$Fe^{2+}<0.15$,$Si^{2+}<5$,氯化物 $<12~15$,硫酸盐 $<20~25$,碳酸氢盐 <150(以上数据单位均为 mg/kg)。

要达到上述要求,一般水是不可能的,必须经过处理。一种是将水净化、软化处理,其方法有离子交换法、活性桦木炭脱臭等;另一种是用纯水(无离子水),但其成本高,从效益上讲不可取。

(2)对酒精质量的高要求 酒精是伏特加酒的灵魂。生产伏特加酒需用高纯度酒精和超级酒精。但对我国而言，多数厂家只能生产普通级食用酒精。所以，我们只能把食用酒精进行一系列处理使其达到一级酒精标准来生产伏特加酒。酒精理化指标见表6-2。

表6-2 精馏酒精的理化指标（前苏联国标）

级别	酒度	醛	杂醇油	酯	酸性品红甲醇试验	硫酸纯度试验	氧化时间	糠醛
超级	96.5	<2	<3	<25	合格	合格	<20	不含
高纯度	96.2	<4	<4	<30	合格	合格	<15	不含
一级	96.0	<10	<15	<50	合格	合格	<10	不含

注：氧化时间为20℃时的氧化时间，min；其他单位同表6-1注。

食用酒精需进行化学净化处理以去除酒精精馏过程中难以分离净的杂质。为了避免锰离子的污染和对酒精的进一步净化，需再蒸馏，掐头去尾取中段馏分，其理化指标达一级酒精标准。

具体方法是：用0.1mol/L氢氧化钠0.1%～0.15%、0.2%的高锰酸钾水溶液0.1%左右加入待处理酒精中，处理8～10h，取上清液蒸馏，取中馏液制备伏特加酒。

（3）酒基的制备 将处理好的酒精加水混合，即得到酒基。它是在专门密闭的混合罐中制备，罐为圆柱形装有螺旋桨搅拌器，用空压机导入的压缩空气充分搅拌，可提高酒基质量。

兑制好的40%或45%（体积分数）的酒基必须添加香料酒、糖、高锰酸钾等添加剂，这样可使其具有适当的风味，使酒醇和爽口，口味丰满。

香料酒是用各种天然香料粉碎后装入三角瓶，加90%（体积分数）的酒精1000mL，每天搅拌1次，使香料成分充分浸出，20d后过滤，并用蒸馏水补至1000mL，即为香料酒。一般添加量0.75～1mL。

糖以糖浆形式加入。糖浆制作方法是：在铜锅内放100mL水煮沸，加砂糖0.4kg，糖溶后加1g柠檬酸，继续加热，熬10min，及时取出糖浆。应是无色或微黄色透明的黏稠液体。在柠檬酸作用下，部分蔗糖转化成果糖和葡萄糖，使口味柔和愉快。加量视口味而定。

若加高锰酸钾则以水溶液形式在加糖浆前加入，但应经过蒸馏。

（4）基酒的过滤与用活性炭加工 经过上述处理的酒基由于水中的盐与酒精混合生成细小微粒，因此必须进行过滤。即使其通过砂滤器。砂滤器用呢绒作上下端的衬料，中间装填粗细不同的石英砂。

砂滤后的酒基仍不能称为成品，还必须经活性炭加工。它是保证获得高质量伏特加的关键操作之一。活性炭不仅可吸附酒精中使伏特加产生不愉快气味的杂质，同时还使杂质发生氧化作用，生成有机酸，继而生成酯类（乙酸乙酯、乙酸异戊酯），赋予伏特加愉快的香气和味道。活性炭加工处理时间不宜过长，否则苦味增加。因此活性炭的加量与处理时间需做试验确定。酒基用新的活性炭处理，用量2%处理90min，得到的酒基柔和、不苦、味道纯正、无杂味。

3. 产品特点

伏特加是以多种谷物（马铃薯、玉米）为原料，用重复蒸馏、精炼过滤的方法，除去酒精中所含毒素和其他异物的一种纯净的高酒精浓度的饮料。伏特加无色无味，没有明显的特性，但很提神。伏特加酒口味烈，劲大刺鼻，除了与软饮料混合使之变得干冽，与烈性酒混合使之变得更烈之外，别无它用。但由于酒中所含杂质极少，口感纯净，并且可以以任何浓度与其他饮料混合饮用，所以经常用于作鸡尾酒的基酒，酒度一般在40～50度之间。

伏特加可分为两大类，用高纯度精馏酒精制备的普通伏特加和超级酒精制备的优级伏特加。对伏特加的质量要求有感官品评标准和理化分析指标。感官质量标准：无色透明，具有典型香气，无酒精刺鼻味，口味纯正，无辛辣、苦味。理化指标见表6-3。

表 6-3　伏特加酒理化指标

级别	外观	风味	酒度	碱度	醛	杂醇油	酯	酸性品红甲醇试验
普通级	无色透明 无悬浮物	无异味 无难闻味	40,45, 50,56	3.5	<8	<4	<30	合格
优级			40,50,56	3.5	<3	<3	<25	合格

注：酒度为体积百分数（%）；碱度为每 100mL 伏特加酒消耗 0.1mol/L HCl 不能超过的体积，mL；醛含量为换算成乙醛计，每升无水乙醇的体积（mL）；杂醇油为换算成异戊醇和异丁醇混合物（3：1）计算，每升无水乙醇的质量（mg）；酯含量为换算成乙酸乙酯，每升无水乙醇的质量（mg）。

　　（1）俄罗斯伏特加酒　俄罗斯伏特加最初用大麦为原料，以后逐渐改用含淀粉的马铃薯和玉米，制造酒醪和蒸馏原酒并无特殊之处，只是过滤时将精馏而得的原酒，注入白桦活性炭过滤槽中，经缓慢的过滤程序，使精馏液与活性炭分子充分接触而净化，将所有原酒中所含的油类、酸类、醛类、酯类及其他微量元素除去，便得到非常纯净的伏特加。俄罗斯伏特加酒液透明，除酒香外，几乎没有其他香味，口味凶烈，劲大冲鼻，火一般地刺激，其名品有：波士伏特加（Bolskaya）、苏联红牌（Stolichnaya）、苏联绿牌（Mosrovskaya）、柠檬那亚（Limon-naya）、斯大卡（Starka）、朱波罗夫卡（Zubrovka）、俄国卡亚（Kusskaya）、哥丽尔卡（Go-rilka）。

　　（2）波兰伏特加酒　波兰伏特加的酿造工艺与俄罗斯相似，区别只是波兰人在酿造过程中，加入一些草卉、植物果实等调香原料，所以波兰伏特加比俄罗斯伏特加酒体丰富，更富韵味，名品有：兰牛、维波罗瓦红牌、维波罗瓦兰牌、朱波罗卡。

　　（3）其他国家和地区的伏特加酒　除俄罗斯与波兰外，其他较著名的生产伏特加的国家和地区还有：

　　•英国　哥萨克（Cossack）、夫拉地法特（Viadivat）、皇室伏特加（Imperial）、西尔弗拉多（Silverad）。

　　•美国　宝狮伏特加（Smirnoff）、沙莫瓦（samovar）、菲士曼伏特加（Fielshmann's Royal）。

　　•芬兰　芬兰地亚（Finlandia）。

　　•法国　卡林斯卡亚（Karinskaya）、弗劳斯卡亚（Voloskaya）。

　　•加拿大　西豪维特（Silhowltte）。

　　伏特加的饮用与服务标准用量为每位客人 42mL，用利口杯或用古典杯服侍，可作佐餐酒或餐后酒。纯饮时，备一杯凉水，以常温服侍，快饮（干杯）是其主要饮用方式。许多人喜欢冰镇后干饮，仿佛冰溶化于口中，进而转化成一股火焰般的清热。伏特加作基酒来调制鸡尾酒，比较著名的有：黑俄罗斯（Black Russian）、螺丝钻（Screw Driver）、血腥玛丽（Bloody Mary）等。

参 考 文 献

［1］熊庆荣．洋酒常识：上．烹调知识，2000，7：12-13．

［2］北岛．苏格兰的生命之水．世界文化，2004，7：45-46．

［3］郑桂霞．神奇的威士忌．药膳趣话·药食同源，2008，3：55．

［4］孙方勋．苏格兰威士忌酿造：上．食品工业，1994，4：23-26．

［5］孙东方．谈威士忌酒．酿酒，2005，32（2）：82-83．

［6］劲松．洋酒的分类及品牌．江苏食品与发酵，2003，2：23．

［7］陈忠军，李春昰．伏特加酒生产工艺的研究．内蒙古农牧学院学报，1997．

［8］桂祖发．酒类制造．北京：化学工业出版社，2001．